U0559655

"十二五"国家重点图书出版规划项目

典型生态脆弱区退化生态系统恢复技术与模式丛书

广西岩溶山区石漠化及其综合治理研究

蒋忠诚 李先琨 胡宝清 等 著

科学出版社

北 京

内 容 简 介

本书系统阐述了我国广西岩溶石漠化的分布、特点、形成演变过程及对资源、环境和区域经济的影响与危害，介绍了石漠化综合治理的方法、试验与示范工程，提出了岩溶石漠化综合治理的一系列模式和岩溶地区水资源开发利用、土地整理、水土保持、植被恢复、生态产业培植等技术，通过建立指标体系和评价方法对广西典型岩溶环境的生态脆弱性与岩溶生态系统服务功能进行了定量评价，并建立了广西岩溶石漠化信息系统，是石漠化综合治理比较系统的科技研究成果。

本书可供岩溶学、生态学、农学、环境学及区域生态与经济可持续发展等领域的科技人员、大中专院校师生参考，也可供在岩溶等脆弱生态区从事经济发展与生态环境治理的决策管理部门和有关工作人员参考。

图书在版编目（CIP）数据

广西岩溶山区石漠化及其综合治理研究／蒋忠诚等著. —北京：科学出版社，2011
（典型生态脆弱区退化生态系统恢复技术与模式丛书）
"十二五"国家重点图书出版规划项目

ISBN 978-7-03-031397-3

Ⅰ. 广…　Ⅱ. 蒋…　Ⅲ. 岩溶地貌 – 沙漠化 – 治理 – 研究 – 广西壮族自治区　Ⅳ. P942.670.73

中国版本图书馆 CIP 数据核字（2011）第 104878 号

责任编辑：李　敏　张　菊　王晓光／责任校对：钟　洋
责任印制：徐晓晨／封面设计：王　浩

科 学 出 版 社 出版
北京东黄城根北街 16 号
邮政编码：100717
http://www.sciencep.com

北京京华虎彩印刷有限公司 印刷
科学出版社发行　各地新华书店经销

*

2011 年 7 月第　一　版　　开本：787×1092 1/16
2017 年 4 月第二次印刷　　印张：19 1/2
字数：500 000

定价：150.00 元
如有印装质量问题，我社负责调换

《典型生态脆弱区退化生态系统恢复技术与模式丛书》
编 委 会

主　　编　傅伯杰　欧阳志云

副 主 编　蔡运龙　王　磊　李秀彬

委　　员　（以姓氏笔画为序）

于洪波　王开运　王顺兵　方江平

吕昌河　刘刚才　刘国华　刘晓冰

李生宝　吴　宁　张　健　张书军

张巧显　陆兆华　陈亚宁　金昌杰

郑　华　赵同谦　赵新全　高吉喜

蒋忠诚　谢世友　熊康宁

《广西岩溶山区石漠化及其综合治理研究》
撰 写 成 员

主　　笔　蒋忠诚　李先琨　胡宝清

成　　员　（以姓氏笔画为序）

王　雷	王新桂	韦兰英	韦政社	尹　辉
邓　艳	田　涛	吕仕洪	向悟生	刘占明
闫　妍	劳文科	苏以荣	苏宗明	李成海
李先琨	吴孔运	沈利娜	张中峰	陆树华
陈洪松	罗为群	庞冬辉	胡宝清	侯满福
莫　凌	黄玉清	黄和明	蒋忠诚	覃小群
覃星铭	曾馥平	蓝芙宁	锻　炼	

总　序

　　我国是世界上生态环境比较脆弱的国家之一，由于气候、地貌等地理条件的影响，形成了西北干旱荒漠区、青藏高原高寒区、黄土高原区、西南岩溶区、西南山地区、西南干热河谷区、北方农牧交错区等不同类型的生态脆弱区。在长期高强度的人类活动影响下，这些区域的生态系统破坏和退化十分严重，导致水土流失、草地沙化、石漠化、泥石流等一系列生态问题，人与自然的矛盾非常突出，许多地区形成了生态退化与经济贫困化的恶性循环，严重制约了区域经济和社会发展，威胁国家生态安全与社会和谐发展。因此，在对我国生态脆弱区基本特征以及生态系统退化机理进行研究的基础上，系统研发生态脆弱区退化生态系统恢复与重建及生态综合治理技术和模式，不仅是我国目前正在实施的天然林保护、退耕还林还草、退牧还草、京津风沙源治理、三江源区综合整治以及石漠化地区综合整治等重大生态工程的需要，更是保障我国广大生态脆弱地区社会经济发展和全国生态安全的迫切需要。

　　面向国家重大战略需求，科学技术部自"十五"以来组织有关科研单位和高校科研人员，开展了我国典型生态脆弱区退化生态系统恢复重建及生态综合治理研究，开发了生态脆弱区退化生态系统恢复重建与生态综合治理的关键技术和模式，筛选集成了典型退化生态系统类型综合整治技术体系和生态系统可持续管理方法，建立了我国生态脆弱区退化生态系统综合整治的技术应用和推广机制，旨在为促进区域经济开发与生态环境保护的协调发展、提高退化生态系统综合整治成效、推进退化生态系统的恢复和生态脆弱区的生态综合治理提供系统的技术支撑和科学基础。

　　在过去 10 年中，参与项目的科研人员针对我国青藏高寒区、西南岩溶地区、黄土高原区、干旱荒漠区、干热河谷区、西南山地区、北方沙化草地区、典型海岸带区等生态脆弱区退化生态系统恢复和生态综合治理的关键技术、整治模式与产业化机制，开展试验示范，重点开展了以下三个方面的研究。

　　一是退化生态系统恢复的关键技术与示范。重点针对我国典型生态脆弱区的退化生态系统，开展退化生态系统恢复重建的关键技术研究。主要包括：耐寒/耐高温、耐旱、耐盐、耐瘠薄植物资源调查、引进、评价、培育和改良技术，极端环境条件下植被恢复关键技术，低效人工林改造技术、外来入侵物种防治技术、虫鼠害及毒杂草生物防治技术，多层次立体植被种植技术和林农果木等多形式配置经营模式、坡地农林复合经营技术，以及受损生态系统的自然修复和人工加速恢复技术。

二是典型生态脆弱区的生态综合治理集成技术与示范。在广泛收集现有生态综合治理技术、进行筛选评价的基础上，针对不同生态脆弱区退化生态系统特征和恢复重建目标以及存在的区域生态问题，研究典型脆弱区的生态综合治理技术集成与模式，并开展试验示范。主要包括：黄土高原地区水土流失防治集成技术，干旱半干旱地区沙漠化防治集成技术，石漠化综合治理集成技术，东北盐碱地综合改良技术，内陆河流域水资源调控机制和水资源高效综合利用技术等。

三是生态脆弱区生态系统管理模式与示范。生态环境脆弱、经济社会发展落后、管理方法不合理是造成我国生态脆弱区生态系统退化的根本原因，生态系统管理方法不当已经或正在导致脆弱生态系统的持续退化。根据生态系统演化规律，结合不同地区社会经济发展特点，开展了生态脆弱区典型生态系统综合管理模式研究与示范。主要包括：高寒草地和典型草原可持续管理模式，可持续农—林—牧系统调控模式，新农村建设与农村生态环境管理模式，生态重建与扶贫式开发模式，全民参与退化生态系统综合整治模式，生态移民与生态环境保护模式。

围绕上述研究目标与内容，在"十五"和"十一五"期间，典型生态脆弱区的生态综合治理和退化生态系统恢复重建研究项目分别设置了 11 个和 15 个研究课题，项目研究单位 81 个，参加研究人员 463 人。经过科研人员 10 年的努力，项目取得了一系列原创性成果：开发了一系列关键技术、技术体系和模式；揭示了我国生态脆弱区的空间格局与形成机制，完成了全国生态脆弱区区划，分析了不同生态脆弱区面临的生态环境问题，提出了生态恢复的目标与策略；评价了具有应用潜力的植物物种 500 多种，开发关键技术数百项，集成了生态恢复技术体系 100 多项，试验和示范了生态恢复模式近百个，建立了 39个典型退化生态系统恢复与综合整治试验示范区。同时，通过本项目的实施，培养和锻炼了一大批生态环境治理的科技人员，建立了一批生态恢复研究试验示范基地。

为了系统总结项目研究成果，服务于国家与地方生态恢复技术需求，项目专家组组织编撰了《典型生态脆弱区退化生态系统恢复技术与模式丛书》。本丛书共 16 卷，包括《中国生态脆弱特征及生态恢复对策》、《中国生态区划研究》、《三江源区退化草地生态系统恢复与可持续管理》、《中国半干旱草原的恢复治理与可持续利用》、《半干旱黄土丘陵区退化生态系统恢复技术与模式》、《黄土丘陵沟壑区生态综合整治技术与模式》、《贵州喀斯特高原山区土地变化研究》、《喀斯特高原石漠化综合治理模式与技术集成》、《广西岩溶山区石漠化及其综合治理研究》、《重庆岩溶环境与石漠化综合治理研究》、《西南山地退化生态系统评估与恢复重建技术》、《干热河谷退化生态系统典型恢复模式的生态响应与评价》、《基于生态承载力的空间决策支持系统开发与应用：上海市崇明岛案例》、《黄河三角洲退化湿地生态恢复——理论、方法与实践》、《青藏高原土地退化整治技术与模式》、《世界自然遗产地——九寨与黄龙的生态环境与可持续发展》。内容涵盖了我国三江源地区、黄土高原区、青藏高寒区、西南岩溶石漠化区、内蒙古退化草原区、黄河河口退化湿地等典型生态脆弱区退化生态系统的特征、变化趋势、生态恢复目标、关键技术和模式。我们希望通过本丛书的出版全面反映我国在退化生态系统恢复与重建及生态综合治理技术和模式方面的最新成果与进展。

典型生态脆弱区的生态综合治理和典型脆弱区退化生态系统恢复重建研究得到"十五"和"十一五"国家科技支撑计划重点项目的支持。科学技术部中国 21 世纪议程管理中心负责项目的组织和管理，对本项目的顺利执行和一系列创新成果的取得发挥了重要作用。在项目组织和执行过程中，中国科学院资源环境科学与技术局、青海、新疆、宁夏、甘肃、四川、广西、贵州、云南、上海、重庆、山东、内蒙古、黑龙江、西藏等省、自治区和直辖市科技厅做了大量卓有成效的协调工作。在本丛书出版之际，一并表示衷心的感谢。

科学出版社李敏、张菊编辑在本丛书的组织、编辑等方面做了大量工作，对本丛书的顺利出版发挥了关键作用，借此表示衷心的感谢。

由于本丛书涉及范围广、专业技术领域多，难免存在问题和错误，希望读者不吝指教，以共同促进我国的生态恢复与科技创新。

丛书编委会

2011 年 5 月

前　　言

　　石漠化是在脆弱的岩溶生态环境下，人类不合理的社会经济活动造成人地矛盾突出、植被破坏、水土流失、土地生产力衰退丧失，地表呈类似荒漠景观的岩石逐渐裸露的演变过程。广西、云南、贵州是我国石漠化重点省（自治区）。

　　广西岩溶区面积为 9.87 万 km²，占广西总面积的 41.57%，覆盖了 80 个县（市），是世界上最典型、最重要的岩溶区之一。国土资源调查资料表明，广西石漠化面积为 27 294km²，占广西岩溶区总面积的 27.6%；岩溶面积占土地总面积 30% 以上的县有 30 多个，大部分为贫困县。石漠化的加剧，导致耕地减少、土地质量下降、水源枯竭、生态环境退化、旱涝灾害频繁。最近十多年，广西出现大旱、连续干旱以及先旱后涝灾害最严重的地区几乎都是岩溶石漠化地区。石漠化还通过影响土地的质量及其承受自然灾害的能力，进而影响农业、林业、牧业、副业和渔业的发展，广西 28 个国家级贫困县中有 25 个位于岩溶石漠化地区。石漠化地区严重的水土流失还威胁珠江中下游地区人民的生态安全。因此，石漠化是广西岩溶山区社会和经济持续、快速、健康发展的重要制约因素，是环境恶劣和生活贫困的主要根源。

　　党和国家对岩溶地区的石漠化与贫困问题十分重视。2001 年将"推进黔桂滇岩溶地区石漠化综合治理"明确列入国家发展计划纲要；在党的十七大报告中，胡锦涛总书记进一步明确指示"要加大石漠化治理的力度"；在近年来的全国人民代表大会上，温家宝总理在《政府工作报告》中多次提出"要扎实搞好石漠化治理工程"；国务院还于 2008 年 4 月批准了《岩溶地区石漠化综合治理规划大纲（2006—2015）》。为了贯彻落实党中央、国务院的指示精神，国家发展和改革委员会目前正在组织实施西南八省（自治区、直辖市）的石漠化综合治理工作，并于"十一五"期间安排了 100 个县的石漠化综合治理试点工程，其中广西有 12 个试点县。因此，开展广西岩溶石漠化综合治理研究，在当前具有十分重要的现实意义，不但能够为广西壮族自治区政府以及有关部门进行石漠化治理决策提供科学依据，对有效实施石漠化治理的各类工程具有指导意义，而且对于整个西南八省（自治区、直辖市）的石漠化综合治理工作具有重要的参考价值。

本书的研究成果是长期以来有关部门和单位在广西岩溶地区开展石漠化及其综合治理研究工作的系统总结。特别是"九五"、"十五"、"十一五"期间，在国家重大科技项目和广西壮族自治区多种类型科技项目的支持下，广西壮族自治区科学技术厅整合国家部属研究所和广西有关科研院所、技术开发机构、高等院校等单位的学者开展了广西岩溶石漠化区生态重建等方面的科学研究与技术开发工作，建立了一批有代表性的试验示范基地；不但在石漠化及综合治理的基础研究方面取得了丰硕成果，开发引进了系列适用技术，形成了一些有效的岩溶地区治理模式，而且取得了良好的石漠化综合治理示范效果和显著的社会经济效益，获得了国家有关部门、社会和相关学者的高度评价。

本书共包括10章，是在"十一五"国家科技支撑计划重点项目课题"岩溶峰丛山地脆弱生态系统重建技术研究（2006—2010）"（2006BAC01A10）、广西科技项目（桂科0638006-6、桂科转0719005-2-3、桂科攻0816003-2）和广西高校人才小高地资源与环境科学创新团队等资助下，由中国地质科学院岩溶地质研究所、广西壮族自治区有关部门、中国科学院广西植物研究所、广西师范学院、中国科学院亚热带农业生态研究所、广西山区综合技术开发中心的科技人员经多次研讨而合著完成的。具体编写分工如下：前言、第1章由蒋忠诚编写；第2章由胡宝清、侯满福、沈利娜、王雷等编写；第3章由李先琨、吕仕洪、劳文科、罗为群、曾馥平等编写；第4章由胡宝清、侯满福、闫妍、刘占明等编写；第5章由覃小群等编写；第6章由蒋忠诚、覃小群、苏宗明、曾馥平等编写；第7章由李先琨、罗为群、曾馥平、吕仕洪、劳文科、蓝芙宁、张中峰、庞冬辉等编写；第8章由庞冬辉、蒋忠诚、曾馥平、吕仕洪、邓艳、罗为群、蓝芙宁、王新桂、张中峰等编写；第9章由邓艳、吴孔运等编写；第10章由胡宝清、锻炼、侯满福、田涛等编写；覃星铭、尹辉负责图表和参考文献的编排；最后由蒋忠诚、李先琨、胡宝清统稿、修改。

由于本书所涉及的领域广泛以及利用、参考的资料很多，且编写的时间仓促，所以疏漏之处难免。不完善之处，希望有关学者和广大读者批评指正。

著　者

2011年1月

目　　录

第1章　广西岩溶石漠化分布与环境特点

1.1　石漠化的概念与等级

1.1.1　石漠化的概念

"石漠化"（rocky desertification）一词于 20 世纪 80 年代初期提出，当时是指植被、土壤覆盖的喀斯特地区转变为岩石裸露的喀斯特景观的过程（袁道先，1981[①]；1997）。后来经过进一步的研究发现，石漠化是一个综合性范畴，它既表现为自然系统的退化，又表现为人类社会经济系统的退化。土地是自然与人类社会的综合体，可以代表这个综合性范畴。因此，石漠化的本质特征是土地的退化。既表现为该土地范围内生态系统的退化，又表现为其生产、经济和人类社会发展受到制约。

过去很长一段时间，人们将西南岩溶区的石漠化与水土流失相提并论，而且对二者的关系混淆不清。实际上，一方面，水土流失是石漠化发生、发展的一个重要原因和过程，即当一个地区几乎无土可流时，就导致石漠化过程；另一方面，水土流失又是石漠化过程后的一种结果，那就是石漠化发生后，该地区的水和土更易流失，水土保持工作难度加大。

石漠化是一个过程，不是一个静止的现象；石漠才是一个静止的景观现象。石漠化与石漠这两个概念是近年来人们容易混淆的另外一个方面。在中国西南地区约 60 万 km^2 的裸露岩溶面积内，均不同程度地存在石漠化现象，但各地石漠化程度不同。因此，对于统计具体地区的石漠化面积时应慎重，应当明确指出是什么程度下的石漠化面积，这样才有可比性。

近年来通过对石漠化的深入研究，很多学者从很多侧面和角度给出了石漠化的概念（Yuan，1997；蒋忠诚等，2001；蒋忠诚和袁道先，2003；王世杰，2002）。本章认为，石漠化是指碳酸盐岩地区岩溶作用过程与人类不合理经济活动相互作用而造成的植被破坏、岩石裸露，具有类似荒漠景观的土地退化过程。植被退化、水土流失加剧、土地质量下降是石漠化环境最突出的生态环境问题。

现在人们普遍认为"石漠化"为荒漠化的一种，但与西北的沙漠化相比，石漠化除了受气候、水文、生物等自然因素的影响外，其中最突出的特点是发生在碳酸盐岩分布区，其分布和发生受岩溶地质背景制约，因此其成因和变化趋势更加复杂。与沙漠化相比的另

---

① 袁道先院士 1981 年在美国科技促进年会（AAAS）上的学术报告。

外一个显著差异，石漠化地区往往是人类活动频繁的地区，不但造成脆弱的生态环境，还严重影响区域经济社会的发展。

1.1.2　石漠化的等级及其特征

对石漠化进行科学评定等级，不但便于分析、了解石漠化的现状与程度，也便于制订石漠化治理的规划与方案。

很多学者都提出了石漠化等级划分方法。本节认为，以岩石裸露率作为石漠化等级划分的基本依据，既能比较科学地反映石漠化程度的差异，又具有可操作性，可供推广使用（表1-1）。但为了便于理解不同石漠化等级的生态环境差异，对各石漠化等级的生态环境也应给出说明。

表1-1　石漠化的等级划分

石漠化程度	岩石裸露程度（%）	裸岩平面形态	生态环境
无石漠化	<10	点状	乔灌草植被、土层厚
潜在石漠化	10~30	点状+线状	灌乔草植被、土层薄
轻度石漠化	30~50	线状+点状	乔草+灌草、土不连续分布
中度石漠化	50~70	线状+面状	疏草+疏灌、土散布
重度石漠化	>70	面状	疏草、土零星分布

重度石漠化：岩石大面积裸露，岩石裸露率大于70%，山区无土可流，植被严重退化为少量毛草，该类土地很难利用，成为典型的恶劣环境（照片1-1）。

照片1-1　平果县果化镇的重度石漠化

一些单位和学者认为石漠化即表1-1中的重度石漠化，实际上这是石漠化的最严重的等级——石漠。在生态环境方面该类型最恶劣，在土地资源方面为难以利用的石山土地，但从石漠化治理方面来说，不但难度很大，而且资源和经济社会意义也不大。因此，石漠化治理不能仅以重度石漠化作为目标和依据。

中度石漠化：岩石裸露率 50% ~ 70%，山坡还有部分土壤可作为零星耕地，只有少量草灌木植被严重退化，该类土地生产和生态效率低，为环境质量差的土地（照片 1-2）。

轻度石漠化：岩石裸露率 30% ~ 50%，薄层土壤可成片分布作为耕地，存在不太发育的乔灌草木植被，该类土地生产和生态效率较低，为环境质量比较差的土地（照片 1-3）。

照片 1-2　凤山县江州的中度石漠化　　　　照片 1-3　凌云县国债的轻度石漠化

潜在石漠化：岩石裸露率 10% ~ 30%，地表有各种植被分布，土层较厚可作为耕地，该类土地具有较好的生产效率，但存在水土流失或植被退化等环境问题，若不治理，容易发生石漠化（照片 1-4）。

照片 1-4　马山县百龙滩的潜在石漠化

1.2　广西岩溶石漠化面积及区域分布特征

根据国土资源大调查资料，1999 年，广西岩溶石漠化总面积为 27 294.57 km²，石漠化面积占广西岩溶面积的 27.6%，占广西总面积的 11.6%。重度石漠化、中度石漠化、轻度石漠化三个石漠化等级均在广西有广泛的分布面积（表 1-2），并以中度石漠化面积比例最大。广西石漠化面积占我国西南地区石漠化总面积（11.35 万 km²）的 24%，是我国石漠化严重的省（自治区、直辖市）之一。

表1-2　广西各等级石漠化面积统计表

项目	重度石漠化（km²）	中度石漠化（km²）	轻度石漠化（km²）	石漠化总面积（km²）	石漠化总面积占广西总面积（%）
面积	6 878.41	11 504.10	8 912.06	27 294.57	11.6

区域分布上，广西岩溶石漠化具有如下规律（图1-1）：

1）在行政区域上，广西以桂西北和桂中地区为主，桂东北有局部分布；行政区域主要包括百色市、河池市、柳州市、来宾市和桂林市。

2）流域上，主要分布于珠江流域上游，以红水河流域石漠化最严重。

3）石漠化的分布与岩石类型和地质构造关系密切，纯石灰岩与灰岩和白云岩互层的岩溶地区石漠化分布面积广而严重，不纯石灰岩和白云岩岩溶地区石漠化相对较轻（表1-3）。构造隆起区如百色市、河池市石漠化严重，而构造沉降带如玉林市、贺州市、南宁市石漠化不严重。

4）地貌上，以典型岩溶地貌峰丛洼地和峰林洼地石漠化最严重，不但石漠化面积大，而且是重度石漠化分布的主要地貌区（表1-4）。此外，岩溶丘陵和岩溶平原也是广西石漠化的重要分布区，其中多为中、轻度石漠化分布区。

5）石漠化的分布与人口密集、干旱缺水、经济落后等人为因素密切相关，第2章将详细阐述。

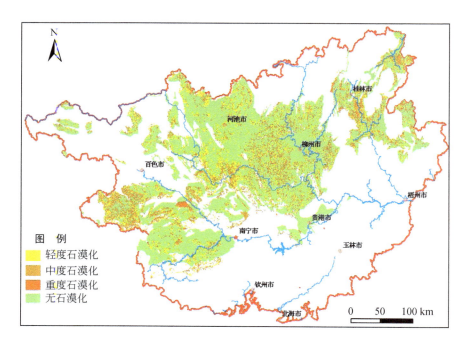

图1-1　广西岩溶石漠化分布

表1-3　广西岩溶区不同岩石石漠化面积分布　　　　（单位：km²）

类型	纯灰岩	纯白云岩	灰岩、白云岩互层	碳酸盐岩夹碎屑岩	碳酸盐岩与碎屑岩	碎屑岩夹碳酸盐岩	合计
重度石漠化	5 163.1	97.31	1 093.06	240.92	5.22	278.79	6 878.40
中度石漠化	8 663.48	180.6	1 867.11	247.92	15.9	529.08	11 504.09
轻度石漠化	6 518.61	107.6	1 521.21	233.7	27.38	503.56	8 912.06
合计	20 345.19	385.51	4 481.38	722.54	48.5	1 311.43	27 294.55

表1-4　广西不同岩溶地貌石漠化面积分布　　　　（单位：km²）

类型	岩溶槽谷	岩溶山地	峰丛洼地	峰林洼地	岩溶平原	岩溶丘陵	岩溶盆地	合计
重度石漠化	79.91	2.93	3 160.39	2 257.75	880.58	496.73	0.12	6 878.41
中度石漠化	164.38	42.25	5 632.67	3 273.57	919.35	1 463.31	8.57	11 504.1
轻度石漠化	83.79	55.51	3 989.78	2 687.57	939.26	1 152.61	3.56	8 912.08
合计	328.08	100.69	12 782.84	8 218.89	2 739.19	3 112.65	12.25	27 294.59

1.3　广西以县为单位的岩溶石漠化分布面积

在广西岩溶区面积9.7万km²内有69个县存在石漠化现象（表1-5）。

表1-5　广西各县市石漠化面积

县（市）名	土地面积（km²）	重度石漠化（km²）	中度石漠化（km²）	轻度石漠化（km²）	合计（km²）	石漠化所占比例（%）
都安瑶族自治县	4 095.00	446.10	712.86	578.40	1 737.36	42.43
靖西县	3 331.00	317.34	963.77	440.57	1 721.68	51.69
大化瑶族自治县	2 731.00	469.69	650.58	524.57	1 644.84	60.23
南丹县	3 916.00	323.48	651.77	385.76	1 361.01	34.76
忻城县	2 541.00	474.48	331.12	298.69	1 104.29	43.46
平果县	2 485.00	441.82	434.17	211.24	1 087.23	43.75
宜州市	3 869.00	394.75	368.59	274.93	1 038.27	26.84
来宾县	4 364.00	361.35	338.79	307.33	1 007.47	23.09
马山县	2 345.00	137.68	475.11	299.10	911.89	38.89
全州县	4 021.19	47.26	558.88	265.56	871.70	21.68
德保县	2 575.00	126.46	525.82	209.27	861.55	33.46
柳江县	2 504.00	292.21	283.13	251.73	827.07	33.03
天等县	2 159.23	178.90	373.35	262.90	815.15	37.75
环江毛南族自治县	4 572.00	33.78	257.17	315.40	606.35	13.26
柳城县	2 124.00	178.77	261.10	127.25	567.12	26.70
阳朔县	1 428.00	127.59	227.88	211.06	566.53	39.67

续表

县（市）名	土地面积 （km²）	重度石漠化 （km²）	中度石漠化 （km²）	轻度石漠化 （km²）	合计 （km²）	石漠化所占 比例（%）
扶绥县	2 873.60	144.80	172.46	243.83	561.09	19.53
罗城仫佬族自治县	2 658.00	189.89	180.50	163.69	534.08	20.09
上林县	1 890.00	262.85	130.17	123.32	516.34	27.32
大新县	2 755.00	82.52	174.22	255.07	511.81	18.58
河池市	2 340.00	93.94	152.92	210.71	457.57	19.55
东兰县	2 415.00	90.26	181.28	156.16	427.70	17.71
那坡县	2 231.00	91.49	200.00	125.20	416.69	18.68
鹿寨县	3 347.70	137.12	131.40	123.21	391.73	11.70
隆安县	2 264.70	73.53	157.09	123.21	353.83	15.62
田东县	2 816.00	100.69	138.54	108.93	348.16	12.36
崇左县	2 951.00	59.63	124.28	162.62	346.53	11.74
凤山县	1 738.00	92.78	166.54	85.75	345.07	19.85
巴马瑶族自治县	1 971.00	31.79	128.15	135.76	295.70	15.00
武鸣县	3 366.00	2.79	186.53	101.91	291.23	8.65
象州县	1 898.00	81.37	100.05	105.65	287.07	15.12
融安县	2 905.00	53.73	93.40	128.16	275.29	9.48
隆林各族自治县	3 543.00	28.62	132.92	106.91	268.45	7.58
平乐县	1 919.34	91.41	85.42	89.83	266.66	13.89
富川瑶族自治县	1 572.00	136.42	53.34	65.92	255.68	16.26
乐业县	2 617.00	17.35	137.10	100.15	254.60	9.73
凌云县	2 037.46	12.88	120.85	103.71	237.43	11.65
田阳县	2 394.00	22.16	100.82	99.59	222.57	9.30
钟山县	1 862.00	101.57	58.91	55.60	216.08	11.60
武宣县	1 739.00	58.39	73.68	74.32	206.39	11.87
灵川县	2 287.00	27.14	81.17	95.77	204.08	8.92
荔浦县	1 758.62	41.09	70.43	71.91	183.43	10.43
龙州县	2 317.80	32.28	54.23	90.57	177.08	7.64
恭城瑶族自治县	2 149.00	55.96	53.52	61.60	171.08	7.96
临桂县	2 202.00	34.34	59.94	57.20	151.48	6.88
田林县	5 577.00	11.68	77.95	35.16	124.79	2.24
灌阳县	1 837.00	17.84	55.62	46.61	120.07	6.54
桂林市	551.85	17.22	65.98	30.86	114.06	20.67
贵港市	3 538.00	36.64	33.16	40.35	110.15	3.11
合山市	350.00	28.50	31.27	33.06	92.83	26.52
宁明县	3 698.00	7.23	32.12	52.82	92.17	2.49

续表

县（市）名	土地面积（km²）	重度石漠化（km²）	中度石漠化（km²）	轻度石漠化（km²）	合计（km²）	石漠化所占比例（%）
昭平县	3 273.00	33.45	20.12	34.14	87.71	2.68
天峨县	3 196.00	3.90	46.57	31.71	82.18	2.57
融水苗族自治县	4 663.80	12.04	33.26	36.16	81.46	1.75
永福县	2 806.00	11.24	31.46	35.95	78.65	2.80
兴安县	2 348.00	12.96	21.88	24.21	59.05	2.51
柳州市	679.00	19.78	19.30	9.47	48.55	7.15
宾阳县	2 314.00	15.28	19.79	11.17	46.24	2.00
西林县	3 019.58	1.07	24.07	18.04	43.18	1.43
贺县	5 147.00	5.29	22.63	15.21	43.13	0.84
百色市	3 717.00	1.06	19.58	17.14	37.78	1.02
横县	3 464.00	18.93	6.32	10.02	35.27	1.02
金秀瑶族自治县	2 518.00	9.92	10.62	9.80	30.34	1.20
凭祥市	650.00	3.15	9.99	14.02	27.16	4.18
南宁市	1 938.00	0.44	8.48	11.14	20.06	1.04
桂平市	4 074.00	10.32	0.00	0.00	10.32	0.25
龙胜各族自治县	2 538.00	0.00	0.00	3.48	3.48	0.14
蒙山县	1 297.00	0.00	0.00	0.87	0.87	0.07
邕宁县	4 725.00	0.00	0.00	0.65	0.65	0.01
合计	185 797.90	6 878.41	11 504.10	8 912.06	27 294.57	14.69

注：表中数据来源于国土资源部航空物探遥感中心《西南岩溶石山地区石漠化遥感调查与演变分析项目成果报告》P175～178；1999～2000 年 1/50 万 TM 遥感解译结果

在广西岩溶石漠化区中，石漠化面积大于 100 km² 的县市有 49 个，石漠化面积大于 200 km² 的县市有 41 个，石漠化面积大于 300 km² 的县市有 28 个，石漠化面积大于 500 km² 的县市有 20 个，石漠化面积大于 1000 km² 的县市有 8 个。石漠化面积占国土面积比例大于 30% 的县市有 11 个。综合考虑，广西石漠化最严重的是都安、大化、靖西、忻城、马山、平果、天等、南丹、罗城、来宾等县市，石漠化已经成为这些县域经济社会发展与生态环境建设的重要制约因素和不利环境条件。

1.4　广西岩溶石漠化的特点

与我国西南其他省（自治区、直辖市）相比，广西的岩溶石漠化有如下特点。

1）石漠化的发生率高。由于广西碳酸盐岩岩石成分较纯，岩溶作用后缺乏土壤覆盖，岩石容易裸露，而且广西水热条件在西南岩溶地区相对较好，岩溶速度快而强烈，不但造成了举世闻名的典型峰林岩溶地貌，也使石漠化最容易发生。虽然受岩溶面积的控制，石漠化总面积少于贵州和云南，但石漠化发生率相对更大（表1-6）。

表1-6 广西20世纪80年代末与90年代石漠化面积统计对比表

省（自治区）	岩溶面积（万 km²）	重度石漠化（km²）	中度石漠化（km²）	轻度石漠化（km²）	石漠化总面积（km²）	石漠化发生率（%）
广西	9.7	6 878.41	11 504.10	8 912.06	27 294.57	28.1
贵州	12.96	5 249.58	11 895.93	15 331.22	32 476.73	25.1
云南	11.09	10 591.82	10 586.06	7 142.52	28 320.4	25.5

2）广西石漠化地区土壤贫乏，很多地区无土可流。2005～2007年开展的全国水土流失与生态安全考察活动的成果表明，西南岩溶石漠化区不但水土流失过程复杂，而且已几乎无土可流（蒋忠诚等，2010），其中以广西最为严重。据水利部水土保持监测中心提供的水土流失第3次遥感（2002年）数据表明，西南岩溶考察石漠化区内水土流失面积143 064.7 km²，占石漠化土地面积的26.3%；从行政单位看，滇东地区水土流失面积59 740.71 km²，占石漠化土地面积的45.2%，贵州水土流失面积73 078.56 km²，占石漠化土地面积的41.52%，广西水土流失面积10 369.43 km²，只占石漠化土地面积的4.38%。从图1-2看，广西绝大部分岩溶地区已不是水土流失区。这个结果不是说明广西岩溶地区水土流失不严重，而是说明，一方面岩溶地区水土流失过程复杂，主要向地下河漏失，地面遥感难以监测；另一方面石漠化区已几乎无土可流，所以相对来说，土壤侵蚀模数较低。实际上，我国西南岩溶石漠化区的水土流失正导致耕地迅速减少，问题十分严重和危急。对此，国家水土保持部门正在组织专家修订岩溶地区的水土流失标准，并在全力采取措施加强西南岩溶石漠化区的水土保持工作。

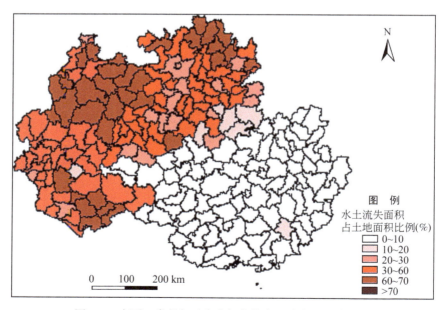

图1-2 广西、贵州与云南东部各县水土流失强度分布图

3）广西石漠化不但造成恶劣的生态环境与生产条件，而且岩溶内涝灾害加剧广西岩溶石漠化地区不但与其他省（自治区、直辖市）一样，造成植物退化、缺水少土、生态环

8

境脆弱、生产和生活条件恶劣，而且还造成严重的岩溶内涝灾害。峰丛洼地和峰林洼地地区发生的洪涝灾害，称为岩溶内涝。虽然贵州和云南等地也有发生，但因其峰丛洼地的分布面积和典型性不如广西，所以岩溶内涝灾害也不如广西频繁和严重。

对于岩溶内涝，1950 年以前广西很少有记载，之后才逐渐有一些零星记载。近年来，广西岩溶内涝灾害非常频繁，主要由石漠化造成。石漠化不但加重水土流失，能使洼地中落水洞的排水廊道堵塞，而且水土保持能力锐减，使原来森林的储水量转化为石山的坡面流并形成洪峰流量，所以使洪涝灾害呈逐年加重的趋势。例如，马山县古寨乡拉段屯，是典型的峰丛洼地。在 20 世纪 60 年代以前，周围峰丛山体都由森林覆盖，农田分布于洼地底部，由于森林调蓄水资源的作用，周围山坡上和山脚下岩溶表层带或包气带岩溶泉长年不断，水量丰富，洼地可做水田并从不受淹。60 年代以后，森林逐渐被破坏，森林覆盖率不足 6%，石漠化严重，水土流失加剧堵塞洼地中落水洞的部分排水廊道，降水后由于缺乏森林调蓄水资源的作用又使坡面径流迅速汇集在洼地中，因此，目前几乎年年都发生内涝灾害。尤其是 2005 年的 6 月 19～21 日的连续降水，造成特大内涝，洼地水深最深可达 18 m，大部分房屋被浸没，洼地中的积水持续至 7 月 20 日才渐渐消退完，农作物颗粒无收，全屯 127 人不得不依靠当地政府资助的帐篷到山顶居住近一个月。

4）很多石漠化地区的地貌景观奇特秀丽，需要保护。广西的石漠化，尤其是重度石漠化主要发生在峰丛洼地和峰林洼地地区，裸露的石峰使之地貌景观像宝塔，非常奇特和挺拔，是桂林、柳州、宜州等旅游地貌景观特色所在。而且一些裸露峰体不同颜色岩石组成的表面形成很多如画的图案，如桂林漓江九马画山、碧莲峰都是举世闻名的景点。对这些景点的石漠化，不但不能进行人工植被恢复，而且需要对特殊景色保护，这是研究广西石漠化综合治理需要特别关注的另外一方面。

第 2 章　岩溶石漠化的形成过程与演变

2.1　广西石漠化的发展历史

石漠化的形成过程是一系列自然生态因素与人类活动叠加于碳酸盐岩基质上的结果，而肇始于植被退化。植被被大规模持续破坏，使有限的水土经历快速、大量流失，从而导致岩石的普遍裸露。因此植被覆盖的根本变化是石漠化形成演化的先决条件。

历史上，广西岩溶区的植被一直较好。公元 1637 年，徐霞客游于广西，"入兴安界，古松时断时续，不若全州之连云接嶂矣"，当时植被还是十分繁茂的。在桂林一带的游记中，对石山植被的记载见于各处，如"其东峭崖上有洞可深入。时以开道伐木……"、"复见一洞西向……为僧伐木倒架"、"出洞，绕屏（桂林市内屏风山，编者注，下同）北而西，闻伐木声丁丁"、"陂塘高下，林木翛然"、"上有危石怪木……顶南（桂林市内宝积山）荒草中有两碑……其侧崖棘中……"、"振衣出棘刺中，又扪崖直上，遂出其巅"等，桂平附近则"丛木亏蔽①；大面积岩石裸露是非常明显的现象，但未见记载于游记中。由此推测，明朝时期，广西山峰普遍被覆森林，少量地方生长藤刺灌丛，峰顶局部分布草丛，全区基本无石漠化现象。

广西在清朝乾隆后期，随着人口的激增，人均耕地下降一半以上。由于广西平原地少，"人满为患"与"耕地不足"的矛盾使得垦地不得不向山地发展，从而造成"悬崖幽壑，靡不芟其翳，焚其芜而辟之以为田"、"人力无遗，而地力始尽"的现象。与贵州始于雍正时期的开发导致石漠化现象（韩昭庆，2006）的情况和时期类似，此时期广西较易开垦耕种的石山区域应已出现了较明显的植被退化。此外，广西基本上没有大规模、反复持续的战争，也没有明显记载的大规模森林砍伐。此阶段主要由于人口增长和垦荒，植被有较大程度的退化，但由于平地较贵州多，耕地开发对山峰植被的大规模破坏可能较少，石漠化现象不如贵州严重和广泛，可能有轻微的石漠化现象。

民国时期，特别是抗战时期，广西境内战火反复，对植被有较明显的破坏，岩溶石山区植被退化问题已经突显。广西植物学先驱钟济新教授从 20 世纪 40 年代即已关注裸露石山植被恢复问题。

20 世纪 50 年代末"大炼钢铁"对全广西的植被有一次整体性的破坏，紧随着 60 年代大搞开山造田，石山区森林植被遭受根本的毁坏，并且未能得到恢复休养，水土也经历了持续、大规模的流失。至此，广西岩溶石山区开始出现较大面积的石漠化现象。60 年代，广西西部即已开始选育石山绿化树种，用于解决用材、薪炭与植被恢复问题（覃尚民

---

① 明，徐宏祖，《徐霞客游记》。

等，1982）。广西岩溶区民众的思想意识深深地刻上贫困文化的烙印，自觉或不自觉地以破坏环境和掠夺自然资源为代价，来满足不断增长的人口需要。然而 70 年代末至 80 年代初期，由于农村经济体制变动，残存的次生林再次遭到严重破坏，并且与开荒耕种相伴发展，其后石漠化也经历了一个快速增长时期，从 80 年代末到 90 年代末的 12 年内石漠化面积净增 6421.45 km^2，平均年增长 535.12 km^2，年增长速率为 2.26%。1984 年以后，广西实施"村村通公路"工程，实施过程中基本上没有采取保护植被与防止水土流失的措施；另外在修建水库等大型基本建设项目时，一些建设单位为了取材方便，没有对石山环境保护多加考虑，随意开采，也使石山地区的环境破坏严重，加剧了石山区的植被破坏和水土流失，并加重了石漠化现象。此外，20 世纪 70 年代中越边境激烈的战争，也使得岩溶石山植被遭受严重破坏，导致了交战区域的石漠化现象，至今一些地方植被尚未恢复。

20 世纪 90 年代末，石漠化灾害与岩溶区居民贫困的问题叠加在一起，逐渐引起了国家的高度重视，一系列治理政策和措施纷纷出台和开展，一些典型的综合治理区石漠化得到了初步遏制，但总体上仍在加剧。

总之，广西直至明、清时期均没有石漠化现象的记载。石漠化较大面积的出现始于 20 世纪 60 年代，迅速发展扩大于 80 年代末至 21 世纪初。随着 21 世纪石漠化治理力度的加强，也仅呈现局部好转、总体恶化的态势。

2.2　广西岩溶石漠化的形成过程

广西岩溶石漠化过程是岩溶生境逆向演替的过程，受广西地质构造，岩性岩层分布，岩溶发育状况，水文地质，物理、化学、生物过程，人口发展，生活经济状态等多方面综合作用，是复杂的土地系统退化过程。

2.2.1　岩溶石漠化的地质过程

广西地处滨太平洋构造带与古地中海—喜马拉雅构造带的复合部位，华南加里东褶皱系的西南端，地质构造复杂，具多期多次构造运动特征（广西地质矿务局，1994）。加里东末期的广西运动（晚志留世—早泥盆）使广西结束了地槽发育与沉积，进入准地台发育阶段，并与扬子地台连成一体，形成以浅海相碳酸盐岩建造为主的准地台型沉积。中三叠世末—晚三叠世之交的印支运动，使广西上升为陆，结束海相环境进入陆盆发育阶段，古老的碳酸盐岩发生褶皱，为岩溶形成和发展奠定了构造基础，成为广西持续 2 亿多年岩溶发育史的开端。白垩纪期间燕山运动，紧密伴生断裂、褶皱，岩溶进一步发育。第四纪时期处于间歇性掀斜抬升中，其抬升斜面是上新世以来中国境内以青藏高原为中心的巨大阶梯状抬升斜面的组成部分，形成了西高东低的总体趋势。构造运动是岩溶发育的重要因素，广西新生代地文期与岩溶发育历史关系如表 2-1 所示。多次构造运动，使岩石中的断裂、裂隙、节理特别发育，提高了岩石的次生渗透性，为水岩相互作用、地下水运动创造了条件。晚白垩世以来，广西总体上属于湿润热带亚热带区，这些都有利于岩溶的深度演化、岩溶地貌的发育，形成了现今广西地表山高谷深，河流深切，地表破碎，正、负地形发育，地下河网复杂的岩溶地质背景，是广西岩溶石漠化过程的地质背景。

表 2-1　广西新生代地文期与岩溶发育历史

岩溶时期	第三岩溶期（S_3）	第二岩溶期（S_2）	第一岩溶期（S_1）	前新生代岩溶期（S_0）
时代	第四纪（Q）	晚第三纪（N）	早第三纪（E）	白垩纪（K）
地壳运动	新构造运动	喜山运动二幕	喜山运动一幕	燕山运动
岩溶阶段	红水河期	峰林期	桂西期	残留的峰顶
岩溶发育特征	西部红水河深切，形成峡谷，为峰丛－溶洼及峰林－溶盆山地；东部相对稳定，以溶原－峰林为主，具数层溶洞	海拔 200～1000 m 的峰林顶面	海拔 300～1500 m 的峰顶面。自东向西增高，西部有峰丛－溶洼，东部为孤峰－溶原	桂东为海拔 350～400 m 以上，桂西约为海拔 1500 m 以上

广西岩溶地貌属于热带岩溶地貌类型，其地貌发育地质历史漫长，发育过程复杂，由于内动力地质作用（构造运动、岩浆活动等）不同，广西各地隆升海平面遭受剥、侵、溶时间和强度不一致。构造、营力（内外营力）、时间三大要素相互作用下形成了现今广西不同的地貌类型（表2-1）。宏观上将广西热带岩溶地貌分为三大地貌类型区：Ⅰ区以玉林、贵港为代表的桂东南热带岩溶平原（残山平原）地貌类型区。是广西受剥蚀最早、时间最长的地区，均处于晚二叠—中三叠世热带湿润环境中，剥、侵、溶作用最强烈，进入热带岩溶地貌发育的"老年期"，岩溶地层基本被剥蚀殆尽，留下大面积岩溶平原，少见岩溶石漠化现象。Ⅱ区以桂林、柳州为代表的桂东北—桂中—桂西南热带峰林平原地貌类型区。又可分为两个亚区，即桂林—阳朔—贺州的桂东北区热带岩溶发育时代较早，发育时间较长，热带岩溶地貌类型发育比较齐全、配套，发育深化、典型，是热带岩溶地貌类型多样化的模式地区。柳州—桂西南地区发育稍晚，发育时间相对较短，热带岩溶峰林地貌不太深化和典型。Ⅱ区处于热带岩溶地貌发育中的"中年期"，大多岩溶石漠化处于轻度石漠化状态。Ⅲ区以都安、乐业为代表的桂西、桂西北热带峰丛洼地地貌类型区，该区是热带岩溶地貌发育最晚、发育时间最短的一个地区，热带岩溶在垂向上得到强烈发育，形成了以高峰丛洼地为主的热带岩溶地貌，处于热带岩溶地貌发育的"青年期"。是广西岩溶石漠化最严重的地区。第三纪基本形成的峰丛洼地，在第四纪出现的侵蚀溶蚀地貌不乏土壤瘠薄、基岩裸露的岩溶石漠化现象。可见，从地质－历史时期已经出现岩溶石漠化问题。

广西碳酸盐岩地层发育，有元古代至早古生代地槽型沉积、晚古生代准地台型沉积、中生代陆缘活动带盆地沉积。晚古生代和中生代下中三叠统的碳酸盐岩地层基本为连续沉积，分布集中，主要分布在桂中、桂西和桂西北，广西碳酸盐岩系的累积厚度为 10 677～24 790 m。岩性类型随时空变化而变化，白云岩类随着时间的推移而逐渐减少。自寒武系中统到泥盆系中统下部，以白云岩为主，灰岩次之；泥盆系中统上部至石炭系，除大埔组为白云岩外，其余各层位以灰岩为主，燧石灰岩普遍出现，灰岩、白云岩的过渡类型较常见；二叠系以灰岩、燧石灰岩为主，灰岩、白云岩的过渡类型相对减少；三叠系以灰岩、白云岩为主，不纯灰岩较多。碳酸盐岩溶蚀残余物组成类型和含量差异很大，即使纯质灰岩或白云岩也是如此（表2-2），地表土层厚度与碳酸盐岩中所含的酸不溶物含量关系密切，连续碳酸盐岩酸不溶物含量较不纯碳酸盐岩低，成土速率也低。总体上，纯的碳酸盐岩区中度、重度岩溶石漠化发生率较高；灰岩含量降低，各等级岩溶石漠化程度降低；随碎屑岩含量增多，岩溶石漠化程度下降；灰岩与白云岩互层的岩系最易发生岩溶石漠化。岩性控制成土速率，直接决定了岩溶区土壤量，从而影响岩溶石漠化过程。

表 2-2　广西质纯碳酸盐岩的平均成分含量　（单位:%）

成分	T（三叠纪）		P（二叠纪）		C（石炭纪）		D（泥盆纪）	
	桂西	桂中、桂东	桂西	桂中、桂东	桂西	桂中、桂东	桂西	桂中、桂东
方解石	61.62	81.89	87.99	84.01	70.13	68.24	72.47	79.99
白云石	29.80	14.63	10.41	12.40	28.76	29.30	25.70	17.43
酸不溶物	8.58	3.48	1.60	3.60	1.11	2.46	1.83	2.58

2.2.2　岩溶石漠化的景观过程

　　广西岩溶山地景观的破碎包括地貌的破碎和植被斑块的破碎，岩溶石漠化景观的破碎化主要是指植被斑块的破碎化。近几十年以来，随着人类不合理活动的增加，广西岩溶石漠化不断扩展，自然的岩溶植被破坏严重，岩溶森林分布零星。岩溶山区局部保留的小面积"神山"和"风水林"，成为岩溶石漠化区的绿色"孤岛"，大部分地区形成了以成片裸露基岩的荒山为基质，平耕地、坡耕地、林地、茂盛灌丛斑块零星分布的景观模式。对于岩溶石漠化景观为主的自然土被覆盖类型，因其构成景观基质破碎化程度低，往往形成均质的岩溶区域景观背景，表现出粗粒化的景观格局。规模较大、连通度较高的斑块日益被分割为分离的碎小斑块（表 2-3）。

表 2-3　广西石漠化景观空间整体指标

景观格局指标	多样性指数	优势度指数	均匀度指数	最大多样性指数	破碎化指数
石漠化景观格局	0.295	0.4431	0.1477	2	0.0988

　　广西岩溶山区是典型的多种基质、多层次的景观生态过渡带，具有很强的空间和时间异质性，即景观镶嵌体在三维立体空间的高对比性，广西岩溶区景观镶嵌体主要是由桂东南岩溶平原，桂东北—桂中—桂西南峰林平原，桂西、桂西北峰丛洼地斑块构成，并被纵横交错的道路切割。碳酸盐岩与非碳酸盐岩的层组结构不均一性，导致碳酸盐岩溶蚀产生的岩溶现象具有明显的团块状和条带状特征，部分岩溶区域镶嵌非岩溶景观，在岩溶石漠化成片分布区域也夹杂部分非石漠化景观；从东北往西南一线，广西岩溶地貌发育齐全，岩溶平原、峰林平原、峰丛谷地、峰丛洼地区带分布，岩溶地貌发育新老形态交错镶嵌，岩性岩层及地貌的镶嵌景观形成了广西岩溶环境的分异特征。不仅控制着土壤发育、水文地质状况的分异，直接影响水土流失的发生发展，还决定着人口聚居和土地利用的空间分异。在宽缓分水岭，岩溶生态环境良好，石漠化程度小；在深切峡谷区，特别是峰丛洼地，生态脆弱度高，生态环境恶劣，对人为活动的生态效应具有放大作用。广西岩溶景观分异原因多样，大尺度的景观分异受地貌演化和河流切割控制，中尺度的景观分异受碳酸盐岩岩性控制，小尺度的景观分异受岩溶作用发育强度控制。复杂的地质构造、地层、深

切河流将广西岩溶山区分割成许多水、热、生物地球化学背景条件多样的岩溶小单元。其地质地貌、水文土壤、植被和小生境组合结构的作用过程，导致了植被演替分异，形成不同类型与气候、土壤等相适应的顶级群落。

广西岩溶石漠化景观过程具有以下几个特点。

（1）岩溶景观本底脆弱性

广西岩溶石漠化区景观具有本底脆弱性，主要是在特殊的岩溶地质背景下，出现的结构性和功能性脆弱。主要表现在：环境容量小，恢复梯度大，植被易破坏难恢复；水文过程变化迅速，旱涝交替发生；植被生长过度依赖于受环境影响明显的岩溶生境条件；植被恢复演替主导着岩溶生态环境的良性演化；碳酸盐岩成土速率低，土壤允许侵蚀量有限。再加之人类不合理经济活动带来的胁迫性脆弱，如水资源利用与土地利用的不合理，过度开垦造成土壤侵蚀量增大，植被遭破坏严重，生物多样性受损等。三种脆弱性共同作用，加剧了岩溶生态系统的脆弱性和退化，导致景观的不稳定性、低抗逆性和难恢复性，加快了岩溶石漠化进程。

（2）人为干扰下，岩溶景观动态快速变化

岩溶石漠化扩展，即岩溶景观空间格局是地质背景条件和人类活动叠加的产物，景观演变迅速且具有区域性。清朝就零星出现岩溶石漠化现象，20世纪40~60年代生态环境破坏严重，并一直持续到80年代，至今仍然存在不间断的人为干扰。根据1999年TM影像，广西石漠化面积约27 294.57 km²，占西南岩溶石山地区石漠化面积的26%，占广西总面积的14.93%，占广西出露碳酸盐岩总面积的30.07%，是西南岩溶区岩溶石漠化分布面积第三大省。近10年来石漠化面积以每年91.4 km²的速度在增长。近50年内，森林覆盖率下降约30%，植被逆向演替面积增大，80%的岩溶泉干涸，重大干旱发生频率增大，从每10年1次增长到每10年3次。伴随岩溶景观生态变化，石漠化景观发展迅速，彻底改变了原有的植被生态景观格局，大量人工斑块的出现和掠夺性农业生产方式使整个岩溶生态系统极不稳定，基质、斑块、廊道都处于波动状态。随着人工经济林的发展，局部地区的森林基质不断扩大，稳定的人工林斑块增多，不稳定的耕作斑块减少；随着居住斑块的强化和集中，人工廊道的快速增长，全体景观格局的稳定性仍受威胁。

岩溶景观的动态变化与水源关系密切，"有水一片绿，无水一片荒"是石漠化区的真实写照。在山盆期地貌被保存处，多为残丘溶原或峰林盆地，并堆积有较厚的红黏土，河谷宽广，水流平缓，地下水位低，不易发生岩溶石漠化。岩溶峰丛洼地及峰丛谷地，由于地下水埋藏深，地面干旱，雨季时地表水水力坡度大，水土极易流失，在种种内外自然营力作用下，容易发生岩溶石漠化并扩大面积。

（3）景观整本退化的岩溶石漠化

人为干扰通过改变岩溶生境多样性、岩溶生态系统结构、水文过程和生物地球化学循环影响整个岩溶生态景观及其生态系统服务功能。广西岩溶石漠化过程从景观角度来看，包括景观结构退化和景观功能退化，具体表现在以下几个方面：①景观组合关系变化，组成景观生态系统的基质发生变化，景观形态上破碎化，生境多样性减少，生态系统趋向简单化。森林斑块数量和面积减少，灌丛、草地、裸地、耕地及交通建设用地等斑块在数量和面积上不断增加。②景观组分性质劣化，植被类型简单化和隐域化。土壤退化明显，基岩大面积裸露，生物组分变化，除生物资源种类、数量分布面积减少外，单优种群增加，生物组分组合后总"优势化"现象明显。③景观生态过程良性循环减弱。水文生态循环被破坏，使景观生态系统生产力下降，原本脆弱、生产力相对低的岩溶亚热带森林逐渐被结构简单、稳定性弱、生产力低的岩溶灌丛、草丛取代。④景观生态系统抗性降低。表现为自然灾害日益频繁。

在人类不合理活动的干扰下，加剧了岩溶山区脆弱的生态环境以"石漠化"为特征的景观演化和景观破碎化进程。在山地自然条件的制约下，人为干扰呈蚕食性扩展，导致景观日趋破碎，规模较大、连通度较高的斑块日益被分割为分离的碎小斑块。景观利用在"垂直"方向不适宜的匹配（如陡坡垦殖）和在"水平"方向不合理的空间布局（如景观碎裂化），潜在石漠化景观破碎，小尺度上的斑块和环境异质性强，小生境多样，而重度石漠化以裸岩、裸土占优势，斑块相对呈集群分布。岩溶生态系统石漠化过程更大程度上取决于斑块类型的分布部位、破碎度与连接度等。生态系统景观格局控制着生态系统内物质循环的"源"、"汇"关系，其中最重要的就是土壤侵蚀导致基岩裸露；生物变化与环境变化的因果互动关系也因生态系统景观格局不同而存在一定的差异。潜在石漠化土地系统，是以林灌为基质，由于不合理垦殖活动形成的裸岩呈斑块状分布于景观基质的景观格局。重度石漠化土地系统以裸岩、裸土为优势生态类型。潜在石漠化土地系统和重度石漠化土地系统的景观格局和发展模式代表了西南岩溶山地石漠化土地的典型类型。

2.2.3　岩溶石漠化的土壤退化过程

岩溶区土壤退化过程是岩溶石漠化过程的重要组成部分，同时是岩溶生态环境恶化和制约岩溶区农业发展的重要因子。随着岩溶石漠化的加剧，岩溶区土地不断丢失，土壤的物理化学性质也不断变化，土地生产力大大下降。

土壤丢失是岩溶石漠化最明显的表现，主要有土壤流失和土壤漏失两种形式。岩溶区土壤流失受降水强度和时间分布上的影响，降水量超过 60 mm 的降水，特别是历时短强度大的暴雨极易导致土地退化现象的稀疏灌丛坡地和坡耕地产生大量土壤流失。发育的岩溶区，特别是岩溶石漠化严重的峰丛洼地，存在的土壤二元赋存特征，使岩溶地区土壤亏损过程并不完全依赖于水土流失速率，地下和地表空间的连续存在致使地表土壤向岩石裂隙、洞穴等地下迁移堆积，土壤不需要远距离搬运就从地表消失，形成特殊的垂直土壤丢失过程，使土壤堆积在地下空间，强化了土壤堆积的二元赋存格局。不同地貌部位各侵蚀类型的表现形式和强度差异较大，在坡面上，土壤流失均以地下漏失为主；洼地底部土壤流失以地表流失为主（图 2-1），但是最终通过落水洞转成地下河管道流失。

岩溶山区土壤流失是化学溶蚀、重力侵蚀、地下径流侵蚀和地表径流侵蚀综合作用的结果。如图 2-1 所示，粗略地将植被破坏、土被丢失，最终形成岩溶石漠化的过程分为 5 个阶段。土地退化过程与岩溶石漠化的形成密切相关。在地表坡面径流和岩溶渗漏的作用下，岩溶土壤不断丢失；人为耕种等强烈扰动下，加剧土壤丢失速度，裸露岩石面积也不断增加，岩溶石漠化面积不断加大。同时，岩溶石漠化的出现，地表裸露又加速了土壤沿岩面的流失和垂直方向的漏失。可见，土壤丢失与岩溶石漠化相互作用，互相促进。

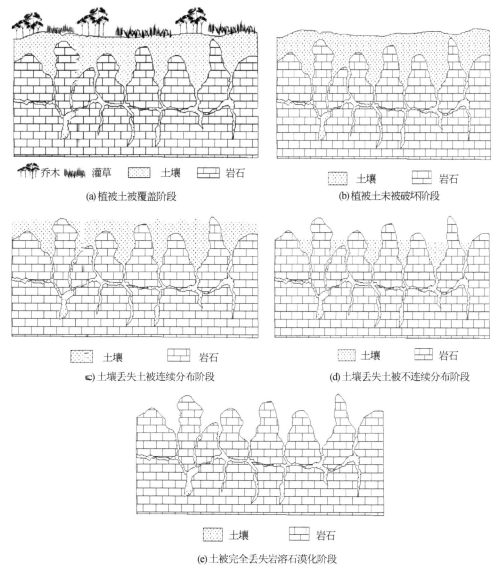

(a) 植被土被覆盖阶段 　　乔木　灌草　土壤　岩石

(b) 植被土未被破坏阶段　土壤　岩石

(c) 土壤丢失土被连续分布阶段　土壤　岩石

(d) 土壤丢失土被不连续分布阶段　土壤　岩石

(e) 土被完全丢失岩溶石漠化阶段　土壤　岩石

图 2-1　岩溶石漠化的土壤退化过程图

　　不同碳酸盐岩的组分不同，在风化方式、成土特性、水文地质等方面有较大差异，这种差异引起了不同岩石类型区地表生态环境因子的组合和质量的较大差别，也影响着土壤的理化性质。岩溶区土壤物理性质受流水侵蚀作用影响，侵蚀程度的大小与植被状况，如植被的类型、盖度等密切相关。在岩溶石漠化过程中，中度至极严重石漠化的土壤，总孔隙度低，而毛管孔隙度和通气孔隙度较高，重度石漠化土壤主要是由单一的粗颗粒垒结而成，增加了通透性，造成土壤对水、肥、气、热等因素的容蓄、保持和释供能力的恶化和丧失。伴随着土壤细粒组成的丧失和颗粒的粗化，土壤水稳性团聚体数量表现为非石漠化

>轻度石漠化 > 中度石漠化 > 严重石漠化 > 极严重石漠化。土体结构被破坏，容重增加，孔隙度降低，持水性能变劣。

岩溶石漠化过程中，土壤生物化学性质发生变化。土壤保肥性能逐渐恶化，土壤有机质和氮、磷养分逐渐丧失。土壤微生物参与土壤的碳、氮、磷等元素的循环过程和土壤矿物的矿化过程。土壤微生物是供给植物营养元，改变土壤腐殖质的主力，土壤腐殖质为非石漠化 > 轻度石漠化 > 中度石漠化 > 严重石漠化 > 极严重石漠化；而岩溶区植物群落演替与土壤微生物种类和数量关系密切，土壤环境决定土壤微生物状况，土壤微生物的生长分布在不同程度上改善着岩溶区土壤的理化性质。随着石漠化程度的加剧，土壤微生物数量呈降低趋势。岩溶石漠化过程中土壤氧化还原能力减弱，从而不利于土壤中某些有毒物质转化和土壤腐殖质的形成。

岩溶石漠化区土壤质量退化有两种类型，渐变型退化过程为无石漠化→轻度石漠化→中度石漠化→重度石漠化，随着人类利用土地强度的加大，当地表覆被被破坏后，土壤丢失逐渐加剧，水土流失严重，随着时间的推移，土壤质量渐进地、平稳地退化，从轻度发展到重度；跃变型是从正常岩溶土壤直接到重度石漠化的退化过程，关键是人为过度干扰。多半发生在陡坡（>25°）开荒时期，在持续不断并逐渐加剧的自然和人为因素的干扰下，土壤质量产生不连续的退化，由于不合理的耕作方式和过度开垦，发生严重的水土流失，使正常土壤在短期内丧失土地生产能力。

从地质-历史时期到现代，生物气候带摆动、气候变化直接影响自然因素的强度，并影响碳酸盐岩溶蚀强度，土壤侵蚀影响石漠化土地的生消扩缩，以及程度的加重或减缓。在人为干扰下，岩溶土壤系统退化加速，岩溶石漠化程度不断加剧，最终成为基岩大面积裸露的顶级荒漠化状态。

2.2.4　石漠化的逆向发展模式

石漠化的发生、发展过程实际上就是人类活动破坏生态平衡所导致的地表覆盖度降低的土壤侵蚀过程，土地石漠化的演替是植被土壤等因子在人为作用下引起的改变，这种演替有两个方向，即正向发展和逆向发展。在现阶段，在自然因素与社会因素的共同影响下，石漠化演化的主流趋势表现为逆向发展模式：人为因素→林退、草毁→土壤侵蚀→耕地减少→石山、半石山裸露→土壤侵蚀→完全石漠化。总体来看逆向发展模式如图 2-2 所示。

石漠化发展模式的主要特点有以下几点。

（1）正逆发展共存，逆向为主

喀斯特石漠化正向发展的主要阶段是：石漠化土地→旱生藤刺灌草丛→常绿落叶灌丛→喀斯特森林；逆向发展的主要阶段是：喀斯特森林→常绿落叶灌丛→旱生藤刺灌草丛→石漠化土地，两者为一对互逆演化。但现阶段以逆向发展为主。

（2）生态失衡，逆向发展快

原物种结构与喀斯特顺向演化的顶级群落形成明显反差，使得喀斯特生态环境逆向演替快，群落结构演化在不同阶段差异大。

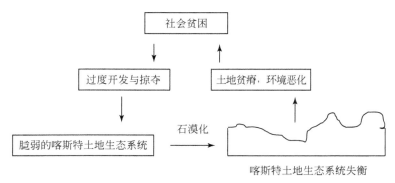

图 2-2　广西喀斯特土地石漠化逆向发展模式图

（3）生物特性，利于逆向发展

喀斯特石漠化环境对植物有严格的选择性，只有那些在生理上表现出喜钙、耐旱和岩生性的植物种群，才能在土薄、含钙易旱的石灰土上生长发育。这种严格的选择性，使得石漠化顺向演替极为缓慢。

（4）跳跃性演化，加速逆向发展

在广西广大的喀斯特区域，由于土层浅薄，坡度较大，植被发育差，多中度以上石漠化。如果人为大量破坏植被，就发生"喀斯特森林植被→石漠或藤刺灌丛→石漠"的跳跃性演化。

（5）人为活动，主导逆向发展

人为影响主要以其破坏性作用于石漠化逆向演化，是石漠化逆向演化的主导作用。在喀斯特环境中，生态系统的能量转换途径脆弱而敏感，喀斯特森林 – 土壤层是维系生态环境良性循环的关键，植被一旦被破坏，造成土地石漠化后，恢复是极为困难的。

2.3　广西岩溶石漠化的时空演变

2.3.1　广西岩溶石漠化的时间演变

在广西 69 个县市，总面积达 182 719.35 km^2 的岩溶石漠化调查中，1987 年岩溶石漠化面积达 20 872.62 km^2，而 1999 年岩溶石漠化面积增长到 27 294.57 km^2，占西南岩溶石山地区石漠化面积的 27.6%，占广西总面积的 11.6%，占广西出露碳酸盐总面积的 30.07%，是西南岩溶石山地区石漠化分布面积第三大省。

从时间尺度来看，从 20 世纪 80 年代到 90 年代末，广西岩溶石漠化演变整体上呈加剧趋势，局部地区有所改善。12 年内石漠化面积净增 6421.95 km^2，平均年增长量为 535.6 km^2，年增长速率为 2.56%（表 2-4），重度石漠化面积增长 1085.91 km^2，中度石漠化面积增长 4102.88 km^2，轻度石漠化面积增长 1233.16 km^2，广西中度石漠化面积增长最快，增长了 55.44%，重度石漠化增长 18.75%，轻度石漠化增长 16.06%。

表 2-4　1987～1999 年广西岩溶石漠化分布情况

年份	重度石漠化		中度石漠化		轻度石漠化		石漠化
	面积（km²）	比例（%）	面积（km²）	比例（%）	面积（km²）	比例（%）	总面积（km²）
1987	5 792.5	27.75	7 401.22	35.46	7 678.9	36.79	20 872.62
1999	6 878.41	25.20	11 504.1	42.15	8 912.06	32.65	27 294.57

　　根据石漠化增加面积，将广西石漠化加剧面积分为严重和轻微两个加剧等级，石漠化严重加剧面积主要是指高于广西全区平均加剧面积的各县市石漠化面积；石漠化轻微加剧面积是指低于广西全区平均加剧面积的各县市石漠化面积；石漠化加剧率 =（石漠化加剧面积/碳酸盐岩面积）×100%。广西各县市岩溶石漠化演变面积分布如表 2-5 所示。

表 2-5　1989～1999 年广西岩溶石漠化加剧情况

县（市）名	严重加剧（km²）	轻微加剧（km²）	合计（km²）	石漠化加剧程度（%）
都安瑶族自治县	216.27	382.77	599.04	15.87
大化瑶族自治县	184.54	391.26	575.80	25.67
忻城县	296.69	226.04	522.73	20.97
来宾县	246.97	181.43	428.40	10.30
靖西县	128.82	269.39	398.21	12.48
柳江县	193.05	166.31	359.36	14.36
南丹县	70.70	266.88	337.58	9.47
平果县	147.06	133.93	280.99	19.28
宜州市	126.76	153.60	280.36	7.36
马山县	91.96	152.30	244.26	14.51
鹿寨县	133.36	88.56	221.92	9.27
德保县	89.46	119.17	208.63	12.46
融安县	100.64	107.87	208.51	19.36
环江毛南族自治县	77.95	123.66	201.61	5.18
全州县	82.45	117.58	200.03	10.00
柳城县	95.31	70.38	165.69	8.05
阳朔县	76.10	76.19	152.29	14.13
罗城仫佬族自治县	56.95	87.53	144.47	8.53
天等县	53.82	84.75	138.57	8.14
象州县	81.61	46.87	128.47	7.80
平乐县	82.64	38.97	121.61	9.16
富川瑶族自治县	51.76	45.72	97.48	7.92
东兰县	12.51	79.83	92.34	6.71
那坡县	26.67	55.65	82.32	13.78

续表

县（市）名	严重加剧（km²）	轻微加剧（km²）	合计（km²）	石漠化加剧程度（%）
上林县	34.29	43.86	78.15	5.69
隆安县	36.17	41.33	77.50	6.18
灵川县	25.90	50.34	76.24	9.43
河池市	15.38	59.91	75.29	3.61
武宣县	39.17	36.04	75.21	7.20
巴马瑶族自治县	17.06	49.26	66.32	7.06
荔浦县	31.70	31.34	63.04	7.42
大新县	13.48	45.53	59.01	2.63
钟山县	35.86	21.55	57.41	5.56
扶绥县	23.16	32.05	55.21	2.49
田阳县	18.40	34.75	53.15	4.64
崇左县	21.71	29.79	51.50	2.32
凤山县	13.23	34.42	47.65	5.88
合山市	25.22	21.85	47.07	13.42
田东县	18.93	26.45	45.38	5.71
乐业县	21.98	22.09	44.07	7.38
桂林市	23.66	19.59	43.25	10.19
恭城瑶族自治县	23.70	19.35	43.05	5.50
永福县	17.55	24.84	42.39	5.13
隆林各族自治县	15.92	23.56	39.48	3.85
临桂县	20.46	16.76	37.22	3.06
灌阳县	17.78	16.36	34.14	6.14
昭平县	18.50	14.11	32.61	11.63
融水苗族自治县	7.42	21.05	28.47	6.21
龙州县	12.17	14.81	26.98	1.29
田林县	12.42	9.99	22.41	8.60
宁明县	10.21	12.05	22.26	5.18
贵港市	10.47	10.35	20.82	1.25
柳州市	8.03	8.15	16.18	2.50
金秀瑶族自治县	8.96	6.10	15.06	6.14
贺县	8.30	5.41	13.71	2.68
天峨县	5.43	8.01	13.44	1.98
横县	6.60	6.04	12.64	2.06
凌云县	6.99	5.59	12.58	1.41
兴安县	3.57	8.32	11.89	2.32

续表

县（市）名	严重加剧（km²）	轻微加剧/（km²）	合计（km²）	石漠化加剧程度（%）
武鸣县	2.36	8.11	10.47	0.56
西林县	2.76	4.20	6.96	4.43
宾阳县	3.45	2.56	6.01	0.93
凭祥市	1.42	2.64	4.06	3.08
南宁市	1.38	1.57	2.95	1.46
桂平市	2.52	0.20	2.72	0.64
百色市	0.74	0.40	1.14	1.07
龙胜各族自治县	0.00	0.20	0.20	0.35
邕宁县	0.00	0.00	0.00	0.00
蒙山县	0.00	0.00	0.00	0.00
合计	3368.47	4317.53	7686.00	8.47

资料来源：1989 年、1999 年 1/50 万 TM 遥感解译结果

　　12 年内，岩溶石漠化加剧面积占广西出露碳酸盐岩总面积的 8.47%，高于此水平的县市有 22 个，大于 15% 的县市有 5 个。石漠化加剧比例居前 10 位的县市依次是大化瑶族自治县（25.67%）、忻城县（20.97%）、融安县（19.36%）、平果县（19.28%）、都安瑶族自治县（15.87%）、马山县（14.51%）、柳江县（14.36%）、阳朔县（14.13%）、那坡县（13.78%）和合山市（13.42%）。岩溶石漠化加剧面积超过 100 km² 的县有 21 个，其中都安县、大化县、忻城县、来宾县、靖西县、柳江县、南丹县等最为严重。主要的加剧区还是发生在 I 区桂西严重石漠化区和 II 区桂中—桂东岩溶断陷盆地较轻石漠化区。广西石漠化改善面积占出露碳酸盐岩总面积的 2.29%，高于此水平的县市有 18 个，石漠化改善面积比例前 10 位的县市依次为：百色市（11.40%）、凌云县（11.19%）、合山市（10.36%）、靖西县（7.04%）、德保县（6.06%）、鹿寨县（5.83%）、柳江县（5.11%）、上林县（3.92%）、柳城县（3.85%）。

　　桂西北境内喀斯特分布广，喀斯特面积占总面积的 73.6%（吴良林，2009），并且集中连片分布，是广西最具有代表性和典型性的岩溶石漠化区。以桂西北 1990 年、2000 年和 2006 年 TM 遥感影像为基础，进行 3 个时段的岩溶石漠化时空格局研究，计算得出河池市 1990~2000 年 10 年间的石漠化年增长率为 4.1%，2000~2006 年 6 年间河池市石漠化面积年平均增长速率为 4.4%。2000~2006 年河池市的石漠化程度加重的比例比 1990~2000 年高出 9.67%。当前，桂西北石漠化变化呈现总体恶化的态势，局部有所改善。1990~2006 年的 16 年间，河池市的轻度、中度、重度石漠化的变化强度都远大于无石漠化的变化强度。某些地方反复变化，以无—轻—无，重—中—重为主，表明轻度石漠化阶段，生态相对稳定，恢复阈值较低，而重度石漠化区生态结构和功能破坏严重，恢复阈值高，难以短时间内自然恢复。而无岩溶石漠化类型在人为干扰下极易演变成为中度和重度石漠化。从石漠化治理方面看，1990~2000 年和 2000~2006 年部分地区石漠化程度有所改善，多为轻—无类，其变化面积较小，空间上零星分布，但片布全地区。桂西北各县市

进行的石漠化治理在轻度石漠区效果较好，但中度和重度石漠化区收效甚微，改善不明显，可见岩溶石漠化过程是可逆的，但其形成过程与恢复过程有明显的不对称性，岩溶石漠化治理工作艰巨而漫长。

2.3.2　广西岩溶石漠化的空间演变

岩溶石漠化在空间分布上体现为不同强度的石漠化斑块及所有非石漠化斑块空间上的镶嵌所构成的区域总体特征。根据广西岩溶石漠化等级划分及判别指标和景观生态学分类方法，根据 2002 年 TM 影像，将广西岩溶石漠化景观分为无石漠化景观、轻度石漠化景观、中度石漠化景观和重度石漠化景观。

自然地理综合体及其各组成成分按地理坐标确定的方向发生有规律变化和更替的现象称为地域分异。根据主导性、差异性以及区域完整性原则，选取石漠化面积比率、石漠化程度指数、多样性指数、均匀度指数和优势度指数五大类指标作为广西石漠化分区的指标体系，选用最短距离法对广西岩溶石漠化现状进行分区。广西岩溶石漠化可划分出 3 个石漠化分布区（表 2-6），具体如下。

表 2-6　广西岩溶石漠化分布系统聚类

分区	县（市、区）
桂西严重石漠化区	都安瑶族自治县、德保县、天等县、平果县、靖西县、马山县、柳江县、富川瑶族自治县、田东县、凌云县、隆林各族自治县、大化瑶族自治县、凤山县、南丹县、忻城县
桂中—桂东岩溶断陷盆地轻度石漠化区	南宁市辖区、武鸣县、上林县、兴宾区、合山市、武宣县、象州县、隆安县、大新县、柳州市、柳城县、鹿寨县、融安县、桂林市辖区、临桂县、阳朔县、灵川县、兴安县、全州县、灌阳县、恭城瑶族自治县、平乐县、荔浦县、永福县、钟山县、八步区、昭平县、贵港市辖区、右江区、田阳县、那坡县、乐业县、田林县、西林县、金城江、罗城仫佬族自治县、宣州区、巴马瑶族自治县、东兰县、天峨县、扶绥县、环江毛南族自治县
桂东南丘陵无石漠化区	融水苗族自治县、金秀瑶族自治县、横县、宾阳县、邕宁区、三江、龙胜各族自治县、资源县、梧州市辖区、苍梧县、岑溪、藤县、蒙山县、桂平市、平南县、玉州区、北流市、容县、北海市辖区、陆川县、博白县、兴业县、铁山港区、合浦县、钦州市辖区、灵山县、浦北县、防城港市辖区、防城港港口、东兴市、上思县、龙州县、凭祥市、宁明县

Ⅰ区 桂西严重石漠化区：该区主要包括河池市和百色市，两市地处云贵高原斜坡地带，地势较高，碳酸盐岩发育较强，石山集中，是广西岩溶石漠化最严重的区域。

Ⅱ区 桂中—桂东岩溶断陷盆地轻度石漠化区：该区涵盖南宁、来宾、柳州、桂林、贺州、崇左 6 个市内大部分县市，面积约占广西的 3/5，是广西岩溶石漠化分布最广的区域，岩溶石漠化零星分布，岩溶石漠化程度较轻。

Ⅲ区 桂东南丘陵无石漠化区：此区属于沿海或与广东接壤的县市，地势平坦，多为沉积平原，基本是无石漠化区。主要包括贵港、钦州、北海、防城港和梧州等大部分县市。

不同强度岩溶石漠化在各区域的分布情况如表 2-7 所示，Ⅰ区集中了 90.75% 的重度石漠化面积，中度石漠化也主要分布在Ⅰ区，占 80.30%；轻度石漠化分布在Ⅰ区，占

67.17%，Ⅱ区也有占32.83%。总体来看，Ⅰ区集中了不同程度的石漠化，是广西石漠化最严重的区域，也是治理难度较大的区域；Ⅲ区景观连片分布，景观分布单一，生态系统较完善，基本无岩溶石漠化。岩溶石漠化在各区域的差异十分明显。

表 2-7　各区域石漠化强度面积分布表

斑块类型	分区	斑块总面积（km²）	斑块面积所占比率（%）	斑块数	斑块密度	斑块平均面积（km²）
轻度石漠化	Ⅰ	34.693 7	67.17	868	0.250 189	3.997
	Ⅱ	16.955 5	32.83	758	0.447 054	2.236 9
	Ⅲ	0	0	0	0	0
中度石漠化	Ⅰ	26.558 4	80.3	499	0.187 888	5.322 3
	Ⅱ	6.515 3	19.7	336	0.515 707	1.939 1
	Ⅲ	0	0	0	0	0
重度石漠化	Ⅰ	10.335 7	90.75	131	0.126 745	7.889 8
	Ⅱ	1.053 9	9.25	110	1.043 773	0.958 1
	Ⅲ	0	0	0	0	0

景观多样性方面，石漠化在 3 个区域的程度及其分布具有较大差异，形成等级分明的 3 级分布，由表 2-8 可知，Ⅰ区的石漠化景观分布最复杂，主要是集中连片的峰丛洼地，景观分布错综复杂，是广西石漠化重灾区，是石漠化治理的重点和难点区域；Ⅱ区石漠化景观发育虽然没有Ⅰ区强烈，但若不加强防治，石漠化灾害极易加剧；Ⅲ区多为沿海丘陵地带，地势平坦，生态系统完整，基本没有岩溶石漠化现象，是广西无石漠化地区，要继续保持其生态环境。

表 2-8　区域石漠化景观多样性指数表

分区名称	多样性指数（SDI）	优势度指数（D）	均匀度指数（R）
Ⅰ石漠化分类区	0.5425	0.2713	2.5425
Ⅱ石漠化分类区	0.2302	0.1151	2.2302
Ⅲ石漠化分类区	0	0	0

2.4　广西岩溶石漠化的形成机制

2.4.1　石漠化驱动力的系统分析

2.4.1.1　喀斯特石漠化的自然背景

扬子地块从震旦纪至三叠纪沉积了厚达 5000～6000 m 的碳酸盐岩，从而为广西岩溶区石漠化的广泛发育奠定了物质基础。从石漠化分布的区域看，几乎都集中在碳酸盐岩地区，而同属于云贵高原的滇中在中生代转化为大拗陷区，分布巨厚的侏罗系—白垩系紫色砂岩，为典型的红色高原，无石漠化。桂东南以碎屑岩为主，基本无石漠化。广西岩溶地区地貌显著的特点是地表崎岖。构造背景对其地貌格局的形成起决定性作用，中生代的燕山运动使广西地区普遍发生褶皱，导致多山地，广西山地面积占60.24%。喀斯特地区大面积的陡坡地的存在，给土壤侵蚀提供了有利条件，从而导致严重的水土流失和石漠化。而一旦植被覆盖层遭受破坏，喀斯特地区坡地就成为水土流失的基本自然环境，石漠化进程加速。

碳酸盐岩作为一种可溶岩，其基本特点是常温常压下能受水的溶蚀和水动力的搬运。碳酸盐矿物溶蚀后的残留物生成速率仅为物理侵蚀率的1/3。表层土粒处于负增长状态。区域物理侵蚀虽小，但却导致区域土层处于负增长，促成了岩体裸露石漠化趋势。广西气候温和，降水量充沛，溶蚀作用比较强烈，成土速率小于侵蚀速率，这就为石漠化的形成提供了有利条件。广西岩溶区多形成地表地下双层水文结构，雨季时土壤易被冲刷，不经长距离的运移便消失于地表，出现所谓的土壤丢失现象，不利于表层水土保持，加速了土地石漠化的形成和发展。另外，广西岩溶区土壤剖面通常缺乏C层，岩土之间的黏着力差，一旦遇上暴雨，极易产生水土流失和块体滑动，引起石漠化。山区山高坡陡，降水量充沛且降水集中，冲刷能力强，水土易流失。随着侵蚀的发生，土层变薄甚至消失殆尽，最终导致基岩大面积裸露。由于岩石裸露，土被薄而不连续，土壤相对贫瘠，持水能力也较差。

碳酸盐岩孔隙度一般不到4%，持水性差，常会造成不利的水文生态条件，岩溶植被受碳酸盐岩岩性特征的影响，具有石生、旱生、喜钙的特点，生物生长慢。岩溶区森林植被覆盖率较低，通常低于非岩溶区。这也降低了森林植被涵养水源、保持水土的功能，在脆弱的生态环境中，植被一旦遭到破坏，逆向演替快，而顺向演替慢。

2.4.1.2 石漠化的人为地质作用分析

石漠化不仅是现代人类社会的产物，它也有一个长期存在的景观格局逆向演化的历史过程。广西喀斯特区特有的地质背景和气候，如多暴雨、土层薄且分布不连续、土石间的黏结力小等，造成了生态环境的脆弱性，一旦植被破坏就会引发严重的水土流失。广西岩溶区原本是山大林密，林木蓄水，河流汇集，生机盎然，但经过1958年"大炼钢铁"等几次严重的人为破坏后，用材林、薪炭林、果树大多被砍，从此而来的是穷山恶水，山穷水尽，经年大旱，劫难丛生。

现在碳酸盐岩分布区的石漠化现象，主要是人为地质作用破坏了它们的植被，造成水土流失。不合理的人类活动是近年来石漠化快速发展的一个重要推动因子。广西是经济欠发达地区之一，当地生育观念较为落后，人口增长难以控制，人口数量不断增加，沉重的人口压力导致人们对自然界过度的经济活动，从而造成对资源的破坏远远快于恢复。石漠化的过程是一个不合理的土地资源开发的人为过程，是经济、环境困境下人类活动导致的土地石漠化。如图2-3所示，我国西南岩溶区过度樵采和乱砍滥伐引起的石漠化土地的比例最大（分别占31%和14%），这些都是对森林、灌丛等植被的直接破坏引起的石漠化；其次是不合理的耕作和开垦（分别占21%和15%），这是对土地结构和功能（包括保水保肥和防流失等功能）的破坏引起的石漠化；再次是开矿基建和过度放牧（分别占11%和

8%），前者破坏最多的是耕地，后者破坏最多的是草地等石山植被，如一只山羊一年内可将 10 亩①石山植被吃光，破坏是显而易见的。

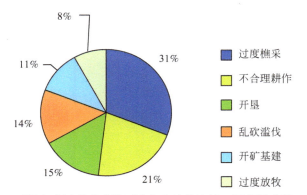

图 2-3　不同人为因素形成的石漠化土地的比例（国家林业局，2006）

2.4.2　广西石漠化与地质生态环境背景的关系

喀斯特地区的石漠化是由多种因子造成的，我们从组成喀斯特生态系统的内因（地质、岩性、植被、地貌、气候）及外因（人类活动）等几个方面入手，初步选择了与石漠化有关的一些因子进行相关性分析，探讨石漠化与各种影响因子的相互关系。

2.4.2.1　喀斯特石漠化的地质因子

（1）碳酸盐岩的出露面积

如图 2-4 所示，石漠化比例最高的 10 个岩溶县的碳酸盐岩出露面积比例是 83.48%，而石漠化比例最低的 10 个岩溶县的碳酸盐岩出露面积比例是 61.27%。碳酸盐岩出露面积比例与石漠化比例有一定的相关性，根据图 2-4 所反映的 26 个岩溶县的数据（覃小群和蒋忠诚，2005）分析，相关系数为 0.49。

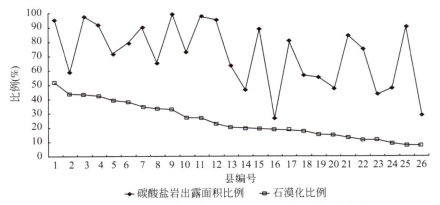

图 2-4　广西部分岩溶县碳酸盐岩出露面积比例和石漠化面积比例图

---

① 1 亩 $\approx 667 \mathrm{m}^2$。

（2）碳酸盐岩与非碳酸盐岩的组合情况

广西的地质背景下，不仅地貌破碎，不同区域的碳酸盐分布也各不相同。总结起来主要有6种情况：221型——连续白云岩组合；211型——连续石灰岩组合；231型——灰岩白云岩组合；213型——灰岩云岩与碎屑岩互层组合；212型——灰岩夹碎屑岩组合；222型——云岩夹碎屑岩组合。

从图2-5中看出，211型、221型与231型等纯碳酸盐岩组合类型区的中度石漠化发生率分别为3.91%、5.81%、4.07%，明显高于212型、213型和222型等碳酸盐岩与碎屑岩组合的3.17%、1.59%、0.94%。

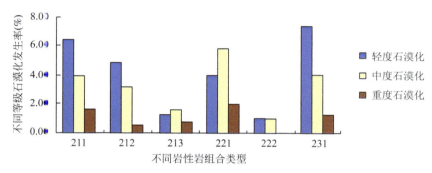

图2-5　广西岩溶区不同岩性岩组合类型石漠化发生率图

222型云岩夹碎屑岩区相对于212型灰岩夹碎屑岩而言，各类石漠化的比例都要小得多。其因在于白云岩的渗透率远高于灰岩，不纯的白云岩比不纯的石灰岩的酸不溶物含量高得多，成土速度也快得多，在保水、保土方面更具优势，故较少发生石漠化。

（3）构造因素

广西石漠化主要发生在由碳酸盐组成的新生代抬升的区域或缺少地表河流的分水岭区，这几个大的山地大多是印支期以来的构造运动抬升形成的大背斜，在宽阔舒缓的背斜轴部岩溶较发育，易形成峰丛洼地。岩性相似的情况下，张性断裂可使岩体张开，使地表水和降水入渗转化为地下水，因此断裂是岩溶发育的主导因素。碳酸盐岩区的断裂带附近分水岭区由于降水易渗入到地下，从而在那些宽阔的分水岭区难以形成地表河流，易发生地质干旱，从而易发生石漠化。地质构造在很大程度上控制着地表河流的河网密度、枯水径流模数和地下水的分布。而这种地表河流缺乏的岩溶区往往地下河网极为发育，峰丛洼地或谷地的土壤遭受地下径流的强烈侵蚀作用而酝酿着石漠化的发生。

桂西都阳山等褶皱成山后又因为新生代大幅度抬升，及岩溶作用形成的地表、地下双层结构，造成"土在楼上、水在楼下"的基本水土资源格局。桂西岩溶区由于大面积的抬升而出现宽阔的背斜，形成了较多的峰丛洼地地貌。而每一个峰丛洼地几乎是一个相对独立的汇水区域，降水形成的径流易通过落水洞快速渗入地下，且地下水埋藏较深，难以利用。因此形成缺水少土、易发生石漠化的脆弱的峰丛洼地系统。

不同的构造体系控制了岩溶地貌的分布格局，从而对石漠化的发生起到了一定的影响。在桂西岩溶区，古老坚硬的碳酸盐岩与大构造的抬升相结合，使该地区的岩溶地貌以峰丛洼地和峰丛谷地为主。且多泥盆中上统、石炭、二叠系的纯碳酸盐岩的分布区，这样的区域一般无隔水层，地表水缺乏，地下河发育，水利工程渗漏严重，水资源利用困难；因碳酸盐岩质纯，成土物质少，水土流失严重，土壤资源短缺，易发生石漠化。右江断裂的东部至桂林—柳州—来宾新华夏断裂以西的广大岩溶区，形成北北西向的宽阔平缓的背斜及较狭窄紧密的向斜构造。拱曲的背斜多形成山地，背斜轴部易形成峰丛洼地，而峰丛洼地区石漠化比例相对较大。平缓的向斜要比紧密褶皱的向斜岩溶发育，向斜易成谷地，如都安—高岭谷地、宜山谷地、忻城大塘谷地等，拗曲的向斜多形成盆地和平原，石漠化程度较轻。

（4）地层因素

三叠系如 T_{21} 果化组、T_{12} 北泗组、T_{11} 马脚组多碎屑岩夹层与间互层，最高比例可达 50% 以上，由于不纯的碳酸盐中存在更多的酸不溶物，成土速率也更快，故此种地层岩石单元的石漠化发生率较低。而二叠系如 P_{11} 栖霞组全碳酸盐岩岩层比例高达 92%，石炭系的大部分岩层如 C_{33} 马平组等，全碳酸盐岩岩层比例可高达 97%，故这样的地层岩石单元的石漠化发生率较高。

2.4.2.2　广西石漠化的土壤因子分析

石漠化过程是人为活动破坏生态平衡所导致的地表覆盖度降低的土地侵蚀过程（胡宝清等，2008）。同时土壤在地理分布上，既与生物气候条件相适应，又与地方性母岩、地貌等条件相适应。如图2-6所示，石灰岩土区的石漠化发生率最高达 18.62%，其次为粗骨土，为 7.63%。新积土、红黏土次之。黄棕壤石漠化发生率不到 0.1%，砖红壤区和水稻土区石漠化发生率为 0。广西石漠化主要发生在石灰岩土区，这表明以碳酸岩为成土母质基本控制了喀斯特土地石漠化的发育程度与分布。

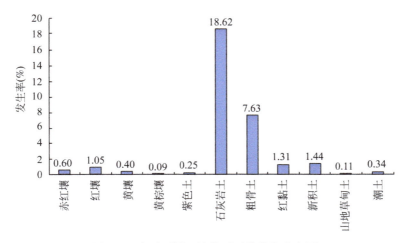

图 2-6　广西不同土壤类型石漠化发生率图

同是黏土质地的石灰土，有机质含量高的黑色石灰土的可蚀性指数较红色石灰土要低。而在红壤系列中，红壤亚类较黄红壤、棕红壤、黄壤的有机质低，故可蚀性指数较另两种高，石漠化发生比例也相对较高。粉砂质颗粒含量越多，水土就越容易流失，即小于 0.002 mm 的黏粒除外，土壤颗粒越细，土壤流失率越大。如同是粗骨土，细砂质的土壤可蚀性指数只有 0.16；若为粉砂质，土壤可蚀性指数则可达到 0.60。各种质地的土壤的石漠化发生的可能性按从大到小的顺序排列如下：

粉砂土 > 壤土 > 粉砂黏壤土 > 壤黏土 > 砂壤土 > 砂黏壤土 > 黏土 > 砂黏土 > 砂土

粉砂质为主的粗骨土和壤质为主的新积土，石漠化发生比例分别为 7.63% 和 1.44%，是石灰土之外最高的。另外，土壤中的碳酸钙含量越多，石漠化的发生比例也就越大。

2.4.2.3　地形地貌与石漠化的相关性分析

广西以山地为主，"八山一水一分田"为广西总的地貌形态。低山、丘陵广布是广西地形的特点。同时广西是我国岩溶地貌发育最典型、分布最广的地区之一。广西岩溶地貌主要以峰丛洼地为主，自西从云贵高原开始，由峰丛洼地、峰丛谷地过渡至峰林谷地、峰林平原。广西不同类型地貌的石漠化发生率如图 2-7 所示，峰丛洼地、峰丛谷地的轻度石漠化、中度石漠化、重度石漠化发生率均大于其他类型的岩溶地貌。分析对应关系，主要是由于石漠化在很大程度上取决于山丘上的土壤流失量，较大的坡度条件有利于土壤侵蚀的发生。相对高差（地面起伏程度）是石漠化地形因子中的主导因子，故切割度较大的峰丛洼地及峰丛谷地的石漠化发生率较高，切割度较小的岩溶丘陵和岩溶平原的石漠化发生率相对较低。无论是总石漠化发生率还是轻度、中度和重度石漠化发生率，石漠化发生率都有随地形起伏度增大而增大的趋势。

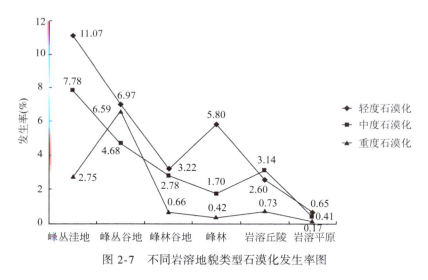

图 2-7　不同岩溶地貌类型石漠化发生率图

2.4.2.4　气候与石漠化相关性分析

（1）气温

年均气温的高低直接反映区域气候特点，石漠化的发育与区域的水热条件又有着密切的关系。一般来说，气温高不是引起石漠化的根本原因，而是石漠化的表现之一。因为石漠化区地表裸岩、石砾较多，植被覆盖较少，而裸石对太阳辐射的反射较大，散热缓慢，所以造成地表的温度高，特别是在高温季节，这种升温作用特别明显。广西喀斯特地区峰丛洼地、峰林谷地的特殊地貌单元下，容易形成气温升高的区域小气候。

升温不仅是石漠化引发的结果之一，也是加剧石漠化的原因之一，因为气温的升高会使地表蒸发量增大，原本分布于岩石裂隙中的少量的植被，或裸岩上发育的地衣、苔藓等低级植被群落就会面临着土壤更贫瘠、保水保肥力更差的生境。石漠化较严重区夏季温度很高，通常会引起土壤空气里 CO_2 含量的减少，而这正是植物减少、生境恶化、土壤变薄、土壤细菌和小动物活动减弱的表现。

（2）降水量

多雨的岩溶地区，特别是降水较为集中的地区，水土流失更为严重，因此石漠化的可能性也就更大一些。降水量大不是引发石漠化的必然因素，降水强度才是引发严重水土流失的主要因子。如图 2-8 所示，都安、河池等地虽降水量不及桂林地区，但降水在夏季更为集中，一日最大暴雨量相对较大，可达 250～300 mm（广西壮族自治区气候中心，2007），故水土流失严重，石漠化也严重。植被破坏严重的岩溶区降水越多越集中，石漠化越严重。但在人为干扰较少、植被较完好的岩溶区，因其降水调节能力强，降水量多与土壤流失相关性较小，如图 2-8 所示，植被和土壤条件相对较好的 1 区和 2 区降水量大小与石漠化程度相关性较小；而在植被破坏严重、岩性较纯、土壤稀薄的 3 区和 4 区（如平果、天等、德保的森林覆盖率为 10%～20%），截雨固土力差，降水对土壤的侵蚀多，降水越多的地方，水土流失越严重，石漠化越严重。

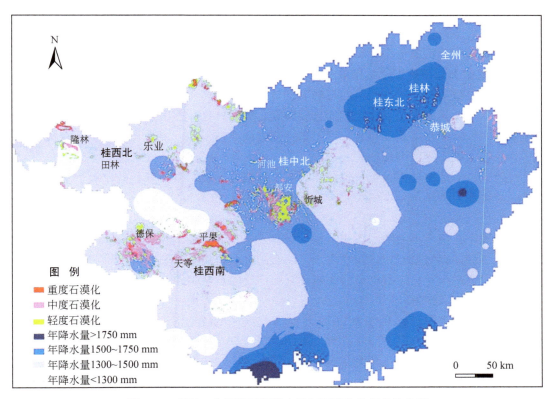

图 2-8　广西 4 个岩溶区年降水量与石漠化的相关性比较

2.4.2.5　生物因子

（1）植被覆盖率与石漠化的空间分析

广西石漠化的发生和发展与植被覆盖度之间存在着必然的关系。由表2-9可以看出，广西岩溶区植被覆盖度较高的地区，中度石漠化和重度石漠化面积越少，当植被覆盖＞60％时，没有中度石漠化和重度石漠化出现。而植被较少的岩溶区主要是植被覆盖不均，使水源涵养受到严重影响，加上人类活动强烈干扰，从而导致土地退化、土地生产力下降，进一步退化戓石漠化土地。

表2-9　广西不同植被覆盖度各等级石漠化比例

植被覆盖度（％）	占全区轻度石漠化比例（％）	占全区中度石漠化比例（％）	占全区重度石漠化比例（％）
＜20	8.91	47.70	89.24
20～40	51.34	39.74	9.93
40～60	39.62	12.56	0.83
＞60	0.13	0	0

森林覆盖率提高并不一定能遏制石漠化扩张，广西的森林覆盖率从1990年的25％到2005年攀升到52.71％（谢彩文和宋春风，2007）；桂西岩溶区通过近几年的造林，森林覆盖率也在增长，但石漠化面积却不降反升，从2000多万亩增加到3500多万亩。其根本原因在于森林的水土保持作用还应受森林分布的具体部位或分布的均匀程度及适宜程度影响，分布位置不好，便不能控制水土流失（周游游等，2005），也不能有效地防止石漠的扩张。这说明了森林覆盖率和石漠化并不是一个简单的负相关关系。

（2）植被类型与石漠化的相关分析

不同的植被类型形成的土壤的有机质、质地、厚度均有很大的差异，不同土壤的石漠化发生比例并不相司。藻类、地衣加速碳酸盐岩表面风化，使土层加厚、生境改善；苔藓使土壤肥力大增，腐殖质和养分持续积累；蕨类或草本侵入，成土加快，土里有大量根系和生物残体，肥力空前增加。

一般来说，草被较多且生长较好的区域土壤流失较轻。因为茂盛的草提供了丰富的腐殖质，土壤比较肥沃。草本植物残体中碱金属含量较木本植物高，形成的土壤的pH、盐基饱和度均较高。真皮——厚厚的硬根团大量聚集在土壤表面——使土壤保持一定的湿度，且能固土，使二不易随水流失。但考虑到广西岩溶山区的特殊性，即以多地势不平、土被不连续的纯碳酵盐岩为主的石山区，茂盛的大面积的草地一般难以形成。因此讨论乔木林、原生杂木与灌丛植被类型的影响具有更广泛的意义。原生杂木与灌丛植被类型，如马山弄拉，水土保持得较好，基本上没有石漠化。一些人为干扰较大的小流域的分水岭的顶端，有灌丛和少许杉木混交林，但原生杂木与灌丛植被类型相对较少，故这里分布的黄壤没有广西西北部那样厚，厚度仅数十厘米，因此石漠化更易发生。

（3）动物、微生物对石漠化的影响

植物能提供大量的能形成腐殖质的有机残留物。腐殖质的形成需要菌类、原生生物、蠕虫、细菌等分解体分裂死亡有机体的残留物。土壤微生物对动植物遗体的分解可使土壤腐殖质含量高，从而有利于水分和养分的保持与生态平衡。另外，野生动物在森林树种传播中起重要作用，微生动物还可以使土壤孔隙增多。生物作用活跃，能够产生大量的 CO_2 和有机酸，往往使森林环境具有更大的溶蚀潜力。

2.4.2.6 水文因子

形成石漠化的主要原因可归于人类活动与水文。水文又受岩层倾角、岩性与节理发育的控制。广西西部的深峰丛洼地区地下水埋藏深，高强度的人类活动干扰造成植被稀疏和土壤侵蚀剧烈的现状，原有的稳定的生态水文过程被破坏，取而代之的是干热特征明显的生态环境和调蓄能力差、快速集中排泄型的表层岩溶带，从而进入石漠化逆向发展模式。

（1）地下水类型和地下水量的影响

广西岩溶区水的埋深受地形、地貌及当地侵蚀基准面的控制，区内自西北向东南，高原区地下水以伏流形式出现，水位埋深较浅；高原斜坡区，河谷深切，处于垂直岩溶化作用阶段，为密集的峰丛深洼地深埋的暗河，地下水多在管道状的地下河中赋存径流，分布极不均匀，地下水埋深大；斜坡—平原具有山地向平原过渡的特点，呈大型的峰林谷地或峰丛谷地，地下河埋深变浅，时而变成伏流；岩溶平原区，孤峰耸立，地下河纵横，形成统一的潜水面，含水相对均匀，地下水埋深浅。如图 2-9 所示，碳酸盐岩类地下水类型区石漠化比例均在 10% 以上，其中水量中等区石漠化比例最大（14.5%）；碎屑岩与碳酸盐岩地下水类型区地下水水量中等区占此类型区面积的 70% 以上，且石漠化的发生比例只有1.6%；其他两种地下水类型区的石漠化比例更小。

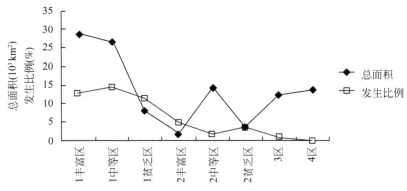

图 2-9 不同岩溶水类型区石漠化发生比例

1. 碳酸盐岩类地下水类型；2. 碎屑岩、碳酸盐岩类地下水类型；
3. 上为其他类型地下水，下为碳酸盐岩类地下水类型；4. 其他地下水类型

（2）水文结构的影响

广西弧形类褶皱控制岩溶洞道系统的基本发育方向，在"山"字形各弧顶内侧形成了较大的岩溶地下水富集带。森林滞水与含水岩层改变了干旱面貌，地表水、地下水动态变化比较稳定，有效地防止了水土流失。岩体底部的薄层灰岩、泥灰岩（局部夹页岩）等隔水层，可形成水位较高的表层岩溶水。由于岩溶作用对地下水动力条件的敏感性，在地下水以垂直作用方式为主的地区会出现土壤丢失现象，为石漠化创造了条件。非岩溶区水土流失主要表现在降水携带泥沙顺坡而下进入地表河；而岩溶区降水携带泥沙首先进入落水洞和地下河，然后出露地表，汇入地表河。在雨季常会有大量的泥沙在地下河系统中发生

沉积，堵塞地下河管道，从而造成上游洼地的洪涝灾害，洪涝灾害破坏农田，引起剧烈的水土流失，从而进一步加剧石漠化。

（3）河网密度

地表河网稀疏，地表水系比较缺乏，地下水系却比较发达的岩溶区石漠化比例较高。地表河网较密的岩溶区石漠化比例较低，如广西东北部的峰林平原区，地表河网密度较大，石漠化比例较低。

2.4.3 广西石漠化与社会经济驱动因子关系分析

石漠化是指岩溶地区的脆弱生态系统与人类不合理社会经济活动相互作用而造成的植被破坏、岩石裸露，具有类似荒漠景观的土地退化过程和结果。强调石漠化既是一个过程，又是一个结果，是动态的而不是静止的（蒋忠诚和袁道先，2003）。人口多或经济落后与石漠化严重在本质上并没有必然的联系，更多的只是一种现象的反映；只有脆弱的生态环境演变到一定阶段时，人口和经济才真正对石漠化产生影响。

2.4.3.1 人口对石漠化的影响

人口密度是反映人口分布疏密程度的常用数量指标。它通常用于计算一个国家、地区或城市人口分布状况。人口密度偏高区，人类活动较强，一定程度上反映出人类对自然环境的影响。光秃的石山并不是岩溶区原有的特征，早在明末清初，桂林就有大量的森林因人口增长和社会文明的发展而消失（朱守谦，1997）。如图 2-10 所示，在自然条件相似的地区，人口密度大的县市的石漠化发生比例也较高，如在桂中，马山人口密度大于自然条件相似的都安与大化二县，石漠化比例也高；但从整个广西岩溶区来看，人口密度高和石漠化比例高并没有必然联系，如阳朔县的人口密度大于自然条件差异较大的桂中的都安和大化二县，但石漠化比例却低得多。这说明人类分布密集度在一定程度上影响着石漠化的形成与发生，但人口密度与石漠化的相关性较小，需在一定的自然条件下，与脆弱程度较高的自然环境共同作用，通过长时间的演化才能发挥较大的影响。

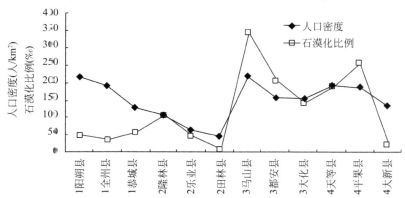

图 2-10　不同自然条件研究区的石漠化程度与人口密度的关系
1. 桂东北山间盆地岩溶区；2. 桂西北高原斜坡岩溶区；
3. 桂中峰丛洼地区；4. 桂西南低中山岩溶区

2.4.3.2　经济与石漠化关系

造成岩溶地貌地区石漠化的原因，除了降水、土壤等自然的内在的原因，最主要的原因还是人为的破坏加速了石漠化的形成。人为的破坏多源自经济活动，而经济活动无疑受区域的经济发展水平的控制。我们对石漠化的等级分布与不同经济密度分布进行比较分析，将广西各县经济数据进行统计并分类，叠加分析不同经济密度类型各等级石漠化的面积及发生率。如表 2-10 所示，石漠化大多发生在经济密度 < 50 万元/km² 的县市，有随着经济密度的增加石漠化发生率依次降低的趋势。

表 2-10　广西不同经济分类区中石漠化比例表

各经济分类（万元/km²）	轻度石漠化（%）	中度石漠化（%）	重度石漠化（%）
<50	62.27	66.47	44.59
50~80	17.52	11.79	29.95
80~130	19.19	21.00	24.81
>130	1.02	0.80	0.65

从整个广西岩溶区的角度来考虑，岩溶地区耕地少，土壤瘠薄、持水性差，生物生产力低，加之人口日益增加，人均占有粮食量低，农民易陷入"资源困境"，从而加剧了土地的反复利用和不断的毁林毁草开荒，形成土壤肥力日渐低下、石漠化愈加严重的生态－经济的恶性循环。而生态被破坏之后，农民的"资源困境"转变为"环境困境"和"资源困境"并存，减缓了峰丛洼地地区的生态重建进程。在贫困地区，在生态系统良性循环阈值被突破和缺乏现代科学技术投入的双重约束下，随着人口继续增长，在原始的、传统的技术水平下，只能继续靠掠夺性开发利用资源来满足需求，形成贫困导致生态环境脆弱，生态环境脆弱反过来加剧贫困这样一种恶性循环。其结果是使石漠化面积不断扩大。

2.4.3.3　居民点的影响

居民点的分布直接反映了人类生产生活的范围，以居民点分布半径范围作为研究区，分析人类对周边自然环境的利用程度与习惯，在一定程度上可以反映人类活动与石漠化分布的相关性。从表 2-11 中可以看出，在离居民点 < 4000 m 半径范围内，石漠化比例随着与居民点的距离的增加而增加，离居民点越近的地方，石漠化比例越小，当半径增到 4000 m 时，石漠化比例达到最大。

表 2-11　不同居民点半径区石漠化面积及比例

居民点半径（m）	总面积（万 hm³）	石漠化面积（万 hm³）	石漠化面积所占比例（‰）	中、重度石漠化面积（万 hm³）	中、重度石漠化面积所占比例（‰）
1000	17.23	0.43	25.1	0.2	11.5
1000~2000	50.78	1.66	32.7	0.9	18
2000~3000	188.58	7.40	39.2	3.9	20.9
3000~4000	126.69	5.56	43.9	2.71	21.4
4000~5000	107.06	4.27	39.9	2.29	21.4

从石漠化的分布来看，石漠化面积距居民点半径 2000 ~ 3000 m 时达到最大。这与桂西的都安等地的石漠化多发生在峰丛洼地有关，这些区域多是位于背斜的轴部，而常作为居民点驻地的谷地、平原多位于自然条件相对较好、易耕作的向斜处，背斜轴部与向斜有一定的距离。野外论证中也发现，在趋利避害的本能驱动下，与人紧密联系的住房四周环境保护较好，常形成生态较好的风水林。因此在 3000 m 以内的半径区，与居民点越近，石漠化越少。当半径大于 3000 m 后，受交通及各方面因素影响，人类影响程度减小，石漠化面积反而出现减小趋势，但石漠化面积比例仍较大。

2.4.3.4 道路与石漠化空间分布关系分析

道路的通达程度与人类生产生活有着密不可分的关系。在通达度越高的地区，人类的活动就越频繁，从自然环境的角度而言，也就是受人类的影响的概率就越高，影响程度就越大。我们在假定道路的通达情况与石漠化有一定相关的前提下，对道路不同距离的缓冲区与石漠化区进行空间分析。

如图 2-11 所示，除了中度石漠化在距道路 2000 ~ 3000 m 的范围内的比例最小以外，广西岩溶区一般都有距道路越远，石漠化比例越大的趋势。特别是重度石漠化的面积和比例，都是随着距离的拉远而变大。这充分说明了在广西道路 4000 m 以内的岩溶区域，石漠化随着与道路距离的拉远而变得更严重。究其原因在于距道路较远处多是生态脆弱区，加之政府的管理鞭长莫及，易形成农民与农民之间的非合作，如烧山种地、非合作滥牧等，导致石漠化比例较大。这里还涉及生态重建工作中地方政府与农民、科技人员的政策博弈的问题，地方政府有投资于离道路较近区域的偏好，以便获得"看得见"的政绩，则有距道路越远、生态建设执行力越差的"山高皇帝远"的现象。政府资金投入倾向于在坡缓、土厚、近路和近居民点处造林，而急需生态恢复保护的快速石漠化区由于治理难度大可能被忽略。这样该区就可能一部分达成生态治理目标，而另一部分生态环境继续恶化。继续恶化的那部分无疑是离居民点和道路较远的地方。如图 2-11 所示，距道路 1000 m 以内的地方，重度石漠化比例只有 0.27%，而在道路 3000 m 以外的区域，重度石漠化比例可达 0.52%。

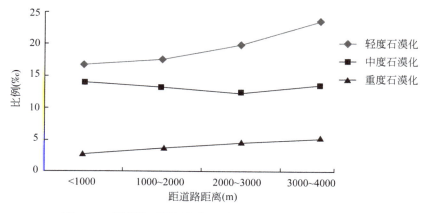

图 2-11 距道路不同距离的区域的石漠化面积比例分析图

2.4.3.5 土地利用类型与石漠化空间分布关系分析

土地利用是人类活动最直接的一种表现形式,一方面与自然环境演变相关,另一方面与不断增强的人类活动密切相关,是自然与人文过程交叉最为密切的产物(李秀彬,1999;Fishcher et al.,1996)。研究不同土地利用类型与石漠化相关性,有利于更系统、全面地研究石漠化的成因机理。研究表明,各等级石漠化在第一类(未利用土地或难利用土地类型)中,均占了绝大比例;其次为第二类(林地、草地)。这两种土地利用类型中,轻度、中度、重度石漠化的总和分别占全区各等级石漠化的95%以上(表2-12)。

表 2-12 不同土地利用类型各等级石漠化比例表

土地利用类型	轻度石漠化		中度石漠化		重度石漠化	
	面积(hm²)	比例(%)	面积(hm²)	比例(%)	面积(hm²)	比例(%)
未利用地或难利用地	321 745	64.25	227 142	69.65	82 485	72.89
林地、草地	170 215	33.99	90 968	27.89	25 433	22.48
耕地、园地、人工草地	8 007	1.60	7 304	2.24	4 488	3.97
居民点、工矿用地、交通用地	770	0.15	692	0.21	748	0.66

2.4.3.6 土地垦殖率

土地利用结构不同,表现出不同抗水土流失能力大小的功能差异,进而与石漠化产生密切的联系。耕地,尤其是坡耕地的垦殖率与石漠化呈正相关,不合理的毁林开荒、陡坡耕种,使得土地进一步石漠化。广西岩溶区的草地,多为次生的轻度或中度石漠化的草山草坡,故呈正相关关系;未利用地多为历史时期非合理利用、已丧失了土壤肥力的中度和重度石漠化土地,故其与石漠化呈显著正相关。

2.4.4 广西石漠化的驱动机制研究

广西喀斯特地区的石漠化是在脆弱的生态环境地质背景上由于人类的强烈扰动而形成的,是多种因子综合的结果。因此,广西石漠化的驱动机制研究需从组成喀斯特生态系统的地质、岩性、植被、地貌、气候及人类活动等多个方面入手,进行相关性分析(胡宝清和王世杰,2008)。石漠化驱动的综合指数,即将所选择的地质–生态环境背景与社会经济背景两方面的因子图经指标量化后,在 ARCVIEW 的 G RID 模块支持下,进行驱动力综合指数栅格分析,将各类不同石漠化影响因子分别进行指标量化。根据同一因子中不同分类类型的石漠化发生率进行量化,如岩性因子中,211(连续石灰岩组合)分类中,石漠化发生率为 36%,将其量化为 0.36;212 灰岩夹碎屑岩组合分类中,石漠化发生率为19%,将其量化为 0.19 等。同时,在 11 类不同石漠化影响因子中,根据不同影响因子对石漠化发生率的贡献值进行再次量化。通过主成分分析,信息主要集中于岩性、地貌、土壤、植被指数、土地利用强度几个因子中,结合各类因子石漠化发生率及所占信息累积百分比对不同类型影响因子再次量化,分别为 0.28、0.25、0.18、0.15、0.14。对综合分析结果图进行合并及重新分级，得出驱动力综合指数，最后将综合结果重新划分为 5 类（图 2-12）。1～5 级，石漠化发生的可能性逐渐增大。具体分析如下。

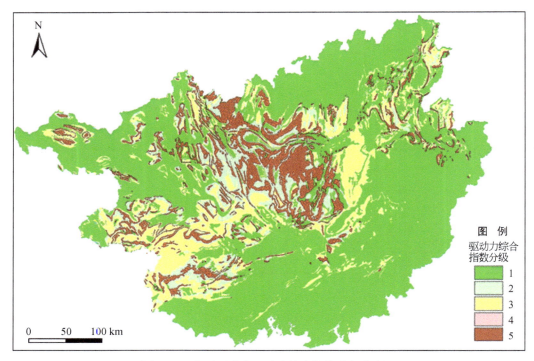

图 2-12　广西石漠化驱动力综合指数分级分布图

1）喀斯特地区石漠化和岩性岩组的类型存在明显的相关性。石漠化分布区域岩性主要以白云岩和灰岩为主，纯碳酸盐岩区石漠化更严重。以灰岩为主要成分的岩石类型中，随着灰岩含量的降低，各等级石漠化程度均降低。以白云岩为主要成分的岩石类型中，中度石漠化、重度石漠化发生率随着白云岩含量的降低而降低。

2）不同土壤类型中，石灰岩土轻度、中度、重度石漠化都是所有土壤类型中最多的。石灰岩土易发生石漠化，这表明以碳酸岩为成土母质基本控制了喀斯特土地石漠化的发育程度与分布。从各种地貌类型与石漠化关系来看，峰丛洼地、峰丛谷地石漠化发生率最高。

3）水热条件对重度石漠化的影响最为明显。重度石漠化区，年均气温较高，年均降水量偏少。随着降水量的减少，石漠化程度越严重。植被覆盖度与石漠化相关性明显，随着植被覆盖度的减少，石漠化比例迅速增大，植被覆盖度 <20% 时，各类石漠化均占较大比例。

4）在人口密度 <200 人/km² 分布区，石漠化面积随着人口密度的增大而增加。经济密度欠发达（<50 万元/km²）的区域，各等级石漠化发生率均处于较高状态，随着经济密度的增加石漠化发生率依次降低。

5）从人类活动范围与石漠化相关性来看，离道路越近，石漠化越严重。而石漠化与居民点分布的关系却出现石漠化先随距离增加而增加，到一定距离后再随距离增加而逐渐减少的分布现象。

第 3 章　石漠化对广西资源和环境的影响

3.1　石漠化区的植被退化

由于岩溶地区土层一般很薄，因而植被常具有岩生性的特点。一般来说，岩溶植物具有发达的根系，以增大根与岩石的接触面，大多数植物能使根系穿插于岩石裂隙中，有的植物如斜叶榕（*Ficus* tinctoria subsp. *gibbosa*）的根系能从岩石陡峭的段面上，沿着岩石表面大量生长而下垂到几米以下的地面，增大与岩石的接触面来扩大水分和养分的吸收面积和固着能力，这些根系暴露于空气中；有的植物还能沿裂隙穿过岩石到几十米深的地下去寻找水源，以满足植物自身的需要，这主要得益于岩溶区域丰富的表层岩溶水。一旦区域环境受到破坏，支持植被生存发展的岩溶表层水补充不足，岩溶植被将发生退化，更加剧了石漠化的进程。

3.1.1　岩溶区植物生物量分配

限于严酷的岩溶山地条件，树木胸径、树高的生长具有速率慢、绝对生长量小，但生长量稳定、波动较小，以及种间、个体间生长过程差异较大的特点。

生物量的大小，综合反映外界因子对植物生长的影响以及植物对外界环境的适应能力。碳酸盐岩背景条件下的植物群落地上生物量普遍偏低，而地下生物量分配比非岩溶区明显增多。生物量各组分所占比例是植物长期适应环境而能遗传的一种生态学特性，它体现了植物生理代谢和物质循环之间的动态平衡。当植物在正常水分条件下时，植物地上部分与地下部分生长比例基本相似；当植物处于水分胁迫下时，植物就可能通过改变生物量的分配来适应环境的变化，建立一种新的平衡。例如，山葡萄（*Vitis heyneana*）是岩溶区常见的一种经济作物，当受到水分胁迫后其生物量各组分所占比例发生了改变（表 3-1），根冠比值（根生物量与茎、叶生物量之和之比），随着水分胁迫的加强而呈上升的趋势，即根系所占比例提高。在岩溶石漠化地区，植物长期受到干旱胁迫，根系的反应要有利于根在干旱条件下吸收尽可能多的水分，将较多的生物量分配于根，以供本身和植株其余部分的需要。在干旱胁迫条件下，山葡萄将较多生物量分配于根，有利于山葡萄在干旱条件下吸收水分，维持水分平衡。

表 3-1　不同水分胁迫水平对山葡萄生物量的影响

水平	叶比例	茎比例	根比例	根冠比	生物量（g）
对照	0.0739±0.004a	0.3571±0.019a	0.5676±0.015a	1.3229±0.080a	429.3±47.6a
轻度干旱	0.0715±0.007a	0.3395±0.030a	0.5920±0.034ab	1.4495±0.195a	348.8±44.2b

水平	叶比例	茎比例	根比例	根冠比	生物量（g）
中度干旱	0.0664 ± 0.003a	0.3121 ± 0.020a	0.6215 ± 0.018bc	1.6475 ± 0.122a	273.5 ± 2.1bc
重度干旱	0.0517 ± 0.002b	0.2905 ± 0.021b	0.6592 ± 0.022c	1.9349 ± 0.191b	202.8 ± 16.3cd
P	0.008**	0.009**	0.009**	0.007**	0.001**

注：P 为显著性概率，** 为差异极显著 $P < 0.01$，字母相同表示无差异

3.1.2 岩溶石漠化不同阶段植物的生理生态学特征

广西岩溶植被的退化过程主要包括以下几个阶段：岩溶山地季节性雨林、常绿落叶阔叶混交林→次生季雨林、落叶阔叶林→藤刺灌丛→草坡→石荒漠（蒋忠诚等，2006）。研究表明，退化群落恢复初期，群落种类组成中各适应等级种族的比例不同，对退化群落结构功能恢复速度、程度的影响不同。岩溶石漠化植被退化过程中，土壤种子库的活力种子会逐渐减少，过渡种、中性物种迅速减少，早期先锋阳性树种增多。

植物叶片的光饱和点与光补偿点反映了植物对光照条件的要求，光补偿点较低、光饱和点较高的植物对光环境的适应性较强；而光补偿点较高、光饱和点较低的植物对光照的适应性较弱。对岩溶区常见的 4 种植物九龙藤（*Bauhinia championii*）、红背山麻杆（*Alchornea trewioides*）、圆叶乌桕（*Sapium rotundifolium*）和青檀（*Pteroceltis tatarinowii*）研究后发现，九龙藤光饱和点与光补偿点均较低，表明其相对其他 3 种植物比较耐阴，光合能力相对较弱，但对弱光利用能力较强，这可能是它主要生长于岩溶植被下层而长期适应的结果；石漠化山地常见先锋物种红背山麻杆光补偿点低而光饱和点高，表明其对强光的适应能力较强；常绿落叶阔叶林优势物种圆叶乌桕、青檀光补偿点与光饱和点均较高，圆叶乌桕光补偿点与光饱和点分别为 16.59 $\mu mol/(m^2 \cdot s)$ 和 1036.64 $\mu mol/(m^2 \cdot s)$，青檀光补偿点仅次于圆叶乌桕为 7.05 $\mu mol/(m^2 \cdot s)$，光饱和点为 896.67 $\mu mol/(m^2 \cdot s)$，表明这两种乔木植物均具有较高的光合能力（表3-2）。

表3-2 非直角双曲线模型拟合的4种岩溶植物光合作用参数

树种	表观量子效率	最大净光合速率 [$\mu mol/(m^2 \cdot s)$]	暗呼吸 [$\mu mol/(m^2 \cdot s)$]	光补偿点 [$\mu mol/(m^2 \cdot s)$]	光饱和点 [$\mu mol/(m^2 \cdot s)$]
红背山麻杆	0.071 ± 0.004	11.52 ± 2.16	0.32 ± 0.19	3.87 ± 2.40	1026.57 ± 42.52
九龙藤	0.075 ± 0.006	6.68 ± 0.58	0.27 ± 0.14	2.06 ± 3.60	627.71 ± 2.343
青檀	0.054 ± 0.002	9.72 ± 1.28	0.45 ± 0.03	7.05 ± 0.27	896.67 ± 34.87
圆叶乌桕	0.060 ± 0.017	10.71 ± 2.31	1.04 ± 0.38	16.59 ± 9.45	1036.64 ± 52.54

乔木植物青檀与圆叶乌桕的水分利用效率明显低于灌木植物红背山麻杆和藤本植物九龙藤，在光强达到 300 $\mu mol/(m^2 \cdot s)$ 之前，4 种植物水分利用效率均持续上升；而后随光强的增加不断降低，只有九龙藤水分利用效率一直保持较高水平，在光强达到 1800 $\mu mol/(m^2 \cdot s)$ 后才逐渐下降，表明在强光下九龙藤的水分利用效率有明显的优势，

其光合与蒸腾作用相对较低，但水分利用效率保持较高水平，能充分利用水资源。综合分析可以看出九龙藤与红背山麻杆对缺乏水分的岩溶石山有较强的适应性，而圆叶乌桕与青檀虽然其光饱和点较高，对光的利用能力较强，但其水分利用效率较低。

水分因子是植物生长的限制因子，在石漠化区域和干旱条件下，水分利用效率越大，则植物节水能力越强，耐旱生产力越高。乔木植物为适应高温干旱环境，常具有较高的光合与蒸腾作用。但对于缺水的岩溶区，过度的蒸腾作用会使得土壤更加缺水，水分利用效率低的乔木树种最容易受到干扰和破坏。岩溶区森林群落一旦遭到破坏，进行乔木树种的恢复比较困难，而通常情况下藤本植物和灌木相对乔木树种有较高的水分利用效率，这可能是岩溶区植被常以灌丛为主，乔木林一旦被破坏很难恢复的原因之一。

3.1.3　石漠化不同发展阶段的植物群落环境因子变化

在石荒漠阶段和草丛阶段，群落的组成种类较少，盖度较小，高度一般在 2 m 以下，垂直结构比较简单，只有单一的草本层，因此，对太阳辐射的阻挡作用较弱，群落小环境表现出高温低湿的特点。灌丛阶段以灌木和藤本植物为主，种类组成趋于丰富，群落的高度达到 3 m，形成了灌木层和草本层两个层次结构，因而对太阳辐射的阻挡作用增强。从监测结果来看，在群落冠层以下的空间，光照强度、气温均较低，随时间变化的幅度不大；而在冠层以上的空间，光照强度和气温均出现了大幅上升，而且其随时间变化的幅度也比较大。落叶阔叶林阶段和常绿落叶阔叶混交林阶段，群落的组成种类相当丰富，垂直结构复杂，一般包括乔木层、灌木层和草本层，而乔木层一般又包括 2 或 3 个亚层，这种和谐组配的群落垂直结构可以有效地截留和反射太阳光能，同时减缓林内热量和水分的散失，因而群落内部的光照强度、气温及土壤温度均大幅降低，空气相对湿度保持在较大水平，主要小气候因子的时空变化均比较平缓。对比不同演替阶段小气候因子的监测结果可以发现，就相同时间和相同层次而言，光照强度、气温和土温的变化趋势表现为石荒漠阶段＞草丛阶段＞灌丛阶段＞落叶阔叶林阶段、常绿落叶阔叶混交林阶段，空气相对湿度的变化则相反。落叶阔叶林阶段和常绿落叶阔叶混交林阶段的群落结构相似，群落小气候也比较相近。这些结果表明，在岩溶植被的退化过程中，群落小环境由低温高湿的荫蔽环境逐渐向高温低湿的旱性环境发展，生态环境逐渐恶化，严重制约了植被的自然恢复。

3.1.4　广西岩溶区森林植被历史演变与石漠化的关系

广西岩溶区的森林曾经十分茂密，直到清朝乾隆时期（18 世纪中叶），广西南部地区的天然森林植被仍然保存较多，尤其岩溶十分发育的桂西南地区有"树海"之称①。在"与安南接壤处，皆崇山密箐。斧斤不到，老藤古树，洪荒所生"中，描述了当地茂密的热带原始森林的面貌。百色、河池等地目前是石漠化较为严重的区域，但据《镇安府志》

---

① （清）《檐曝杂记》卷三："树海"。

记载：天保县（今德保县境）附郭"山深箐密"，城南五里①的狮子山"林木森茂，望之蔚然"，城西三一里上甲的鉴山"林木幽探"，城南六十里的云山"古树参差"，城南九十里的伦山"树木浓密，人迹罕至"，城北的莲花山"树木阴翳，行人不辨东西半步"，城南百里的开榜山"古树青翠"，归顺州（今靖西县境）城西二里许的凤凰山"竹木森密"，城南三十里的排山"林木幽深"；都康土州西二十里的隆满山"苍翠如屏，树木阴翳"；小镇安土司（今那坡县城）北一里的甘岩"古树阴翳"②。清光绪年间，靖西县的归顺州北二里的凤凰山乃然是"竹木森茂"，宾山"林木耸翠"③。至于处在云南及安南（今越南）接壤的边远之地，更是到处"皆崇山密箐，斧斤不到"④。与云南交界的西林县，南部的溻巴山"茂木幽蔚"，东部的样山"深林叠嶂"。现属河池地区东兰、南丹等地，古时皆"深箐密布，草木荟翳"⑤。

从史料记载可知，广西古时岩溶区森林茂密，物种极为丰富。直到18世纪中叶以前（清乾隆年间），广西从北到南，很多地方仍是"峰密郁郁"，"森林连绵，遮天蔽日"，"环数百里无日色"，"行人不辨东西半步"，"多千百年古物"，"所产林木不可胜用"。直到18世纪中叶，广西森林面积还相当大。据考证，康熙三十九年（1700年），广西森林面积占土地总面积从公元前的91%下降到39.1%⑥，不过在边远地区尚有大片原始森林。乾隆以后，由于人口激增，特别是周边省份大批百姓迁入，森林遭受破坏更严重。据《钦州县志》记载，"清光绪初、中年间，各乡小林业恒多长成松林，到处青葱可爱"，说明该地区还是有相当面积的森林，只是已退化为次生的松林了。光绪二十年（1894年）后，"日施斧斤，有砍无种"，才"逐渐零落稀疏，甚至童山濯濯"⑦。开发较早的地区，森林受破坏的历史也较长。例如，光绪三十三年（1907年），广西巡抚部院谕：自省城至平乐一带沿河两岸荒山荒地颇属不少，亟应举办植树造林，以开风气而辟利源⑧。又如位于桂中的来宾县，据1937年修的县志记载，当时来宾县已是"瘠土硗确，弥望皆是，农、蚕、垦、牧、森林、渔、猎等自然之利无多"的地方。在"中华民国"期间，特别是新桂系统治时，对林业建设尚较重视，先后开办一批林场、苗圃，并奖励造林，颁布过一些有关政策法令，但收效不大；相反，对乱砍滥伐、毁林开荒、山火的防治等却无所作为，以至森林资源继续大幅度消减。1950年根据资料分析，广西森林面积只有37.87万 hm^2，覆盖率16.04%⑨。以上资料表明，广西岩溶区的森林遭到破坏、植被退化始于18世纪中期，19世纪末到20世纪初开始出现石漠化。

① 1里=500m。
② （清·乾隆）《镇安府志》卷二："山川，天保县，归顺州，都康土州，小镇安土司。"
③ （清·光绪）《归顺直隶州志》卷三。
④ （清·康熙）《西林县志·山川》。
⑤ 《广西通志》卷84："舆地五。"
⑥ 《宋史》："志四十二，地理六，广南东西路。"
⑦ 《广西林业大事记》。
⑧ 赵翼《檐曝杂记》。
⑨ 《广西清代档案》。

3.1.5　广西森林植被分布与碳酸盐岩的关系

广西岩溶区森林植被生态系统极为脆弱，一旦破坏，恢复十分困难。在 20 世纪 60 ~ 80 年代森林遭受几次大规模的砍伐，在 80 年代中后期实施封山育林，恢复至今岩溶石山区与非岩溶区仍有较大的差异：岩溶区灌丛平均覆盖率为 14.81%，森林覆盖率平均为 12.13%；而非岩溶区的灌丛群落覆盖率仅为 1.92%，森林覆盖率平均 31.32%。而且它们的空间分布与碳酸盐岩的分布有较好的对应关系：即灌丛覆盖率与碳酸盐岩分布面积的比例成正比（$r = 0.69$），而森林覆盖率与碳酸盐岩分布面积比例成反比（$r = -0.75$）（图 3-1）（曹建华和李先琨，2006）。

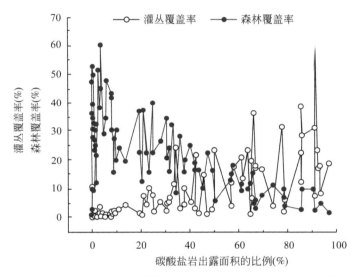

图 3-1　广西灌丛覆盖率、森林覆盖率与县域碳酸盐岩出露面积比例之间的关系

目前，广西岩溶原生性的森林植被仅残存于自然保护区内和部分村庄长期封育保存的"风水山"。就广西岩溶植被总体而言，退化十分严重，大量物种分布面积急剧萎缩甚至丧失，许多广西岩溶区特有的生物种类濒临灭绝。

3.2　石漠化对植物多样性与种质资源的破坏

广西岩溶地区地处热量充足、降水丰沛的热带和亚热带气候区内，非常适宜多种植物的生长和繁衍，是我国南方生物多样性极为丰富而独特的地区之一。据史料记载，广西岩溶地区曾广泛分布着以高大乔木为优势种群或建群种的岩溶森林植被，这些植被不仅类型多样，而且群落结构和物种组成十分复杂，是良好的天然种质资源储藏库和动植物庇护所，这可以从目前保护比较完整的自然保护区中得到充分的例证，如位于广西龙州县的弄岗自然保护区和环江县木论自然保护区（苏宗明等，1988；郑颖吾，1999）。

3.2.1　石漠化对种质资源库的影响

在广西石漠化地区，由于岩溶森林植被的严重退化甚至完全消失，其植物多样性和种质资源发生了根本性的变化，绝大多数地面植被都已严重退化为以阳性灌草植物为优势的低矮灌草丛，群落结构和物种组成非常单一，基本丧失了作为生物种质资源储藏库的作用。

岩溶山地通过封山育林，经过长期的时间——数十年甚至上百年，植被依靠仅有的石缝土顽强地生长起来，之后根系直接利用各种裂隙在岩层形成巨大的生态空间，以支持高大的树体以及获取水分和营养物质。岩溶生境的异质性在不同的尺度上均存在。岩溶山地的地形地貌很复杂，生境的异质性程度高，不同地段、不同坡向、坡位的小生境均存在差异。生境的异质性可影响植物多样性的形成，甚至成为植物多样性维持的主导因子。

3.2.2　不同石漠化程度植被物种多样性特征

对桂西南弄岗自然保护区及其周边地区的岩溶植被演替的主要阶段物种多样性特征进行调查研究（区智等，2003），用3种多样性指数来测度桂西南岩溶地区不同演替阶段各层的多样性，可以看出石漠化阶段植物多样性较低。草本层为：由草丛阶段向灌草丛阶段增加，达到灌丛阶段又相对下降，继续演替下去则增加。灌木层为：从草丛阶段开始不断增加，在灌丛阶段达到最大，往后演替又有所降低。乔木层为：从先锋群落阶段向亚顶极群落阶段增加，在亚顶极群落就达到最大值，到顶极有所下降。

图3-2显示了桂西南岩溶地区植被演替各阶段草本层的物种丰富度、Shannon-Wiener指数、Simpson指数与Margalef's指数都反映出基本一致的变化趋势，即从草丛阶段向灌草丛阶段草本层多样性增加，到达灌丛阶段则有所降低；然后基本上是随着演替的向前进行草本层的多样性呈上升趋势；随着演替的向前进行，乔木的树高和冠幅的增加，使群落的郁闭度随演替的进展逐渐增大，并进一步增加了林内环境的复杂性，创造了更多适于不同草本植物生长的小环境，多样性不断增加。

图3-3显示灌木层多样性从草丛阶段开始到灌木阶段达到最大，然后在先锋群落阶段降低，再演替到后面的几个阶段，基本上与先锋群落相差不大。

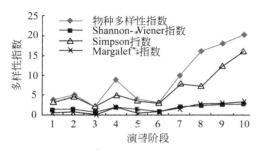

图3-2　不同演替阶段草本层物种多样性指数比较

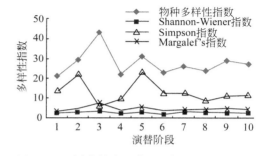

图3-3　不同演替阶段灌木层物种多样性比较

从图3-4中4个指数的变化趋势来看，基本上是先锋群落阶段 < 亚顶极群落阶段、亚

顶极群落阶段 > 顶极群落阶段。由于先锋树种的生长，遮蔽了林下，使其光照、水分、湿度等条件发生了改变，同时还改善了土壤环境，此时群落内的小气候达到了中性树种生长的要求，中性树种开始出现；随着中性树种的生长，大部分中性树种进入乔木层中下层，群落演替到亚顶极阶段，这时既存活着渐渐进入衰退期的阳性植物，又存活着渐渐发展的中性植物，所以在亚顶极群落阶段多样性数值最大；而当进入顶极阶段时，中性树种大部分进入了

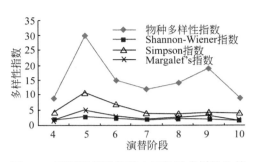

图 3-4 不同演替阶段乔木层物种多样性比较

乔木中上层，使得林下的光照更少，致使阳性树种的幼树幼苗不能生长进入下一阶段，阳性树种得不到更新，环境资源朝不利于阳性树种的方向分化，阳性树种渐渐地退出群落，故在顶极阶段的物种多样性不及亚顶极阶段的高。

从图 3-5 可以看出，物种多样性并非随着演替的不断深入而增大，而是从草丛阶段开始物种多样性不断增加，至亚顶极阶段达到最大值，到达顶极阶段时物种多样性却有一定下降。这是因为从草本植物侵入裸岩荒地形成草丛群落开始一直到亚顶极群落，随着生物对环境的作用，恶劣的生态环境不断地得到改善，使得环境的容纳量不断提高，故物种多样性也不断地提高。而达到顶极群落之后，由于群落的稳定性增大，群落建群种和各层优势种逐渐稳定，各物种分别占据分化了的生态位，群落内各种群的竞争趋于稳定，物种侵入较困难，一些物种由于在对环境资源的利用竞争中处于劣势，而无法继续生存，逐渐退出群落，因而物种多样性又会有所降低，但这种降低，不是群落的衰退，而是群落的成熟和稳定。

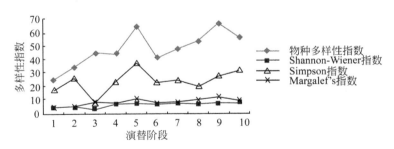

图 3-5 不同演替阶段群落植物物种多样性总体比较

3.2.3　石漠化区域植被的物种组成特征

调查结果显示，广西石漠化地区的裸岩地、疏林地和低矮灌草丛的面积约占其土地总面积的 90% 以上，植被覆盖率小于 50%，群落高度多在 1.5 m 以下，最为常见的群落优势种主要是红背山麻杆（*Alchornea trewioides*）、黄荆（*Vitex negundo*）、飞机草（*Eupatorium odoratum*）、类芦（*Neyraudia reynaudiana*）和九龙藤（*Bauhinia championii*）等阳性灌草植物，而岩溶森林植被中最为重要的乔木树种却几乎消失殆尽，至多是以幼苗幼树的方式零星残存于疏林和灌草丛中，其中既有蚬木（*Excetrodendron tonkinense*）、肥牛树

（*Cephalomappa sinensis*）、金丝李（*Garcinia paucinervis*）和青冈栎（*Cyclobalanopsis glauca*）等顶极群落中常见而重要的中性或阴性树种，也包括大部分阳性乔木树种。以石漠化严重的平果县龙何示范区为例，在 3000 m² 调查样地的 171 种植物（分属 57 科 122 属）中，共有乔木种类 36 种，仅占总种数的 21.06%（图 3-6），平均每 100 m² 的样地仅为 1.20 种，而且几乎全部为幼苗且生长较差；常绿种类（包括乔、灌、藤）49 种，仅占总种数的 28.66%，而落叶种类（含一年生藤本植物和草本植物）却高达 71.34%，与弄岗自然保护区的蚬木林和木论自然保护区的青冈林等原生植被相比，其植物生活型谱已经发生了非常明显的变化（图 3-7）。因而在广西石漠化山区，植被低矮、季节变化极其明显，遍地呈现"夏天满眼绿，冬天到处光"的景象是其生态环境最为典型的特点。

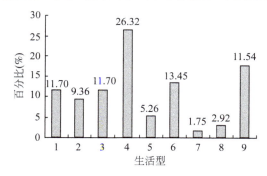

图 3-6 龙何示范区调查样地植物
生活型构成

1. 常绿乔木；2. 落叶乔木；3. 常绿灌木；
4. 落叶灌木；5. 常绿藤本；6. 落叶藤本；
7. 一年生藤本；8. 一年生草本；9. 多年生草本

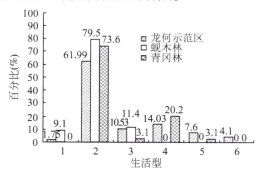

图 3-7 龙何示范区与弄岗蚬木林、
木论青冈林的植物生活型谱比较

1. 附生植物；2. 高位芽植物；3. 地上芽植物；
4. 地面芽植物；5. 地下芽植物；6. 一年生植物

有关资料显示（贾桂康，2005；唐赛春等，2008ab），近 10 多年来，在广西石漠化地区尤其是桂西南石漠化连片分布区，随着原生植被的迅速退化和消失，外来入侵植物的种类数量和分布面积有不断增加的趋势，生态问题日益严重和突出，其中蔓延趋势明显和分布面积较大的入侵植物有飞机草（*Eupatorium odoratum*）、紫茎泽兰（*Eupatorium adenophorum*）、银胶菊（*Parthenium hysterophorus*）、三叶鬼针草（*Bidens pilosa*）和一年蓬（*Erigeron annuus*）等 20 多种，对该地区的生物多样性、农林牧业生产以及恢复重建等造成了前所未有的影响。据野外调查和观察发现，飞机草等入侵植物具有极强的生态适应性，它们几乎能在所有岩溶地区成功定居和繁衍，加之其种子具有个体小、产量大、发芽率高和寿命长等有利于种群生存和传播的特性，因而其扩展速度非常迅速。以撂荒地为例，在桂西南岩溶山区，当耕地被撂荒后，首先进入撂荒地的植物既包括蔓生莠竹（*Microstegium faciculatum*）、黄花蒿（*Artemisia annua*）和千里光（*Senecio scandens*）等本土植物，也有飞机草、银胶菊和一年蓬等入侵植物，但由于外来植物的种源比较充足以及扩散速率更快，其定居数量和生长速率等都明显优于本土植物，往往能在较短的时间内迅速占领整个地段而成为群落优势种或建群种，从而使得其生物总量及其在群落中的优势地位非常突出。同时，外来入侵种一般都具有较为强烈的化感作用，如三叶鬼针草和飞机草等对黄荆、任豆（*Zenia insignis*）等本土植物的种子萌发和幼苗生长等造成一定或是明显的抑制（贾海江等，2008；林春蕊等，2008），不但造成这些群落的生物多样性明显下降，也使得这些群落的恢复演替极其缓慢。

3.3　石漠化区的表层岩溶水资源衰竭

3.3.1　植被及土壤的水源涵养机理

岩溶石山地区表层岩溶水的主要补给来源于大气降水。在植被、土被发育良好的地区，降落到植被中的雨水，首先落到植物群落冠层，一部分雨水由于植物的枝条、叶片、树干表面吸引和雨水重力的均衡作用而被吸附（这部分水称为林冠截留水，占降水量的10%～30%）；而另一部分水透过林冠层直接降落到林地；当植物群落冠层截留水滴汇集扩大到重力超过树体表面吸附力时，即又从植物群落冠层下落到林地。从植物群落冠层下落和透过林冠直接降落到林地的雨水，其中一部又分被枯枝落叶层吸附（这部分水称为枯枝落叶截留水，一般枯枝落叶层吸水量可达本身重量的2～4倍），另一部分形成地表径流。植物群落冠层截留水和枯枝落叶层截留水在降水停止后，一部分会逐渐蒸发散失到大气中去，另一部分透过植物群落冠层和枯枝落叶层后的降水直接从二壤孔隙入渗到土层的空隙中。土层空隙吸收的水分主要是在重力作用下，在土层中缓慢运移并积蓄，并补给土层下伏表层岩溶带，直至遇到相对隔水层（完整岩体）才于有利部位出露地表（图3-8）。

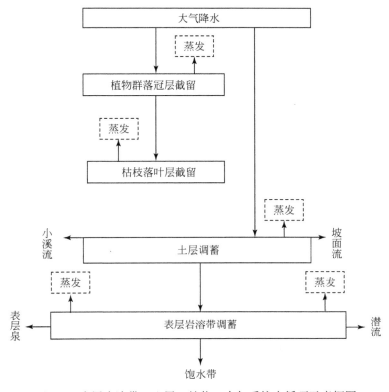

图 3-8　表层岩溶带—土层—植物—大气系统水循环示意框图

入渗到土层中的水量主要取决于土壤的有效孔隙度，而土壤的有效孔隙度又主要取决于土壤中植物根系、腐烂根的孔穴和小动物的洞穴等。土壤中的有效孔隙又是土壤涵养水源的关键，一般而言，土壤的有机质含量越高、结构越好，则土壤孔隙越大、数量越多，储蓄的水量就越多。众多的研究成果表明，森林中土壤的有效孔隙度远大于无林地土壤的有效孔隙度，因此有林地土壤储蓄的水量远大于无林地土壤储蓄的水量。由广西马山县古零镇弄拉兰电堂表层岩溶泉（植被及土壤覆盖程度高的泉域）和平果县果化镇龙何地区布洋 1 号表层岩溶泉（植被及土壤覆盖程度低的泉域）的对比研究结果（表 3-3）可知，布洋 1 号表层岩溶泉泉域的地下径流模数及有效降水对泉流量影响显著的时间均小于植被及土壤覆盖程度高的兰电堂表层岩溶泉泉域，而布洋 1 号表层岩溶泉的年断流时间及降水对当天的日平均流量影响的贡献率均大于兰电堂表层岩溶泉，它表明植被及土壤覆盖程度高的表层岩溶泉域对降水入渗补给表层岩溶带水源的调蓄能力大于植被及土壤覆盖程度低的表层岩溶泉域。可见，植被及土壤具有良好的水源涵养功能，是岩溶石山地区表层岩溶水含水系统的重要组成部分。岩溶石山地区植被及土壤状况在很大程度上制约着表层岩溶水含水系统的水源涵养能力，并直接影响着系统内表层岩溶水资源总量。

表 3-3　不同植被及土壤覆盖条件对表层岩溶泉水的影响对比表

项目	布洋 1 号泉	兰电堂泉
地貌类型	峰丛洼地	峰丛洼地
泉域面积（m²）	14 000	400
表层岩溶带特征	表层岩溶带厚度 1～3 m 不等，产状平缓，裂隙发育，岩溶作用强	表层岩溶带厚度 >5 m，产状平缓，裂隙发育，岩溶作用强
泉域生态环境特征	旱地、荒地混合型，植被稀少	茂密乔灌林
土层覆盖情况	一般为裸露岩石，土层少，分布不连续，厚度一般为 0.1～0.3 m	部分岩石裸露，土层相对较多，厚度一般为 0.5 m，最大 2 m
雨季地下径流模数 [m³/（km²·s）]	0.014 3～1.643	1.75～20.00
最小地下径流模数 [m³/（km²·s）]	0.00	0.25
最大地下径流模数 [m³/（km²·s）]	10.76	137.50
近年断流时间	约 70 天	无
有效降水对泉流量影响显著的时间（天）	3～5	7
降水对当天的日平均流量影响的贡献率（%）	44.3	30.6

3.3.2　石漠化对广西表层岩溶水资源衰竭的影响

石漠化主要是岩溶植被被破坏导致土壤严重被侵蚀而引起，而岩溶区的植被及土壤是表层岩溶水含水系统的重要组成部分。石漠化使岩溶石山地区失去了其浅表层原有的植被及土壤盖层，破坏了表层岩溶水含水系统的原结构，降低了系统涵养水源的能力。石漠化发展最直接的严重后果之一就是不能涵养水源，导致表层岩溶水资源衰竭，主要表现如下。

3.3.2.1　溪沟流量减小、断流或枯竭

多项调查研究结果表明，在广西都安、靖西、大化、南丹、忻城、平果、马山、德保等县的重度－中度石漠化区，石漠化使地表植被遭受严重破坏，导致土壤被大量侵蚀，地表植

被及土壤层的水源涵盖能力严重衰退甚至丧失，原有许多小溪沟的流量明显减小、断流时间加长，部分小溪沟甚至枯竭。例如，桂林会仙一带岩溶湿地的补给区在 20 世纪 50 年代仍见有密集的小河溪，但目前尚有流水的已为数很少，绝大多数已长时间断流或枯竭。

3.3.2.2　表层岩溶泉水流量减小、断流或枯竭

植被及土壤的水源涵养作用及其对表层岩溶泉域地下水调蓄能力的影响，目前已被人们广泛认识，表层岩溶泉域范围内植被及土壤的覆盖程度在很大程度上决定着该表层岩溶泉域对地下水调蓄能力的强弱。由于岩溶石山地区的石漠化，表层岩溶泉域上部的植被遭受严重破坏，导致土壤大量流失，严重地破坏了表层岩溶泉域含水系统的结构，使之失去了对水资源具有重要积蓄作用的调蓄层，致使表层岩溶泉域接受大气降水有效入渗补给量减少、对水资源调蓄能力严重减弱，带来广西众多表层岩溶泉水流量减小、断流或枯竭的后果。例如，平果县果化镇龙何屯一带，20 世纪 50 年代尚可见有 6 处表层岩溶泉出露，石漠化的结果，导致目前已有 3 处基本枯竭，仅有布洋 2 号、龙何上和龙何下 3 处表层岩溶泉留存，但流量已明显减小且在较长的时间内出现断流的现象（龙何下表层岩溶泉平均年断流日数 93.5 天，布洋 2 号表层岩溶泉平均年断流日数 106 天）；在巴马县西山乡林榄屯村北山坡的 2 处表层岩溶泉，过去是常年有水流，并可供当地居民饮用，近几十年来石漠化的不断发展，导致这些表层岩溶泉近年来在非雨季节出现长时间断流，甚至枯竭；同时，在桂林市会仙岩溶湿地补给区同样见有多处表层岩溶泉因石漠化导致泉水枯竭的后果。

3.3.2.3　地下河及岩溶大泉枯期流量减小或断流

石漠化对广西表层岩溶水资源衰竭的重要影响之一是导致地下河及岩溶大泉枯期流量的减小甚至断流。例如，分布于广西柳城县太平镇的龙寨地下河、环江县木论乡的木论地下河、宜州市屏南乡的甫村地下河、忻城县大塘镇的平安地下河、乐业县幼平乡的百郎地下河、河池市六圩镇的庭览岩溶大泉等，由于近几十年来地下河流域所在地区石漠化的不断发展，流域内植被、土壤的水源涵养功能逐渐丧失，这些地下河在 21 世纪初期的枯季流量比 20 世纪 80 年代初期的流量均有不同程度的减小；而分布于平果县果化镇的布尧地下河（浅小地下河），在 20 世纪六七十年代，其出口处常年流水，枯水期尚能满足布尧屯居民的生活用水，由于其补给区石漠化严重，近年来在枯水期均出现较长时间的断流（表3-4）。

表3-4　广西石漠化区典型地下河及岩溶大泉流量衰竭情况表

出露地点	类型	汇水面积（km²）	最枯流量（L/s）	
			20 世纪 80 年代初期	21 世纪初期
柳城县太平镇龙寨屯	地下河	35	106.3	57.44
环江县木论乡木论屯	地下河	54	43	19.2
宜州市屏南乡甫村屯	地下河	10	206.4	119.4
忻城县大塘镇平安屯	地下河	40	150	96.99
乐业县幼平乡百郎村	地下河	835.5	3182	2833
河池市六圩镇庭览屯	大泉	62	362	309.1
平果县果化镇布尧屯	地下管道	0.58	长年流水	枯季断流

资料来源：广西地质调查研究院《广西岩溶石山地区地下水资源勘查与生态环境地质调查报告》（2002 年 10 月），并作补充

3.3.2.4　岩溶湿地严重退化、水域面积明显萎缩

岩溶湿地及其水域面积萎缩是石漠化对广西表层岩溶水资源衰竭影响的又一明显表现。据近年对广西桂林会仙地区岩溶湿地调查与研究的情况表明，由于近几十年来石漠化的不断发展，相当部分地段已达到中度—重度石漠化的程度，植被、土被严重退化，导致岩溶湿地补给区水源涵养能力严重降低，非雨季节岩溶湿地区地下水的补给资源大量减少，补给水量严重不足，该湿地区及其水域面积大幅减小。相关资料显示，在20世纪70年代中末期，桂林市会仙一带的岩溶湿地面积尚有120 km²，而其原始状态的规模远不止于此。据访，20世纪50年代尚有岩溶湖塘20多个，水面面积大于500亩的岩溶湖塘有莲塘（野鸭塘）、大马塘、督龙塘等极大片的沼泽地；但现今仅有大马塘、督龙塘、分水塘等少数岩溶湖塘存留，面积也已大为缩小，目前湿地总面积仅约24 km²，常年有水面积不足6 km²。岩溶湿地已表现出整体性严重退化、水域面积大幅萎缩的现象（吴应科等，2006）。

3.3.2.5　地表河流枯期径流明显减小、山塘水柜及水库干枯

在广西岩溶石山地区，石漠化导致地表河流枯期径流明显减小，众多的山塘、水柜及部分水库干枯的现象。在漓江流域，20世纪70年代在未启用青狮潭水库在枯水季节向漓江补水的情况下，漓江旅游黄金水道在枯水期游船尚能全程通航；由于流域中上游地区近几十年来石漠化的发展，流域内植被、土壤的水源涵养能力严重下降，漓江在枯水季节的补给水源严重不足、流量严重减小，漓江旅游黄金水道在枯水期游船不能全程通航；20世纪90年代中后期以来，不得不采用青狮潭水库在枯水季节向漓江补水的方案，但仍未能满足漓江旅游黄金水道在枯水期游船的全程通航；继之在21世纪初始年代的初期兴建以为漓江补水为主要功能的白竹境水库，以增加在枯水季节向漓江补水的能力。即使如此，在2009年末至2010年初的大旱期间，漓江旅游黄金水道上的游船仍在一定时间段内不能全程通航。同时，石漠化造成桂林地区许多水库在枯水季节出现干枯现象，据不完全统计，2004年以来，桂林地区有38座岩溶水库干枯。此外，在2010年初西南地区抗旱找水过程中对广西巴马、凤山、乐业等县的调查，众多的山塘及水柜因石漠化造成其水源枯竭而无水可蓄。

3.3.2.6　枯季地下水位下降

石漠化导致岩溶石山地区枯季地下水位下降也是石漠化对广西表层岩溶水资源衰竭影响的表现之一。由于石漠化，岩溶石山地区的山体表面逐渐变成了岩石裸露的石山，基本丧失了植被及土壤对降水及地表径流的调节及水源涵养的功能，带来岩溶石山地区地下水系统在枯水季节内的补给水源严重不足，致使系统内地下水的补给量小于排泄量，从而导致地下水位在枯水季节内的持续下降。石漠化导致枯季地下水位下降在广西岩溶石山地区普遍存在，如在2010年初西南地区抗旱找水过程中对广西巴马县凤凰乡江洲村科略屯一带的调查发现，当地居民在20世纪70年代利用在岩溶竖井内安装固定式提水装置进行岩

溶地下水资源开发,近几十年来该地区石漠化持续发展,当地地下水枯季水位多年持续下降,以致近几年来在枯水季节完全吊泵而无法提水。

3.4 石漠化加剧水土流失

3.4.1 石漠化加剧水土的地下漏失

广西岩溶区水土流失包括土的流失和水的流失,岩溶区由于其特殊的地质背景决定了其水土流失具有随地下溶蚀空间及岩溶地下流域系统流失的特殊性和复杂性。

在非岩溶地区,地表水系发育,水土流失的主要表现形式为,降水在坡面形成地表径流,携带泥沙在低洼部位沉积,或者随径流进入地表河;而岩溶石山区,地下水系发育,其水土流失的主要表现形式为,降水在坡面形成地表地下双层、垂直与水平双向径流,携带泥沙首先进入地下裂隙空间、管道及地下河,然后出露地表,汇入地表河。

我们以广西平果县果化生态重建示范区龙何上小流域为例分析岩溶石漠化区水土流失过程的特殊性。龙何上小流域汇水面积为 0.3 km²,治理前流域内石漠化严重,耕地多为大于 25° 的坡耕地和石旮旯地。从 2003 年初开始采用沉沙池法对流域的土壤流失量和地表径流量进行监测,监测结果(表3-5)显示:通过生态重建各项措施的实施,地表土壤侵蚀模数和地表径流量逐年降低;在整个监测期内,采用沉沙池法监测的随地表径流流失的泥沙量极少,地表土壤侵蚀模数最高不超过 2000 kg/(km²·a),地表径流量占降水量的比例小于 15%。同时在 2004 年初至 2005 年初采用埋桩和划痕迹相结合方法对监测区不同土地类型的土壤侵蚀厚度进行监测,以土壤侵蚀厚度、土被覆盖率和土地单元面积为依据,估算出 2004 年度龙何上小流域土壤侵蚀模数高达 637 892 kg/(km²·a)。以上两种方法监测出同一小流域同一时段的土壤侵蚀模数相差很大,采用沉沙池法监测的土壤侵蚀模数仅为采用埋桩和划痕迹相结合方法监测的 0.16%。采用沉沙池法监测只能监测流域内随地表径流流失的土壤量,无法监测岩溶区随地下径流流失的土壤量;采用埋桩和划痕迹相结合方法监测尽管存在一定的估计误差,但是更能接近流域内实际的土壤流失量。两种方法的监测结果有如此大的差异,说明流域内大量的泥沙随地下径流而流入地下岩溶孔隙、裂隙、管道等,并在地下流域系统内发生沉积。同时采用沉沙池观测堰监测的地表径流量占降水量的比例小于 15%,也说明了大量的降水沿岩溶地下空间流失。另外,龙何上小流域的地表径流汇入下游洼地,进入落水洞,最终流入地下河管道系统。

表3-5 采用沉沙池法监测龙何上小流域土壤侵蚀模数(2003~2005 年)

年份	2003	2004	2005
土壤侵蚀模数 [kg/(km²·a)]	1742.64	1004.83	510.92

49

3.4.2 岩溶区石漠化导致降水运移过程的骤变

水土流失包括水的流失和土壤的流失,西南岩溶区土壤的流失主要在水动力的作用下随水的流动而流失。岩溶峰丛洼地区降水落入地面主要分成两个类型区:峰丛区和洼地区。岩溶石漠化的产生导致降水进入地表后的运移途径、各运移过程的强度、运移的水量产生了较大的变化,进一步导致水土流失中水的流失以及土壤流失的水载体动能的突变,加剧了水土流失的发生和强度。

在未石漠化的环境条件下,可分植被覆盖和土被覆盖两种类型。在植被覆盖条件下,无论是峰丛坡面还是洼地,降水最先被植物截留,只有当降水超过植物截留量时,降水才进入地表。在土被连续的坡面或者洼地,穿过植被层的降水在土壤饱和吸水后,与非岩溶区相似,一部分入渗土壤层,超过入渗的部分直接形成地表径流,最终经过落水洞或天窗进入地下河。在土被不连续分布的坡面或洼地,穿过植被层的降水进入地表后,分成多个运移途径:在坡面,降水分成岩面产流、基岩孔隙裂隙流、地表超渗径流和表层岩溶泉排泄流;在洼地,降水分成基岩孔隙裂隙流和地表超渗产流。此时,降水在各运移途径中的运移速度相对较缓慢,对地表土壤的冲刷、搬运能力较弱,加上植被对土壤的固定和对水分的调蓄作用,使得在无石漠化的条件下,水土流失相对较弱。在土被覆盖条件下,水土流失过程与非岩溶区相似,受岩溶地质背景的特殊影响少,只是在土壤覆盖薄层区,人为耕种活动震动土壤下漏(图3-9,图3-10)。

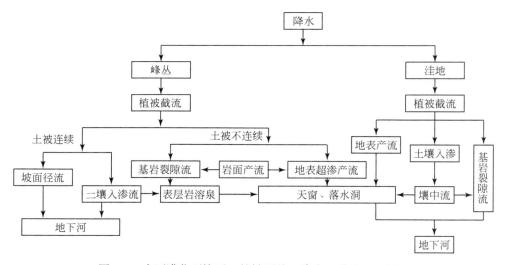

图3-9 未石漠化环境下(植被覆盖)降水运移过程示意图

岩溶峰丛洼地严重石漠化后,岩溶坡面因大量基岩和溶蚀空间裸露,降水首先直接分成岩面产流、土表产流、基岩孔隙裂隙流,流速快、流量大,直接冲蚀土壤斑块进入地下空间,在降水达到一定的程度后才进一步形成地表超渗产流和表层岩溶泉快速排泄流;在洼地,除岩面产流、土表产流、基岩孔隙裂隙流外,还有坡面快速汇入径流,它将直接冲蚀导致严重的洼地土壤沟蚀流失(图3-11)。

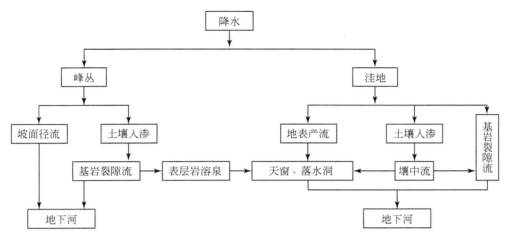

图 3-10　未石漠化环境下（土被覆盖）降水运移过程示意图

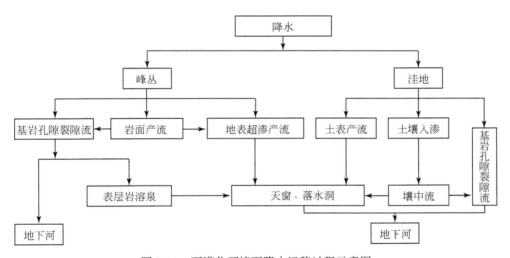

图 3-11　石漠化环境下降水运移过程示意图

3.4.3　石漠化加剧岩溶微地貌单元的水土流失过程

　　广西岩溶石山区大部分以纯石灰岩为主，特殊的岩溶地质背景与湿热的气候条件，岩溶强烈发育，表层岩溶带发育裂隙、溶窝、溶槽、溶孔、溶穴等，洼地发育落水洞、竖井、岩溶裂隙、饱水带岩溶管道。石漠化严重产生后，基岩裸露，无植被覆盖，土壤被裸露基岩分隔，加上人为的耕种破坏，地表漏水漏土严重，水土流失过程主要是受控于基岩裸露率、裸露基岩溶蚀空间的发育以及地下溶蚀空间形态的发育。强降水条件下产生地表地下双层多向径流的作用，水土流失的途径被裸露基岩分割，表现出土壤斑块与裸露基岩组合微地貌单元水土流失的特殊过程，石漠化的产生加剧了微地貌单元水土资源的流失（图 3-12）。

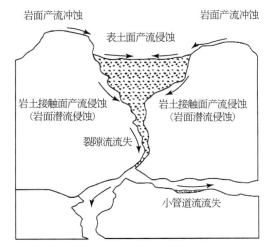

图 3-12　岩溶石漠化山区水土流失途径示意图

石漠化加剧微地貌单元水土流失的主要过程：①石漠化导致耕地面积减少，当地居民为生计不得不耕种石旮旯地，而石旮旯地土壤层薄，在人为耕作等扰动下，震动了"石筛"，使土壤极易由重力侵蚀向岩石裂隙中垂向漏失；②石漠化导致降水直接落在岩石表面，加上多暴雨，产生快速的岩面产流，冲蚀土壤斑块；③人为耕种及水土流失的作用下，土壤层上松下黏，易在土壤层中产生壤中流，冲蚀土壤流失；④石漠化产生后，植被破坏，石缝土与周围裸露岩石刚性接触（研究区雨热同期，且多暴雨），暴雨时，土壤充分吸水饱和膨胀，雨后，漏水严重，裸露土壤在暴晒下，水分强烈蒸发，特别是石缝土周围的裸露岩石暴晒后附近温度可以达到 60℃，进一步促进石缝土中土壤水分的强烈蒸发，导致雨后 1~2 天，石缝土因失水分剧烈收缩，产生干裂（干裂深通常达到几个厘米），且岩土界面上干裂宽度和深度较土壤内部高出很多（图 3-13、图 3-14），石漠化区土壤层薄，裂缝通常穿过整个土壤剖面层，在下一场暴雨来临时，初期降水随干裂缝隙和岩土界面裂缝侵蚀土壤漏失到地下岩石溶蚀空间中，土壤斑块吸水膨胀崩解漏失促进了侵蚀过程；⑤持续性降水时，土壤吸水膨胀，土壤层崩解，加上雨滴的溅蚀，土壤在岩面快速产流、基岩裂隙流、岩土接触面产流、地表产流作用下极易流失，产生塌陷侵蚀；⑥石漠化的产生，在化学溶蚀作用下，土壤层下的溶洞、溶沟、溶槽等空间快速扩展或产生新的溶洞、裂隙等空间，失去植被保护的土壤在岩面产流等作用下发生塌陷侵蚀漏失过程；⑦石漠化产生后，基岩裸露越多，石漠化就越严重，水土的地下漏失越强，水的流失越强，土壤流失的危害越严重，直到严重石漠化阶段，因几乎无土壤可流，水的流失强度极端增加，土壤流失强度减少，直至等于成土速率。石漠化加剧水的流失和土壤流失的危害程度。

以上过程反复作用，加剧土壤斑块与裸露基岩组合微地貌单元水土流失的强度，有的裸露土壤层在几次暴雨下就可流失殆尽，且大部分土壤向地下溶蚀空间漏失。

岩溶石漠化区土壤流失是化学溶蚀、重力侵蚀、地下径流侵蚀、壤中流侵蚀和地表径流侵蚀等多种作用联合影响的结果，不同地貌部位各侵蚀类型的表现形式和强度差异较大，岩溶石漠化区微地貌单元水土流失的主要过程：垂向基岩裂隙流漏失、岩面产流冲蚀、表土面产流侵蚀、土壤干裂流失、岩土接触面流失、壤中流侵蚀、小管道流流失、崩解及塌陷流失。

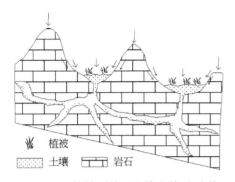

图 3-13　植被覆盖下土壤斑块无干裂

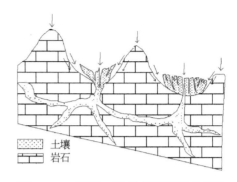

图 3-14　石漠化后土壤斑块干裂示意图

　　广西平果果化示范区的调查监测结果表明（罗为群等，2008），在坡面上，土壤流失均以地下漏失为主；洼地底部土壤流失以地表流失为主，但是最终通过落水洞转成地下河管道流失，成为堵塞地下河管道的主要泥沙来源。自峰顶到洼地底部，土壤总侵蚀模数、地表侵蚀强度、地下侵蚀强度、地表侵蚀相对贡献率逐渐增加，地下侵蚀相对贡献率逐渐减少；土壤侵蚀潜在危险级由峰顶的毁坏型减弱到洼地底的轻险型；地表侵蚀从峰顶到洼地底主要为岩面流冲蚀—岩面流冲蚀和土表面产流面蚀—岩面流冲蚀、土表产流面蚀、土表产流细沟侵蚀和降水溅蚀（耕地）—土表产流面蚀、表土面细沟侵蚀、表土面浅沟侵蚀（耕地）、表层岩溶水排泄径流冲蚀、上游坡面径流冲蚀、岩面流冲蚀（灌草坡）和降水溅蚀（耕地）—冲沟侵蚀、土表产流面蚀、表土面细沟侵蚀、表土面浅沟侵蚀和降水溅蚀；地下侵蚀从峰顶到洼地底主要为崩塌侵蚀、垂向径流流失和表层带裂隙流侧向流失—岩面潜流侵蚀、垂向径流侵蚀和崩塌侵蚀—崩塌侵蚀（耕地）、岩面潜流侵蚀（耕地）、垂向裂隙流侵蚀和蠕滑侵蚀（灌草坡）—蠕滑侵蚀、崩塌侵蚀（耕地）、表层带侧向径流侵蚀和壤中流侵蚀（耕地）—蠕滑侵蚀和壤中流侵蚀。

　　灌草坡开垦成耕地后，人为活动震动了岩溶"石筛"（张信宝，2007），破坏了土壤剖面结构和物理性质，地表、地下土壤侵蚀均增强。在缓坡部位，人为活动对地下侵蚀贡献最大；在坡麓部位和洼地底部，地表侵蚀贡献最大，但最终经过落水洞、漏斗、天窗等再次转成地下河管道侵蚀。

　　岩溶峰丛洼地石漠化区，石漠化发生后，土壤物理性质遭破坏，各种径流流失过程侵蚀水流的速度和强度剧增，不仅导致降水的快速流失和强烈侵蚀坡面土壤斑块向地下溶蚀空间漏失，而且大量坡面径流快速向洼地汇集，冲蚀洼地表层土壤，导致沟蚀过程、落水洞侵蚀增强。洼地土被覆盖相对较连续，大多被改造成耕地，石漠化发生后，基岩裸露产生岩面径流侵蚀和基岩裂隙流侵蚀，且侵蚀强度随洼地石漠化的加剧而增强。石漠化的产生导致洼地及周围小气候环境恶化，土壤物理性质被破坏，土壤斑块水分含量随雨热骤变，土壤斑块易产生干裂，降水溅蚀土壤颗粒易随土壤干裂缝向地下空间漏失或加剧壤中流侵蚀强度。水土流失进入岩溶地下河管道，水力坡降相对降低，流速不断减少，水土在岩溶地下河管道中运移和沉积，石漠化的加剧，导致漏失到地下河空间的水土流失量和流速迅速增加，大量水资源及溶解态土壤营养元素随地下河空间快速流失，大量土壤在地下河空间中沉积，失去利用价值的同时堵塞地下河管道空间，导致严重的内涝灾害。

广西大部分岩溶石山区土壤分布不连续，被石芽所间隔，土层薄。在原始情况下，虽然岩石裸露出地表，但因森林植被覆盖，未发生石漠化。植被一旦被破坏，原来被植被覆盖的基岩短时间裸露，产生石漠化突变，水土流失受石漠化影响，形成多种水土流失的运移途径，且地下漏失严重，即刻进入石漠化加剧水土流失阶段。石漠化的产生，导致土壤物理性质被破坏、地表降水的运移途径和强度骤变、小气候环境恶化，从而加剧水土流失的强度，直至无土可流。石漠化发生后，失去森林植被的裸露基岩夏季温度高，也不利于周围土壤斑块植被的生长，加上人为耕种等强烈扰动，在地表径流和岩溶渗漏的作用下，水土流失程度加重。

3.4.4　广西岩溶石漠化区水土流失

据水利部的水土保持监测中心资料（表 3-6），3 次遥感解译的数据显示广西整体水土流失面积都很少、强度都很弱，且从分布在岩溶区和非岩溶区的河流泥沙情况来看，岩溶区的水土流失强度明显低于非岩溶区。2002 年广西水土流失面积 10 369.43 km^2，占土地总面积的 4.3%，其中占土地面积 10% 以上的县只有玉林市，而同期滇东水土流失面积占土地面积的 45.2%，贵州省水土流失面积占土地面积的 41.52%，3 次的遥感数据均有类似的结果；从 2005 年开展的水土流失与生态安全科学考察材料来看，多数县给出的数据高出遥感结果（表 3-7）（蒋忠诚，2010）。许多证据显示，广西岩溶区的水土流失面积存在许多疑点，已经不能反映岩溶区水土流失的实际情况。近 20 年来，大家公认广西岩溶地区的土壤侵蚀总量在缓慢地下降，究竟是植被恢复的结果还是石漠化扩展的原因。碳酸盐岩地层中成土物质先天不足（酸不溶物通常 <4%），广西岩溶区的水土流失具有易发性、隐蔽性、复杂性，土壤侵蚀具有地表流失量小但程度严重、流失面广而不易觉察的特点，水土流失的严重和危害性往往被人们所忽视。在岩溶发育的石灰岩地区，土壤以向地下漏失为主的特殊性，导致地表水流的泥沙含量难以真实地反映其水土流失强度。

表 3-6　广西考察县提供的水土流失面积占土地面积的比例与遥感数据的对比

（单位：%）

县名	1989 年	1999 年	2002 年	各县提供
平果县	1.95	2.64	2.57	32.79
大化县	3.85	2.99	2.96	15.07
凤山县	3.34	4.65	4.65	26.38
凌云县	4.93	4.03	4.03	31.55
环江县	2.08	3.74	3.73	5.75
隆林县	7.55	8.66	8.66	8.66

表 3-7　广西不同强度水土流失面积变化　　　　　　　　（单位：km^2）

年份	总流失面积	轻度	中度	重度	极重度
1989	11 142.90	6 369.36	2 912.52	1 126.03	734.99
1999	10 373.00	7 866.99	1 860.16	559.64	86.21
2002	10 369.45	7 864.31	1 859.28	559.63	86.23

依据广西 52 个岩溶县遥感解译的水土流失及石漠化数据，采用模糊数学的方法计算广西岩溶区水土流失强度综合指数和石漠化强度综合指数（表 3-8），结果表明：1999 年与 1989 年相比，广西岩溶区的水土流失综合指数下降了 0.61，下降 40.35%；广西岩溶区的石漠化综合指数上升了 1.30，上升 30.16%。表面上看，广西岩溶区水土流失强度总体上减弱，但石漠化程度却上升的趋势，相互矛盾。水土流失遥感解译数据来源于水利部，而水利部关于岩溶区的水土流失强度界定标准是以传统的基于坡度和土地利用方式的 SL（190—96）标准为主，无法反映岩溶区水土流失的地下漏失特性，广西岩溶区水土流失遥感解译结果存在误差。

表 3-8　广西岩溶区水土流失及石漠化综合指数计算值

指数	1989 年	1999 年	2002 年
水土流失强度综合指数	1.5119	0.9007	0.9004
石漠化综合指数	4.3161	5.6179	—

广西岩溶山区地表极其破碎，石芽石沟发育，土壤多分布于旯旮石缝中，这种条件下，按照国家土壤侵蚀遥感调查方法或 USLE、WEEP 等模型的参数设定，不能直接等同于非喀斯特地区；另外土层多不连续，水土地下漏失，直接运用遥感调查方法或模型法估算的土壤侵蚀模数及相关风险指数计算的准确性大打折扣。另外从广西近年来旱涝灾害加剧和石漠化加剧的现实来看，广西岩溶区土壤侵蚀总量的下降主要源于岩溶区石漠化导致的无土可流。因此，不能仅仅依据土壤侵蚀量判定石漠化程度，还必须结合岩溶区的可流失量来进行综合评定。可以认为广西岩溶区的石漠化加剧了水土流失的危害程度，甚至已经远远超出允许流失的程度。

3.5　石漠化区的土壤质量下降

3.5.1　石漠化过程中的土壤物理环境变化

土壤颗粒、容重和含水量是表征土壤组成、结构和水源涵养功能的物理指标，土壤颗粒组成是构成土壤结构体的基本单元，并与其成土母质及其理化性状和侵蚀强度密切相关（徐燕和龙健，2005）。随着植被的退化和石漠化程度的增加，粉粒和黏粒明显下降，砂粒和土壤容重增加（表 3-9），土壤矿质胶体减少和土壤通透性能降低，不利于土壤团粒结构形成，物理性质变坏，抗蚀能力减弱，水土流失严重，这与龙健等（2006）在贵州省紫云县水塘镇不同石漠化程度土壤物理分析结果趋势一致。尽管我们是在11月中旬至12月中旬测定的土壤含水量，但广西岩溶山地表层土壤含水量仍高达21.75%～29.10%，说明广西岩溶山地虽然整体处于干旱生境状况，但土壤仍然存在局部水分优势的环境。随着石漠化的加剧，土壤含水量明显降低，保水保肥能力下降。

表3-9　恢复过程中不同演替阶段的土壤物理属性

演替阶段	砂粒（%）		粉粒（%）	黏粒（%）	含水量	容重	孔隙度
	0.25～2 mm	0.05～0.25 mm	0.002～0.05 mm	<0.002 mm	（%）	（g/cm³）	（%）
原生林	0.44	6.51	43.14	46.98	26.92	1.17	55.85
次生林	0.46	10.75	40.75	44.87	24.55	1.28	51.70
灌丛	0.71	11.86	45.39	34.94	29.10	1.26	52.45
藤刺灌丛	0.31	1.53	24.85	16.65	24.54	1.34	49.43
稀灌草丛	2.30	5.26	39.24	42.69	26.05	1.39	47.55
稀疏草丛	0.93	2.73	8.86	16.60	21.75	1.46	44.91

3.5.2　石漠化过程中的土壤化学环境变化

植物群落的变化可在一定程度上反映石漠化过程，植物、石漠化、土壤三者之间存在着正负反馈作用。随着石漠化程度的增加，原生林逐步退化为次生林、灌丛、藤刺灌丛和草丛，群落高度和生物量出现明显下降趋势，群落由复杂、平衡向简单、不稳定演变，枯枝落叶归还量极度减少，群落的功能明显退化，土壤养分迅速降低，这种化学性状的变化同时也能反映石漠化过程或石漠化地区的生态恢复状况。广西岩溶山地属于亚热带季风气候，温湿条件优越，极有利于生物的繁衍与生长，生物"自肥"作用强烈；同时加速了岩石的溶蚀、风化和土壤形成与发育进程，且普遍存在"石碗土"现象，养分与水分容易聚集，与同区域的红壤相比，养分含量均很高。

3.5.2.1　土壤酸碱度

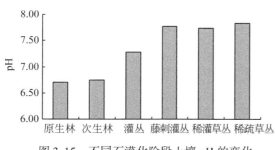

图3-15　不同石漠化阶段土壤 pH 的变化

岩溶山地发育的石灰土具有富钙、偏碱性的特点，广西岩溶区高温多雨，土壤中的钙、镁大量淋失，植被生长发育良好，覆盖度较高的地段枯落物量大，释放出许多酸性物质进入土壤，对岩石风化形成的碱性物质起到中和作用，pH 较低，呈中性和偏微酸性反应，原生林和次生林的 pH 分别为6.70和6.75；但随着石漠化程度的加剧，pH 明显增高，草丛阶段高达7.83（图3-15）。

3.5.2.2　土壤有机质及主要养分变化

广西岩溶山地的景观类型主要以峰丛洼地为主，土壤养分含量特别是有机质含量明显高于贵州喀斯特高原（表 3-10），原生林的土壤有机质含量高达 98.12 g/kg，石漠化程度极其严重的稀疏草丛地的有机质也达 20.66 g/kg；随着植被的退化和石漠化程度的增加，有机质及其他主要养分含量总体上呈下降趋势，但藤刺灌丛土壤全磷和速效磷仅略低于原生林。这是因为广西岩溶山地土壤养分的来源除土壤母质的风化外主要为凋落物养分归还，藤刺灌丛生长茂盛，林下幼树幼苗和草本植物极少，凋落物多为干枯的藤刺植物茎秆，分解速度缓慢，养分在凋落物中存留期延长，土壤养分含量极低，但枯枝的磷含量很高，因而土壤的全磷和速效磷含量也较高。土壤阳离子交换量显著降低，表明土壤养分和缓冲能力减弱，其保水保肥能力下降。龙健等（2006）在贵州省紫云县水塘镇对不同石漠化程度土壤的研究表明，从正常土壤到轻度石漠化、中度石漠化、严重石漠化、极严重石漠化，表层土壤有机质含量从正常土壤的 53.21 g/kg 下降到极严重石漠化土壤的 8.22 g/kg，降幅达 80% 以上；不同石漠化程度土壤有机质和全氮水平只是正常土壤的 15.4% ~ 66.6% 和 14.8% ~ 56.7%，正常土壤阳离子交换量分别是石漠化土壤的 1.2 ~ 3.8 倍。土壤养分含量特别是有机质含量明显高于贵州喀斯特高原（龙健等，2006）。

表 3-10　恢复过程中不同演替阶段的土壤养分状况

演替阶段	有机质（g/kg）	全氮（g/kg）	全磷（g/kg）	全钾（g/kg）	碱解氮（mg/kg）	速效钾（mg/kg）	速效磷（mg/kg）	阳离子交换量（mmol/kg）
原生林	98.12	4.83	1.86	4.9	432.45	118.72	8.31	403.20
次生林	78.11	4.01	1.19	4.12	392.76	84.75	3.42	379.09
灌丛	76.04	2.76	1.13	4.7	267.05	91.89	3.75	365.67
藤刺灌丛	66.36	2.55	1.57	1.74	233.77	81.48	7.23	252.57
灌草丛	37.83	2.04	1.17	4.05	234.47	83.43	3.91	235.45
疏草丛	20.66	1.94	0.89	0.79	223.03	27.18	3.31	161.13

3.5.2.3　土壤矿质全量演变

土壤矿物质是非常重要的土壤物质，它构成土壤的骨骼，占土壤固体部分的 95% 以上，对土壤的结构性、交换能力、肥力状况以及植物营养成分的供应等都有非常重要的影响（汪洪，1997；朱礼学等，2001；郭杏妹等，2007；刘勋鑫等，2008；王改改等，2008）。其元素组成是各种成土因素和成土过程综合作用的结果，可在一定程度上反映土壤石漠化的类型和强度（龙健等，2006）。一般来说，产生了石漠化现象的土壤，SiO_2 含量在 700 g/kg 以上，Fe_2O_3 不足 40 g/kg，MgO 低于 9 g/kg，CaO 由于基岩出露，含量在 50 g/kg 以上；尚未发生石漠化的土壤，SiO_2 < 650 g/kg，Fe_2O_3 > 70 g/kg，MgO > 10 g/kg，且随着石漠化的加重，土壤中的 SiO_2 含量明显升高，Al_2O_3、Fe_2O_3、CaO、MgO 等成分不断降低，石漠化导致土壤的形成速度减缓、发育程度变弱。广西岩溶山地 SiO_2、Al_2O_3 在土壤矿质元素组成中占绝对优势，其次是 Fe_2O_3，三者占了土壤矿物质含量的 90% 以上，CaO 和 MgO 相对较少（表 3-11）。稀灌草丛和稀疏草丛土壤 SiO_2 含量高达 743.48 g/kg 和 797.63 g/kg，而 Fe_2O_3 的含量分别只有 40.77 g/kg 和 25.34 g/kg，MgO 含量仅分别为 7.18 g/kg 和 4.51 g/kg，石漠化现象严重。随着植被的恢复和石漠化程度的降低，SiO_2 含量明显减少，其他矿质养分含量逐步提高。广西岩溶山地淋溶过程强烈，生物累积作用明显，岩石在溶蚀过程中生成的重碳酸钙、重碳酸镁源源不断地进入土体，没有形成地带性红壤那么明显的脱硅现象；且较高的 CaO、MgO、SiO_2 含量对 Al_2O_3 具有抑制作用（陈荣府和沈仁芳，2004），没有出现地带性红壤那样的富铝化现象，保证植物免受铝毒的影响。

表 3-11　恢复过程中不同演替阶段的土壤矿质养分状况

演替阶段	SiO_2（g/kg）	Fe_2O_3（g/kg）	CaO（g/kg）	MgO（g/kg）	Al_2O_3（g/kg）
原生林	500.92	70.09	7.56	9.64	688.71
次生林	502.32	65.28	8.79	9.98	611.38
灌丛	528.61	69.3	9.84	11.22	454.79
藤刺灌丛	549.47	72.25	10.29	10.57	431.74
稀灌草丛	743.48	40.77	6.97	7.18	360.48
稀疏草丛	797.63	25.34	1.22	4.51	109.59

3.5.3　石漠化过程中的土壤微生物环境变化

3.5.3.1　土壤微生物种群数量变化

土壤微生物种群数量受多种因素的影响，能够敏感地反映土壤生态系统受人为干扰或生态恢复重建的细微变化及其程度，是土壤质量变化的指标。广西岩溶山地土壤微生物种群数量均较高（表 3-12），微生物种群数量组成上细菌的比例为 3.54% ~ 71.79%，放线菌为 27.97% ~ 96.44%，真菌的比例很小，不足 1%；随着植被退化和石漠化程度的增加，土壤微生物种群数量呈逐步下降趋势，但其总数量的变化趋势和组成与地带性红壤不同，并不完全与细菌的变化趋势相同，而是受细菌和放线菌的共同控制。这一方面是由于土壤取样时间在冬季，土壤温度低、含水量少，环境不适宜细菌生长，放线菌生长发育缓慢、竞争力弱，在细菌减少、竞争力降低的情况下数量反而增多；另一方面石生植物的根系可能向土壤中分泌了刺激微生物生长特别是放线菌生长的物质，使微生物各种类数量特别是放线菌数量大幅度增加。随着石漠化程度的加剧，土壤微生物数量特别是放线菌数量减少，其分解林木凋落物中含有较多木质化纤维成分等难分解物质的能力下降，造成土壤生态系统物质和能量循环的能力减弱。

表 3-12　恢复过程中不同演替阶段的土壤微生物种群数量变化

演替阶段	细菌 （10^6 个/g）	真菌 （10^4 个/g）	放线菌 （10^6 个/g）	总数 （10^6 个/g）	细菌比例 （%）	真菌比例 （%）	放线菌比例 （%）
原生林	16.83	3.37	252.42	269.28	6.25	0.01	93.74
次生林	9.06	7.00	247.12	256.25	3.54	0.03	96.44
灌丛	6.18	2.95	4.98	11.19	55.25	0.26	44.49
藤刺灌丛	6.45	2.18	2.51	8.99	71.79	0.24	27.97
稀灌草丛	1.07	2.80	4.22	5.32	20.19	0.53	79.29
稀疏草丛	2.67	3.81	1.75	4.47	59.88	0.85	39.27

3.5.3.2　土壤微生物生物量变化

土壤微生物生物量碳（B_C）、氮（B_N）、磷（B_P）不仅是研究土壤有机质、氮和磷循环及其转化过程的重要指标，而且是综合评价土壤质量和肥力状况的指标之一（Jenkinson，1981）。广西岩溶山地土壤微生物 B_C 的含量接近和超过了亚热带稻田土壤（刘守龙等，2003）。随着石漠化程度的增加，植被覆盖度减少，土壤微生物生活的环境质量下降，土壤微生物 B_C 的含量急剧下降，但 B_N 的含量有小幅度的提高，这与陈国潮和何振立（1998）研究认为土地利用方式对红壤土壤微生物 B_N 的影响相对较小结果相似，B_P 的含量随石漠化变化的规律性不强。土壤微生物生物量碳与生物量氮（B_C/B_N）的比值是否恒定，不同的学者观点不同。Anderson 等（1980）认为 B_C/B_N 平均值为 6.7，陈国潮和何振立（1998）认为红壤土壤 B_C/B_N 平均值为 6.2，广西岩溶山地最严重石漠化的稀疏草丛土壤的 B_C/B_N 很低，仅为 2.86，其他不同程度石漠化土壤的 B_C/B_N 高达 10.69～17.98（表3-13）。可见，石漠化程度减弱明显改变了土壤微生物的群落结构，提高了微生物生物量碳的固持能力。

表 3-13　恢复过程中不同演替阶段的土壤微生物生物量变化

演替阶段	碳 B_C（mg/kg）	氮 B_N（mg/kg）	磷 B_P（mg/kg）	B_C/B_N
原生林	559.78	33.21	10.58	16.86
次生林	776.16	44.52	22.87	17.43
灌丛	506.55	32.70	56.97	15.49
藤刺灌丛	738.02	41.04	76.65	17.98
稀灌草丛	131.72	46.13	7.92	2.86
稀疏草丛	268.28	25.10	7.39	10.69

3.5.4　石漠化类型划分的土壤质量指标

以广西岩溶山地 158 块样地（400 m^2/块）的土壤理化、矿质养分和微生物性状等 26 个指标进行标准化处理，采用欧氏距离、离差平方和法进行聚类，得图 3-16 所示的树状

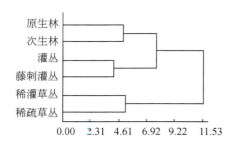

图 3-16 不同石漠化阶段土壤质量聚类分析图

图，可以将广西岩溶山地沿原生林向稀疏草丛植被退化划分为 3 类不同的石漠化类型：第一类为轻度石漠化，包含原生林和次生林两个阶段；第二类为中度石漠化，包含灌丛和藤刺灌丛两个阶段；第三类为重度石漠化，包含稀灌草丛和稀疏草丛两个阶段。各类土壤指标的平均值见表 3-14。沿轻度、中度、重度石漠化增加梯度，土壤物理、化学、微生物环境发生了有规律的变化：土壤颗粒向粗粒化发展，结构性变差，土壤容重增高，孔隙度和水分降低；土壤有机质、全氮、全磷、全钾、碱解氮、速效磷、速效钾、阳离子交换量、Al_2O_3 降低，pH、SiO_2 升高；土壤微生物真菌、细菌、放线菌、微生物生物量碳、氮、磷降低较快。

表 3-14 不同石漠化类型土壤物理化学属性

石漠化类型	砂粒（%）		粉粒（%）	黏粒（%）	含水量	容重	孔隙度
	0.25~2 mm	0.05~0.25 mm	0.002~0.05 mm	<0.002 mm	（%）	（g/cm³）	（%）
第一类	0.45	8.63	41.95	45.93	25.74	1.23	53.78
第二类	0.51	6.70	35.12	25.80	26.82	1.30	50.94
第三类	1.62	4.00	24.05	29.65	23.90	1.43	46.23

石漠化类型	全氮（g/kg）	全磷（g/kg）	全钾（g/kg）	碱解氮（mg/kg）	速效钾（mg/kg）	速效磷（mg/kg）	阳离子交换量（mmol/kg）
第一类	4.42	1.53	4.51	412.61	101.74	5.87	391.15
第二类	2.66	1.35	3.22	250.41	86.69	5.49	309.12
第三类	1.99	1.03	2.42	228.75	55.31	3.61	198.29

石漠化类型	pH	有机质（g/kg）	SiO_2（g/kg）	Fe_2O_3（g/kg）	CaO（g/kg）	MgO（g/kg）	Al_2O_3（g/kg）
第一类	6.73	88.12	501.62	67.69	8.18	9.81	650.05
第二类	7.53	71.20	539.04	70.78	10.07	10.90	443.27
第三类	7.78	29.25	770.56	33.06	4.10	5.85	235.04

石漠化类型	细菌（10^6 个/g）	真菌（10^4 个/g）	放线菌（10^6 个/g）	总量（10^6 个/g）	碳 B_C（mg/kg）	氮 B_N（mg/kg）	磷 B_P（mg/kg）
第一类	12.95	5.19	249.77	262.77	667.97	38.87	16.73
第二类	6.32	2.57	3.75	10.09	622.29	36.87	66.81
第三类	1.57	3.31	2.99	4.90	200.00	35.62	7.66

3.6 石漠化地区的干旱和内涝灾害

3.6.1 广西岩溶石漠化区内涝灾害的分布

广西各时代的碳酸盐岩由于气候、岩性、构造、水等因素形成了典型的热带 – 亚热带岩溶地貌景观。从宏观上看，地貌形态从云贵高原斜坡地带的峰丛洼地，经东南方向依次过渡为峰林谷地、岩溶平原。广西岩溶内涝广泛分布于峰丛洼地、峰林（峰丛）谷地、岩溶平原这几种典型的岩溶地貌类型，以峰丛洼地和峰林（峰丛）谷地为主。广西岩溶区内涝固然与溶洼系统结构、降水有直接关系，但是由于岩溶地质背景的特殊性，内涝灾害与石漠化、水土流失、生态安全之间的关系密切，加剧了广西岩溶内涝灾害发生的频率、危害程度和影响范围，成为广西岩溶石山区普遍存在的环境地质灾害问题。广西岩溶内涝灾害按其规模和成因可划分为岩溶峰丛洼地内涝、岩溶峰林谷地内涝、岩溶平原内涝、岩溶区与非岩溶区接触过渡带内涝 4 种类型（杨富军等，2009）。

20 世纪 90 年代初期的调查结果显示（光耀华，2001），碳酸盐岩出露面积大于 30% 的岩溶县，几乎每一个县都有岩溶内涝灾害问题，内涝淹没耕地面积 6.12 万 hm^2，占全区易涝面积的 16.8%，1000 亩以上连片分布较大洼地的内涝面积近 20 片（图 3-17）。

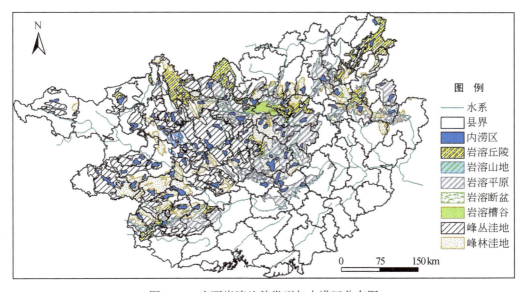

图 3-17　广西岩溶地貌类型与内涝区分布图

一般来说，洪涝频率高的地区，平均每年洪涝灾害次数也多。广西大部分地区，洪涝灾害出现的频率为 70%~80%；洪涝灾害出现频率小于 50% 的地区仅占全区总面积的 0.7%（表 3-15）。涝片（受涝耕地）面积为 9577 km^2，占耕地总面积的 37%。

表 3-15　广西涝灾出现频率分区及面积统计表

出现频率（%）	面积（km^2）	占总面积的比例（%）
<50	1 696	0.7
50~60	11 981	5.1
60~70	38 105	16.1
70~80	157 845	66.7
80~90	24 477	10.3
>90	2 582	1.1
合计	236 686	100.0

据研究（蒋忠诚等，2010），就广西全区而言，洪涝灾害多发生在两大类地区，一类是大中型河流的沿岸地区，特别是河流的中下游地区；第二类是岩溶地貌区，尤其是峰丛洼地区。前者一般被称为沿江易涝区，后者被称为岩溶内涝区。对于岩溶内涝多数仍以洪涝灾害的形式记载，沿江沿河发生洪涝灾害时，岩溶山区亦同时发生内涝灾害，而岩溶山区内涝发生时，沿江沿河不一定发生洪涝灾害。因此，广西一旦遭受洪涝灾害，很大程度上说明发生岩溶内涝灾害。广西的洪涝灾害主要发生在夏季，占全年洪涝次数的 67.63%，其次为春涝，占全年洪涝次数的 19.69%，再次为秋涝，占全年洪涝次数的 12.63%。洪涝与暴雨有直接关系，但在岩溶石山地区，往往是由于生态恶化、石漠化及水土流失严重，大量水土快速向低洼部位汇集，堵塞落水洞及地下河管道，排水不畅（照片 3-1）。

据广西壮族自治区通志馆《广西各市县历代水旱灾害纪实》，全广西从东汉永初元年（107 年）到清末宣统三年（1911 年），平均 5.4 年中有一年发生水灾。民国时期的 38 年中，连年发生水灾，平均每年发生 8.6 次。新中国成立后的 1950～1994 年的 45 年中，亦每年发生水灾，平均每年发生 30.7 次。

照片 3-1　广西凤山县金牙乡下牙村地下河堵塞形成洪涝

近年来，尽管各级政府采取了多项措施防治洪涝灾害，但是由于生态环境的恶化，特别是岩溶区严重的石漠化，广西洪涝灾害越来越严重，受灾次数和灾害危害程度增加趋势明显（表 3-16），如 2008 年，遭受洪涝灾害次数比常年多 2～3 倍，直接经济损失比 1990 年以来的多年平均多了 1 倍左右；2005 年整个西江流域出现了百年一遇的洪涝灾害；2010 年 5 月 31 日至 6 月 4 日，广西全区共有 42 个县（市、区）306 万余人受灾，造成 51 人死亡，11 118 间房屋倒塌，18.246 万 hm² 农作物受灾，成灾面积 15.001 万 hm²，仅水利设施直接经济损失 2.8183 亿元。与此同时，岩溶区内涝灾害更加严重，造成了巨大的生命财产损失。例如，2001 年百色遭受 80 年一遇的洪灾；2010 年 6 月，强降水导致广西忻城县大面积受灾，全县受灾人口超过 13 万人，2 人死亡 1 人失踪，房屋倒塌 102 户 242 间，造成危房 125 户 239 间，农作物受灾 1.4 万亩，成灾 2800 亩，其中，仅北更乡就有 600 多名中小学生和教师被洪水围困，3110 人饮水及生活十分困难。自 2004 年开始，广西洪涝灾害出现了干旱与洪涝灾害并存、交替出现的复杂局面，这种局面发生的频率越来越高，危害越来越严重。2009 年下半年至 2010 年 5 月期间，桂西北岩溶石山地区出现特大旱灾，紧接着 2010 年 6 月，广西又发生特大洪涝灾害。

表 3-16　近年来广西洪涝灾害统计表（1997～2009 年）

年份	灾害程度	受灾次数	灾害损失	直接经济损失（亿元）
1997	中等	4	78 个县（市、区）824.55 万人受灾，损坏房屋 13.322 万间，倒塌 5.548 万间，死亡 128 人，47.77 万 hm² 农作物受灾，成灾 26.9 万 hm²，损失和减产粮食 39.10 万 t，损坏水库 282 座、堤防 248.4 km	44.63
1998	严重	7	90 个县（市、区）1678.7 万人受灾，受淹城镇 21 个，农作物受灾面积 81.5 万 hm²，成灾 59.3 万 hm²，损坏水库 207 座、堤防 572.9 km	132
1999	中等	5	78 个县（市、区）445.1 万人受灾，受淹城市 8 个，农作物受灾面积 26 万 hm²，损坏水库 88 座、堤防 203 km	23.44
2000	较轻	4	63 个县（市、区）479.673 万人受灾，受淹城市 8 个，倒塌房屋 1.188 万间，死亡 47 人，农作物受灾面积 23.3923 万 hm²，减收粮食 24.476 万 t，损坏水库 52 座、堤防 59.659 km	15.97
2001	严重	8	—	173.32
2002	严重	10	104 个县（市、区）1752.404 万人受灾，农作物受灾面积 94.26 万 hm²，损坏大中型水库 3 座	116.3
2003	中等偏轻	10	96 个县（市、区）1378.54 万人受灾，死亡 62 人，农作物受灾面积 65.5463 万 hm²，损坏水库 153 座、堤防 223.871 km	46.19
2004	较轻	5	78 个县（市、区）787.85 万人受灾，农作物受灾面积 31.005 万 hm²，损坏水库 69 座，水库垮坝 1 座、堤防损坏 811 处	15.34
2005	严重	3	95 个县（市、区）988.52 万人受灾，农作物受灾面积 55.4538 万 hm²	98.12
2006	中等	8	104 个县（市、区）1799.16 万人受灾，死亡 98 人，农作物受灾 1301.37 万亩，损坏水库 414 座、堤防 494.75 km	62.82
2007	中等	5	87 个县（市、区）560.82 万人受灾，死亡 15 人，农作物受灾 30.868 万 hm²，成灾 16.681 万 hm²，损坏水库 209 座、堤防 311.88 km，冲毁塘坝 946 座	23.23
2008	严重	15	110 个县（市、区）1988.6 万人受灾，受淹城市 22 个，倒塌房屋 10.12 万间，因灾死亡 57 人，农作物受灾 129.182 万 hm²，成灾 69.814 万 hm²，减收粮食 134.38 万 t，损坏水库 550 座、堤防 540.2 km，冲毁塘坝 3469 座	177.43
2009	较轻	6	98 个县（市、区）762.13 万人受灾，3 个岩溶县县城受淹，死亡 6 人，农作物受灾 32.2209 万 hm²，成灾面积 16.8974 万 hm²、绝收面积 3.5002 万 hm²，倒塌房屋 4.8 万间，损坏水库 169 座、冲毁塘坝 614 座	42.66

注：数据来源于广西水资源公报（1997～2009 年）

岩溶内涝灾害的形成是自然因素和人类活动共同作用的结果，致灾因素除水文地质结构影响外，还包括气象、地形地貌、水文地质、植被、石漠化及水土流失，以及人类活动等。自然因素为内涝灾害发生的基础，在一定的岩溶水文地质结构和降水条件下，人类活动导致的森林植被破坏、水土流失和石漠化等加剧了岩溶内涝灾害的发生频率和危害程度，内涝的发生又对岩溶生态环境造成破坏。岩溶内涝固然与岩溶水文的双层结构、地下河管道发育的不均一性相关，但石漠化的危害，水土流失对岩溶地下管道的堵塞，加剧了内涝的严重程度，即频率增加、受淹面积增加、持续时间延长。

3.6.2 广西岩溶石漠化区的旱灾

旱灾是岩溶石山区生态环境脆弱的重要特征之一。尽管广西岩溶石山区降水量丰富，但广西雨热同期，岩溶区岩性以纯石灰岩为主，岩溶作用强烈，岩溶高度发育，洼地、坡立谷、漏斗、落水洞、溶洞、地下河等广泛分布，岩溶发育形成了地表地下双层岩溶水文地质结构；地表水不发育，地下水深埋，形成水土分离格局，致使农田普遍干旱，而大雨来临，由于排水不畅，在岩溶洼（谷）地形成涝灾。同时岩溶含水介质的不均匀性，地下水寻找难度大。广西岩溶区植被破坏，土壤流失，石漠化严重，降水很快随地下空间漏失，极易造成干旱。石漠化产生后，岩溶区原有的植被调蓄水库、土壤蓄水库基本丧失，表层带裂隙空间水库也快速流失。石漠化导致土地退化、耕地质量下降，土壤蓄积水分的能力也下降，小气候环境恶化，加重干旱灾害的程度，加剧了岩溶区干旱缺水、人畜饮水困难的局面。

统计资料表明，广西全区干旱出现频率大于80%的地区占21.1%（图3-18，表3-

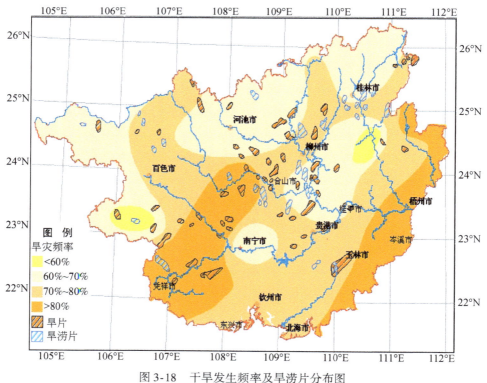

图 3-18　干旱发生频率及旱涝片分布图

17），主要分布在桂西南岩溶区和桂东地区；只有占总面积2.1%的地区干旱出现频率小于60%；大部分地区干旱出现频率为60%～80%，主要分布在桂西和桂中地区。旱片（受旱耕地）面积为 11 859 km²，占耕地面积的46%。据调查统计（罗在明，2000），广西受旱耕地面积90%集中分布在岩溶区，广西岩溶区经常性旱片67个，受旱耕地总面积18 万 hm²。

表 3-17　广西旱灾出现频率分区及面积统计表

出现频率（%）	面积（km²）	占总面积的比例（%）
<60	5 067	2.1
60～70	83 053	35.1
70～80	98 583	41.7
>80	49 983	21.1
合计	236 686	100.0

表 3-18　广西有效灌溉面积比（2004 年）

县（市、区）名	耕地面积（10³hm²）	水田（10³hm²）	旱地（10³hm²）	有效灌溉面积（10³hm²）	灌耕比（%）
广西全区	2678.81	1406.062	1272.75	1458.56	54.45
临桂县	36.65	28.09	8.56	26.70	72.85
凭祥市	4.42	2.56	1.85	2.80	63.35
兴安县	22.68	16.79	5.89	20.89	92.11
永福县	23.44	15.75	7.69	15.73	67.11
灌阳县	14.47	10.60	3.87	12.25	84.66
钟山县	24.37	15.58	8.79	16.62	68.20
乐业县	13.68	3.61	10.08	5.09	37.21
天峨县	14.81	3.55	11.25	3.27	22.08
武鸣县	67.62	24.25	43.36	30.27	44.76
宾阳县	58.23	34.83	23.40	42.73	73.38
鹿寨县	50.42	22.90	27.52	17.21	34.13
融安县	27.67	15.84	11.83	14.48	52.33
灵川县	24.19	18.76	5.42	18.59	76.85
全州县	50.39	35.08	15.30	36.98	73.39
平乐县	20.24	12.43	7.82	14.17	70.01
荔浦县	23.16	13.48	9.68	16.68	72.02
恭城县	19.62	11.73	7.89	14.05	71.63
田阳县	22.91	9.49	13.42	13.78	60.15
田东县	26.70	11.08	15.62	15.09	56.52
那坡县	9.45	4.13	5.32	4.31	45.61
凌云县	9.54	3.40	6.13	4.73	49.58

县（市、区）名	耕地面积（$10^3 hm^2$）	水田（$10^3 hm^2$）	旱地（$10^3 hm^2$）	有效灌溉面积（$10^3 hm^2$）	灌耕比（%）
隆林县	24.07	6.12	17.95	5.05	20.98
阳朔县	18.27	10.89	7.38	13.46	73.67
上林县	27.53	17.40	10.13	17.37	63.09
隆安县	34.09	9.46	24.63	15.99	46.90
扶绥县	59.42	15.54	43.88	18.21	30.65
象州县	43.07	20.67	22.40	20.42	47.41
武宣县	37.23	14.01	23.22	18.30	49.15
平果县	21.58	8.92	12.67	9.50	44.02
罗城县	21.59	13.44	8.15	12.21	56.55
环江县	24.83	16.01	8.82	11.14	44.86
南丹县	16.09	8.76	7.33	5.65	35.11
凤山县	6.33	3.09	3.23	4.96	78.36
东兰县	10.43	5.45	4.98	4.47	42.86
巴马县	9.12	4.00	5.13	4.07	44.63
柳城县	47.30	19.43	27.87	18.61	39.34
马山县	24.72	10.18	14.54	10.67	43.16
天等县	27.93	13.11	14.82	7.92	28.36
龙州县	28.60	10.51	18.09	8.08	28.25
合山市	6.18	2.97	3.22	3.22	52.10
富川县	18.16	12.16	5.99	12.46	68.61
德保县	21.67	9.91	11.76	10.56	48.73
柳江县	56.32	21.22	35.10	18.79	33.36
大新县	35.66	15.23	20.42	16.29	45.68
忻城县	31.41	7.38	24.03	12.37	39.38
靖西县	36.23	16.71	19.53	17.00	46.92
宜州市	42.09	20.25	21.84	19.49	46.30
都安县	32.07	6.59	25.48	9.71	30.28
右江区	23.52	6.47	17.05	9.35	39.75
金城江	14.45	9.43	5.01	7.89	54.60
大化县	15.34	3.54	11.81	4.86	31.68
兴宾区	99.53	37.43	62.10	39.40	39.59
江州区	68.27	8.43	59.84	11.02	16.14

依据 2005 年广西统计年鉴，到 2004 年，广西有效灌溉面积占总耕地面积的 54.45%（表 3-18），其余 45.55% 的耕地为"望天田"，岩溶面积比例较高的岩溶县都安、大化、天等、龙州、马山、忻城、平果、兴宾区等县（区）有效灌溉比分别只有 16.14% ~ 44.02%，远低于广西全区平均水平，最低的为江州区 16.14%。

按干旱发生季节划分，广西有春旱、夏旱、秋旱和冬旱。从全区范围来说，春旱年年有，直接影响春播生产的完成。通常是桂西春旱多于秋旱，桂东秋旱多于春旱，桂中春旱、秋旱兼而有之，因此桂中是最严重的旱片。

广西旱灾的记载开始于公元714年，历史统计的结果显示广西的干旱灾害主要发生在秋季和春季，秋旱和春旱次数分别占旱灾总次数的39.22%和35.89%，夏旱为24.89%；发生的频率具有不断加大的趋势。从唐开元二年到清末宣统三年，平均3.2年中有一年发生旱灾。民国时期的38年中，年年发生旱灾，平均每年发生7.2次。新中国成立后的44年中，亦连年发生旱灾。近年来，广西农作物受旱越来越严重，由原来的春旱、秋旱发展到近年的春、夏、秋和冬连旱（表3-19）。例如，2004年遭受全区性50年一遇的秋冬连旱，农作物受旱面积2881.43万亩；2007年农作物受旱面积99.987万hm²，干旱灾害造成的农作物受旱面积和成灾面积与1990年以来的年平均值基本持平，但比1950年以来的年平均值多44%左右，属干旱灾害偏重年份；2009年旱灾严重，出现旱涝交替、旱涝急速逆转的复杂局面；2010年上半年，桂西北岩溶地区遭受特大旱灾，截至2010年5月底，导致105个县（市、区）1237.23万人口受灾，因灾返贫40万人，因灾贫困加深365万人，300.97万人、138.28万头大牲畜饮水困难，农作物绝收358.52万亩，减产733.84万亩。

表3-19　近年来广西旱灾统计表（1997~2009年）

年份	灾害程度	农作物受旱程度	缺水人口（万人）	缺水大牲畜（万头）
1997	—	农作物受旱面积32.53万hm²，其中，成灾16.67万hm²，绝收1.87万hm²，减收粮食1.35亿kg	—	—
1998	春、夏秋旱	农作物受旱面积88.74万hm²	123	99
1999	特大春旱、严重秋冬旱	农作物受旱面积150.9万hm²，减收粮食3.9亿kg	174	—
2000	春、夏旱	粮食作物受旱面积96.9万hm²	175.3	142.4
2002	春旱	农作物受旱面积475万亩，其中，轻旱330万亩，重旱119万亩，干枯26万亩	22.2	16.1
2003	春、夏和秋冬旱	农作物受旱面积2633万亩，其中，受灾面积1974.7万亩、成灾面积1352.1万亩、绝收面积200万亩，造成粮食损失73.19万t，经济作物损失40.1亿元	437.95	—
2004	秋冬连旱，重旱	全区农作物受旱面积2881.43万亩，其中，轻旱1568.81万亩，重旱1097.6万亩，干枯215万亩，直接经济损失31.87亿元	540.09	—
2005	春、夏秋旱	农作物受旱面积54.49万hm²，其中，轻旱32.374万hm²，重旱19.051万hm²，干枯3.065万hm²	170.32	142.24
2006	春、秋冬旱，重旱	共有2293.95万亩农作物受旱，占种植面积的25.5%，是1990~2005年年平均农作物受旱面积的1.69倍，其中，成灾1072.7万亩，绝收101.79万亩，损失粮食67.934万t，经济作物损失11.67亿元	284.83	165.97
2007	春旱、夏伏旱和秋冬连旱，重旱	农作物受旱面积99.987万hm²，其中，成灾46.385万hm²，绝收6.383万hm²，造成粮食损失约5亿kg、经济作物损失12.98亿元	213.95	102.13

续表

年份	灾害程度	农作物受旱程度	缺水人口（万人）	缺水大牲畜（万头）
2008	冬春连旱，局部秋旱，轻旱	共有 30.0752 万 hm^2 农作物受旱，受灾面积 22.3756 万 hm^2，损失粮食 27.891 万 t，损失经济作物 8.052 亿元	36.34	21.26
2009	春旱、夏伏旱和秋冬连旱	全区 83 个县（市、区）受灾，农作物受旱面积 60.906 万 hm^2	100.06	61.3

注：数据来源于广西水资源公报（1997~2009 年）

广西旱灾主要发生在岩溶地区，如 2002 年石灰岩地区的河池市东兰县因旱人畜饮水困难人口达 2.5 万人、牲畜 1.1 万头，全县有 19 所中小学近 4000 人因严重缺水无法上课。石漠化导致岩溶地区的人畜饮水困难十分突出，截至 1990 年，全广西仍有 375.16 万人和 272.25 万头牲畜的饮水问题有待解决，这些缺水地区主要集中在石山区。例如，1986 年广西 39 个石山县（市、区），有 260 万人、202 万头牲畜饮水发生困难，其中 27 个代表性石山县（市、区）有 163.56 万人、135.22 万头牲畜，分别占当时全广西缺水人口的 62.91% 和缺水牲畜的 66.94%。至 1990 年，28 个石山县（市、区）[大化县于 1988 年从 27 个石山县（市、区）中划分出来]尚有 140.23 万人、128.63 万头牲畜存在饮水困难，占广西当年饮水困难人数的 37.37%（表 3-20）。近年来，尽管各级政府采取措施解决人畜饮水问题，但广西因旱灾人畜饮水困难仍突出，多数年份缺水人口超过 100 万人，缺水大牲畜超过 60 万头。

表3-20　28 个石山县（市、区）3 个年份人畜饮水缺水情况统计表

县（市、区）名	1980 年		1986 年		1990 年	
	人（万人）	畜（万头）	人（万人）	畜（万头）	人（万人）	畜（万头）
阳朔	1.52	0.69	1.80	0.85	0.64	0.05
上林	3.94	2.85	6.28	4.55	4.01	3.08
隆安	7.93	8.16	6.19	7.62	9.0	9.69
马山	11.55	10.92	11.35	11.45	10.35	10.83
崇左	6.19	1.21	5.02	2.20	4.68	1.99
大新	4.41	0.92	3.24	1.53	2.89	1.47
天等	7.53	1.60	4.64	1.98	4.19	1.73
龙州	2.60	0.54	2.69	0.78	2.28	0.68
柳江	3.10	0.71	4.35	1.86	1.96	0.80
来宾	19.13	7.33	26.22	17.00	1.88	7.80
忻城	7.36	5.90	5.21	4.49	2.02	1.29
田阳	2.09	1.13	5.60	4.71	4.21	3.42
平果	7.26	4.00	3.65	3.65	6.80	5.89
德保	7.16	4.75	7.91	7.10	4.77	2.70
靖西	5.15	1.68	4.27	2.27	15.69	7.60
那坡	4.00	3.16	4.17	4.64	8.57	5.76

县（市、区）名	1980 年		1986 年		1990 年	
	人（万人）	畜（万头）	人（万人）	畜（万头）	人（万人）	畜（万头）
凌云	3.73	3.82	3.58	3.62	5.58	5.32
隆林	2.54	3.72	3.18	3.80	2.60	9.18
河池	1.84	1.17	3.33	2.73	1.78	1.54
宜山	3.74	2.69	3.70	1.16	3.94	1.18
罗城	3.24	2.31	2.52	2.03	2.18	1.94
环江	3.67	2.41	3.33	3.06	5.52	5.39
南丹	3.20	2.27	4.30	3.49	1.21	0.22
凤山	2.05	1.85	3.10	1.27	2.91	3.67
东兰	4.32	3.24	5.48	6.94	5.19	6.60
巴马	3.87	5.10	3.67	5.36	4.45	6.60
都安	27.51	3.01	24.78	25.08	13.67	14.84
大化	—	—	—	—	7.26	7.37
合计	160.63	87.16	163.56	135.22	140.23	128.63

注：大化县于 1988 年成立

资料来源：广西壮族自治区地方志编纂委员会，2000

第4章　石漠化对区域经济及社会文化的影响

4.1　广西岩溶区经济社会现状与特点

广西是我国典型的岩溶区之一。全区共有 109 个县（市、区），其中有碳酸盐岩出露（包括覆盖型）的县（市、区）有 84 个（胡宝清等，2008），主要分布在桂中、桂西和桂西北。其中碳酸盐岩分布面积大于 30% 的岩溶县市有 51 个（广西壮族自治区地方志编纂委员会，2000），占广西县市数的 46.79%。岩溶区社会经济的发展与其自身脆弱的自然基础和落后的经济社会条件紧密相连。岩溶区工农业生产、固定资产投资、居民收入、受教育人口比例与受教育程度、经济发展速度、发展水平等各项指标普遍低于全区平均水平（胡宝清，2009）。落后的社会经济使得当地居民对自然资源的依存度增加，常常成为促使石漠化发展的因素，而石漠化的发展扩大又反过来制约了区域经济社会和文化的发展，进一步加大了岩溶石漠化区与其他地区的差距。

4.1.1　广西岩溶区经济社会状况

从总体上看，广西各县经济发展极不平衡，而以岩溶县、石漠化县贫困集中，经济发展程度普遍较低。各岩溶县与非岩溶县社会发展程度的差距不仅表现在总量上，也表现在人均指标上。表 4-1 显示了部分指标的对比，广西经济密度（指国内生产总值与区域面积之比，本节中以万元/km² 为单位，它表征了区域单位面积上经济活动的效率和土地利用的密集程度）最高的是玉州区（属于非岩溶地区），为 3449.14 万元/ km²，最低的集中在少数民族聚集的山区和岩溶区，如田林县仅为 29.14 万元/km²，乐业县仅为 32.52 万元/km²，最高的区域与最低的区域相差 100 多倍。非岩溶区的平均经济密度为 334.77 万元/km²，是岩溶区平均值 180.67 万元/km² 的近 2 倍。共有 42 个县（市、区）的经济密度低于全区平均水平，其中岩溶县占 70% 以上。除了一些传统的老、少、边和山区贫困县如金秀瑶族自治县、那坡县、乐业县、田林县、西林县等外，石漠化最严重的大化瑶族自治县、靖西县、忻城县、都安瑶族自治县等经济密度都在 125 万元/km² 以下。岩溶县农民人均收入与广西平均水平相比也有较大差距。

表4-1　广西岩溶县（市、区）与非岩溶县（市、区）经济社会指标对比表

序号	县（市、区）	行政区域土地面积（km²）	地区生产总值（亿元）	经济密度（万元/km²）	农民人均收入（元）	农民人均收入与广西平均值差值（元）	城乡居民恩格尔系数（%）
1	良庆区	1379	51.60	374.18	4394	704	—
2	邕宁区	1255	30.28	241.27	3950	260	—
3	武鸣县	3378	110.01	325.67	4889	1199	45.98
4	隆安县	2277	32.67	143.48	3237	-453	43.15
5	马山县	2345	25.98	110.79	3104	-586	48.74
6	上林县	1869	24.96	133.55	3184	-506	44.45
7	宾阳县	2308	83.20	360.49	4107	417	43.58
8	横县	3465	97.77	282.16	4067	377	49.53
9	柳江县	2539	85.32	336.04	4883	1193	44.00
10	柳城县	2110	48.47	229.72	4396	706	42.45
11	鹿寨县	3341	80.83	241.93	4534	844	48.55
12	融安县	2900	28.22	97.31	3695	5	49.08
13	三江侗族自治县	2430	16.15	66.46	2819	-871	45.65
14	融水苗族自治县	4624	30.45	65.85	2699	-991	44.33
15	阳朔区	1428	38.52	269.75	4936	1246	42.00
16	临桂县	2202	86.39	392.33	5143	1453	42.58
17	灵川县	2257	61.55	272.71	4509	819	45.88
18	全州县	3979	87.55	220.03	4566	876	50.02
19	兴安县	2348	70.56	300.51	5234	1544	36.42
20	永福县	2777	49.36	177.75	4362	672	41.80
21	灌阳县	1837	29.61	161.19	3377	-313	43.88
22	龙胜各族自治县	2538	24.84	97.87	2890	-800	36.70
23	资源县	1954	18.02	92.22	3571	-119	39.51
24	平乐县	1919	51.31	267.38	4351	661	48.94
25	荔浦县	1759	57.68	327.91	4599	909	43.13
26	恭城瑶族自治县	2149	36.15	168.22	4188	498	39.97
27	苍梧县	3506	58.34	166.40	3576	-114	51.75
28	藤县	3946	85.54	216.78	3784	94	50.97
29	蒙山县	1279	24.76	193.59	3101	-589	45.15
30	岑溪市	2783	94.97	341.25	4057	367	41.46
31	合浦县	2380	114.99	483.15	4327	637	55.52
32	防城区	2445	51.01	208.63	4676	986	49.46
33	上思县	2810	27.85	99.11	3737	47	56.18
34	东兴市	549	32.47	591.44	5337	1647	47.96
35	钦南区	2533	101.25	399.72	4580	890	50.85
36	钦北区	2197	57.23	260.49	4449	759	47.99

续表

序号	县（市、区）	行政区域土地面积（km²）	地区生产总值（亿元）	经济密度（万元/km²）	农民人均收入（元）	农民人均收入与广西平均值差值（元）	城乡居民恩格尔系数（%）
37	灵山县	3550	106.39	299.69	4339	649	53.29
38	浦北县	2521	67.12	266.24	4547	857	44.10
39	港北区	1095	78.65	718.26	4402	712	42.63
40	港南区	1107	49.13	443.81	4351	661	44.76
41	覃塘区	1341	47.55	354.59	4556	866	43.63
42	平南县	2989	89.43	299.20	3913	223	46.09
43	桂平市	4047	112.81	278.75	3776	86	43.21
44	玉州区	464	160.04	3449.14	4907	1217	41.83
45	容县	2257	59.80	264.95	4066	376	46.65
46	陆川县	1551	83.12	535.91	4086	396	46.77
47	博白县	3835	102.29	266.73	3814	124	47.09
48	兴业县	1487	55.31	371.96	3806	116	38.39
49	北流市	2457	107.23	436.43	4500	810	47.64
50	右江区	3702	100.82	272.34	3826	136	42.37
51	田阳县	2387	43.28	181.32	3279	−411	43.66
52	田东县	2806	39.54	140.91	3364	−326	42.63
53	平果县	2473	73.34	296.56	3216	−474	38.53
54	德保县	2575	29.70	115.34	2687	−1003	43.88
55	靖西县	3322	41.18	123.96	2532	−1158	50.46
56	那坡县	2231	8.70	39.00	2185	−1505	44.04
57	凌云县	2039	10.50	51.50	2177	−1513	40.91
58	乐业县	2620	8.52	32.52	2397	−1293	48.94
59	田林县	5532	16.12	29.14	2664	−1026	42.16
60	隆林各族自治县	3551	42.41	119.43	2454	−1236	37.92
61	西林县	2963	9.67	32.64	2572	−1118	43.94
62	八步区	1841	54.98	298.64	3596	−94	46.29
63	昭平县	3273	34.93	106.72	3212	−478	45.96
64	钟山县	1483	48.55	327.38	3366	−324	47.52
65	富川瑶族自治县	1572	30.62	194.78	3138	−552	40.34
66	金城江区	2340	63.11	269.70	3301	−389	47.38
67	南丹县	3916	51.09	130.46	3928	238	45.33
68	天峨县	3196	42.07	131.63	3127	−563	45.69
69	凤山县	1738	10.53	60.59	2440	−1250	43.77

序号	县（市、区）	行政区域土地面积（km²）	地区生产总值（亿元）	经济密度（万元/km²）	农民人均收入（元）	农民人均收入与广西平均值差值（元）	城乡居民恩格尔系数（%）
70	东兰县	2414	12.68	52.53	2380	−1310	46.37
71	罗城仫佬族自治县	2658	24.85	93.49	2074	−1616	44.34
72	环江毛南族自治县	4553	25.91	56.91	2893	−797	34.67
73	巴马瑶族自治县	1971	16.91	85.79	2466	−1224	47.51
74	都安瑶族自治县	4095	23.92	58.41	2643	−1047	46.65
75	大化瑶族自治县	2716	30.85	113.59	2727	−963	39.23
76	宜州市	3869	59.13	152.83	4032	342	41.00
77	兴宾区	4364	141.38	323.97	4248	558	37.32
78	忻城县	2541	31.57	124.24	3378	−312	41.34
79	象州县	1898	41.80	220.23	4053	363	36.98
80	武宣县	1739	34.09	196.03	3616	−74	43.52
81	金秀瑶族自治县	2486	12.19	49.03	2704	−986	42.52
82	合山市	360	15.76	437.78	3489	−201	43.17
83	江州区	2951	53.11	179.97	4063	373	45.77
84	扶绥县	2836	59.58	210.08	4335	645	39.82
85	宁明县	3695	35.30	95.53	3594	−96	50.68
86	龙州县	2318	31.11	134.21	3402	−288	47.17
87	大新县	2742	43.60	159.01	3867	177	46.81
88	天等县	2159	27.65	128.07	3348	−342	42.67
89	凭祥市	650	21.50	330.77	3430	−260	52.98

注：根据 2009 年广西统计年鉴整理；表中黑体表示岩溶县

　　此外，岩溶类型与分布对人口密度及其分布存在一定的制约关系。根据《广西统计年鉴 2009》计算，岩溶县平均人口密度为 173 人/km²，而非岩溶县平均人口密度为 206 人/km²。在空间分布上，靠近南宁盆地的宾阳县虽然属于岩溶县，但是由于是典型的峰林和缓丘平原，人口密度达 449 人/km²；那坡县、天峨县和南丹县等属于典型的峰丛洼地区，相应的人口密度分别为 94 人/km²、51 人/km² 和 76 人/km²，人口分布稀疏。不同的岩溶地貌类型区耕地资源质与量及农业生产便利性不同，影响了土地的承载力，使得多山峰阻隔、洼地面积小且分散的峰丛洼地区相应耕地资源缺乏，居民少而分散。

4.1.2　广西岩溶区经济结构组成

4.1.2.1　广西岩溶区经济发展落后，经济结构单一

　　自新中国成立以来，广西县域经济包括岩溶县经济都取得了长足发展（姜雄飞和吴玉

明，2006）。但是，存在的困难仍很多，与全区和全国发达地区相比还有相当大的差距。岩溶县财政收入水平较低，经济增长的资金缺乏是十分重要的限制因素。据 2008 年统计数据显示，广西全区财政收入为 843.3 万元，岩溶区财政收入为 239.48 万元，仅占全区财政总收入的 28.4%。全区人均 GDP 是 14 966 元，51 个岩溶县（市、区）中有 37 个低于全区平均水平。

4.1.2.2　广西岩溶区经济以农业为主导，基础比较薄弱

农业生产不论是在全区，还是在岩溶地区都是重要产业。2003 年，岩溶石山地区第一、第二、第三产业增加值占 GDP 的比例分别为 43.3%、26.4%、30.3%，石漠化较为严重的县域第一产业的比例更高。贫困地区的农民主要从事农业生产活动，导致经济结构单一，形成了第一产业为主，第二、第三产业为次的较低的发展层次。这种建立在较差农业生产条件上的单一产业结构，由于抵御市场风险和自然灾害的能力弱等，贫困地区农民增收难度更大（余娟，2008）。

4.1.3　广西岩溶区贫困状况

2005 年广西被列入国家扶贫开发工作重点县的 28 个县中，有 22 个属于岩溶县。岩溶地区绝对贫困（农民人均纯收入低于 668 元/年）人口 116.5 万人，占广西绝对贫困人口的 85%；相对贫困（668～924 元/年）人口 201.9 万人，占广西相对贫困人口的 74%。据 2008 年统计数据，岩溶石漠化较严重的河池市和百色市，农民人均纯收入只有 2994 元/年和 2820 元/年，分别相当于全区农民人均纯收入 3690 元的 81.14% 和 76.42%。

广西岩溶地区的贫困现象，不只表现在经济发展水平低，还表现在脆弱的生态环境与落后的社会环境等多方面，其中落后的传统农业生产方式是岩溶地区长期贫困延续的根本原因（王世杰，1999）。一方面由于自然条件的限制，耕地数量少，分布零散，形成以陡坡旱地垦殖业占主导的岩溶农业经济结构，并且人们赖以生存的基本条件被石漠化不断地吞噬，生态环境逐渐恶化；另一方面，岩溶石漠化地区外来资金流入少，经济发展缓慢，就业容量低，除少数外出打工外，农村剩余劳动力只能滞留于有限的土地上，加重了土地的承载力，而岩溶区生产水平低，以农业为主的经济结构难以满足人们对生活发展的需要，使人们陷入贫困，从而使环境恶化和贫困循环递进。在 2002 年开展的广西国家扶贫开发工作重点县新阶段农村贫困监测调查中，从 28 个国家扶贫工作重点县抽出的 259 个村民委员会共 2590 户农户进行的监测调查结果表明：贫困县的农村社区环境较差，地理位置偏僻，自然环境条件恶劣；从地形分类看，山区村占 83.4%，丘陵（半山区）村占 15.8%，两类合计占 99.2%。大部分为大石山地区，地形复杂，交通困难。此外，经济的贫困导致教育投入的减少，教育水平落后，失辍学率较高，青壮年文盲比例偏大。在岩溶地区，平均每万人中具有大学文化程度的仅 20.7 人，远低于同期广西平均水平的 36.3 人和全国平均水平的 59.9 人，分别只有广西和全国平均水平的 57.0% 和 34.6%（张占仁，2008）。因此，岩溶石山地区人民生活比较贫困，一部分人还没有解决温饱，广西贫困人口也基本集中在这些地方。

4.1.4　广西岩溶区经济社会和文化特点

由于受自然条件和各种社会条件的影响，广西岩溶区的社会经济和文化发展表现出以下特点。

(1) 农业人口比例较大，人口素质偏低

2008 年末，广西岩溶县总人口为 2367.25 万人，占广西总人口 5049 万人的 46.89%。长期生活在条件恶劣的岩溶石山地区人口 1000 多万，约占全区人口的 1/4，其中少数民族人口 800 多万人，占石山区人口的 80% 以上。2006 年，岩溶地区从业人数 1534 万人（不含南宁市的西乡塘区和江南区，因为统计年鉴没有两区具体区分数据）。其中，第一产业 992 万人，第二产业 214 万人，第三产业 328 万人，三大产业就业比分别为 64.67%、13.95% 和 21.38%，与广西相应的就业比例（58.45%、16% 和 25.55%）相比，第一产业人口比例约高 6 个百分点。岩溶石漠化比较严重的河池市、百色市、来宾市和崇左市农业人口比例分别为 85.28%、87.24%、84.94% 和 83.2%，都高于广西 80.12% 的平均水平。

由于经济贫困，岩溶地区人口受教育程度低，尤其是边远石漠化贫困山区县。这些县基础教育长期相对落后，文盲半文盲多，人口素质低；由贫困导致的辍学人员多，新的青壮年文盲增加，人口总体素质降低，成为经济社会发展和开展劳务输出的最大制约因素之一（黄乘伟，2001）。此外，由于经济及交通落后，远离城市，收入低，生活艰苦，既无法留住本地的拔尖人才，又无法吸引受良好教育的外地优秀人才，阻碍了当地人口的平均受教育程度和科技文化素质的提高。

(2) 经济以农业为主导，产出效率较低

广西岩溶地区经济中，农业生产是重要产业，岩溶地区是广西粮食和水果的主要产区。2006 年，岩溶地区农作物总播种面积约为 447 万 hm^2，占广西 641 万 hm^2 的 69.73%；粮食总产量约 956 万 t，占广西粮食总产量 1539 万 t 的 62.12%；水果产量 436 万 t，占广西水果产量 624.6 万 t 的 69.80%。岩溶地区在发展过程中逐渐形成了自己的一些特色主导产业，如左右江河谷、桂中桂南岩溶地区甘蔗总产量为 4632.11 万 t，占广西甘蔗总产量 5924.83 万 t 的 78.18%，已经成为岩溶地区重要的主导产业。此外，桂北岩溶区的柿子，左右江河谷的芒果，桂中、桂西北地区的桑蚕业，河池和百色岩溶地区的中草药产业等，也是具有鲜明地方特色产业。

然而，岩溶区第一产业产值为 635.20 亿元，占全区第一产业产值 1370.76 亿元的 46.34%，占岩溶地区总产值 3272.71 亿元的 19.41%，农业产出率低于全区水平，在整个经济中所占的比例也较低。

(3) 经济发展水平较低，交通落后

2008 年，岩溶地区 GDP 为 3272.71 亿元，占全区 GDP 的 45.63%。岩溶地区财政收入 300.52 亿元，占广西财政总收入 568.81 亿元的 52.83%。岩溶地区三大产业所占比例分别为 23.62%、43.85% 和 32.53%，与广西相应的三大产业比值为 21.38%、38.91% 和 39.71% 相比，第一产业比例过大，第三产业则差距明显。

交通方面，广西岩溶地区（除南宁江南和西乡塘区，缺数据）公路里程为 45 074 km，公路网密度为 0.255 km/km²，铁路 1775 km。经过长期的努力，岩溶地区的各地市基本都连通了高速公路，各县基本都通了二级公路，交通一直比较落后的河池市东巴凤地区，经过基础设施大会战，也有了根本的改善。但岩溶地区县以下的乡村交通还是比较落后，且路况差，尤其是桂西北、桂西南的部分县，如石漠化严重的河池市和百色市公路网密度为 0.2 km/km²，其中等外公路占 30%。岩溶地区还有部分山区农村没有公路相通，生产、生活用品只能靠肩挑、马驮来运输。交通状况的落后限制了物资的内运外输，使岩溶区生产力水平增长缓慢，制约了社会经济的正常发展。

广西岩溶县的社会经济发展状况水平反映出：第一，与全国其他省市中的或广西区内其他县域相比，岩溶县各项指标居中下水平；第二，绝大部分岩溶县经济发展水平尚处于半自给自足的自然经济状态，专业化、商业化、系列化和规模化生产水平低；第三，现有科学技术与文化水平还不适应经济迅速发展的要求，若不能有所突破，岩溶县的经济社会发展水平很难跟上自治区和全国发展形势，更难以赶上先进地区。

4.2 广西石漠化区发展潜力评价

4.2.1 岩溶区发展潜力指标体系

进行发展潜力评价的指标体系必须科学、全面地反映岩溶区生态、经济和社会等各个方面的发展特征及相互影响关系。因此，评价指标体系的选取必须遵循统一性原则、科学性原则、综合评价原则、典型性原则、协调性原则、区域性原则等基本原则，并能体现各类指标的层次性、结构性与其作用力大小，进而对不同地区综合水平做出等级划分。按照以上目标和原则，选取了岩溶地区社会、经济与生态 3 类共计 22 个指标组成发展潜力评价指标体系，建立评价的递阶层次结构（胡宝清和任东明，1998）（图 4-1）。

图 4-1　综合发展潜力指标递阶层次结构图

评价结构分为 3 个层次，即目标层（A），基准层（B）和指标层（C）。目标层是表征发展潜力大小的综合指标，是评价的结果。基准层包括社会子系统（B1）、经济子系统（B2）与生态子系统（B3）3 个子系统，分别由指标层的 22 个指标组成。具体的指标组成如下。

B1（社会）＝{ C1 电话用户数、C2 公路里程、C3 人口自然增长率、C4 万人中小学人数、C5 人口密度、C6 全年社会消费零售额 }。

B2（经济）= ｛C7 人均 GDP、C8 职工年平均工资、C9 城乡居民储蓄存款余额、C10 人均粮食产量、C11 经济作物播种面积、C12 固定资产投资、C13 财政收入、C14 第三产业增加值比例、C15 第一产业增加值比例、C16 第二产业增加值比例｝。

B3（生态）= ｛C17 林地面积、C18 森林覆盖率、C19 人均耕地面积、C20 河流年径流量、C21 水能资源蕴藏量、C22 年降水量｝。

各类指标的选取依据在于它们能分别从社会、经济与生态资源环境等方面描述区域综合发展潜力。选取的具体理由如下。

1）社会指标，反映社会、交通、通信和教育的整体发展潜力。例如，电话用户数反映当地的通信水平和人们获取信息的能力；万人中小学人数体现农村基础教育发展水平；全年社会消费零售额表现人民生活和社会消费品购买力等。

2）经济指标，衡量一个地区经济发展水平和综合经济实力。例如，人均 GDP 反映出一个地区的经济总量和经济规模，是地区经济整体发展水平的常用指标；职工年平均工资反映职工的年收入水平，能比较全面地反映当地经济发展状况；城乡居民储蓄存款余额反映居民的消费购买能力和发展能力；经济作物播种面积反映出地区的商品经济水平和农民收入水平；固定资产投资是社会经济发展的基本条件，其投资额度反映社会发展方向和目标。

3）生态指标，衡量社会经济发展的自然环境质量。例如，林地面积和森林覆盖率反映区域森林资源丰富程度；人均耕地面积反映地区人口对资源环境的生存压力；河流年径流量反映可利用水资源的丰富程度和农业灌溉发展潜力等。

4.2.2　岩溶区潜力评价方法

（1）指标标准化

运用多指标综合评价方法进行发展潜力分析时，由于各指标的性质、度量单位等不同，必须首先对各项指标进行无量纲化处理，以消除计量单位的影响（王洪芬，2000）。

假设评价的区域各县的各项指标最高评价值为 100，最低值为 60。计算公式如下：

$$S_{ij} = \frac{A_{ij} - A_{min}}{A_{max} - A_{ij}} \times 40 + 60 \tag{4-1}$$

式中，S_{ij} 表示评价县中第 i 县 j 项指标的标准值；A_{ij} 表示评价县中第 i 县 j 项指标的指标值；A_{max} 表示评价县中 j 项指标指标值的最大值；A_{min} 表示评价县中 j 项指标指标值的最小值。

（2）指标权重的确定

采用层次分析法（AHP）（王洪芬，2000），对选用指标两两比较并构造判断矩阵，利用方根法计算判断矩阵最大特征值以及对应的特征向量，得出每一层各要素的权重值并进行一致性检验，进而得到系统指标与单项指标的权重值。由于岩溶地区的发展主要受制于生态环境，反贫困过程中体现了社会 – 经济 – 生态系统协调一致的基本思想，因此将生态发展潜力评价摆在首位，给予的权重最大，为 0.46；经济发展潜力指标和社会发展潜力指标权重分别为 0.32 和 0.22（表 4-2）。

表 4-2　2003 年岩溶地区发展潜力评价指标权重表

综合指标	系统指标	权重	单项指标	权重
综合发展潜力评价	社会系统	0.22	电话用户数（万户）	0.0470
			公路里程（km）	0.0556
			人口自然增长率（%）	0.0272
			万人中小学在校人数（人/万人）	0.0360
			人口密度（人/km²）	0.0250
			全年社会消费零售额（亿元）	0.0292
	经济系统	0.32	人均 GDP（元）	0.0420
			职工年平均工资（元）	0.0220
			城乡居民储蓄存款余额（亿元）	0.0320
			第一产业增加值比例（%）	0.0280
			第二产业增加值比例（%）	0.0360
			第三产业增加值比例（%）	0.0420
			人均粮食产量（t）	0.0220
			经济作物播种面积（万 hm²）	0.0300
			财政收入（亿元）	0.0340
			固定资产投资（万元）	0.0320
	生态系统	0.46	林地面积（万 hm²）	0.0770
			森林覆盖率（%）	0.0586
			人均耕地面积（hm²）	0.0970
			河流年径流量（亿 m³）	0.0782
			水能资源蕴藏量（万 kW）	0.0576
			年降水量（mm）	0.0916

（3）综合值计算

发展潜力综合值的计算公式为（王洪芬，2000）

$$P_i = \sum S_{ij} W_{ij} \tag{4-2}$$

式中，P_i 为第 i 县综合评价指标数；S_{ij} 为第 i 县 j 项指标标准值；W_{ij} 为第 i 县 j 项指标权重。

最后根据综合各指标的权重与它们的单项评价得分，通过加权求和得到区域发展潜力的综合评价结果。

设 W_1、W_2 和 W_3 分别为社会、经济和生态的权系数，则综合评价得分公式为（王清印，1990）

$$P = W_1 P_1 + W_2 P_2 + W_3 P_3 \tag{4-3}$$

式中，P_1、P_2 和 P_3 分别为社会、经济和生态单项评价得分；P 是综合发展潜力值。

4.2.3　广西岩溶区发展潜力

4.2.3.1　社会发展潜力

根据基准层口对 6 个社会发展指标计算得到的最后综合评价结果，广西岩溶地区 48

个县的社会发展潜力得分结果如表4-3所示，由此得到社会发展潜力分区图（图4-2）。

表4-3 广西岩溶地区社会发展潜力综合评价结果

县名	综合评分	县名	综合评分	县名	综合评分	县名	综合评分	县名	综合评分	县名	综合评分
武鸣	87.50	武宣	78.20	临桂	78.10	恭城	73.20	昭平	78.00	平果	82.20
马山	79.60	忻城	72.90	阳朔	75.90	平乐	80.20	扶绥	74.10	德保	75.28
上林	78.00	柳江	79.30	灵川	75.80	荔浦	79.20	大新	75.00	靖西	73.20
隆安	85.10	柳城	77.70	兴安	76.00	永福	70.00	天等	76.20	那坡	80.10
象州	74.90	鹿寨	80.30	全州	85.80	富川	79.90	田阳	72.60	乐业	71.73
金秀	68.10	融安	72.60	灌阳	71.90	钟山	85.30	田东	79.30	凌云	70.00
田林	71.70	西林	79.40	罗城	75.60	大化	78.40	东兰	72.80	天峨	70.00
隆林	73.80	环江	68.70	都安	73.10	巴马	78.10	凤山	73.60	南丹	71.90

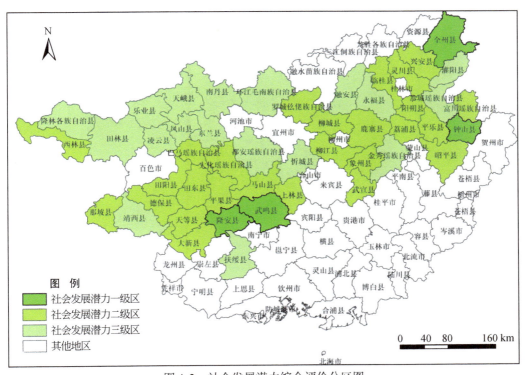

图4-2 社会发展潜力综合评价分区图

根据社会发展潜力值进行分级可知：武鸣、全州、钟山、隆安4个县属一级区，分值大于85；马山、上林、武宣、柳江、鹿寨、柳城、安城、西林、临桂、阳朔、灵川、平乐、荔浦、罗城、大化、巴马、富川、昭平、大新、天等、田东、平果、德保、那坡、象州25个县属二级区，分值为74.5~85；金秀、忻城、融安、灌阳、都安、环江、恭城、乐业、永福、扶绥、田阳、东兰、凤山、田林、隆林、靖西、凌云、天峨、南丹19个县属三级区，分值为60~74.5。社会发展潜力评价结果显示，多数县（27个县）的社会发展潜力属二级区，这说明岩溶地区的社会发展较为一致，差别不大。

4.2.3.2 经济发展潜力评价

根据基准层中对 10 个生态指标计算得到的最后综合评价结果, 广西岩溶地区 48 个县的经济发展潜力得分结果如表 4-4 所示, 由此得到经济发展潜力分区图 (图 4-3)。

表 4-4 广西岩溶地区经济发展潜力综合评价结果

县名	综合评分	县名	综合评分	县名	综合评分	县名	综合评分	县名	综合评分	县名	综合评分
武鸣	80.7	金秀	68.7	临桂	74.4	灌阳	70.7	昭平	70.7	平果	80.5
马山	68.7	武宣	70.2	阳朔	72.1	恭城	72.2	扶绥	76.3	德保	68.4
上林	69.7	忻城	71.6	灵川	75.5	平乐	73.2	大新	70.8	靖西	71.5
隆安	70.2	柳江	78.3	兴安	76.5	荔浦	73.7	天等	69.5	那坡	67.1
象州	72.4	柳城	76.4	全州	80.3	永福	72.7	田阳	72.6	乐业	67.0
大化	71.2	鹿寨	76.5	东兰	67.7	富川	71.3	田东	76.3	凌云	68.2
巴马	68.4	融安	75.7	凤山	66.2	钟山	74.3	天峨	72.2	南丹	80.2
都安	70.7	罗城	70.9	环江	70.5	西林	67.8	隆林	73.9	田林	68.9

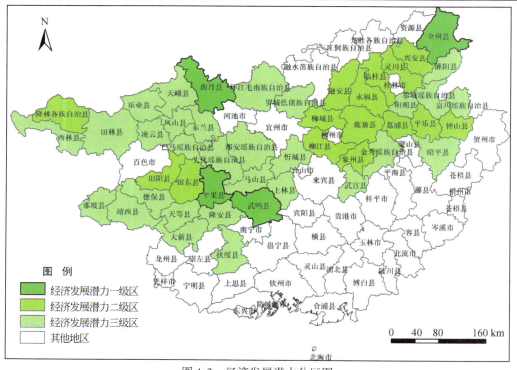

图 4-3 经济发展潜力分区图

按评价潜力值进行分级可知：武鸣、平果、全州、南丹 4 个县属一级区, 分值大于 80, 得分最高的武鸣分值为 80.7; 象州、柳江、柳城、鹿寨、融安、临桂、灵川、兴安、钟山、永福、荔浦、平乐、扶绥、田阳、田东、隆林 16 个县属二级区, 分值为 72.4 ~ 80; 马山、上林、隆安、大化、巴马、金秀、武宣、忻城、阳朔、罗城、都安、东兰、凤山、灌阳、富川、西林、环江、昭平、大新、天等、德保、靖西、那坡、乐业、凌云、田林、恭城、天峨 28 个县属三级区, 分值为 60 ~ 72.4。评价结果表明, 广西岩溶地区经济发展潜力较小，只有武鸣、平果、全州、南丹 4 个县发展潜力较大，绝大多数县的经济发展潜力较为一致，都偏小。

4.2.3.3　生态发展潜力评价

根据基准层中对 6 个生态指标计算得到的最后综合评价结果，广西岩溶地区 48 个县的生态环境发展潜力得分结果如表 4-5 所示。对此，我们给出了 3 个生态发展潜力级别区（图 4-4），一级潜力区仅金秀瑶族自治县和田林县，分值大于 80，二级潜力区 16 个县，得分为 71.2～80，三级潜力区 30 个县，得分为 60～71.2。此外，进一步分析发现，武鸣县在社会发展潜力和经济发展潜力中均属一级区，而在生态发展潜力评价中属三级区，说明岩溶地区部分县存在着注重社会经济生活的提高而忽略生态环境质量的提高。

表 4-5　广西岩溶地区生态发展潜力综合评价结果

县名	综合评分	县名	综合评分	县名	综合评分	县名	综合评分	县名	综合评分	县名	综合评分
武鸣	67.9	忻城	64.8	金秀	81.5	临桂	74.9	荔浦	70.6	扶绥	68.5
马山	65.6	柳江	71.4	武宣	66.3	阳朔	68.7	永福	79.3	大新	68.1
上林	70.9	柳城	70.4	全州	75.4	灵川	76.3	富川	66.5	天等	65.8
隆安	70.6	鹿寨	73.7	灌阳	74.9	兴安	74.6	那坡	69.7	田阳	66.3
象州	74.8	融安	77.4	恭城	74.4	钟山	69.9	乐业	70.7	田东	67.6
西林	77.4	东兰	65.7	平乐	70.1	昭平	78.0	大化	69.8	靖西	67.0
凌云	74.2	平果	64.1	罗城	69.8	隆林	65.7	巴马	72.4	天峨	77.9
田林	84.5	德保	65.0	都安	76.5	南丹	71.2	环江	68.0	凤山	65.8

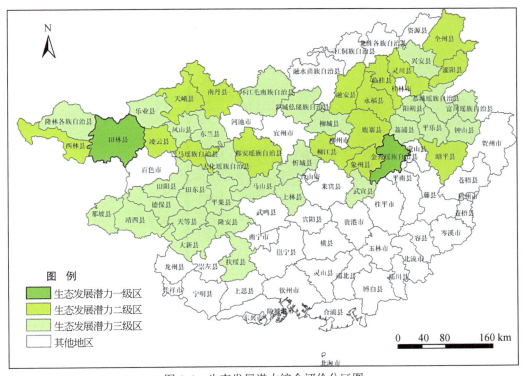

图 4-4　生态发展潜力综合评价分区图

4.2.3.4 综合发展潜力评价

根据前述不同指标子系统赋予的权重，计算得到的综合发展潜力结果如表4-6所示。从综合评价得分来看，2003年岩溶地区48个县得分均小于80分，其中全州县得分最高，为79.2分，凤山县得分最低，为67.7分。因此，根据发展潜力得分将48个县发展潜力以等差5分划分为75分以上、70～75分、65～70分3个等级区（表4-7，图4-5）。

表4-6　广西岩溶地区综合发展潜力 P（A）计算值

县名	综合评分	县名	综合评分	县名	综合评分	县名	综合评分	县名	综合评分	县名	综合评分
武鸣	76.3	田东	73.0	鹿寨	76.0	环江	68.9	恭城	73.5	南丹	74.2
马山	69.6	平果	73.3	融安	75.8	罗城	71.4	平乐	73.3	昭平	75.7
上林	72.1	德保	68.3	临桂	75.4	都安	73.9	荔浦	73.5	扶绥	72.2
隆安	71.7	靖西	69.8	阳朔	71.4	大化	72.2	永福	75.1	大新	70.5
象州	74.0	那坡	71.2	灵川	75.8	巴马	72.4	柳江	75.3	隆林	70.1
金秀	74.5	乐业	69.7	兴安	75.5	东兰	67.9	柳城	73.9	西林	74.7
凌云	71.3	武宣	70.2	田林	76.7	忻城	68.8	全州	79.2	富川	71.0
灌阳	72.9	钟山	74.3	凤山	67.7	天等	69.3	天峨	74.4	田阳	69.7

表4-7　广西岩溶地区发展潜力综合分级表

等级	分值	县域名称
一级	75.0～80.0	武鸣 柳江 鹿寨 融安 临桂 兴安 全州 田林 昭平 永福 灵川
二级	70.0～75.0	上林 隆安 象州 金秀 武宣 柳城 阳朔 田东 平果 灌阳 恭城 平乐 荔浦 富川 钟山 扶绥 大新 那坡 隆林 巴马 南丹 天峨 大化 都安 罗城 西林 凌云
三级	65.0～70.0	忻城 东兰 凤山 环江 马山 乐业 靖西 德保 田阳 天等

（1）发展潜力一级区

包括武鸣、柳江、鹿寨、融安、临桂、兴安、全州、田林、昭平、永福、灵川11个县。该区教育水平较高，交通比较发达，信息较灵通，经济结构层次较高，水资源相对充足，人均耕地面积比较大。总体而言，该区域社会基础设施建设和经济发展水平较高，自然资源环境比较好，有良好的社会经济发展基础，因而发展潜力最强。

（2）发展潜力二级区

大部分县处于这一区域，包括上林、隆安、象州、金秀、武宣、柳城、阳朔、田东、平果、灌阳、恭城、平乐、荔浦、富川、钟山、扶绥、大新、那坡、隆林、巴马、南丹、天峨、大化、都安、罗城、西林、凌云共27个县。从总的发展潜力水平看，这一地区的发展处于岩溶地区的中等水平。27个县发展潜力虽各有不同，但基本上差距不大，是经济、社会和生态环境状况比较好的地区，在经济、社会、自然等方面的发展处于较前的地位，具有较强的发展潜力。

（3）发展潜力三级区

包括忻城、东兰、凤山、环江、马山、乐业、靖西、德保、田阳、天等 10 个县。该区生态环境较差，社会经济不发达，自然资源贫乏，气候条件劣于其他地区，区域社会经济发展处于落后状态，属于经济、社会与自然环境比较落后，发展潜力相对小的区域。

综合发展潜力评价结果表明，岩溶地区大部分县整体发展潜力较小，各等级之间分数差异较小；岩溶地区特殊的生态资源环境是其发展潜力小的根源。

广西岩溶区生态系统、经济系统和社会系统之间相互联系、相互作用、相互制约，共同构成了"生态 – 经济 – 社会"系统。自然资源是经济发展的基础和前提条件。自然资源的有效利用能促进经济的发展，不当利用则不但影响和制约经济的发展，而且还会导致生态环境的恶化，在更大程度上制约和阻碍经济的进一步发展；反之，经济发展水平又影响并决定自然资源利用的合理性、效率和生态环境的保护力度。其次，自然资源状况直接决定地区的人口承载能力和社会经济发展的基础，社会发展也利于对现存资源的合理利用；反之，社会繁荣程度如果处于较低水平（如人口素质低、人口自然增长率高、贫困人口比例大等），则容易出现自然资源不合理利用的行为。再次，经济发展是社会发展的动力。经济发展基础好，才能更多投资于社会，社会的教育、交通、通信及医疗保健等才能得到发展，从而促进社会的健康发展；反过来，社会基础设施建设可以为经济发展奠定坚实的发展基础和创造有利的条件。

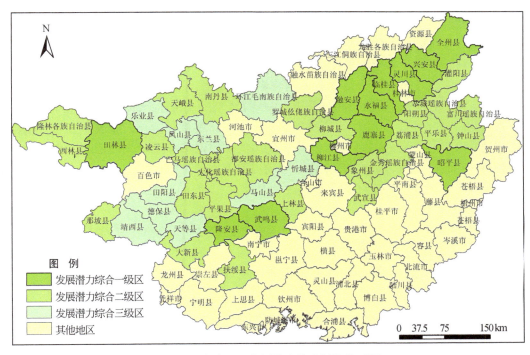

图 4-5　岩溶地区发展潜力综合评价分区图

4.2.4　广西岩溶区发展制约因素分析

4.2.4.1　自然生态因素

广西岩溶石区受特殊的碳酸盐岩地质条件影响，形成一系列不利的自然条件，影响了经济社会的发展。首先，岩溶区生态环境脆弱，在不合理人类活动干扰下极易发生退化，并且不易恢复；其次，岩溶区地表形态崎岖破碎，不利于工农业的集约发展，交通等基础设施建设发展难度大、投入高；第三，岩溶区土壤条件差，成土慢、土层薄、土被不连续，土壤总量小，保水保肥能力低，影响农业生产率的提高；第四，岩溶区人口密度大、人口承载力低，造成人粮矛盾、人地矛盾突出；最后，岩溶区环境容量低，旱涝灾害频繁，生产生活与生命财产均受到频繁威胁。例如，干旱时期不仅影响工农业生产，还影响到人畜饮水；涝灾发生时，生产和生活集中的平地和洼地首当其冲，损失重大。农业用地人均数量、质量、受灾程度等方面的综合数据也表明，石漠化对岩溶区农业生产有明显的制约作用(刘彦随等，2006)。

4.2.4.2　文化因素和历史过程

由于众多的原因，岩溶区很多人聚居于山川阻隔、交通不便、生存条件极其恶劣的岩溶山区。诸多因素的制约，使得广大岩溶县的生产力水平较为落后，社会经济薄弱。这种薄弱的经济基础严重地影响着教育的发展。许多岩溶区的儿童难以入学，文盲率和半文盲率较高。文盲、半文盲率占总人口的比例长期居高不下，政府多年普及九年义务制教育的结果并不理想，作为衡量九年义务制教育成果的小学升学率近几年仍然在50%水平上下徘徊，初中升学率则更低，导致岩溶区文盲、半文盲在成年人中仍有较高的比例。这种长期对教育的投入不足严重影响着岩溶县的教育发展，而教育发展的滞后反过来又长期制约着劳动者素质的提高，并进而制约着岩溶区经济社会的发展，构成了恶性循环。例如，在一些岩溶区，由于教育发展的滞后，人口素质较低，造成了许多负效应，给科学技术的推广、商品经济的交流、富余劳动力的输出都带来了很大的困难。许多地区的生产模式和商品交流仍很原始，富余青壮劳动力因无文化，更无一技之长而难于输出（黄乘伟，2001）。可见，教育发展的效应是无法估量的，而教育发展滞后的负效应的危害也是很大的。

交通、能源、供水和邮电通信落后，严重地制约着经济的发展。其中最为突出的就是电力不足，严重影响岩溶县的生产和生活。在广西岩溶区，目前，尚有很多乡村农户还未用上电。广西各岩溶区能源资源丰富，但开发程度却很低；加之又错过了由国家投资开发的时期，自身又缺乏开发的能力，丰富的矿产资源得不到有效的开发利用。虽然岩溶区水资源丰富，但是由于水利设施差，水利设施控制水量仅占每年自然降水量的很小一部分，生产、生活用水奇缺，岩溶区居民往往处在"水在低处流，人在高处愁"的状况；生产用水十分困难，不仅有效灌溉程度低，而且目前相当数量的居民和相当数量的大小牲畜饮水困难。而交通运输落后，物流不畅，邮电通信落后，及信息闭塞、邮电和邮政网点密度低，自动化程度更低，也是岩溶区经济发展滞后的重要原因。

4.3　石漠化对广西岩溶区经济及社会文化发展的制约

生态系统不仅是构成经济系统的基础，同时又影响着经济系统的结构、功能和类型。石漠化的发生发展与人类活动密切相关。它不仅造成土地资源丧失，生态系统退化，而且区域内贫困加剧，影响区域经济社会和文化的整体发展。

4.3.1　石漠化对经济发展的制约

区域的经济发展水平与人类经济活动有很大的关系，而石漠化的发展对人类的经济活动有一定的限制作用。图 4-6 显示的是不同石漠化等级及其面积分布与经济密度叠加图。从图中可以看出，石漠化程度高、分布面积大的区域，其经济密度都比较低。通过具体的统计数据比较（表 4-8）表明，经济密度低于 50 万元/km² 的县市石漠化面积之和超过广西石漠化总面积的 60%。可见广西岩溶县中石漠化面积越大、程度越强，经济密度越低。从石漠化发生率与经济密度的关系来看（图 4-7），也表现出石漠化发生率越高，经济密度越低的趋势。因此，石漠化与经济密度呈明显的负相关性。石漠化的发展扩大，限制了区域单位面积上的经济活动强度和产出，也限制了土地利用密集程度（胡宝清和王世杰，2008）。

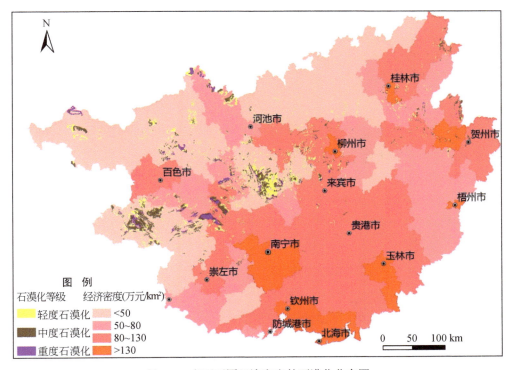

图 4-6　广西不同经济密度的石漠化分布图

表4-8　不同经济密度类别石漠化发生率表

经济密度分类 （万元/km²）	总面积 （hm²）	轻度石漠化		中度石漠化		重度石漠化		总计	
		面积 （hm²）	占广西总数的比例 （%）	面积 （hm²）	占广西总数的比例 （%）	面积 （hm²）	占广西总数的比例 （%）	石漠化面积（hm²）	占石漠化总面积的比例（%）
<50	8 030 838	311 778	62.27	216 565	66.41	50 457	44.59	578 800	61.58
50~80	5 256 135	87 696	17.52	38 450	11.79	33 889	29.95	160 035	17.03
80~130	8 706 523	96 073	19.19	68 485	21.00	28 074	24.81	192 632	20.49
>130	1 717 016	5 109	1.02	2 604	0.8	725	0.65	8 438	0.90

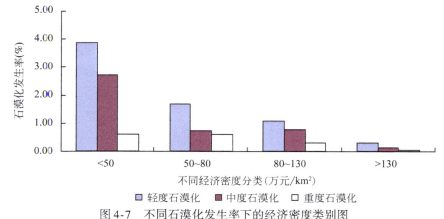

图4-7　不同石漠化发生率下的经济密度类别图

经济发达的区域石漠化程度和面积较小，也可能与经济发展后对生态环境保护的重视以及对生态建设的科技和资金投入较高有关；而经济落后区域一方面资金的缺乏限制了技术的更新与提高，另一方面对自然环境的依赖更强烈，破坏也更大，从而陷入生态－经济之间的恶性循环。

4.3.2　石漠化对社会发展的制约

石漠化对社会、经济和文化的多方制约，使石漠化区的自然发展处于不利地位，在区域竞争中弱势非常明显。这必将进一步拉大石漠化落后地区与其他地区的总体差距，影响广西经济平衡和健康发展。首先，过大的地区差距使岩溶地区的资金、人才、劳动力等要素不断地向发达区域流动，使得石漠化区与区内发达县域的竞争处于更加不利的地位，影响地区间合理分工的实现，也影响产业在空间上不断地由发达区域向欠发达区域转移和扩散；其次，这种状况不仅严重弱化石漠化区自身的积累和发展能力，并且还将制约区内中心城市对发达县域的产业辐射和市场拓展，从而影响广西全区经济的整体竞争力和发展后劲。

4.3.3　石漠化对文化发展的制约

文化是人们在历史发展过程中经过选择而形成的观念和习俗，是社会成员特征和行为模式的综合体系，与人们的行为密切相关。文化通过观念和习俗来塑造人们的不同特征，进而通过人们的不同行为来影响一个地区的经济发展和环境保护。也就是说，文化与经济、生态环境保护之间有着不可分割的密切联系，经济发展与文化存在着密切的联系，先进的、与时代发展要求相适应的文化能推动经济发展和生态环境保护，而落后的、与时代发展不相适应的文化则会阻碍经济发展和破坏生态环境，我们必须予以高度重视。

石漠化引发了一系列自然环境恶化问题，在思想和行为上制约人们的经济和文化活动。石漠化加剧了植被和生物资源的破坏，加速了水土流失和土壤退化，使农业生产难度不断加大；石漠化加重旱涝灾害，威胁人民生命财产安全；石漠化破坏岩溶区美丽的景观，压缩了自然景观的美育资料和效果。严酷的生活环境和落后的生活水平，限制了石漠化区的教育文化事业的发展，也制约了生产力水平的提高。岩溶石漠化区的文盲人口比广西平均水平高约 10 个百分点。

4.3.4 石漠化加剧岩溶区贫困度

由于石漠化的发展，对岩溶区社会经济和文化都有一定的制约作用，具体表现为岩溶贫困度的增加。结合广西石漠化程度与贫困度评价的结果（表 4-9），在广西严重石漠化的 14 个县市中（表 4-10），重度贫困和极重度贫困的县市有 9 个，占 64.29%（胡宝清等，2008；胡业翠等，2008）。

表 4-9 广西石漠化区贫困度分组结果表

贫困度	县（市）名称	桂西北		桂西南		桂东北		合计数量
		数量	所占比例（%）	数量	所占比例（%）	数量	所占比例（%）	
潜在	扶绥、田阳、宜州、凭祥、平果、崇左、恭城、防城、河池、百色	1	10	7	70	2	20	10
轻度	昭平、龙州、上思、富川、南丹、武宣、田东、象州、蒙山、灌阳	1	10	3	30	6	60	10
中度	宁明、融安、罗城、金秀、龙胜、资源、忻城、隆安、大新、上林	0	0	4	40	6	60	10
重度	靖西、德保、三江、东兰、天峨、马山、大化、巴马、天等、环江	5	50	4	40	1	10	10
极重度	乐业、西林、田林、那坡、隆林、凌云、融水、凤山、都安	7	78	1	11	1	11	9

表 4-10　广西严重石漠化县贫困度分布表

贫困度	县（市）名称	桂西北		桂西南		桂东北		合计数量
		数量	所占比例（%）	数量	所占比例（%）	数量	所占比例（%）	
潜在	平果	—	—	1	100	—	—	1
轻度	富川、南丹、田东	1	33.3	1	33.3	1	33.3	3
中度	忻城	1	100	0	0	0	0	1
重度	靖西、德保、马山、大化、天等	1	20	4	80	—	—	5
极重度	隆林、凌云、凤山、都安	4	100	0	0	0	0	4

第 5 章　广西岩溶石漠化生态环境脆弱性

5.1　岩溶石漠化生态系统脆弱性评价指标体系

岩溶环境脆弱性是指岩溶生态系统对各种环境变异和人类活动干扰的敏感程度，即岩溶生态系统在遇到干扰时，环境问题出现的概率大小。为了能够对岩溶生态脆弱性进行客观地评价，必须建立起统一的评价指标体系，才有可能对全区的岩溶生态系统有一个整体客观的认识。

根据岩溶生态环境变迁的因果关系，生态环境指标体系将遵循影响（cause）－状态（state）－响应（result）框架构建（图 5-1），由此划分出影响、状态、响应 3 类指标。

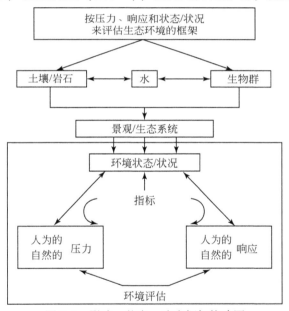

图 5-1　影响－状态－响应框架构建图

5.1.1　影响指标

这些指标与环境受到来自不同方面（人类、自然等）的压力约束、威胁、损害有关，包括形成生态环境的自然背景条件的影响，如水文类别指标包括地下水资源和表层岩溶水，地貌类别指标包括地貌类型和地形坡度，气候类别指标包括降水量与光合生产潜力；与人为因素有关的驱动力指标如人均耕地、陡坡耕地率、土地垦殖率、土地承载力以及土地利用方式等。

5.1.2 状态指标

状态指标提供在某时间内，生态环境退化的状态或其某一方面的状况。这类指标与环境质量有关，由物理的和自然环境的特征来描述。分为土壤和植被两类，土壤类包括土壤状态和土被覆盖率；植被类有植被群落结构、植被覆盖率和土壤种子库。

5.1.3 响应指标

响应指标是各种驱动力和影响因素对地质环境作用的结果，如石漠化、水土流失、土壤侵蚀、经济状况。指标体系如表5-1所示。

表5-1　喀斯特峰丛山地脆弱生态系统评价指标

指标类型	类别	指标	可测量的参数
影响指标	岩石	碳酸盐岩	溶蚀速度、酸不溶量、孔隙度和泥质含量
	水文	地表水	地表河水位、水量、水质
		地下水资源	地下水位、水量、水质
		表层岩溶水	表层岩溶带发育厚度、泉水量、泉水质
	地貌	地貌类型	地貌类型
		地形坡度	坡度
	气候	降水量与降水强度	降水量、降水强度
		光合生产潜力	光合生产潜力
	人类活动	土地利用方式	土地利用方式
		土地承载力	土地承载力、人口容量
		陡坡耕地率	陡坡耕地率
		人均耕地	人均耕地
		土地垦殖率	土地垦殖率
状态指标	土壤	土壤状态	土层厚度、土壤结构、土壤质地、土壤持水能力、土壤有机质、营养元素和pH
		土被覆盖率	土被覆盖率
	植被	植被覆盖率	植被覆盖率
		植被群落结构	植被种类
		土壤种子库	种子物种组成、分布密度
响应指标	岩石	石漠化程度	重度石漠化、中度石漠化、轻度石漠化
	植被	生物产量	粮食产量、森林蓄积量
	水文	干旱、洪涝灾害	干旱出现频率及分布、洪涝出现频率及分布
	土壤	土壤侵蚀	侵蚀量、侵蚀速度
	经济社会	经济状况	贫困人口、人均GDP

5.2　岩溶石漠化生态系统脆弱性评价方法

岩溶环境是一个非常复杂的综合体，带有明显的随机性与模糊性，在脆弱性评价因素中有不少无法定量表示，显然对于这样一个模糊系统采用经典的数学方法进行定量的描述是不合适的。岩溶石漠化生态系统脆弱性评价主要是依托 GIS 技术与空间统计分析和数学模型进行分析。根据已有的文献，现行的数学模型主要有指数模型、统计模型和聚类模型（表 5-2）。

表 5-2　脆弱性评价的主要数学模型

模型	细类	逻辑概念	评价指标特点
指数模型	一般指数模型 分级指数模型 敏感因子指数模型	一定时空条件下，系统质量是确定的，可推理的	1. 因子可量化 2. 具有评分标准
统计模型	定性判别分析模型 多指标分类模型 因子分析模型	一定时空条件下，系统质量是随机变化的	1. 因子可量化 2. 具有评分标准
聚类模型	积分聚类模型 模糊聚类模型 灰色聚类模型 信息量聚类模型 敏感因子聚类模型	系统质量等级界线、变化程度是不确定的	1. 因子灰化 2. 以定性评价为主

随着 GIS 技术的日益普及与完善，多变量多数据的复杂系统研究跨上了一个新台阶。建立在 GIS 技术上的多源信息分析方法已成为环境脆弱性评价的主要方法，GIS 技术与各种数学模型的结合将是生态环境脆弱性评价的一个发展方向。

5.3　基于 GIS 的广西岩溶石漠化生态环境脆弱性评价

广西岩溶石漠化生态环境脆弱性评价，采用指数分析方法，进行单要素因子评价，再利用 GIS 的空间叠加功能，通过模型的空间关系识别，对岩溶生态环境的脆弱性进行评价。

5.3.1　评价指标筛选及分析

岩溶脆弱生态系统具有复杂性、多样性、不确定性等特征，因而，针对不同的评价尺度和评价目的，选择合适的评价指标是正确评价岩溶生态系统的关键，评价指标选取除了可量化外，还必须具备以下特征：①相关性，它能指出需要了解的系统的重要情况；②可理解性，人们应懂得指标在告诉你什么；③可靠性，指标并不一定要精确，但要求给出所监测系统的可靠描述；④数据的可得性，指标数据是容易获得的，并能提供适时的信息。依据以上原则，选择碳酸盐岩出露面积、地形坡度、地貌类型、岩溶石漠化、土地承载力、土壤侵蚀、植被类型与覆盖率、土壤类型与质量、旱涝灾害出现频率与强度、光合生产潜力与土地利用方式等为评价指标，建立广西岩溶区生态环境脆弱性评价模型。各评价因子概述如下。

5.3.1.1 碳酸盐岩出露面积

广西区国土资源总面积为 23.7 万 km^2，其中碳酸盐岩出露面积为 9.17 万 km^2，占总面积的 38.69%，主要分布于广西区的西部和北部；出露岩性以纯灰岩为主，占 72.63%（表 5-3）。

表 5-3　广西区碳酸盐岩面积统计表

碳酸盐岩类型	面积（km^2）	占碳酸盐岩面积比例（%）
灰岩与白云岩互层	12 271	13.37
碎屑岩夹碳酸盐岩	6 618	7.21
碳酸盐岩与碎屑岩互层	156	0.17
碳酸盐岩夹碎屑岩	4 529	4.94
纯灰岩	66 645	72.63
纯白云岩	1 542	1.68
合计	91 761	100.00

由于岩石主要为可溶岩成分，成土过程缓慢。有关研究资料表明，碳酸盐岩的溶蚀，形成 1 cm 需要 2500～8500 年（袁道先和蔡桂鸿，1988），从而导致土壤浅薄，土被不连续。广西石山区的宜耕地面积平均为 10.3 hm^2/km^2，低于全国的平均水平 13 hm^2/km^2。况且岩溶石山区的植被多为喜钙的岩生性种群，群落结构单一，食物链易受干扰而中断。因此碳酸盐岩出露是造成岩溶生态环境脆弱的背景条件。

5.3.1.2 地貌类型与地形坡度

广西岩溶石山区，地势总体上是西北高东南低，西北面山地和高原环绕，海拔在1000 m 以上；中间似一盆地，地势较低，海拔多在 200m 以下。高原至平原呈阶梯状下降。从桂东北到桂西南边缘分布大面积的发育较完美的热带岩溶地貌景观。

广西岩溶地貌有 6 种主要类型：峰丛洼地、峰丛谷地、岩溶槽谷、岩溶丘陵、岩溶平原和岩溶山地。峰丛洼地区分布面积最大，占总面积的 35.4%，其次为岩溶平原和峰丛谷地区，分别占 24.71% 和 24.62%（表 5-4）。不同的岩溶地貌形成了对人类活动和生态发展的限制，也影响土地宜耕地资源和承受自然灾害能力。随着人口增长，土地超载，导致长期的乱砍滥伐和陡坡开荒，使农业生态环境日趋恶化。据岩溶区人口容量估算，岩溶山地、峰丛洼地区人口容量为 ≤50 人/km^2，峰丛谷地、岩溶槽谷区为 ≤100 人/km^2，岩溶平原区为≤150 人／ km²（图 5-2）。但目前广西岩溶石山区的农业人口密度远超过其各类地貌的人口容量。

表 5-4　广西岩溶地貌面积及其比例

地貌类型	面积（km²）	占总面积百分比（%）
岩溶丘陵	12 320	13.47
岩溶山地	518	0.57
岩溶平原	22 586	24.71
岩溶槽谷	1 083	1.18
峰丛洼地	32 416	35.45
峰丛谷地	22 511	24.62
总面积	91 434	100.00

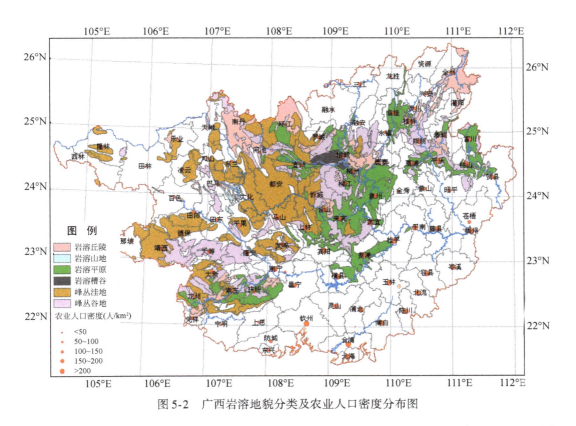

图 5-2　广西岩溶地貌分类及农业人口密度分布图

在岩溶石山区，坡度是控制水土流失的重要因素之一。随着坡度的增加，坡面径流加快，坡面上的土壤稳定性降低，水土流失加剧。据统计，广西区坡度 0°～5°、5°～15°、

15°～25°、25°～35°、>35° 分别占总面积的 17.79%、26.27%、19.5%、16.3%、18.14%。在坡度≥25°的陡坡上，很难形成连续的土被。按照水土保持法规，≥25°的陡坡耕地已属于不宜耕种地。坡度 6°～8° 以上的坡地应开辟成梯地，坡度 5° 以上的坡地不应顺坡耕作。

5.3.1.3 土壤侵蚀

土壤侵蚀是评价岩溶地区生态系统健全状态和功能必不可少的指标。广西岩溶区有数量众多的地下河、洞穴，因此除了地表河网外，水土还通过落水洞向地下河流失。土壤侵蚀不仅减少了土壤，降低土壤养分和有机质的多样性及丰富程度，影响植被、农作物的生长，还造成非常严重的地质灾害和环境问题，如堵塞地表、地下河道、水库。当暴雨来临，地下管道堵塞来不及排泄，又造成洪涝灾害，以至于许多农田往往是旱涝交加。

河流的含沙量是土壤侵蚀的直接指标。据水利部 1999 年资料，红水河流域水土流失面积占土地面积的 25% 以上，红水河流域每立方米河水含沙量为 0.726 kg，流域土壤平均侵蚀模数为 1622 t/km^2。

在广西岩溶区地下河流域范围内，地表河流不发育，地表河网密度为 0.28 km/km^2。而在非岩溶地下河流域区，地表河网密度为 0.64 km/km^2。尤其在峰丛洼地地下河补给区，几乎没有地表河，密布的地下河代替了地表水系。在有些地区，地下河与地表河呈明暗交替，频繁转换，有的成为地表河的支流或源头，与地表河一起构成了完整的水文网。石山裸岩区与地下河道发育有着非常好的一致性，表明地下河的发育对水土流失有很大的影响，地下河是岩溶区土壤流失的主要通道。

据柴宗新（1989）分析结果表明，广西岩溶区轻度侵蚀 [侵蚀模数 68～100 $t/(km^2 \cdot a)$] 占岩溶区总面积的 10%，中度侵蚀 [侵蚀模数 100～200 $t/(km^2 \cdot a)$] 占 32%，土壤强度侵蚀 [侵蚀模数 200～500 $t/(km^2 \cdot a)$] 占 40%，极度侵蚀 [侵蚀模数 >500 $t/(km^2 \cdot a)$] 占 8%。

5.3.1.4 植被

按照植被演替的阶段，植被类型分为森林、灌丛、草丛、栽培植物四大类。广西地处热带和亚热带范围，南部为北热带，地带性植被类型为季节性雨林；中部为南亚热带，植被是以樟科植被为主的常绿阔叶林；北部中亚热带则是以壳斗科植被为主的常绿阔叶林（图 5-3）。原生植被在弄岗、木论、岑王老山等自然保护区保存比较完整，其他地区因遭破坏而明显退化。据 2002 年年鉴，全区森林蓄积量为 36 477 万 m^3，平均为 1540 m^3/km^2。森林蓄积量 <400 m^3/km^2 的县除南宁市、北海市市辖区以外，15 个县均为岩溶县；而森林蓄积量 >2500 m^3/km^2 的县有 10 个，除灵川、恭城县外都是非岩溶县，且灵川、恭城两个县的岩溶面积分布不大，为 35% 左右（表 5-5）。森林植被也主要分布在非岩溶区。

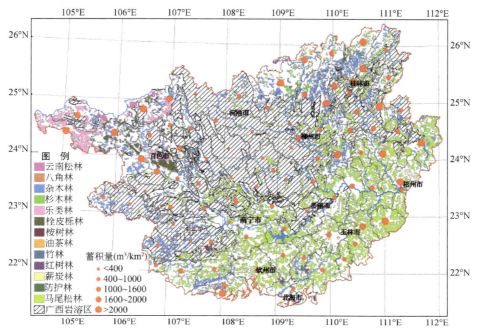

图 5-3　广西森林分布与蓄积量统计图

表 5-5　广西各县（市、区）森林蓄积量统计表

序号	区域	森林蓄积量（万 m³/km²）	序号	区域	森林蓄积量（万 m³/km²）	序号	区域	森林蓄积量（万 m³/km²）
1	忻城县	<400	11	隆林各族自治县	1500~2000	21	宾阳县	400~1000
2	马山县	<400	12	罗城仫佬族自治县	400~1000	22	象州县	400~1000
3	上林县	<400	13	宜州市	<400	23	武宣县	400~1000
4	都安瑶族自治县	<400	14	河池市	400~1000	24	鹿寨县	400~1000
5	南丹县	<400	15	环江毛南族自治县	400~1000	25	合山市	400~1000
6	大化瑶族自治县	<400	16	融安县	1000~1500	26	柳州市市辖区	1500~2000
7	东兰县	400~1000	17	来宾县	<400	27	靖西县	<400
8	凤山县	400~1000	18	柳江县	<400	28	崇左县	<400
9	凌云县	400~1000	19	柳城县	<400	29	大新县	<400
10	巴马瑶族自治县	1000~1500	20	贵港市	<400	30	德保县	<400

序号	区域	森林蓄积量（万 m³/km²）	序号	区域	森林蓄积量（万 m³/km²）	序号	区域	森林蓄积量（万 m³/km²）
31	平果县	400~1000	51	南宁市市辖区	<400	71	藤县	1500~2000
32	龙州县	400~1000	52	北海市市辖区	<400	72	龙胜各族自治县	1500–2000
33	隆安县	400~1000	53	钦州市	400~1000	73	玉林市	1500~2000
34	天等县	400~1000	54	合浦县	400~1000	74	三江侗族自治县	1500~2000
35	扶绥县	400~1000	55	邕宁县	400~1000	75	容县	1500~2000
36	田东县	400~1000	56	凭祥市	400~1000	76	天峨县	1500~2000
37	那坡县	400~1000	57	博白县	400~1000	77	资源县	2000~2500
38	武鸣县	1000~1500	58	灵山县	400~1000	78	岑溪县	2000~2500
39	田阳县	1500~2000	59	横县	400~1000	79	苍梧县	2000~2500
40	全州县	400~1000	60	陆川县	400~1000	80	金秀瑶族自治县	2000~2500
41	桂林市市辖区	400~1000	61	防城港市市辖区	400~1000	81	兴安县	2000~2500
42	富川瑶族自治县	400~1000	62	上思县	400~1000	82	田林县	>2500
43	平乐县	1000~1500	63	蒙山县	400~1000	83	百色市	>2500
44	钟山县	1000~1500	64	浦北县	400~1000	84	贺县	>2500
45	荔浦县	1000~1500	65	北流县	400~1000	85	融水苗族自治县	>2500
46	阳朔县	1000~1500	66	梧州市	400~1000	86	西林县	>2500
47	临桂县	1500~2000	67	桂平县	400~1000	87	东兴市	>2500
48	永福县	2000~2500	68	宁明县	1000~1500	88	乐业县	>2500
49	灵川县	>2500	69	灌阳县	1000~1500	89	昭平县	>2500
50	恭城瑶族自治县	>2500	70	平南县	1000~1500			

　　森林生态系统在维持生态系统平衡方面具有重要作用,一方面通过对水资源的调蓄,保证有限的水资源得以利用;另一方面,使土壤的侵蚀强度降低,加速风化成土过程。如果森林覆盖率低,生态系统抵御外界的干扰和自我调控及恢复能力将降低。据国内外有关资料表明,要使生态环境处于良性循环,森林覆盖率至少要达到30%。从表5-6可见,由于过度砍伐,岩溶石山区森林覆盖面积仅为10.19%,远低于非岩溶区的森林覆盖面积比例(49.51%)。岩溶区以灌丛为主,灌丛面积占41.49%,为非岩溶区灌丛面积比例

（5.86%）的 7 倍多。岩溶森林植被仅在南丹、金秀、崇左和龙州等地有连片分布，其余均是零星分布（图 5-4）。岩溶区人工栽培区面积占 11.1%，与非岩溶区相仿；但岩溶区主要以旱地为主，而非岩溶区以水田为主。

表 5-6　广西各植被类型及面积统计表

类型	分类	全区面积（hm²）	占全区面积比例（%）	岩溶面积（hm²）	占全区面积比例（%）	非岩溶区面积（hm²）	占全区面积比例（%）	代表性植被
Ⅰ森林	沟谷雨林及其次生林	230	0.10	0	0	230	0.16	坡垒
	季节性雨林及其次生林	712	0.30	697	0.75	33	0.02	蚬木、肥牛树
	半常绿季雨林次生灌丛	3 261	1.38	686	0.75	2 575	1.77	红荷木、枫香
	落叶季雨林	467	0.20	363	0.40	104	0.07	木棉
	常绿阔叶林及其次生植被	12 798	5.41	845	0.93	11 953	8.20	栲树、白椎、厚壳桂、刺栲
	常绿、落叶阔叶混交林	1 274	0.54	727	0.80	547	0.38	青冈栎、滇青冈、化香
	落叶阔叶林及其次生灌丛	9 358	3.95	355	0.93	9 003	6.18	栓皮栎、麻栎林
	亚热带针叶林	53 311	22.52	5 612	6.17	47 699	32.73	马尾松、细叶云南松、杉木
			34.40		10.19		49.51	
Ⅱ灌丛	灌丛及灌草丛	9 757	4.12	2 685	2.95	7 072	4.85	映山红、桃金娘、余甘子
	藤本、灌丛	36 523	15.43	35 058	38.54	1 465	1.01	小果蔷薇、火把果、雀梅藤、红背山麻杆
			19.55		41.49		5.86	
Ⅲ草丛	草丛	37 345	15.78	10 225	11.24	27 120	18.61	—
			15.78		11.24		18.61	
Ⅳ栽培植物	人工林	690	0.29	198	0.22	492	0.34	橡胶、八角茴香、桉树
	农田	25 780	10.89	9 825	10.80	15 955	10.95	—
			11.18		11.02		11.29	
其他（包括裸岩）		45 180	19.09	23 713	26.07	21 467	14.73	
			19.09		26.07		14.73	
合计		236 686	—	90 971	—	145 715	—	

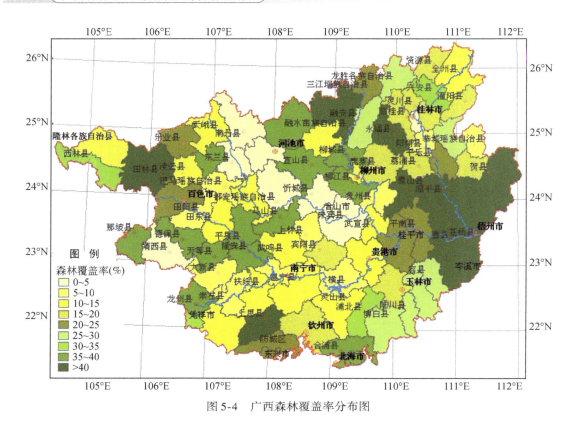

图 5-4 广西森林覆盖率分布图

5.3.1.5 岩溶石漠化

石漠化是指岩溶石山区岩石裸露,具有类似荒漠景观的土地退化过程。石漠化的加剧,导致土地涵养水源能力下降,人畜饮水困难,可利用耕地面积减少,土壤肥力下降,农业生产力低下,是生态环境恶化的标志之一。广西为石漠化较严重的省(自治区、直辖市)之一,石漠化面积达 27 264 km²,占碳酸盐岩面积的 29.9%。从石漠化面积看,红水河中游和右江流域石漠化面积大,分别占总石漠化面积的 18% 和 17%;但从石漠化比例看,百都河流域最高,比例为 66.5%,其次是红水河上游,比例为 47.4%,右江、湘江河源和桂江也达到了 40%;石漠化较轻的是柳江的中游和郁江,比例分别为 5.6% 和 7.3%(表 5-7)。

表 5-7 广西岩溶区各流域石漠化分布统计表

流域名称	岩溶区面积 (km²)	石漠化面积 (km²)	其中			占总石漠化面积比例 (%)	石漠化面积占岩溶区面积比例 (%)
			重度石漠化比例 (%)	中度石漠化比例 (%)	轻度石漠化比例 (%)		
南盘江	864	264	12.1	54.9	33.0	1.0	30.5
右江	11 476	4 637	18.1	48.9	33.0	17.0	40.4
左江	11 961	3 138	14.9	43.1	42.0	11.5	26.2

续表

流域名称	岩溶区面积（km²）	石漠化面积（km²）	其中			占总石漠化面积比例（%）	石漠化面积占岩溶区面积比例（%）
			重度石漠化比例（%）	中度石漠化比例（%）	轻度石漠化比例（%）		
柳江下游	12 009	2 894	39.9	29.7	30.4	10.6	24.1
柳江中游	66	4	0.0	0.0	100.0	0.0	5.6
桂江	6 680	2 709	34.6	32.2	33.2	9.9	40.6
湘江河源	3 048	1 228	16.8	54.9	28.3	4.5	40.3
百都河	708	471	11.6	54.6	33.8	1.7	66.5
红水河上游	575	273	12.2	48.1	39.8	1.0	47.4
红水河中游	16 279	4 927	9.0	40.1	50.9	18.1	30.3
红水河下游	10 251	3 070	36.0	29.8	34.2	11.2	29.9
贺江	2 045	490	56.3	23.2	20.5	1.8	23.9
郁江	2 984	219	49.7	23.7	26.6	0.8	7.3
黔浔江	1 191	280	36.1	31.1	32.8	1.0	23.5
龙江	11 293	2 691	20.5	34.8	44.4	9.9	23.8
合计	91 430	27 295	23.1	39.0	37.9	100.0	29.9

据广西区50个岩溶县统计，石漠化比例大于60%的县、市1个，比例50%～60%的1个，比例40%～50%的3个（表1-5）。石漠化比例居前十位的依次是大化瑶族自治县（60.23%）、靖西县（51.69%）、平果县（43.75%）、忻城县（43.46%）、都安瑶族自治县（42.43%）、阳朔县（39.67%）、马山县（38.89%）、天等县（37.75%）、南丹县（34.76%）、德保县（33.46%）。

5.3.1.6 旱涝灾害

旱灾是岩溶石山区生态环境脆弱的重要特征之一，尽管广西岩溶石山区降水量丰富，但地表地下的岩溶发育形成了双层岩溶水文地质结构，地表水不发育，地下水深埋，形成水土分离格局，致使农田普遍干旱，而大雨来临时，由于排水不畅，在岩溶洼（谷）地形成涝灾。统计资料（表5-8）表明，广西全区干旱出现频率＞80%的地区占21.1%，只有占总面积2.1%的地区干旱出现频率＜60%，大部分地区干旱出现频率为60%～80%。旱片（受旱耕地）面积为11 859 km²，占耕地面积的46%。

表5-8　广西旱灾出现频率分区及面积统计表

出现频率（%）	面积（km²）	占总面积的比例（%）
＜60	5 067	2.1
60～70	83 053	35.1
70～80	98 583	41.7
＞80	49 983	21.1
合计	236 686	100.0

广西大部分地区，洪涝灾害出现的频率为 70%~80%（表 3-15），洪涝灾害出现频率 <50% 的地区仅占全区总面积的 0.7%。涝片（受涝耕地）面积为 9 577 km²，占耕地总面积的 37%。

5.3.1.7 土壤类型与土壤质量

全区土壤面积 161 571 km²，占全区总面积的 68.24%，自然土 135 739 km²。岩溶区土壤面积占总面积的 51.96%，非岩溶区占 78.41%；全区土壤以红壤、赤红壤居多，分别占 23.85% 和 20.51%；岩溶区红壤最多占 18.17%，其次是石灰土，占 9.0%（表 5-9、图 5-5）。

表 5-9　广西主要土壤类型及面积统计表

名称	全区土壤面积（km²）	占总面积比例（%）	岩溶区土壤面积（km²）	占岩溶区总面积比例（%）	非岩溶区土壤面积（km²）	占非岩溶区总面积比例（%）
红壤	56 452	23.85	16 533	18.17	39 919	27.40
赤红壤	48 535	20.51	8 074	8.88	40 461	27.77
水稻土	15 480	6.96	8 072	8.87	8 408	5.77
黄壤	12 745	5.38	1 081	1.19	11 664	8.00
紫色土	8 854	3.74	525	0.58	8 329	5.72
石灰岩土	8 190	3.46	8 190	9.00	0	0.00
硅质土	4 595	1.94	4 595	5.05	0	0.00
砖红壤	2 499	1.06	—	—	2 499	1.72
新积土	1 257	0.53	179	0.20	1 078	0.74
黄棕壤	808	0.34	—	—	808	0.55
潮土	714	0.30	—	—	714	0.49
滨海盐土	176	0.07	—	—	176	0.12
山地草甸土	103	0.04	—	—	103	0.07
酸性硫酸盐土	39	0.02	—	—	39	0.03
火山灰土	33	0.01	—	—	33	0.02
黑泥土	21	0.01	—	—	21	0.01
复钙红黏土	15	0.01	15	0.02	0	0.00
土壤面积合计	161 517	68.24	47 264	51.96	114 253	78.41
非土壤覆盖区	75 169	31.76	43 707	48.04	31 462	21.59
国土面积合计	236 686	100.00	90 971	100.00	145 715	100.00

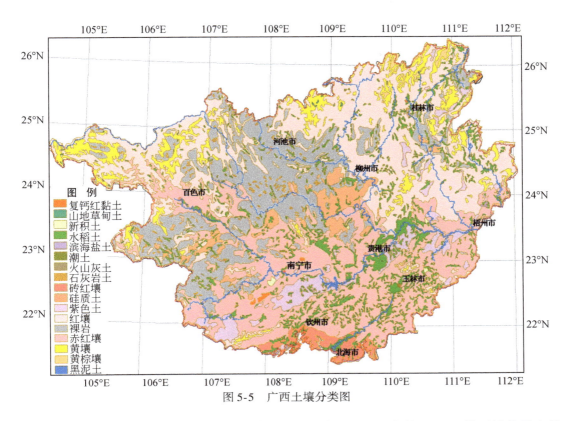

图 5-5　广西土壤分类图

岩溶区的裸岩石山面积为 28 505 km²，即占岩溶区国土面积的 31.8% 的区域是无土的裸岩石山，包括许多植被覆盖较好的地区。而裸岩区与地下河道发育有着非常好的一致性，表明地下河的发育对水土流失有很大的影响，地下河是岩溶区土壤流失的主要通道。

调查表明，广西区土层厚度 <20 cm 的坡耕地面积 1182 万亩，占总耕地面积的 56%，土层厚度 20~30 cm 的 632 万亩，>30 cm 的 287 万亩，分别占耕地总面积的 30% 和 14%。而岩溶区土壤层厚度一般在 30 cm 以下，百色岩溶区的土壤厚度一般在 20 cm 以下。

全区土壤有机质含量多数为 1%~4%，占总数的 72.8%，有机质含量 >4% 和有机质含量 <1% 的土壤分别占 17.7% 和 9.5%。由于生物气候条件和耕作栽培水平的差异，土壤类型之间的有机质含量有较大的区别，大致为山地草甸土 > 黄壤 > 黄红壤 > 红壤 > 赤红壤 > 硅红壤；石灰土高于紫色土和硅质土；林地、草地、水稻土普遍高于已垦荒的旱作地。

5.3.1.8　光合生产潜力

光、热、水条件是农业生产的前提，光合生产潜力直接影响了粮食亩产量。广西光合生产潜力大（表 5-10）。其空间分布类似于年总辐射量，自北向南递增（图 5-6）。右江河谷百色、田东一带，十万大山北侧的上思、合浦以南沿海地区和梧州等地，光能丰富，光合生产潜力达到 105 t/hm² 以上。光能较少的桂北山区资源、龙胜、环江和南丹一线以北地区和高寒山区金秀等地，光合生产潜力为 82.5~90 t/hm²。大约以光合生产潜力 >97.5 t/hm² 为界，即以贺州—来宾—田林一线以南地区，种植农作物一年三熟，以北地

101

区一年两熟。就水稻种植来说，光能丰富的桂东南、桂中地区种植双季稻；桂西北包括罗城—百色—靖西一线以西地区为单季稻生产区；在桂东北恭城—永福一线以北地区，除光能较丰富区的湘江、漓江河谷平原区种植双季稻外，其余种植单季稻。

表 5-10　广西光合生产潜力分布区面积统计表

光合生产潜力（t/hm²）	分布面积（km²）	占总面积的比例（%）
< 90	35 163	14.86
90 ~ 97.5	73 506	31.06
97.5 ~ 105	114 436	48.35
> 105	13 581	5.74
合计	236 686	100.00

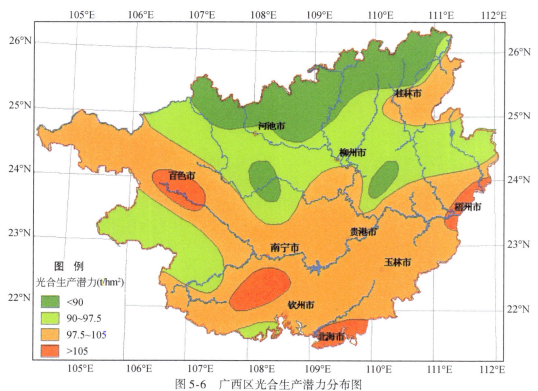

图 5-6　广西区光合生产潜力分布图

5.3.1.9　土地利用

广西耕地分布差异很大，70%的耕地分布于东部和东南部，且以水田为主，水田面积占耕地面积的75%以上；西部的岩溶区，耕地小块零星分布，以旱地为主（表5-11、图5-7）。

表 5-11　土地利用分类面积统计表

类型	面积（km²）	占总面积比例（%）
水田	15 870	6.74
旱地	9 910	4.21
有林地	81 411	34.59
灌草丛	83 625	35.53
园地	256	0.11
居民地	274	0.12
水域	8 000	3.40
裸露石山	28 505	12.11
其他	7 491	3.18
合计	235 342	100.0

图 5-7　广西土地利用分布图

5.3.1.10　土地承载力

据 2003 年统计年鉴，粮食单产 < 3.0 t/hm² 的 10 个县，除天峨县外均为岩溶县，而粮食单产 > 6.0 t/hm² 的 7 个县均为非岩溶县，岩溶县平均粮食单产为 3.9t/hm²，非岩溶县平均粮食单产为 4.9t/hm²。粮食单产量有东南部高，向西北部逐渐降低的趋势。

胡衡生等（2001）的土地人口承载力分析表明，土地人口承载力可以以人均消费粮食水平高低这一重要指标来衡量，联合国粮农组织（FAO）和世界卫生组织（WHO）认为满足人们正常生理活动需要的最低热量标准为平均每人每天 8.78×10^6 J；中国营养学会的专家计算人均日摄入热量的正常值应为 1×10^7 J，最低 8.36×10^6 J，故以 8.78×10^6 J 作为一个人每天维持生存所需要的热量的最低限度，按我国传统膳食结构推算，人均 400 kg 粮食可以满足 1×10^7 J 标准，人均 210 kg 粮食基本可以满足 8.78×10^6 J 标准，其类型标准如下。富余地区：人均粮食大于 400 kg；临界地区：人均粮食 300～400 kg；超载地区：人均粮食 210～300 kg；严重超载地区：人均粮食小于 210 kg。图 5-8 表明，土地承载力超载地区大都为岩溶县。石漠化严重的都安县、马山县、那坡县为超载区，大化县为严重超载区。

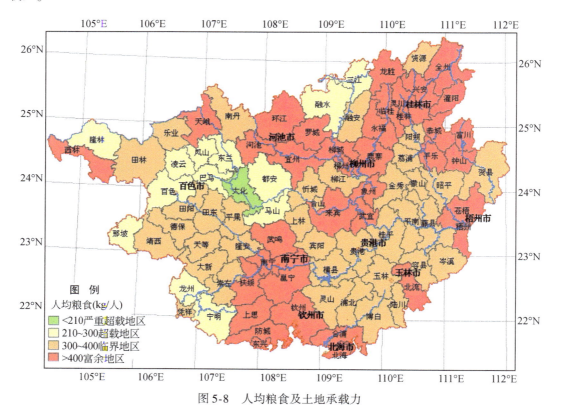

图 5-8　人均粮食及土地承载力

由于水土流失和石漠化造成耕地的逐年减少，加之人口增加及城市扩张，人均耕地逐年下降，1950 年人均耕地面积为 0.13 hm²，1989 年为 0.06 hm²，2002 年下降到人均耕地面积 0.053 hm²，远低于全国人均耕地 0.1 hm² 的水平。

5.3.2　确定各评价指标权重

本节采用层次分析法确定评价因子的权重。层次分析法（AHP）是由美国数学家（T. L. Saaty）提出的，是一种定性分析和定量分析相结合的综合评判方法，已在国内外社会、经济和自然科学等各个领域得到广泛的应用。本次评价是以长期从事岩溶研究的专家打分为基础，采用 1~9 及其倒数的标度方法，构造判断矩阵，用方根法计算判断矩阵的特征根及其特征向量，此特征向量就是各评价因子的重要性排序，即权系数的分配。计算结果如表 5-12 所示。

表 5-12　各项评价指标的权重

A 层	气候	岩性	地形		土地				植被		灾害			
权重 w	0.05	0.1	0.14		0.31				0.1		0.3			
X 层	光合作用潜力	碳酸盐岩分布	地貌类型分布	地形坡度	土地利用方式	土地承载力	粮食亩产	土壤有机含量	森林覆盖率	灌丛覆盖率	石漠化程度	土壤侵蚀	旱灾	涝灾
权重 w	0.05	0.1	0.07	0.07	0.13	0.07	0.07	0.04	0.07	0.03	0.1	0.05	0.1	0.05

5.3.3　GIS 支持下的岩溶石漠化生态环境脆弱性评价

依据在评价体系中设定的评价因子，制作各评价因子的专题信息图件，如数字化碳酸盐岩、地貌类型、土地利用方式、土地承载力、石漠化、森林和灌丛覆盖率等矢量图层，并把矢量数据图层转换为栅格数据图层。所有数据均为 100 m × 100 m 栅格，每一栅格为一基本评价单元，代表 10 000 m²。对地形坡度图层，利用地形等高线构造 TIN 模型，再由高程数据模型派生坡度数据集；然后利用 GIS 的空间分析功能将评价因子的专题信息集成到相应的基本评价单元。本次数据集成运算采用栅格结构，为了保证不同的专题数据层面具有良好的空间重合性，各数据层采用统一的坐标系和投影系统。

5.3.3.1　指标量化

由于各评价因子为不同量纲的数据集，不具可比性，为了合并这些数据集，需要进行量化处理，即给它们设置相同的等级体系。这个相同的等级体系就是指每一个单元的生态脆弱程度。给定每项指标的分值，重分类数据集，易脆弱的属性赋予较高的分值（表 5-13）。

表 5-13　各指标分值表

分值	5	4	3	2	1	0
地貌类型	峰丛洼地	峰丛谷地	岩溶槽谷	峰林谷地	孤峰平原区	非岩溶区
岩性	纯灰岩	纯白云岩	灰岩与白云岩互层	碳酸盐岩夹碎屑岩	碎屑岩夹碳酸盐岩	
地形坡度（°）	>45	35~45	25~35	15~25	5~15	<5
土壤侵蚀	极度侵蚀	强度侵蚀	中度侵蚀	轻度侵蚀	微度侵蚀	无侵蚀

续表

分值	5	4	3	2	1	0
石漠化程度	重度石漠化	—	中度石漠化	—	轻度石漠化	—
森林覆盖率（%）	<5	5~10	10~20	20~30	30~40	>40
灌丛覆盖率（%）	<5	5~10	10~20	20~30	30~40	>40
干旱片及频率（%）	干旱片	>80	70~80	60~70	<60	
涝灾片及频率（%）	涝灾片	>80	70~80	60~70	50~60	<50
光合生产潜力（t/hm²）	—	<90	90~97.5	97.5~105	>105	—
土地利用方式	裸露石山	灌草丛	旱地	居民地	园地	水田、有林地、水域
土壤有机质含量（%）	<1		1~4		>4	
土地承载力	严重超载区		超载地区		临界地区	富余地区

5.3.3.2　模型运算

各项指标重分类后，各个数据集都统一到相同的等级体系之内，根据层次分析法求得的结果，对不同的图层赋权值，然后根据式（5-1）进行数据集加权合并运算。计算结果数据集显示了各个单元的脆弱程度，值越高表示越脆弱。

$$D_i = \sum_{j=1}^{n} (W_j \times R_j) \tag{5-1}$$

式中，D_i 为 i 单元的脆弱性评价指数；W_j 为指标 j 的权重；R_j 为指标 j 分值；n 为指标个数。

5.3.3.3　岩溶生态区脆弱性分级

由于目前对岩溶石山区生态环境脆弱性的分级尚无统一的标准，没有普遍认可的评价依据，故依据在评价模型中设定的规则，把评价标准按石漠化脆弱性分为不明显脆弱、轻度脆弱、中度脆弱、重度脆弱4个等级。计算结果值为 $D \leq 1.6$ 为不明显脆弱区，$1.6 < D \leq 2.2$ 轻度脆弱区，$2.2 < D \leq 2.8$ 为中度脆弱区，$D > 2.8$ 为重度脆弱区。空间分析操作步骤如图5-9所示。

5.3.4　生态环境脆弱性计算结果分析

通过模型运算，即可获得广西岩溶区生态脆弱程度分区信息，结果以图形（图5-10）的形式输出。从脆弱性评价结果看，广西岩溶区生态重度脆弱区面积占岩溶区总面积的7.8%，主要发生在纯碳酸盐岩、峰丛洼地地貌及旱涝灾害频繁复合地区；中度脆弱区面积占总面积的32.2%；轻度脆弱区面积占总面积的34.3%（表5-14）。生态脆弱程度高的地区主要分布于都安县、忻城县、靖西县、南丹县、马山县。都安县、忻城县属于石漠化严重的地区，石漠化面积百分比分别为42%、43%；且忻城县、都安县的旱片面积占总耕地面积的70%以上，森林覆盖率低，分别为7%、5%，也是造成生态环境脆弱的主要原因。靖西县为石漠化最严重的县。南丹县地形坡度大，峰丛洼地地貌占比例较高是其脆弱的根源。马山县生态脆弱的原因是由于旱涝片面积占的比例大，森林覆盖度低。

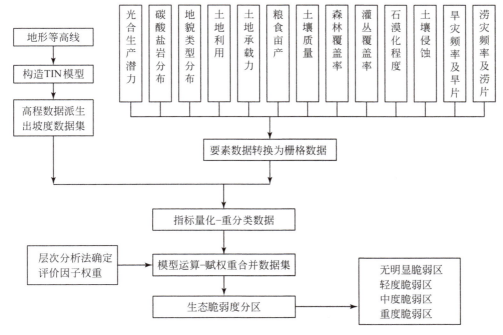

图 5-9 评价模型 GIS 空间分析步骤框图

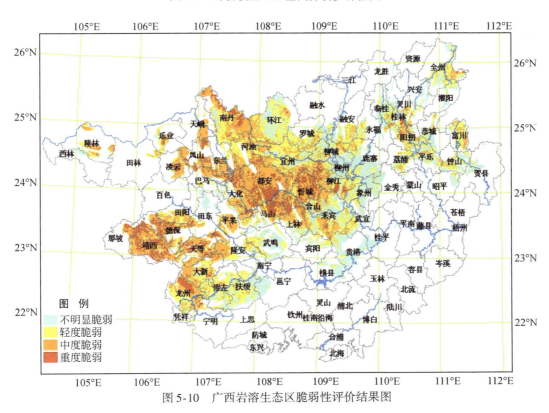

图 5-10 广西岩溶生态区脆弱性评价结果图

107

表5-14   脆弱性分区面积统计表

分级	计算值	面积（km²）	占总面积的比例（%）
不明显脆弱区	<1.6	23 467	25.7
轻度脆弱区	1.6～2.2	31 405	34.3
中度脆弱区	2.2～2.8	29 428	32.2
重度脆弱区	>2.8	7 129	7.8
合计	—	91 429	100.0

地貌类型是控制区域生态环境的主要因素，从不同地貌单元的脆弱性分析，重度、中度脆弱区主要分布于峰丛洼地、峰林洼地区（表5-15）。这是由于峰丛洼地区，地形陡峻，水土保持能力差。

表5-15   不同地貌类型脆弱区分布面积统计表

地貌类型	重度脆弱面积（km²）	占总面积比例（%）	中度脆弱面积（km²）	占总面积比例（%）	轻度脆弱面积（km²）	占总面积比例（%）	不明显脆弱面积（km²）	占总面积比例（%）
岩溶丘陵	220	3.1	1 967	6.7	5 312	16.9	4 821	20.5
岩溶山地	1	0.0	22	0.1	131	0.4	364	1.6
岩溶平原	95	1.3	1 457	5.0	10 532	33.5	10 502	44.7
岩溶槽谷	1	0.0	166	0.6	530	1.7	386	1.6
峰丛洼地	4 938	69.3	16 616	56.5	7 316	23.3	3 546	15.1
峰丛谷地	1 874	26.3	9 200	31.3	7 584	24.1	3 853	16.4

5.4   广西岩溶石漠化生态系统分区及脆弱性分析

5.4.1   岩溶生态分区

广西岩溶生态脆弱性反映了岩溶区特殊的自然因素与人为活动的综合作用，由于影响广西岩溶生态环境的因素多而复杂，岩溶生态环境综合评价和治理难度大，因此首先要对各岩溶区开展详细调查，找出主要矛盾及其主要影响因素。在此基础上，进行岩溶生态分区，以生态区为单元，制订综合治理规划与方案。然后，选择典型地区进行有关技术方法的研究探索和治理示范，总结有效模式，在区域上逐步推广。广西岩溶区生态分区将遵循以下原则。

1）相似性原则。这是分区的基础。根据自然地理、岩溶地貌、地质、水文地质条件及生态环境问题的相似性进行分区，同一分区的生态环境特征及问题是相对一致的。

2）共同性原则。是指岩溶生态环境综合治理的方法和措施有一定的共性。

3）完整性原则。分区要保持行政县区域的完整性。

根据以上原则，把广西岩溶区共划分为7个生态区，如图5-11所示。各生态区所包含的县、市行政区及基本特征如表5-16和表5-17所示。

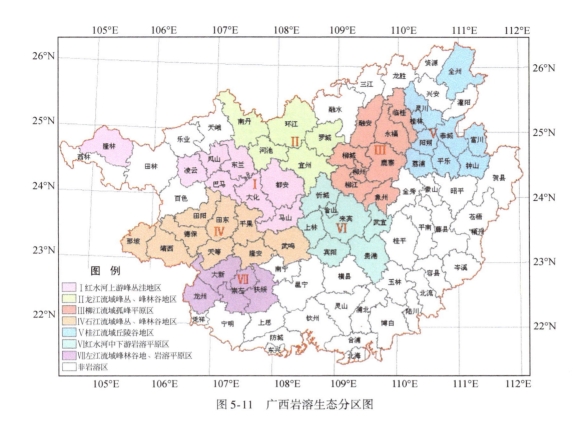

图 5-11　广西岩溶生态分区图

表 5-16　广西岩溶生态分区一览表

分区	分区名称	地貌特征	主要水系	地下水位	包括县市	面积（km²）
I	红水河上游峰丛洼地地区	峰丛洼地为主	南盘江、红水河上游	地下水深埋	巴马、马山、都安、大化、隆林、凌云、东兰、凤山	21 004
II	龙江流域峰丛、峰林谷地地区	峰丛洼地、峰林谷地	打狗河、龙江	地下水中等埋深	南丹、罗城、环江、宜州、河池	17 338
III	柳江流域孤峰平原区	孤峰平原为主	柳江	地下水浅埋	柳城、柳江、柳州市、象州、鹿寨、融安、永福、临桂	18 437
IV	右江流域峰丛、峰林谷地地区	峰丛洼地、峰林谷地	右江、百都河	地下水中等埋深	田阳、田东、平果、德保、隆安、武鸣、天等、那坡、靖西	23 702
V	桂江流域丘陵谷地地区	岩溶丘陵、平原	桂江、湘江	地下水浅埋	全州、灵川、桂林、阳朔、荔浦、钟山、富川、恭城、平乐	17 462
VI	红水河中下游岩溶平原区	岩溶平原、峰林谷地	红水河中下游	地下水浅埋	忻城、上林、合山、武宣、来宾、宾阳、贵港	16 739
VII	左江流域峰林谷地、岩溶平原区	峰林谷地、岩溶平原	左江	地下水中等埋深	大新、龙州、扶绥、崇左	10 836

表 5-17　广西岩溶生态分区基本情况一览表

分区名称	石漠化面积比例（%）	农业人口密度（人/km²）	人均耕地（亩/人）	耕地有效灌溉率（%）	宜耕地面积（hm²/km²）	人均粮食（kg/人）	粮食单产（kg/亩）	陡坡（>25°）面积占总面积比例（%）
红水河上游峰丛洼地区	26.67	125	0.76	39.30	6.15	241	176.29	30.19
龙江流域峰丛、峰林谷地区	22.90	92	1.13	45.79	7.15	442	264.94	24.30
柳江流域孤峰平原区	14.11	142	1.56	51.99	15.69	458	306.82	10.46
右江流域峰丛、峰林谷地区	25.70	144	1.09	49.08	10.42	363	245.00	21.14
桂江流域丘陵、谷地区	16.79	175	0.97	80.44	11.54	449	322.89	16.57
红水河中下游岩溶平原区、峰林谷地	19.62	261	1.08	57.38	16.16	388	362.23	8.34
左江流域峰林谷地、岩溶平原区	14.37	108	2.11	33.11	15.11	354	227.25	17.18

5.4.2　各生态分区基本情况及地下水环境

根据广西壮族自治区 2003 年年鉴，各岩溶生态区的基本情况包括农业人口密度、人均耕地、耕地有效灌溉率、宜耕地面积、人均粮食、粮食单产、陡坡面积比例、石漠化面积如表 5-17 所示，地貌类型分布统计如表 5-18 所示。

表 5-18　各生态分区不同地貌类型分布面积统计表

地貌类型	I 面积（km²）	I 比值（%）	II 面积（km²）	II 比值（%）	III 面积（km²）	III 比值（%）	IV 面积（km²）	IV 比值（%）	V 面积（km²）	V 比值（%）	VI 面积（km²）	VI 比值（%）	VII 面积（km²）	VII 比值（%）	非岩溶区 面积（km²）	非岩溶区 比值（%）
峰丛洼地	11 418	35.2	4 913	15.2	289	0.9	8 569	26.4	0	0	2 750	8.5	2 684	8.3	1 793	2.3
峰林洼地	891	4.0	3 620	16.1	3 515	15.6	4 963	22.0	2 811	12.5	2 964	13.2	3 011	13.4	736	3.3
岩溶平原	3	0.0	2 317	10.3	6 248	27.7	118	0.5	3 702	16.4	5 534	24.5	2 236	9.9	2 428	10.8
岩溶丘陵	177	1.4	3 998	32.5	1 678	13.6	28	0.2	3 085	25.0	501	4.1	906	7.4	1 947	15.8
岩溶槽谷	0	0.0	318	29.3	765	70.6	0	0.0	0	0	0	0.0	0	0.0	1	0.1
岩溶山地	437	84.4	0	0.0	0	0.0	81	15.6	0	0	0	0.0	0	0.0	0	0.0

由于岩溶地区特殊的二元水文地质结构：上部以表层岩溶水系统为主，下部以地下河管道为主，所以地下水资源不仅是城乡供水的重要水源，而且影响着整个岩溶区的一系列环境地质问题，如旱涝灾害、滑坡、塌陷、水质污染和矿坑突水等，

根据近年来的国土资源大调查资料，广西岩溶区年岩溶水天然资源量为 484.84 亿 m³/a，

允许开采量为 197.67 亿 m³/a。其中，地下河水是岩溶地区主要的水文系统和水资源载体，占岩溶水天然资源量的 61%。广西岩溶区已查明地下河 445 条（表 5-19），岩溶地下河流域总面积约为 4.05 万 km²，枯季总流量 187.08m³/s。岩溶地下河的发育与地表水文网的展布密切相关，流程长、流量大、支流多的地下河出口集中分布于河谷两岸及大型的沟谷两侧。

表 5-19 各分区地下河分布及流量统计表

分区	分区名称	地下河条数	枯季流量（L/s）
Ⅰ	红水河上游峰丛洼地区	76	48 508.2
Ⅱ	龙江流域峰丛、峰林谷地区	95	32 603.2
Ⅲ	柳江流域孤峰平原区	20	6 852.7
Ⅳ	右江流域峰丛、峰林谷地区	74	58 396.2
Ⅴ	桂江流域丘陵、谷地区	73	9 473.4
Ⅵ	红水河中下游峰林谷地、岩溶平原区	61	19 492.1
Ⅶ	左江流域峰林谷地、岩溶平原区	46	11 757.1
	合计	445	187 082.9

5.4.3 各分区生态环境脆弱性分析

根据岩溶脆弱性评价结果，各生态区岩溶生态脆弱性评估结果如表 5-20 所示。

表 5-20 各生态区脆弱度分级面积统计表

分区	不明显脆弱（km²）	占该区面积比例（%）	轻度脆弱（km²）	占该区面积比例（%）	中度脆弱（km²）	占该区面积比例（%）	重度脆弱（km²）	占该区面积比例（%）	合计
Ⅰ	671	5.2	2 265	17.5	7 683	59.4	2 310	17.9	12 929
Ⅱ	2 342	15.9	6 743	45.6	5 119	34.7	569	3.9	14 773
Ⅲ	5 478	44.1	4 706	37.9	1 891	15.2	342	2.8	12 418
Ⅳ	1 875	14.2	3 148	23.8	5 967	45.1	2 240	16.9	13 230
Ⅴ	2 781	30.4	4 464	48.8	1 754	19.2	150	1.6	9 150
Ⅵ	3 551	29.6	3 874	32.3	3 593	29.9	981	8.2	12 000
Ⅶ	1 474	17.1	4 221	49.0	2 459	28.6	455	5.3	8 610
Ⅷ	5 296	63.6	1 983	23.8	962	11.6	80	1.0	8 321
合计	23 468	25.7	31 404	34.3	29 428	32.2	7 127	7.8	91 431

注：Ⅷ区为非岩溶县

由此可见，红水河上游峰丛洼地区（Ⅰ）和右江流域峰丛、峰林谷地区（Ⅳ）两区脆弱性程度高；中度以上脆弱区面积分别占该区岩溶面积的 77.3% 和 62.0%，这两区地貌主要以峰丛洼地为主，亦是国家级贫困县集中的地方。

第6章　广西岩溶石漠化治理对策与措施

6.1　广西岩溶石漠化治理研究的历史回顾

早在20世纪40年代，著名植物学家、广西植物学先驱、广西植物研究所所长钟济新教授就开始对石山植物进行调查研究，是最早关注裸露石山植被恢复问题的有识之士之一。他认为，石山绿化对改造石山地区的自然面貌、保持水土、调节气候、控制自然灾害、促进工农业生产的发展、改善和提高石山地区居民的生活等方面都有着重要的意义。他在20世纪60年代末到70年代初，就明确提出石山绿化的思想，开展石山绿化试验研究工作。他在这方面的主要论著有：《广西石灰岩石山植物》（1946～1958年，手稿）；《石山绿化植物》（1959年与李治基合编，未刊行）；《对广西石灰岩地区绿化的设想》（1983年，《百色林业》第2期）；《加强对石灰岩石山造林绿化的领导，促进石山绿化迅速开展》（1975）；《关于桂林市绿化五年规划十年设想》（1976）；主持编著《广西石灰岩石山植物图谱》（1982年，广西人民出版社出版）。

20世纪70年代开始，广西植物研究所与桂林市园林局合作，共同制订了桂林市石山绿化方案，广西林业部门开始进行任豆树的石山造林技术推广，其主要内容有：石山造林地环境条件调查，包括地形地貌、土壤类型和分布、植被及其演变、划分立地条件类型；根据不同的立地条件类型选择和配置绿化树种；根据不同立地条件类型选择配置的绿化树种进行采种育苗，建立专用的石山绿化植物苗圃；不同立地直播造林试验，造林方法试验；不同季节造林效果试验；微量元素处理种子，提高抗旱能力的造林试验；不同覆盖物对造林树种成活率及生长关系试验；造林地小气候变化与造林树种关系的观察；封山育林试验；在暂时不能植树的立地条件类型，种植藤本植物和草本植物试验。

20世纪80年代，随着土地承包到户，广西岩溶山区生态破坏严重，造成了大面积的裸露石山。对此，广西区政府对岩溶石山的治理非常重视。1986年由广西区政府牵头，组织了区内外地质、矿产、农业、林业、社会经济、旅游等行业20多个单位的科技人员开展"广西石山地区综合治理与开发战略研究"，制订"广西石山地区综合治理开发规划及实施方案"。中国地质科学院岩溶地质研究所、广西植物所、广西水利厅等单位组织实施了"桂滇黔大农业开发典型岩溶地质环境研究"、"来宾治旱工程"等项目，建立了来宾小平阳农业开发示范区。恭城县从20世纪80年代就开始着手石漠化治理，调整产业结构，逐渐完善形成"恭城农业生态模式"，发展庭院经济和生态农业，成为广西生态农业的典范。

20世纪90年代，组织了"广西石山地区生态重建工程技术可行性研究"，通过收集资料、实地调查和分析研究，摸清了广西石山地区生态环境及相应的社会、经济现状，找出了石山地区自然生态环境恶化的原因，提出了石山地区重建良性自然环境的途径和措施。"八五"期间，广西区政府与中国科学院合作成立了"中国科学院、广西开发石山地区合作委员会"，并编制了"广西百色、河池地区扶贫开发总体战略规划"，这个规划为今后石山地区的综合开发提供了重要的科学依据。中国科学院长沙农业现代化研究所建立了"广西环江肯福科技异地开发示范区"，建立了"科研单位＋公司＋基地＋农户"的新体制和管理模式，实施科技攻关与推广先进技术结合。

20 世纪 90 年代中期，中国科学院院士、中国地质科学院岩溶地质研究所研究员袁道先先生等提出了石漠化的科学概念及其产生的地质背景和人为原因。岩溶所与广西植物所等单位合作，将地质学与生态学联合交叉，开拓了岩溶生态学研究方向，并于 1994 年在马山弄拉建立了岩溶生态研究基地。

"九五"期间，国家计划委员会（现为国家发展和改革委员会）组织开展了"滇黔桂湘岩溶贫困区岩溶水有效开发利用规划建议与开发示范"项目，岩溶所和广西地勘局等单位联合编制了全区岩溶水开发利用规划外，还在广西龙州等地实施了岩溶地下水开发和综合利用示范工程。广西有关部门还通过实施"八七扶贫攻坚计划"，加快了石山区脱贫致富及生态重建的步伐。1996 年开始与日本合作，组织实施了大化县石灰岩山区生态系统重建、桂中岩溶区治旱工程，通过建立试验基地，实施蓄水工程和有关基础设施建设，建立岩溶区区域经济模式，为石山区综合治理和开发提供理论依据和技术支持。

21 世纪以来，广西作为我国石漠化重点省份开展了大量的石漠化治理研究与示范工作。"十五"期间，科技部和广西科技厅先后以"中国热带、亚热带岩溶地区生态重建技术开发与示范"、"热带、亚热带岩溶地区生态重建及桂中旱片治理技术开发"、"中国西部重点脆弱生态区综合治理技术与示范——喀斯特（岩溶）峰丛洼地生态重建技术与示范"、"广西岩溶地区农业资源和结构调整研究与技术开发示范"、"广西岩溶区水资源有效利用研究与示范"、"广西岩溶地区水资源有效利用与节水技术开发与示范"和"广西岩溶地区高效农林经营模式研究开发"等项目下达实施，整合国家部属研究所和广西有关科研院所、技术开发机构、高等院校共 16 个单位的科技人员参与，在我区四个不同的岩溶地貌类型（峰丛洼地、峰林谷地、峰林平原、岩溶丘陵）地区建立了都安三只羊、大化七百弄、马山弄拉、平果果化、环江古周、全州白宝、象州马坪、宾阳黎塘 8 个示范区，积极探索岩溶区生态建设与经济发展的途径，构建岩溶山区复合农林生态系统，发掘和推广特色农林植物，开展土地结构调整和农业结构调整，进行土壤改良，开发利用岩溶水资源和山区能源，农民技术培训，开发引进了系列适用技术，形成了一些有效的岩溶地区治理模式，取得了显著的社会经济效益，获得了有关部门、广大专家学者和新闻媒体的高度评价。

自 1999 年以来，中国地质调查局组织实施了"西南岩溶地区地下水与环境地质调查"和"西南岩溶石山地区地下水与环境地质调查"计划项目，系统调查了包括广西在内的西南岩溶石漠化分布与趋势。后来，国家林业部门也组织了系统的石漠化面积调查。至 2009 年，中国地质科学院岩溶地质研究所、广西地质调查研究院、广西水文队等单位在广西石漠化区和岩溶干旱地区完成了 3 万多平方千米的 1∶5 万水文地质与环境地质调查，在石漠化地区实施了打井、表层岩溶水开发、地下河开发等地下水示范工程 50 多处，积累了岩溶水开发利用的丰富经验。广西水利部门在岩溶山区建设地头水柜 60 多万个。

"十五"期间，通过广西区政府组织，以广西林业部门为主，其他部门和地方政府联合实施了退耕还林工程。广西退耕还林工程于 2001 年在东兰县、乐业县进行试点后，2002 年在全区正式启动并取得重大进展。到 2005 年共完成退耕还林任务 70.9 万 hm²，其中，坡耕地造林 22.1 万 hm²，荒山荒地造林 42.1 万 hm²，封山育林 6.7 万 hm²。工程覆盖全区 90 个县（市、区），其中大部分任务安排在岩溶石漠化地区。通过退耕还林工程，筛选了吊丝竹、任豆、山葡萄、木豆、顶果木、降香黄檀、狗骨木等一大批石山人工造林树种和"任豆 + 竹子"、"任豆 + 木豆"、"任豆 + 银合欢"、"任豆 + 金银花"、"任豆 + 山葡萄"、"核桃 + 木豆"、"台湾相思 + 任豆"等十多种成功的石山造林模式。有效地恢复了陡坡耕地森林植被，减缓了水土流失，对于增加农民收入、促进农村产业结构调整发挥了重要作用。

"十一五"期间，国家科技支撑计划在"十一五"重大项目"中国典型脆弱生态系统综合整治技术与示范"（2006～2010 年）中设立了在广西实施的"岩溶峰丛山地脆弱生态系统重建技术研究"课题，广西也配套了科技攻关课题，进一步扩大并完善了平果果化、马山弄拉、环江古周生态示范区，在峰丛洼地产业结构调整、水土保持、水分高效利用、种草养殖、入侵植物防治生物技术、土地整理、内涝防治研究等方面取得了新进展，并建立了石漠化环境评价与石漠化治理服务功能评价指标体系与方法。

2005～2007 年，"中国水土流失与生态安全综合考察"活动，将桂、滇、黔石漠化区作为西南石漠化区的代表，进行了石漠化区水土流失的系统考察，阐明了石漠化区的水土流失的特点与危害，提出了石漠化区水土流失标准、防治对策与措施，使广西等地石漠化区的水土流失问题引起了国家及有关部门的高度重视。

2008 年国务院批准实施"岩溶地区石漠化综合治理规划大纲"以来，广西发改委组织编写了"广西壮族自治区岩溶地区石漠化综合治理规划"及广西 12 个石漠化综合治理试点县的石漠化治理规划，目前，正在稳步推进石漠化综合治理工程。

数十年来，中国地质科学院岩溶地质研究所、广西植物研究所、中国科学院长沙农业现代化研究所、广西农业科学院、广西林业科学研究院（所）、广西壮族自治区区域地质调查研究院、广西师范学院、桂林矿产地质研究院、广西山区综合技术开发中心等单位先后为广西岩溶区的治理与开发做了大量的基础研究工作，并进行了岩溶区生态重建方面的相关技术研究与试验示范，为有效推进广西岩溶石漠化的综合治理工作提供了强有力的科技支撑。

6.2　石漠化治理示范取得的经验与教训

6.2.1　石漠化综合治理经验

根据几十年的实践，广西岩溶地区石漠化的综合治理取得了丰富经验。

1）因地制宜，分类治理。所有的治理工程均要根据不同的地质地貌和环境条件来实施。例如，岩溶水的开发工程，在桂西北峰丛洼地区，主要是利用岩溶表层带水解决供水问题，有天窗的地方可提取地下河水，有隔水条件的地方也可"堵洼成库"；在桂中、桂西南峰林谷地地区，主要是开发地下河，如有储水条件也可修建地表、地下水库；在桂北、桂中覆盖型岩溶区，主要是用物探、示踪、CO_2 洗井等技术提高成井率，预防岩溶塌陷，钻探开发岩溶地下水。

2）以人为本，石漠化治理与解决"三农"问题相结合，生态建设与经济协调发展。治理石漠化，必须首先考虑当地居民的贫困和生活问题。各地在开展综合石漠化治理过程中，既注重自然资源的保护和培育，又重视资源的合理开发利用，把资源优势转化为经济优势，做到治理一方水土、改善一方环境、发展一方经济、富裕一方群众，促进了农业的发展，有效地增加了群众的收入，带动了农村的发展，激发了广大农民治理石漠化的积极性，加快了石漠化的治理进程。近年来，各地石漠化的治理，均花大力气调整了农村产业结构，改变单一种植粮食的习惯，实行洼地种粮食，缓坡地种林果，陡坡地封山育林、植树造林，做到宜粮则粮、宜林则林、宜果则果、宜草则草，而且注意在生态恢复过程中的经济效益，既改善了生态环境，又促进了粮食增长和农民增收。

3）以基础设施建设和生产条件的改善为重点，进行综合治理。岩溶石漠化地区普遍资源贫乏、环境问题突出、居民贫困、基础设施落后，严重制约了生产发展与生态环境建设。因此，石漠化综合治理的重点是首先通过开发岩溶水，修建交通道路，建设基本农田，治理干旱、内涝等环境问题来改善基础设施和生产条件。在此基础上，根据当地自然条件特点，合理安排种植，并结合资源情况因地制宜地发展生态产业。尤其是要抓好岩溶石山区的名特优动植物资源开发，形成优势产业，从根本上持久地解决农村经济问题。但不同的示范区基础建设问题不同，如马山弄拉因改善交通条件和缺水问题而生产、生活条件显著改善；平果果化重点是开发地下水资源、进行土地整理和建设高效果园；古周是生态移民后发展避涝种草养殖业。

4）科学规划，在具体实施时加大科技投入。科技是第一生产力，科学规划是开展石漠化综合治理的首要工作，所有取得成功的示范区，均在开始前期有比较完善而详细的治理规划。治理工程具体实施时，不论是恢复石漠化地区的植被，实现生态效益和经济效益的结合，还是解决人畜饮水困难，都有科技问题需要解决，没有科技投入，不但难以实施，实施后效果也不明显。例如，表层岩溶水的开发必须结合岩溶水文地质调查工作实施，火龙果的栽培在科技人员的精心管理和高效培育下比普通群众的生产效果要高数倍。更何况，由于广西石漠化地区自然条件的复杂性，还有许多问题没有弄清楚，治理技术和方法也不完善，只有加大科技投入才能有效推进石漠化综合治理工作。

5）加强宣传教育与培训，提高群众的科技意识。石漠化综合治理具有较高的科技含量与技术难度，但需要当地广大干部群众来具体实施。因此，石漠化综合治理必须首先做好宣传教育与培训工作，增强居民对石漠化治理工作的认同性，提高广大干部群众的科技意识。因此，各地始终把宣传教育放在重要位置，采取多层次、多渠道、多形式面向全社会宣传石漠化综合治理的重要意义、基本知识和有关政策等。同时，组织治理地区的干部群众参观一些治理成功、效益突出的点。结合试验示范，进行干部群众的科技培训。通过长期不懈的宣传教育与示范工作，大大提高了示范区干部群众的科技意识，增强了各级干部和广大群众治理石漠化、改善生态环境的责任感和紧迫感，使石漠化综合治理工作由实施国家科技项目转变成当地群众的自觉行动。

6.2.2　石漠化综合治理教训

（1）物种的选择和引进要慎重

尽管广西各地的石漠化山区在气候、地质、立地、生态退化程度和生态修复难度等方面存在较大差异，但其治理的终极目标主要是建立与当地气候和环境相宜、有利于其环境恢复并可持续利用的立体复合农林模式，这种模式不但要种植经济价值较高的果树和经济作物，而且更要定植能促进其山地植被快速恢复的岩溶乡土和非乡土树种。由于石漠化山区果树、经济作物和造林树种等的优良种类和品种十分缺乏，必须通过引进和收集的方式才能满足其建立复合农林模式的需要，而物种的选择和引进是否适当直接关系到石漠化治理的效果和成败，因而在选择和引进物种时要十分慎重。以龙何示范区为例，虽然绝大多数物种的选择和引进主要遵循了乡土性为主、气候相似性为辅等基本原则，而且经过几年的石漠化治理实践，火龙果、无核黄皮、苏木和茶条木等20多个果树、牧草和山地造林树种已经取得了良好的生态经济效益，但毋庸讳言，不少物种的选择和引进仍然存在较为明显的缺陷和问题，如果树方面，川木瓜成活率低和生长差，牛心李虽然营养生长非常旺盛，但只开花不结果；台湾相思、马占相思、海南蒲桃和仪花等山地造林树种在苗期阶段速生性明显，但其荒山造林的成活率极低且生长极差。产生这些问题的根本原因主要有两点，一是对这些树种的生态生物学特性了解有限，二是缺乏有效的田间管理或山地抚育技术措施。

（2）建植物种要灵活多样和管理要精细到位

根据广西石漠化地区综合治理的基本思路和要求，选择和运用特性各异和用途多样的植物种类构建稳定高效的复合农林生态系统，既是石漠化地区生态重建的重要途径和技术方法，也是石漠化综合治理的长远目标。

（3）地方群众的文化素质、认知水平和参与态度是石漠化治理成败的关键

总体而言，当地群众是与石漠化综合治理关系最为密切的直接利害人，也是最为重要的参与者和主力军，因此，他们的文化素质、认知水平和参与态度与石漠化治理的成败息息相关。由于广西石漠化山区的经济发展和科技水平普遍严重滞后，当地农、林、牧发展模式单一和就业机会十分有限，导致以青壮劳力为主的劳务输出成为绝大多数农户提高现金收入和改变生活条件的最重要途径。在这种形势下，石漠化治理的具体实施只能主要依靠留守老人和妇女来参加，虽然绝大多数参与者的态度比较积极，但由于受其本身文化水平低、认知能力和接受能力较差等所限，他们在参与过程中对石漠化治理重要性的认识不足和对关键技术的掌握比较缓慢，加之传统生活和农耕作业等方式根深蒂固，导致石漠化治理的进度和效果等受到一定程度的影响。此外，责、权、利不明确，也是影响石漠化治理效果的重要原因之一。

（4）石漠化治理中人为生产习惯的干扰

与其他石漠化地区一样，人类活动频繁是龙何示范区生态恶化和石漠化的主要根源和策动力。一方面由于人口压力较大，人均耕地面积有限，而且土地质量和生产条件较差，荒山荒地在其土地利用中仍占据着一定的地位；另一方面，迄今为止，荒山荒地的责、权、利等关系未能得到理顺和落实，而且缺乏统一规划和有效的管理技术措施，因而对这些土地和生物资源的开发利用常常是盲目而无序的，其破坏性的人为干扰活动很难得到有效遏制。受习惯的影响，龙何示范区人为干扰方式还有以下三种。

放牧。据统计，示范区内基本保持有牛 100 头、羊 250 只，传统养殖方式以放养为主，平均每天放养 5~6 h。这些动物的选择性取食和践踏等，对现存植被和地表土层的影响都非常明显。因此，发展高效牧草和饲料植物、改变养殖方式，对于植被恢复具有积极的作用。

砍柴。砍柴的对象主要是次生植被群落上层、高度 >1.5 m 或基径 ≈2 cm 的个体，包括乔木幼树和灌木等，如潺槁树（*Litsea glutinosa*）、灰毛浆果楝（*Cipadessa cinerascens*）、菜豆树（*Radermachera sinica*）和红背山麻杆（*Alchornea trewioides*）等，而这些野生植物长到这个高（粗）度往往需要 3~5 年甚至更长的时间，由于砍柴是多人多次、不定期和反复无常的，这些植被始终维持在低矮的灌草丛阶段。

开（烧）荒。开（烧）荒的活动主要是发生在一些土壤条件较好的地段，其目的主要是种植玉米、药材和其他经济作物等。尽管近年来开（烧）荒的现象已经减少，但对山地植被恢复的影响还会持续若干年的时间。

6.2.3 石漠化综合治理存在的突出问题

时至今日，整个广西岩溶石漠化区的环境问题还没有根本解决，一些地区的石漠化还在加剧。原因是多方面的，既有客观条件方面的原因，也有人们主观认识和对策、技术措施等方面的原因。其中一个非常重要的原因是对石漠化及其综合治理的科技研究不够，很多治理工作具有盲目性，没有因地制宜地处理好人与环境、生物与环境之间的协调发展问题。具体地说，一是没有充分考虑石漠化区居民人口密集、生活贫困的实际情况，推行简单的封山育林措施，居民的生活没有保障；二是没有考虑地区差异性和不同地质环境条件下树种的选择性，大而化之地推广速生树种，树木的成活率和生长速度都低；三是没有考虑生态系统的良性循环和生态与经济之间的协调发展，片面追求森林或植被覆盖率和农业经济效益，不重视区域水土保持和环境治理，使水、土资源进一步枯竭；四是不顾区域环境条件和市场情况，盲目推广和发展名特优产品，不但品种的优质特性得不到保证，往往由于重复建设问题，也容易造成产品推销上的困难，由此带来新的社会和经济问题。

6.3 广西岩溶石漠化综合治理的科学思路与对策

6.3.1 广西岩溶石漠化综合治理需要采取的科学思路

(1) 石漠化综合治理以地质调查为基础
岩溶石漠化是在岩溶这一特殊地质环境发生的生态问题，因此，地质调查是石漠化治理的基础。调查工作要利用遥感技术和1∶5万水文地质综合调查相结合进行。进一步调查重度、中度、轻度和潜在石漠化等不同等级类型石漠化的分布范围和趋势；调查不同等级类型石漠化的岩性、土壤、植被、水文、地貌、构造等情况；调查石漠化区土地利用类型的分布面积，特别是坡耕地的分布情况；调查石漠化产生的地质因素与人为因素；调查石漠化产生的危害，揭示石漠化造成的地质灾害与水、土资源短缺程度；调查研究不同环境石漠化治理的难易程度、不同环境类型石漠化区进行治理的有利条件以及植被恢复与种草养殖的地质适宜性。各项调查结果尽可能地编制相关图件。在调查的基础上，分析不同环境石漠化的成因和是否需要治理的形势，提出其石漠化综合治理是采取自然修复还是工程治理的宏观对策，并以岩溶流域为单元，提出不同环境的岩溶地下水开发利用与石漠化综合治理规划。

（2）因地制宜，科学规划

因为岩溶石漠化区的环境小型、分散，类型多样，就必须要强调因地制宜。要根据各岩溶石漠化状况与环境的特点，采取不同的综合治理方式和措施。

要顺应自然规律，如果人口密度小，采取封山育林能够达到石漠化治理目的的地区，就不必要安排治理工程。

必须要安排治理工程的地区，要根据其岩溶环境特点，发掘当地适生植物资源，进行产业结构调整和植被恢复；要结合其岩溶水的分布，合理开发岩溶水资源；要根据其土地状况开展土壤改良、土地整理和水土保持工程，促进生态系统的良性循环。

（3）科技引导，高效实施

要研究不同岩溶石漠化地区的生态系统的结构、功能与运行规律，岩溶环境植物多样性的形成机制。分析岩溶地区石漠化程度和分布与岩溶动力过程和生态环境的关系，揭示不同环境石漠化的成因，为制订石漠化综合治理规划提供科学依据。研究不同岩溶地球化学背景的元素迁移规律及对物种选择和生态环境的影响，科学选择适生树种。

要针对缺水、缺土、缺适生植物种质资源，产业结构不合理、生态效率低等老大难问题研究有效的综合治理技术方法。而且，所有的技术要注意互相协调，如封山育林，不但要考虑植被与生态环境的恢复，还要考虑对表层岩溶水资源的涵养与对有利于当地经济的发展，促进整个生态系统良性循环。

（4）石漠化的综合治理以治水为龙头

水资源一直是困扰西南岩溶区的主要问题之一。因"地表、地下"双层结构，降水快速通过管道、裂隙渗入地下，造成"土在楼上，水在楼下"的分布格局，使区内工农业用水困难，甚至人畜饮用也常常不能得到满足。"有水一片绿，无水一片荒"，水成为生态建设和经济发展的关键制约因素。治水是石漠化综合治理的龙头，必须优先解决。但在目前技术条件下，完全解决岩溶石山地区的缺水问题难度较大，因此，加强节水灌溉设施的配套建设是必要的。

（5）以岩溶流域为单元进行综合治理

西南岩溶区地下岩溶发育，地表水与地下水转化频繁，组成统一的水文网，补、径、排关系密切，岩溶流域为水系统的有效单元，也常为相对比较独立的生态和经济功能区。因此，石漠化的治理要以岩溶流域为单元，才能具有显著效果和长期效益。

岩溶流域与非岩溶区的流域概念是不同的，其范围往往不以地表分水岭为边界，而取决于岩溶水系统，多数情况下以地下分水岭为边界。另外一个重要的区别是地表水与地下水联合考虑，构成从地面到地下岩溶发育基准面的三维空间流域。

（6）以调整产业结构作为生态与经济协调发展的突破口

在广西全区 28 个国家重点扶持开发贫困县中，有 22 个在石漠化较严重的地区，至今尚有贫困人口 96 万，其中绝大部分生活在岩溶山区。岩溶区脆弱的生态系统，由于石漠化引起的生态环境恶化加剧了贫困程度，严重制约了区域经济发展。要生态与经济协调发展，就必须改变当前西南岩溶石漠化区以粮食作物为主、产业结构单一的局面，要利用西南岩溶区名特优植物资源丰富的优势，通过产业结构调整，大力发展既有经济效益又有生态效益的药材、果树和经济作物，形成生态农业体系。

（7）示范先行，逐步推进

受岩溶石漠化区复杂环境和区域经济的制约，石漠化综合治理难度很大，很多治理技术和模式需要进行反复的试验研究；而不同环境条件下，石漠化治理的技术和模式差异很大，当地政府和居民不易很快地掌握和应用。因此，根据不同类型石漠化区的特点，分别建立一批具有典型代表性、特点鲜明、作用突出、影响广泛、示范带动作用强的示范点，通过研发具有推广应用价值的治理模式，总结出系统明晰的技术体系和经验，树立各类环境的示范样板，广为宣传带动，才能更有效地逐步推进石漠化综合治理工作的全面开展。

6.3.2 广西岩溶石漠化综合治理对策

（1）因地制宜，分区综合治理

针对第五章划分的广西 7 个岩溶生态区（图 5-11），充分考虑各区的石漠化特点以及资源、环境和社会经济状况，因地制宜开展石漠化综合治理工作。首先要科学设计每个区的治理目标、主要措施和方案。在此基础上，应以县为单位，以岩溶流域为单元，制订具体的石漠化综合治理科学规划。该规划要在进一步查清岩溶地质环境条件的基础上进行。同时，治理工作要全流域覆盖设计，从上游到下游、从山上到山下、从坡面到沟谷，合理布设各种保护措施、工程措施和生物措施，使之形成立体的、相互联系的综合治理体系。

（2）广西列专项实施石漠化综合治理重点工程

广西石漠化面积大、治理任务艰巨，已为我国有关专家共议为当前水土保持的首要地区。同时，该地区也是我国集中连片的贫困地区，经济落后，地方财政困难，群众贫困，通过地方和当地群众的自身投入来治理水土流失比较困难。目前平均每年用于每个石漠化综合治理试点县的中央投资只有 3000 万元。相对于繁重的治理任务，这些投资是杯水车薪。因此，建议在中央投资的基础上，广西成立石漠化综合治理专项，实施石漠化综合防治重点工程，进行持续、综合治理。抢救土地资源、防止土地石漠化进一步扩大，为西部开发战略和全面建设小康社会服务。

（3）实施不同环境条件地区岩溶石漠化综合治理示范工程

由于岩溶环境脆弱、类型多样、条件复杂而特殊，石漠化区综合治理的难度很大，很多技术方法和措施需要试验，不能盲目全面铺开。而且，当地居民的科技素质又普遍较低，即使成熟的技术方法，也需要科技人员通过示范工作提供详细的操作方法，以及结合示范点的实物进行讲解。示范区建设的成功，可为广大的干部和群众树立信心。所以，要实施西南岩溶石漠化的综合整治，就必须要在不同类型区内建立示范区，通过治理示范，既形成可供推广应用的模式，又树立样板。

（4）把改善生产条件，解决农民的生活问题作为综合治理的核心

广西岩溶石漠化地区，不但生态环境脆弱，而且经济非常落后，居民特别贫困，目前还有贫困人口100万，很多人温饱尚未解决。因此，应首先想尽办法解决农民的温饱问题。其途径主要有三个方面：一是改善农业生产条件，如开发岩溶水资源增加农业灌溉，进行土壤改良和培肥，提高粮食单产；二是开发当地的名特优资源，使之形成支柱产业；三是进行产业结构调整，发展具有潜力的种草养殖业、旅游业、加工业等。多年来，凡是比较成功的石漠化综合治理都是把着力点放在解决群众关心的生产、生活问题上，放在提高粮食产量、促进农业增长、带动农村发展的问题上，加大了道路工程、水源工程等工程建设力度，集约、高效利用水土资源，改善石漠化区的农业生产条件，实现水土资源的保护，促进"三农"问题的解决进程。只有从根本上改善农村生活、生产的基本条件，才有望彻底治理石漠化，进而建设小康社会，保护生态环境，实现人与自然和谐共处。

（5）充分利用大自然力量，有条件的地区实行封育保护和自然生态修复

广西岩溶地区水热同期，降水丰沛，气温较高，气候条件较优越，适合植物的生长发育。同时，岩溶地区石漠化土地土壤匮乏，立地条件差，生态环境恶劣，如果通过人工造林，人为强行恢复植被，投入大，效果差，事倍功半。实践证明，珠江上游喀斯特地区以小流域为单元，以坡改梯、坡面水系、沟道治理和小水窖等小型水利水保工程为重点，建设基本农田，改善农业生产条件，提高土地生产能力，同时，利用当地资源优势，发展薪炭林，建设沼气池，适当营造适生经济林果，解决该地区群众的吃粮、收入和燃料等生计问题，通过小范围的人工治理，充分利用大自然力量，促进大面积的封育保护和生态修复，达到治理水土流失、抢救土地资源、防治土地石漠化、改善生态环境的目的，是一条符合当地实际情况、事半功倍的成功之路。

（6）制定《岩溶石漠化综合防治条例》，依法加强预防和监督

广西岩溶地区资源丰富，随着国家西部大开发战略的实施，修路、建厂等基础设施和各种资源的大规模开发利用以及人口的不断增长，脆弱的生态环境承受着土地开垦的巨大压力，保护水土资源、保护生态环境、防治石漠化的任务非常繁重。据不完全统计，2002年以来新开、在建大中型开发建设项目有50多个，如百色水利枢纽、龙滩水电站、南宁至百色高速公路、广州—贵阳高速铁路等。若不及时采取预防措施，必将造成新的水土流失，引起更严重的石漠化，而且潜伏着更大危机。因此，依法加强预防保护和监督尤其重要。

但是，岩溶石漠化区的地质、地貌环境特殊，水土流失不但影响地面环境，也影响地下环境；不但土壤侵蚀问题严峻，而且水的漏失也影响当地的生产、生活条件和生态安全。因此，需要在国家有关环境保护法规的基础上，制定适合这个地区的《岩溶石漠化防治条例》作为配套法规。

同时，还要建立和健全石漠化综合治理监督队伍，加大监督检查和执法力度；加强科技培训，提高广大干部和群众的科技素质，提高石漠化综合治理的效果，并防止新的石漠化发生；还要落实石漠化生态环境预防保护和监督经费，保证预防和监督工作的正常开展。

（7）落实有关政策，建立补偿机制

广西岩溶地区有着丰富的水能资源，仅红水河，按照国务院批准的规划，可建设 9 级梯级水电站，现已建成 5 座，在建 3 座。建成的 5 座水电站，总装机容量 391 万 kW，平均年发电量 200 亿 kW·h。红水河梯级水电站深受上游水土流失的严重危害，泥沙问题一直困扰着水电站的调度运行。珠江上游水土保持工作的好坏，关系到珠江上游丰富的水能资源的可持续开发利用。

1993 年《国务院关于加强水土保持工作的通知》（国发［1993］5 号文件）明确提出"已经发挥效益的大中型水利、水电工程，要按照库区流域防治任务的需要，每年从收取的水费、电费中提取部分资金"用于库区及上游的水土保持。落实国发［1993］5 号文件精神，建立水土保持与水能资源开发利用的一种互惠互利的补偿机制，将使珠江上游良好的生态环境与珠江上游丰富的水能资源的开发利用相得益彰。如果从每度电提出 0.3～0.5分用于上游的生态环境防治，仅红水河已建成的 5 座水电站，每年可用于上游生态环境建设资金就可达 0.6 亿～1.0 亿元。这将大大加快上游石漠化综合治理的进程。

（8）加强科学技术研究，为广西岩溶石漠化治理提供强有力的技术支撑

广西岩溶地区由于特殊的自然和社会经济条件，石漠化的发生、发展及其防治有其特殊性，需要在各个方面加强研究，为广西岩溶地区石漠化治理和生态建设提供强有力的支撑。在基础研究方面，要研究制定适应于广西碳酸盐岩地区的石漠化综合治理技术标准和规程。在治理方面，要探索适合岩溶地区的小流域综合治理模式和实用技术，以岩溶流域为单元进行综合治理，既治理了石漠化，又通过改善农业生产条件，提高了粮食产量，解决了群众的温饱问题，改善了生态环境。

（9）进行生态移民，减小环境压力

广西岩溶地区石漠化严重，既有"先天不足"，也有"后天失调"。恶劣的自然条件极易产生石漠化。而人口的快速增长，使得低环境容量与相对高的人口密度矛盾突出，人地关系失衡，造成了对水土资源的不合理利用，加速了石漠化的发生发展。广西岩溶区内有人口 1300 多万，占全自治区总人口约 27%。在桂西北，有 50 万人生活在人均耕地不到0.02 hm²、每年人畜饮水短缺 3～4 个月的非人类适宜生存地段。广西岩溶地区耕地仅占土地总面积的 9%，大大低于全国耕地面积占国土总面积 14% 的比例。不但耕地资源数量不足，而且人口数量大，耕地资源质量低，退化严重，岩溶区脆弱的生态环境系统，使农业生态环境整体逐步恶化，成为区域内居民贫困面貌难以改善的重要原因。这种人口密度与人均耕地的剪刀差，是水土流失和石漠化越来越严重的重要原因。因此，在严格执行计划生育政策、控制人口增长的基础上实施生态移民，是防治水土流失及土地石漠化，实现区域人口发展和生态环境协调发展的有效措施。

6.4　广西岩溶石漠化综合治理的措施

通过前面的分析，利用各种项目在各地均开展的石漠化试点或示范工作中心，成功有限的措施主要包括：生态修复工程、基本农田建设工程、水资源开发工程、农村能源开发工程、水保基础设施建设、产业结构调整、地质灾害与环境问题治理等方面。但不同的地区因环境条件不同，各类措施的具体内容也不同。

为了因地制宜，石漠化的综合治理措施应当结合具体地区的实际情况落实到具体生态环境类型地区。

（1）红水河上游峰丛洼地区（Ⅰ）

该区位于广西西北部，属红水河流域，包括巴马等8个县，总面积21 004 km²，该区地处云贵高原边缘，地势高，地貌主要以峰丛洼地为主，峰丛洼地面积占总面积的88%，地形高差大，达280~500 m，陡坡（>25°）面积占总面积的30.19%；河流深切达300~400 m。岩溶地下水以管道流为主，多呈地下河分布，已查明的地下河有76条，地下水埋深较大，为50~200 m。

该区水能资源丰富，红水河已开发营运的8座梯级电站均位于该区。矿产资源以有色金属为主，隆林的锑矿为广西区主要产地；非金属矿，如凤山、东兰的硫铁矿为大、中型矿床。林业资源：在隆林、西林一带分布有山原常绿阔叶林和落叶栎、细叶云南松林；巴马、马山、都安、大化一带为石山常绿、落叶阔叶混交林。

造成该区岩溶生态脆弱的主要原因是该区地形坡度大、水土流失严重，该区的大化瑶族自治县（石漠化程度60.23%）、都安瑶族自治县（石漠化程度42.42%）、马山县（石漠化程度38.88%）分别位于为10个石漠化最严重县的第1、第5、第7位。土地资源贫乏，宜耕地面积为6.15 hm²/km²，粮食单产仅为176.29 kg/亩。人均粮食为210~300 kg，为土地承载力超载区，大化县<210 kg/人，为严重超载区。该区土地、人口分散，且山高水深，缺乏可利用的地表水、地下水资源，干旱缺水也是粮食产量低下、人们生活贫困的主要因素。为了解决岩溶石山地区的干旱缺水问题，修建水柜作为广西壮族自治区的一项政府决策，大力推广实施，其中，1995年开始，主要修建家庭水柜，2000年以来又发展了大量的地头水柜。应该说，如果正确操作，这是一个解决干旱缺水的有效措施。但实际上，由于缺乏技术指导，没有因地制宜，特别是没有考虑地质背景，水柜的利用率不高。

红水河沿岸电站建成蓄水后，水库调峰时水位上下波动强烈，两岸地下河水位随之变化，对库区内下部岩溶管道的潜蚀作用增强，在长期高水位高压下，下部逐步潜蚀淘空，最后导致塌陷、滑坡。如大化电站库区沿岸的板内、坡比、登排等地已发生了此类塌陷，2002年3月14日，大化电站库水浸泡引起的山体滑坡造成千余人受灾。

这个地区的地下河往往是唯一的排水通道。石漠化地区的水土流失常把大量的土壤通过落水洞、地下河天窗带至地下，淤塞地下河道，造成雨季很多岩溶负地形受淹，不能耕种，如凤山县的坡心地下河上游，金牙乡下牙村谷地由于地下河堵塞造成进口处洼地常年积水，3000多亩土地常年撂荒。

综合治理措施：在隆林、凌云等地区，石漠化程度较轻，植被自然恢复能力较强，可通过封山育林治理石漠化；在都安、大化、马山等地，地形坡度大，土层薄，石漠化严重，以发展立体生态农业石漠化治理模式为主，陡峻山峰地段长期封山育林，重点发展水源林；洼地底部，以旱作粮食作物为主；山麓、平缓的山坡重点发展优质果树和经济林、用材林，间种药材；凤山、东兰县可通过坡改梯工程加强基本农田建设，大型溶洞、地下河进口建拦沙坝工程减少水土流失。

通过修建水柜蓄引泉水和雨水，解决干旱缺水问题；但要通过调查研究，合理选取地点和利用方式。峰丛洼地低洼处常有天窗与地下河相通，可通过天窗提水方式开发地下水，在合适部位还可以通过堵截、引水等方式利用地下河水，如广西马山县里当甘团洞，在地下溶潭部位进行堵截，抬高水位，并在上层洞出水点处建蓄水池调蓄并辅以引水隧道，在丰水期可自流供乡镇居民生活用水和灌溉，在枯水期，抽取下层溶潭水作为补充水源。

（2）龙江流域峰丛、峰林谷地生态区（Ⅱ）

该区位于广西北部，地处云贵高原向桂中盆地过渡盆地边缘地带，包括南丹、环江等4个县，总面积 17 338 km²，地势上北高南低，地面标高由 700～800 m 降至 200～250 m，地貌从峰丛洼地过渡到峰林谷地。在峰林谷地区地下水埋深一般为 10～50 m，在峰丛洼地区 >50 m。地形高差大，地下河比较发育，已查明地下河 95 条，合计枯季流量为 3.26 m³/s，尤其是龙江上游约 70 km 的河道两侧分布了 21 条地下河，平均 3.3 km 间隔 1 条；与地表河一起构成了完整的水文网。

该区矿产资源丰富，有色金属有南丹县的锡多金属矿、铅锌矿、锑矿、汞矿以及北山、泗顶、古丹铅锌矿；一洞、九毛、六秀锡矿；平峒岭钨矿等。仅南丹大厂锡矿储量占全国锡矿总储量的1/4。非金属矿有南丹县的砷矿等。林业资源为山地常绿阔叶林、油茶林；石山常绿、落叶阔叶混交林。

主要环境问题：一是在南丹县、环江县高峰丛洼地区，由于陡坡开垦和矿产资源无序开发加速了水土流失的进程。石漠化严重，南丹县森林蓄积量 <400 万 m³/km²；土地资源缺乏，宜耕地面积仅为 7.15 hm²/km²。二是污染问题，龙江是广西污染最严重的河段，曾发生多次死鱼事件。龙江大部分时段水质均为Ⅳ～Ⅴ类，枯水季则多属Ⅴ类，主要超标元素有氨氮、亚硝酸盐氮、挥发酚、砷、汞、铅、镉等，这些污染有毒元素多来自沿河两岸的小冶炼厂、小化肥厂、小矿山等未经处理的工业及城镇生活废水。同时由于流域内铅矿大规模开采，大量采选矿废水、污水通过地下河露头渗入，造成地下水水质污染。位于广西南丹铅锌矿富集区的东哇屯、干田坝、八打屯、峒龙屯 4 条地下河，铅含量严重超标，超过了Ⅴ类水质标准。

环境污染也是石漠化的主要原因，大范围内的碳酸盐岩表面随着藻类和苔藓的死亡而呈现白色。在这种严重的坡地退化状态下，生态恢复在破坏因子消除后至少还需要 20 年。

综合治理措施：在南丹、环江等高峰丛洼地区，人均耕地不足 0.3 亩，人类生存条件恶劣的地区实施生态移民，封山育林。在罗城和宜州等地势较平坦地区，可通过截流、出口建库等方式开发地下河，解决干旱问题。在南丹、环江县，由于山高水深，河谷深切地带，耕地主要分布于洼地和山坡，灌溉水源主要为泉水，由于这些地区的泉水常在冬季和春初断流，故以春旱为主。在峰丛洼地区一般地下河出口位置较高，利用天然落差引水发电为主要地下河开发利用方式，如广西南丹的八半屯地下河，流域面积 285 km²，调查时流量为 2.5 m³/s（2004 年 10 月 26 日），出口与谷底落差近 60 m，在出水口处建水坝，引水发电。

在南丹、环江县铅锌矿、黄铁矿开采区，开展矿山弃地恢复与重建工作，矿山弃地的植被恢复技术主要有：①覆盖土壤；②物理处理和化学处理；③添加营养物质；④去除有害物质；⑤添加物种，在废弃地恢复过程中，有害物质的毒性起着严重的阻碍作用，如在重金属污染严重的地区，所能生长的植物仅仅是那些耐重金属污染的物种，因此，这类废弃地生态重建的前提是先锋植被。添加物种最好是按照草本 – 灌木 – 木本植物的顺序进行。

（3）柳江流域孤峰平原区（Ⅲ）

该区位于广西中部地区，包括柳州市等 8 个县市，总面积 18 437 km^2，地貌以孤峰平原为主，地表河枯水位低于地面 20～30 m。岩溶水主要以泉的形式出露。在平原区地下水埋深在 10 m 左右。石漠化程度较低。

矿产资源以非金属为主，象州寺村大型重晶石矿以及柳州的水泥灰岩。

环境问题主要有几方面：一方面枯季干旱缺水，农田需水量大，地表河提水扬程大，费用过高。旱涝区连片分布；二是地下河水埋藏浅，与周围土地利用关系密切，工业和农田和生活污水易污染地下河水源；三是由于大量抽取地下水及高层建筑引发的地面塌陷。而且该区也是广西工业集中地带，工业污染对周围的植被、土壤造成了严重的影响。这些问题已经成为制约该区工农业生产和产生石漠化的主要因素。柳州市的鸡喇地下河，亚硝酸盐、氨氮、镉离子含量严重超标，分别为 0.36 mg/L、12 mg/L、0.019 mg/L，是工业污水直接排入地下河所致。

综合治理措施：封山育林、退耕还林，使山丘植被覆盖率达到80%左右；建设地面河堤和地下水调蓄和管理系统。而要保证区域的植被覆盖率和生态不被破坏，就必须改善灌溉条件，形成人均 1 亩左右的高产农田，并保证户户有沼气或替代生活能源。而且，开发水资源 40 000 m^3/km^2，使区域人口密度控制在 250 人/km^2 以下。同时，严格规范排污工程，防治环境污染以抑制石漠化进一步扩展。

（4）右江流域峰丛、峰林谷地区（Ⅳ）

该区位于广西西南部，为云南高原向广西盆地过渡的斜坡地带，属于右江、百都河流域。包括平果、靖西等 9 个县，总面积为 18 113 km^2，地貌上从西北向东南，由峰丛洼地、峰丛谷地过渡到峰林谷地、峰林平原。尽管右江河谷是光合生产潜力最大的地区之一，但水土流失严重，土地资源贫乏，大部分为石旯坭地，粮食单产低；人口密度相对较大，人地矛盾突出。是石漠化严重的地区之一。

为广西主要的铝土矿产地，广西区铝土矿探明储量约占全国总储量的15%，主要分布于该区，仅平果铝厂开采就可满足我国需求量的1/5。同时也是我区主要的锰矿、水晶矿产地。林业资源比较丰富，有石山季节性雨林和八角林。

该区处于斜坡地带，是地下水集中排泄区，在地下河或泉水出口处拦坝建库是开发利用地下水的主要方式。大型的地下河出口往往是人口聚集、耕地较多、需用水量较大地区。但此类地下河利用工程大多是 20 世纪 60～70 年代开发的，年久且管理不善，利用率较低，普遍存在渗漏和塌陷等工程问题。如广西靖西县龙潭地下河，为县城供水水源，由于坝内侧发生多处土层塌陷，库水沿塌陷漏斗从地下管道排走。库区塌陷渗漏现象已成为地下河开发利用主要的工程问题。

综合治理措施：在石漠化严重区，由于岩石裸露、土壤贫瘠，新栽树木难以存活，如果植树方法不当（全垦造林），将加速带状、块地、穴地、水平犁沟和鱼鳞坑地的水土流失进程。因此在很多地方（如洪坡陡坎）根本无法植树，只能充分发挥草业优势，走草林相结合之路，才能恢复良好的生态环境；在石漠化中等地区，选择耐干旱瘠薄、根系发达、穿透力强、生长迅速的树种进行人工造林，通过人工干预的形式恢复原有植被群落；在石漠化相对较轻地区，可以封山使植被自然恢复。

（5）桂江流域丘陵谷地区（Ⅴ）

该区位于广西的东北部，地形以中低山、丘陵为主，是长江流域资水和湘江的发源地，又是珠江流域漓江和贺江的源头区。其包括桂林市等 8 个县市，总面积 17 462 km²，气候潮湿多雨。地表水系发育，水资源相对较丰富，是发展养殖业的有利地区。桂林阳朔为国家级旅游胜地。

矿产资源有色金属和贵金属主要有锡矿、钨矿、铅锌矿。非金属有砷、大理石、重晶石、水泥灰岩。林业资源主要有常绿阔叶林以及板栗、桂花树、毛竹等人工林。

综合治理措施：加快退耕还林，特别是江河沿岸、源头区石山坡耕地退耕还林步伐，实施漓江沿岸绿化美化工程。在人口密集的恭城、全州等地，采用"养殖－沼气－种植"三位一体治理模式，以沼气为纽带，发展林果业和养殖业。把发展沼气同退耕还林、封山育林及发展养殖业结合起来。

桂林会仙湿地区保护是漓江流域生态保护与修复的重点工程，会仙湿地区地处漓江流域与柳江流域间的马面圩——会仙岩溶平原地带分水岭段的两侧，属于世界经典的阳朔型峰林地貌的重要组成部分，对漓江与柳江流域有着全局性的影响，其规模之宏大、类型之典型、文化底蕴之深厚，在全国乃至世界热带亚热带岩溶区较为罕见，加强会仙湿地的保护将直接影响到桂林山水的整体形象和科学研究价值。

（6）红水河中下游峰林谷地、岩溶平原区（Ⅵ）

该区位于广西盆地中部，包括忻城、来宾等 7 个县市，主要为峰林平原，边缘为峰林谷地、峰丛洼地。地表水系较发育。土地总面积为 16 739 km²，该区为广西最重要的农业经济区之一，耕地连片分布、面积广大。宜耕地面积达到了 16.15 hm²/km²。而且，气候温暖、湿润，土地适应性广。粮食单产是广西区最高的。

在建的红水河第九级电站——桥巩，筹建中的第十级电站——大藤峡均位于该区。矿产资源以非金属为主，合山煤矿是广西主要煤矿基地。

由于地下岩溶发育、地表水漏失，地表严重干旱缺水，土地大多依靠降水灌溉。当大雨来临，地下管道来不及排泄，一些旱片又成为涝片，旱涝交加。旱涝灾害是制约该区农业生产的主要问题。

虽然在岩溶区修建了大量水利工程，但目前很多水利设施因年久失修而老化。现在50%以上电灌站不能开机抽水。修建的水库和灌溉渠道，渗漏非常严重。据来宾县相关资料，该县 36 座中小型岩溶水库中，渗漏水库占到 86.1%，由于严重渗漏而废弃的占6.4%，渠道水利用系数也仅为 0.4 左右。8 座中型水库有 7 座存在严重的渗漏。来宾县的情况在桂中旱片具有代表性。

该区岩溶水以溶洞裂隙水为主，水位埋藏一般小于 10 m，部分地段具较好的打井条件，单井出水量一般为 1000 m³/d。地下水开发利用主要以打井抽取地下水为主，但由于超采地下水，引发大规模的岩溶塌陷。

宾阳县 4 个塌陷群，帽子村、平龙村、朱山村 3 个塌陷群位于黎塘镇的北部，3 个塌陷区之间相距约 2 km。古辣塌陷群位于古辣乡北部，以帽子村塌陷区最为严重。在长

350 m、宽200 m范围内有塌陷20余处，大者35 m×12 m，小者2 m×3 m；深多为3~6 m，最深达10 m余。其主要是黎塘供水站（原黎塘宾阳县氮肥厂）大量抽取地下河溢流天窗（S55）地下水而引起的。

综合治理措施：该区是广西主要的粮食生产基地，农田生产需水量大，干旱缺水是主要问题。采取河堤整治、坡改梯等工程措施，对易旱易涝、水土流失严重的耕地进行治理，提高基本口粮田灌溉保肥能力和解决人畜饮水困难问题。

红水河两岸是地下水系统的集中排泄带，在兴建红水河沿岸电灌站的同时，平原区广泛打井取水，开发地下水，以机井、大口井、天窗抽水相结合的方式解决农业供水。在峰林洼地区采取建设拦水坝、引水渠和利用洼地堵洞成库等方式开发利用地下水，如忻城县福六浪溶洼水库，洼地位于隆光地下河中上游地区，洼地面积0.7 km²，由于地下河排水不畅，造成福六浪洼地年年受淹而无法耕种；丰水年最大淹没水深达35 m；枯水年淹没水深20 m左右。因此一般年份淹没库容达1000万m³以上，通过堵截洼地底部的出水口，建成中型水库。

（7）左江流域峰林谷地、岩溶平原区（Ⅶ）

该区与越南社会主义共和国北部高原山地相连，以低山居多，地貌从峰丛洼地过渡到峰林谷地、峰林平原。属北热带气候区，光照充足，干湿季明显，是国际关注的生物多样性热点地区，但仅在弄岗自然保护区，保留有较完整的喀斯特原生植被。其他地区天然林原生植被破坏严重，致使地面干旱缺水，旱灾频率>80%，耕地保灌率仅为33.11%，是全区最低的。生物多样性面临极大威胁。

综合治理措施：在峰林谷地区，地下水埋深相对较浅，可通过钻井开采地下水解决干旱缺水问题；建立桂西南岩溶山地生态功能保护区，实施严格的封山管护和封山育林；人工造林以水源涵养林和水土保持林为主，适当发展以珍贵用材树种为主的用材林。

6.5 广西岩溶石漠化综合治理管理机制

石漠化综合治理必须从源头上抓起，坚持预防为主，建立一套科学的管理机制：首先在建立广西岩溶山地石漠化控制模式、遏制石漠化进程的基础上，根据不同石漠化类型和程度，分别建立恢复与重建模式，借鉴其他脆弱区综合治理和科学管理方法（韩新辉等，2008），制定广西岩溶山地石漠化综合治理主体政策体系、配套政策体系和保障机制，保障石漠化综合治理的可持续发展。

6.5.1 广西岩溶山地石漠化控制模式

根据广西岩溶山地的石漠化发展态势，首先必须消除人为干扰，提高人的素质，制定相应的政策法规，建立石漠化控制模式1：

教育+法规+控制措施（生物措施+工程措施）

式中教育包括文化、环保、思想等方面的素质教育。

法规包括土地开垦、旅游开发、计划生育、水利工程建设用地等法规和制度。

控制措施的生物措施包括封山育林、退耕还林、植树造林，实施保护性种植和养殖等；工程措施包括水土保持、基本农田建设、能源与水源开发利用等。

6.5.2　广西岩溶石漠化治理的宏观对策模式

广西岩溶山地具有雨热资源、生物资源和水能资源丰富、小生境复杂和物种繁多等优势，尽管目前在人类干扰下产生了不同程度的退化，但仍可以利用生态学的理论和方法，以该系统整体优化为目标，坚持以"生物措施为主、工程措施为辅，生态效应为主，经济、社会效应为辅，以本地物种或已经驯化了的物种为主、以外来物种为辅"为原则，通过在关键环节系统投入，对系统整理和重建，正向加速生态系统的演替过程，形成一种有利于人类的、良性循环的、达到或超越原始未受人类活动严重干扰的生态系统水平，且该系统更易于人类控制，保证"人 – 自然 – 经济"全面协调和可持续发展。

（1）重度石漠化区自然修复与生态保护型模式

在重度石漠化区，应在模式 1 的基础上，以生态效益和脱贫为主，兼顾社会和经济效益，以自然恢复为主、人工恢复为辅，建立生态保护性模式 2：

环境移民 + 劳务输出 + 养殖 + 沼气 + 种植

环境移民是一个综合系统工程，需要大量的人力、物力、财力和技术作保证，且对迁入区的生态环境有不良的影响。在顶级退化阶段、非人类生存区方能实施，否则部分移民，实现 1 户搬迁，2 户脱贫，或不移民。

劳务输出不仅能脱贫、减轻人地矛盾，且能将外界的信息与技术带回原地，投资少，效益高，各级政府部门和单位应加强引导和组织。

沼气是模式中重要的生态链条，将人、养殖、种植紧密结合在一起，同时能美化环境，最主要的是能节约能源，减少采樵，促进植被恢复。

养殖和种植是模式的中心内容，是生态恢复的突破口，但养殖和种植的对象应因地制宜，养殖的种类和密度也应控制在有利于生态恢复的范围内。种植除必须严格按模式 1 的控制措施实施外，不同的演替阶段应采取不同的植被恢复对策，其中草本阶段应大量补充繁殖体，特别是先锋性的固氮物种，适当考虑种植一些乡土经济林木；草灌阶段除补充繁殖体外，保护好已有的灌丛并适当修剪，加速植物生长，缩短其进入种子生产期的时间，尽快恢复植物种群的有性繁殖更新链；灌丛阶段应适当增加一些演替后期物种的繁殖体，同时间伐一些多灌木丛的茎干，保留主干，加速乔木层的形成；灌乔阶段以森林抚育为主要措施，尽快形成顶极群落。

（2）轻度石漠化区双三重螺旋恢复重建模式

以原生林和次生林为主要标志的轻度石漠化区，立地条件较好，小生境复杂、植物资源丰富、土特产品较多，在模式 1 实施的基础上，在保证生态效益、防止环境恶化的前提下，突出经济和社会效益，建立双三重螺旋生态重建模式 3（图6-1）。其中基地建设在模式 1 的基础上，根据轻度石漠化区土层较深厚、有机质丰富、土壤综合肥力水平较高的特点和具体地形建立立体生态农业模式，即山顶树 + 坡腰果 + 山脚粮，树、果、粮应根据当地资源和市场需求而定。

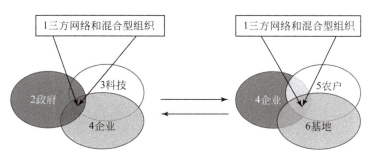

图 6-1　广西岩溶山地双三重螺旋生态重建模式

此模型是近几年在国际创新研究中以 Etzkowitz 和 Loet 为领军人物提出了的三重螺旋模型（Etzkowitz，2002，2003；Loet，2000；涂俊和吴贵生，2006；沈思等，2003）的基础上建立的，与"政府 + 科技 + 企业 + 基地 + 农户"的简单自由放任型或线型模型不同，两个三重模型的每一个参与者都具有很强的"互动自反"效应。"互动"是指参与各方互动，产生网络和混合型组织；"自反"是指每一个参与者在完成任务使命的同时，也兼而扮演其他参与者的角色。上、下两个模型以企业为纽带，相互促进，螺旋上升。

三重螺旋模型起源于对发达国家的研究，该理论认为在知识经济背景下，"高校（科技）–产业界–政府"三方应该相互协调，以推动知识的生产、转化、应用、产业化以及升级，促使系统在三者相互作用的动态过程中稳步提升。双三重模型针对我国社会主义初级阶段的农业产业化特点和喀斯特地区的特殊情况，对原三重螺旋模型进行了修正和调整。首先，我国是一个以全民所有制为主、多种经济体制和成分共存的国家，和发达国家相比，政府的主导力量更大；其次，科研成果转化率低（沈思等，2003），仅 10% ~ 15%，企业特别是蓬勃兴起的民营农业企业技术力量薄弱，非常渴望技术，两者之间脱钩现象严重；再次，广西岩溶山地生态环境恶劣，经济条件落后，企业发展缓慢，既需要政府和科学技术的支持，又需要农户和基地的支撑；最后，我国实行分田到户、家庭承包责任制之后，小规模生产和社会化大市场之间的矛盾日益突出。双三重模型将能很好地解决以上喀斯特土山丘陵区的 4 种主要矛盾和问题，指导该区农业产业化进程的顺利进行。

（3）中度石漠化区恢复重建模式

在模式 1 的基础上，根据石漠化区的实际情况，参照模式 2 和模式 3 因地制宜建立各自的恢复重建模式。

6.5.3　广西岩溶石漠化综合治理的科学政策体系

为保障广西岩溶山地不同石漠化区域生态恢复与重建模式的顺利实施和推广，保障该区域生态经济的协调发展，必须建立科学的政策体系。

6.5.3.1　广西岩溶石漠化综合治理的政策体系框架构建

在公共产品理论、外部效应理论、环境公平理论、可持续发展理论、公共经济政策理论及资源配置效应理论的基础上，提出广西岩溶山地石漠化综合治理的主体政策体系框架

（图 6-2）。它主要由国家总体政策、总体规划、组织实施、地方配套政策和具体政策措施组成，并建立如图 6-3 所示的配套政策体系，实现由行政代理向经济代理的转变，引入价格机制完善主体政策，兼顾生态安全和经济安全，保障石漠化综合治理工程的顺利实施。

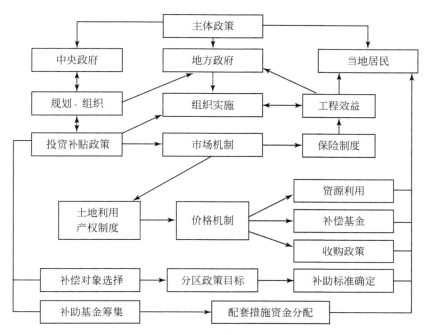

图 6-2　广西岩溶山地石漠化综合治理主体政策体系框架图

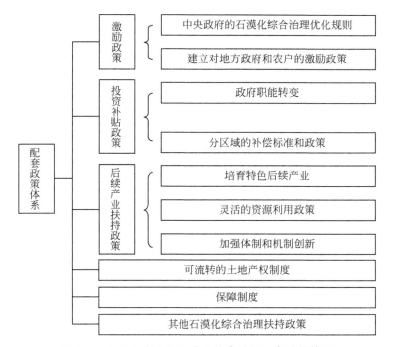

图 6-3　广西岩溶山地石漠化综合治理配套政策体系

6.5.3.2 广西岩溶石漠化综合治理的政策实施的保障机制

石漠化综合治理政策实施的保障机制是石漠化综合治理政策的重要组成部分，是落实石漠化综合治理主体政策、配套政策的重要举措，建立如图 6-4 所示的保障机制，由此带动石漠化综合治理区域经济协调发展和政策的全面实施。

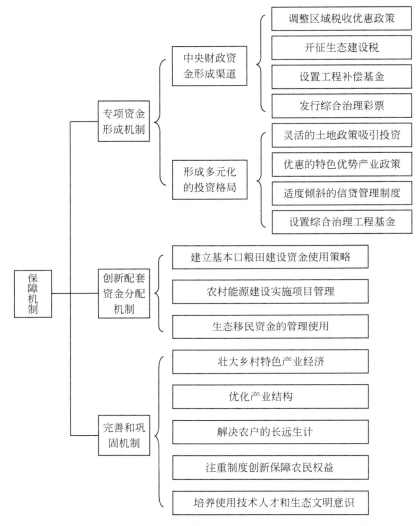

图 6-4 广西岩溶山地石漠化综合治理政策实施的保障机制

第 7 章　广西岩溶石漠化综合治理技术

7.1　植被恢复与重建技术

7.1.1　广西石漠化地区的立地类型特点与格局

立地类型是小地形、土壤（土层厚薄）、水文条件、小气候和植被等各种构成因素，即立地因子组成的自然组合体，它反映了坡向、坡位、土层分布、土层厚度等方面的变化。对广西石漠化地区而言，地形坡度、土壤性质、土体分布和基岩裸露率等在石漠化山地中既是决定立地类型的自然因素，也是制约土地利用方式的重要因子。首先，地形坡度影响了土体分布状况和基岩裸露率，对植被修复的难易起着非常重要的作用，它在很大程度上决定着退化植被恢复的方式；其次，土壤性质、土体分布状况和基岩裸露率等与土地生产潜力和植被恢复等的关系也极为密切，它们既是衡量立地质量优劣的重要尺度，也是制订土地利用规划和植被恢复技术方案的重要依据；此外，现存植被也是划分立地类型中不可或缺的重要因子，一方面它可以间接反映立地条件质量的好坏，另一方面还可以预示现存植被自然恢复的能力并由此可以采取相应的植被修复措施。因此，地形坡度、土壤性质、土体分布状况和现存植被等均是划分广西石漠化地区立地类型的主导性因子，其指标体系如表 7-1 所示。

表 7-1　广西石漠化山区主要立地类型及其指标体系

现有土地利用方式	立地类型	主要划分依据			
		坡度（°）	土壤	裸岩率（%）	植被
耕地 I	I₁	≤10	土被连续，土层 >50 cm	<30	—
	I₂	10～25	土被基本连续，土层深度在 25～50 cm	30～70	—
	I₃	≥25	土被不连续，石穴土为主	>70	—
林地 II	II₁	<30	盖度≥10%	≤90	郁闭度≥0.3，盖度≥50%
	II₂	≥30	盖度 <10%	>90	郁闭度 <0.3，盖度 <50%
荒山 III	III₁	≤25	盖度 >10%	<90	盖度 >50%，高度 >1m
	III₂	25～40	盖度 5%～10%	90～95	20%～50%，高度 0.5～1m
	III₃	≥40	盖度 <5%	>95	盖度 <20%，高度 <0.6m

从表 7-1 可以看出，广西石漠化山区的立地类型主要包括 3 个土地利用方式和 8 种立地类型，其中耕地（Ⅰ）和荒山（Ⅲ）各包括 3 个立地类型，林地（Ⅱ，包括郁闭度小于 0.3 的稀疏林地）包括 2 个立地类型。以石漠化典型的平果县龙何示范区为例，其 8 种立地类型的分布格局具有一定的规律（图 7-1），耕地（Ⅰ）和荒山（Ⅲ）各包括 3 个立地类型，其中荒山约占土地总面积的 85%，主要在山坡中部以上；耕地约占 10%，主要位于山坡中部以下；林地Ⅱ（包括郁闭度小于 0.3 的稀疏林地）包括 2 个立地类型，约占 5%，主要位于山脚至山坡中部。因此，该区的立地类型分布格局具有一定的规律，即从洼地到峰丛顶部，立地类型呈"耕地 – 林地 – 荒地"或者是"耕地 – 荒地"过渡，立地条件则由较好到一般再到较差和极差。Ⅰ₁ 主要位于平洼地和山脚地带，土层连续而深厚，立地条件最好；Ⅰ₂ 为坡度较缓的梯地，主要分布于山脚至山坡中下部，土层连续，但土层厚度较小而裸岩率较大，立地条件次之；Ⅰ₃ 为陡坡耕地，主要分布于山坡的中上部，坡度大，多为石穴土，土层浅薄且土被不连续，在耕地中立地条件最差。Ⅱ₁ 郁闭度较大，

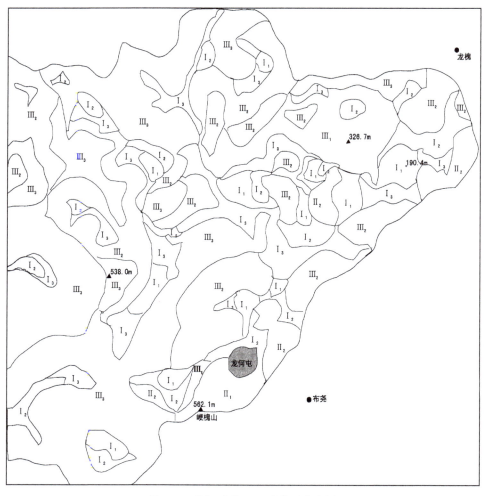

图 7-1　龙何示范区立地类型分布图

但由于面积有限，密度较小且没有形成乔、灌、草等层次结构，生态调节作用不明显；Ⅱ₂密度低，郁闭度小，生态调节作用微乎其微。Ⅲ以荒山坡地为主，同时也包括一些弃耕地，其现存植被全部为低矮灌草丛；Ⅲ₁以藤刺灌丛为主，高度在 1 m 以上，分布较为均匀，灌草植物生长较好，有一定的自然恢复能力；Ⅲ₂以草丛为主，高度不足 1 m，灌草植物生长一般，自然恢复能力较差；Ⅲ₃植被稀疏，自然恢复能力最差。

7.1.2　广西石漠化山地的生境异质性

由于其特殊地形地貌和复杂水文地质条件，广西石漠化山区的小生境环境多样性表现为生境类型及其组合的多样性和时空变化的无序性；不同地区水热条件配合差异，或同一地区岩石裸露和成土条件及植被类型的差异，均会导致土壤水分亏缺程度和发生频率不同。石漠化山区生境虽然十分严酷，但仍具有植物生存的条件，复杂多样的地形对物种的自然选择压力以及植物利用小生境的程度差异，导致了小生境群落物种组成、生态类型的多样性。由于坡度、岩石裸露、土壤连续状况、水分状况等因素的存在造成环境间水热条件、土壤条件及其肥水状况差异，广西岩溶山地植被物种沿环境梯度具有明显的替代趋势，因而生境间植物物种组成和替代速率变化较大，如在弄岗自然保护区，虽然洼地和山顶的相对高度不超过 300 m，但其从洼地到山脚、山腰、崖口和山顶等不同地段的植被性质、群落结构和物种组成等的变化非常明显（苏宗明等，1988）。生境异质性的存在，小生境间资源分配的差异，植物利用有效资源能力差异，生境间物种组成、类型具有明显分异，植物分布在该林区自然形成广泛分布、间断性分布和特有分布等类型。间断性分布的物种，其地段性退出为增加大尺度环境物种多样性具有重要意义。

在广西石漠化山区，小气候环境因子如光照、气温和湿度等除受外界气候条件直接影响外，还与该植被生态系统或具体地段的群落结构、群落高度和群落盖度等因素紧密相关。据平果县龙何示范区定点观测结果显示，在天气晴好的条件下，其光照、气温和空气相对湿度等小气候环境因子的时空变化非常剧烈，波动范围也较大（图 7-2），如在平果县龙何示范区，裸岩的光照度在上午 9：00 时仅为 4.60×10^4 lx，到了 11：00 时就迅速上升至 1.01×10^5 lx，草丛和灌丛的最大光照度虽出现在下午 15：00 时，但从其曲线图也可以看出，不管是上升时段还是下降时段，其变化均较为剧烈；环境相对湿度最高值出现在早上 9：00 时，在下午 13：00 时至 14：00 时则出现最低值，与草丛和灌丛相比，裸岩的相对湿度明显要小，其最高值仅为 64.50%，而前两者则分别达到 94.5% 和 95.0%；相比而言，群落内 1.5 m 处气温日变化较平缓，全天的气温均保持在较高的水平状态，最低气温达到 26.1℃（灌丛），日最高温度达到 40.5℃（裸岩）、地表温度甚至可达 60℃。综合光照、温度和湿度等日变化观察结果分析，对于植物生长和植被恢复而言，该区山地小气候环境各种因子波动剧烈，异质性非常明显。

生境异质性是广西石漠化山区植被恢复必须予以重点考虑的主导性因子，如果脱离了自然地理环境条件的具体要素，一味强调森林的恢复而在不宜人工干扰的地段实施人工造林，即便选用适生优良的乡土树种，也有可能造成脆弱生境的严重（再次）破坏，因而必须注重在小尺度上采取针对性的恢复措施。一般而言，石漠化山地上部与阳坡光照较强，

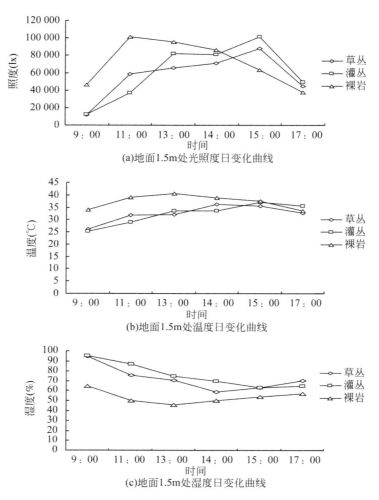

图 7-2　龙何示范区岩溶山地小气候环境因子日变化曲线

空气及土壤较为干燥，土层浅薄，需要选择耐旱性强、喜光的阳生性树种；而山地下部和阴坡的光照较弱，空气和土壤较为湿润，可以选择对光照条件要求不严格的乡土树种混交建立先锋性群落。在土壤条件较好、植被覆盖率低的荒山缓坡或退耕地，采取直播灌草和定植乔木幼树的方式构建乔灌草群落；而植被覆盖较多、群落高度较大和乔木幼树稀少的灌草丛荒地，主要采取植苗造林法定植乔木幼树而使其形成有利于植被快速恢复的乔灌草群落雏形；在立地条件较好的平缓坡地和梯地，可以选择多用途和经济价值较高的乔灌植物种植，以逐步营造成乔、灌、草的复层植物群落来增强水土保持与水源涵养功能和提高林地土壤肥力。

7.1.3　广西石漠化地区退化植被的自然恢复潜力

根据喻理飞等（2000）的研究结果，岩溶退化植被的自然恢复能力（恢复潜力、恢复度和恢复速度）主要取决于其所处的演替阶段，其恢复速度呈现"慢 – 快 – 慢"的节律，而且群落结构恢复快于群落功能恢复。与地面植被一样，土壤种子库也是地面植被演替和恢复的重要物质基础（于顺利等，2003；张玲等，2004）。对已受干扰和破坏的生态系统而言，除了地面现存植被条件外，土壤种子库的种类构成和密度等也是植被恢复的重要补充，个别地区或地段甚至可能成为其植被恢复的限制性或决定性因子。因此，尽管广西各个石漠化山区在地质地貌、气候类型、立地条件和退化程度等存在较大的差异，但其退化植被的自然恢复潜力首先取决于其现存植被的性状，包括现存植被的群落特征、种类组成、生长状况和人为干扰等，其次是土壤种子库的特性，包括种类构成、种子密度、种子萌发能力和幼苗存活等。

对平果、都安和环江等石漠化典型区域的调查研究结果表明，广西石漠化山区现存植被和土壤种子库的共同特性在于以灌草植物为主及乔木种类匮乏，两者之间的相似性系数较高。首先，除仅有局部山地残存小片林分外，绝大多数现存植被因长期遭受极其严重的破坏而退化为低矮的灌草丛，多处在岩溶植被自然演替系列的早期阶段，群落高度 0.3 ～ 1.5 m，盖度不足 40%，其主要优势种或建群种以飞机草、荩草（Arthraxon hispidus）、黄荆（Vitex negundo）、红背山麻杆（Alchornea trewioides）、雀梅藤（Sageretia thea）、灰毛浆果楝（Cipadessa cinerascens）和九龙藤（Bauhinia championii）等阳性灌草植物为主，乔木种类仅占全部植物种类的 0 ～ 26.7%（表 7-2），并且个体数量较少，生长亦很差。其次，土壤种子库仅有灌木、草本和藤本植物等生活型植物而没有乔木种类，其中 1 年生或多年生草本植物占总种数的 80% 以上，种子密度仅为 64.6 ～ 339.7 粒/m² 且时空分异十分明显，不但远远低于滇东南岩溶山地（4090 ～ 14 930 粒/m²）和贵州茂兰森林群落（2510.5 ～ 2646.8 粒/m²），而且其干旱瘠薄和干湿度交替明显的小环境条件很不利于种子的萌发和幼苗的生长定居。因此，从广西石漠化山区现存植被和土壤种子库的基本特征来看（表 7-3），除部分植被（如灌木林）因得到及时封育而恢复较好并具有较强的自我恢复能力外，绝大部分地表植被和土壤种子库因乔木种类比较缺乏，即现存植被缺乏促使其发生质变的现实物质条件而自我恢复能力十分有限，即使是在消除人为干扰以后，其植被类型也将在较长时间内维持在灌草丛或灌丛阶段。

表 7-2　龙何示范区自然植被的种类构成特征（样方面积 10 m × 10 m）

调查时间	地点	坡位	植被类型	植被总盖度（%）	群落高度（m）	各生活型种类数量				
						乔木	灌木	草本	藤本	合计
2001.09	龙怀	中坡	灌草丛	40	1.5	2	11	8	4	25
2001.09	龙烈	下坡	灌草丛	25	0.7	3	5	7	5	20
2001.09	龙包	上坡	灌草丛	30	0.3	0	10	14	3	27
2002.11	梗怀	上坡	灌木林	95	4.0	8	10	7	5	30

表 7-3　龙何示范区土壤种子库的物种组成与密度

调查区域	物种组成						种子密度（粒/m²）				
	科	属	种				时间	灌木	草本	藤本	合计
			灌木	草本	藤本	合计					
乔木幼林区	16	27	7	22	2	31	5 月	10.2	52.1	2.1	64.6
							11 月	28.8	58.7	4.8	92.3
灌草丛区	26	58	14	59	7	80	5 月	15.2	78.9	0.4	94.5
							11 月	38.7	283.8	17.2	339.7
樵牧区	16	43	8	48	0	56	5 月	13.0	70.7	0	83.7
							11 月	33.9	123.7	0	157.6
弃耕区	22	50	10	55	1	66	5 月	2.7	128.5	0.4	131.6
							11 月	9.1	312.5	0.4	322.0
合计	33	81	20	81	7	108	—	—	—	—	—

7.1.4　广西石漠化地区植被恢复的基本目标与途径

广西岩溶地区是广西乃至全国生物多样性极为丰富、极具代表性的地区之一（苏宗明和李先琨，2003）。一些保护比较完好的自然保护区和风水林至今仍保留着以高大乔木为优势种或建群种的岩溶森林植被，如弄岗自然保护区的北热带季雨林和木论自然保护区的常绿落叶阔叶混交林，这些岩溶森林植被既为广西石漠化山区植被恢复提供了珍贵的参照系，也是这些地区收集和引进岩溶乡土植物或适生树种最为重要的种质资源库。与极度退化的石漠化山区现存植被相比，无论是北热带岩溶地区的季雨林还是亚热带岩溶地区的常绿落叶阔叶混交林，其不但具有更加复杂的群落结构和物种构成，而且能为区域性生态环境提供更为良好的生态服务功能，有利于维护岩溶地区的生态平衡和地方经济的发展。因此，从长远来看，只有建立起以常绿落叶乔木为优势种群或建种群的岩溶森林植被生态系统，才有可能使整个广西石漠化山区的生态环境得到根本性改变。

植被恢复主要途径包括合理进行土地利用规划，宜林则林、宜草则草，封育先行、封造结合，人工诱导、促进恢复。首先是深入调查拟封育山地的地质状况和立地条件等，对具体地段的立地类型进行定性分析，并将各立地类型初步规划为宜林地、宜草地和封禁区等土地利用类型；其次，深入调查和分析地面现存植被和土壤种子库的基本组成特征及其对植被恢复的作用和潜力，提出针对性强、切实可行的自然封育和人工诱导措施；再次，收集、引进和培育适生快长的乔灌草植物种苗，以现存植被为基础，采取直播造林（种草）、植苗造林和人工抚育等诱导恢复的技术措施，使之逐渐发展成为稳定而生产力较高的植被。在实施过程中，针对岩溶环境条件下植物生长与植被演替的限制性因素，采取相应的对策，发掘、推广适宜岩溶地区种植生长的优良常绿阔叶树种及特色农林植物，有效提高生物生产效率和植被覆盖率，参照区域性的顶级植物群落，人工模拟构建岩溶山地植被生态系统，恢复形成具有地带性植被——常绿阔叶林特征的岩溶植被，同时开发岩溶山区特有适生的名特优产品，将带动岩溶区的经济发展、促进生态环境尽快改善（图 7-3）。

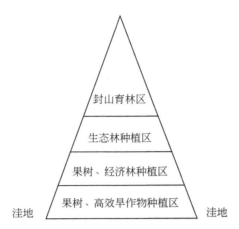

图 7-3　峰丛山地植被恢复与复合农林经营框架结构示意图

7.1.5　适生植物的收集与苗木繁育技术

与外来植物或其他非岩溶地区植物相比，广西岩溶地区乡土植物或树种多具有以下几个特点（但新球等，2004）：①适宜于中性偏碱性和钙质土壤生长；②根系特别发达，趋水趋肥性和穿窜岩隙缝间生长能力强；③能忍耐土壤周期性干旱和热量变幅；④树种易成活，生长迅速，具有较强的萌芽更新能力等。根据广西石漠化山区的立地环境特点及其植被修复的目标要求，适生植物的收集主要遵循以下 4 个原则确定：①乡土性为主、气候相似性为辅原则；②粗生性与速生性兼顾原则；③短期效益和长期效益相结合原则；④经济效益与生物多样性并重原则。2002 年以来，广西石漠化综合治理示范区先后引进了不少适生、高效的经济植物和造林树种（蒋忠诚等，2006；唐建生等，2007），如玉米（*Zea mays*）优良品种正大 618、正大 619 和澄海 1 号，花生（*Arachis hypogaea*）优良品种桂花系列（22 号、26 号和 30 号），果树主要有火龙果（*Hylocereus undatus*）、无核黄皮（*Clausena lansium*）、桃（*Prunus persica*）和大果枇杷（*Eriobotrya japonica*）等，传统中药材有金银花（*Lonicera maackii*）、猫尾草（*Uraria crinita*）、板蓝根（*Baphicacanthus Bremek*）和苏木（*Caesalpinia sappan*）等，造林树种有狗骨木（*Swida wilsoniana*）、茶条木（*Delavaya toxocarpa*）、银合欢（*Leucaena leucocephala*）、海南蒲桃（*Syzygium hainanense*）和女贞（*Ligustrum lucidum*）等，引进和收集的植物种类和品种累计超过 100 个。

2001～2009 年，广西石漠化山区适生植物的选择经历了两个不同的阶段，其中 2001～2004年为收集与适应性试验阶段，这一阶段主要是在广泛调查和了解各植物种类（品种）资源分布、生物生态学特性、经济性状和市场行情等的基础上，根据各个示范区的气候、立地类型和综合治理规划等特点，分别从区内外引进多个生物特性和生态经济用途等相异物种进行适应性试验，包括农经作物和果树的生长物候观察、适应性与抗逆性评价、产量测定和经济效益评估等，各造林树种的育苗造林技术研究和适应性观察（抗逆性、生长量和造林保存率）等。2005 年以后为应用推广阶段，主要根据前一阶段的试验观察结果并通过对比分析，从中选择适生、优良的植物种类进行推广并增加育苗数量和种植（造林）面积，截至 2010 年 4 月，推广种植面积较大和育苗数量较多的适生植物（作物）包括玉米品种正大 618 和正大 619、花生品种桂花 22 号和 30 号、果树和经济植物火龙果、无核黄皮、苏木、猫豆等，能源植物和绿化植物茶条木、狗骨木、银合欢和广西顶果木（*Acrocarpus fraxinifolius*）等 50 多个种类（品种）。

除粮经作物和果树主要依靠购买种苗进行适应性试验和推广种植外，各示范区还开展了果树和荒山造林树种等适生植物种苗繁育技术的研究，包括种子的处理与储藏、播种（表 7-4）或嫁接和苗圃管理等。在苗木繁殖过程中，主要根据各个树种的基本生物学、种子萌发和苗木生长等特性，采取针对性较强的技术措施（蒋忠诚，2006），包括种子的储藏与处理、播种苗或砧木苗的培育和苗圃管理等，其中无核黄皮、大果枇杷、早熟桃和火龙果等果树及金银花等主要采取嫁接法或扦插法等无性繁殖技术，造林树种主要采用实生繁殖法。以火龙果（*Hylocereus undatus*）为例，火龙果是原产于巴西和墨西哥等热带美洲国家（林金良等，2002），具有耐旱、早实、适应性广和经济价值高等特点，是一种新兴的营养型水果，适宜于桂中以南广大地区种植。桂中和平果等示范区于 2002 年开始引进火龙果（唐建生等，2007），2004 年挂果投产，2005 年开始采用扦插法和嫁接法就地培育火龙果苗，其中嫁接法包括切接法和芽接法（林金良等，2002），以量天尺（*Hylocereus undatus*）扦插苗作砧木，一般 15 天内开始萌芽，成活率可达 85% 以上。

表 7-4　部分树种种子的储藏与播种

种名	种源	储藏方法	浸种处理	播种方法	种名	种源	储藏方法	浸种处理	播种方法
蝴蝶果	凭祥	随采随播	—	袋装	蒜头果	田林	沙藏	—	袋装
伊桐	凌云	干藏	a	撒播	苹婆	龙州	随采随播	—	条播
青冈栎	桂林	沙藏	—	袋装	假苹婆	龙州	随采随播	—	条播
海南蒲桃	平果	随采随播	—	条播	广西顶果木	田林	干藏	b	条播
石栗	龙州	沙藏	b	袋装	仪花	凭祥	干藏	b	袋装
海南椴	凭祥	干藏	a	撒播	人面子	凭祥	沙藏	—	袋装
狗骨木	德保	沙藏	—	条播	肥牛树	凭祥	随采随播	—	条播
秋枫	田林	沙藏	—	条播	任豆	平果	干藏	b	条播
茶条木	德保	随采随播	—	条播	银合欢	马山	干藏	b	撒播
东京桐	凭祥	沙藏	—	袋装	楹树	田林	干藏	b	条播
银合欢	马山	干藏	b	条播	构树	桂林	干藏	a	撒播
南酸枣	桂林	沙藏	—	点播	大叶女贞	桂林	沙藏	—	条播
无患子	桂林	沙藏	—	点播	麻栎	田林	沙藏	—	条播

注：a 为 40℃ 水并自然冷却后浸泡 24h；b、c 为 80℃ 水并自然冷却后分别浸泡 24h 和 48h

7.1.6　广西石漠化山区植被恢复封造技术

7.1.6.1　自然封育技术

基于当前岩溶区的自然环境条件、社会经济和技术水平，封山育林仍不失为广西石漠化山区植被恢复最为主要的方式，但如果仅仅是单纯的自然封育，很多山地即使是封育数十年后仍无法形成岩溶森林而停留在藤刺灌丛或草丛阶段。根据不同山地的立地条件，采取积极的干预与管理措施，诱导植被演替更新，是经济实用并切实可行的植被恢复途径。岩溶山地造林可以根据不同山地的立地条件，选择适宜培育森林的地段，采取人工造林与封育管理技术，适当增加乔木种源并营造适宜乔木植物生长的小生境，将有利于促进岩溶森林植被的迅速恢复，从而丰富和改善退化岩溶地区植被的生物多样性、生态功能和综合效益等。

如前所述，广西石漠化山区的土地利用方式常常受制于地形坡度、土壤性质、土体分布和基岩裸露率等多个因素，同时，由于群落性质、物种组成和植物生长状态以及人为干扰程度等方面的因素，广西石漠化山区现存植被的自然恢复能力空间分异特性比较明显。因此，在制定其植被恢复基本策略的基础上，针对不同地段的立地条件特点，分别采取全封、半封和人工重建3种植被恢复模式：植被自我恢复潜力良好或者由于地形和土壤条件等原因而难以实施人工造林的地段采用全封模式，主要包括中上坡位、坡度较大的灌丛地和裸岩地等；有一定自然恢复潜力的并能实施人工造林的地段采用半封模式，主要包括中下坡、坡度较缓的灌草丛地；自然恢复潜力较差但土壤条件较好的地段采用人工重建模式，主要包括撂荒地和盖度较低的灌草丛地等。

由于气候、地质等方面的原因，广西石漠化山区普遍存在季节性干旱现象，因而需根据不同树种选择适当的播种或造林季节，如在平果县龙何示范区，降水主要集中在每年5~8月，但由于这一阶段气温偏高，难以开展人工造林；冬春季节气温相对较低，造林成活率较高，但由于降水较少，土壤水分含量较低，对苗木成活和恢复生长不利，需要辅以集流造林、种子直播与营养杯（袋）造林等针对性较强的技术措施。另外，一些热带树种的种子需随采随播、不宜久藏，如肥牛树（*Cephaolmappa sinens*）、东京桐（*Deutzianthus tonkinensis*）、蚬木（*Excetrodendron hsiemvu*）、苹婆（*Sterculia nobils*）、火果（*Baccaurea ramiflora*）、蝴蝶果（*Cleidiocarpon cavaleriei*）和海南蒲桃（*Syzygium cumini*）等优良造林树种，果实成熟期为高温期（6~8月）且种子含水量高，几乎无休眠的现象而需及时播种。

7.1.6.2　人工造林技术

人工造林主要选择山坡中下部适宜人工造林地段，如弃耕地和石隙土较多的荒坡地，通过以树选地和以地选树相结合选择造林地点或造林树种，即根据各个树种的基本特性选择造林地点，或者根据造林地的立地条件和微环境选择适宜的造林树种，并且以见缝插针的方式选定播种穴或定植穴，其造林密度比常规造林要高50%甚至1倍以上。直播造林松土深度10~15 cm，覆土厚度3~4 cm，小粒种子每穴4或5粒、大粒种子每穴2粒；植苗造林松土深度和宽度为30~40 cm，裸根苗（播种苗）和袋装苗分别进行截干和剪除部分叶片等方法处理。

适地适树是提高人工造林成功率的重要前提和基础，也是保证广西石漠化山区植被恢复取得成效的重要环节。然而，环境异质性强是广西石漠化山区最为突出的特征之一，即使是在尺度较小的空间范围内，其土层厚度、光照和空气湿度等都有可能差异明显，因此除了采用岩溶乡土树种进行人工造林外，造林树种的空间配置也是广西石漠化山区植被恢复中一项十分重要的技术。在平果县龙何示范区，造林树种的空间配置技术主要包括：一是根据各树种的根系特性及其对土层厚度的要求等选择造林地点，如广西顶果木、石栗（*Aleurites moluccana*）、海南蒲桃和无患子（*Sapindus mulorossi*）等直根系、土壤条件要求较高的乔木树种，主要选择退耕地或坡积土较多的坡脚地带或土层较厚的石穴定植；二是根据各树种的需光特性确定其造林地点，如茶条木、银合欢、苏木和狗骨木等对光照需求较多的阳性先锋树种，主要定植在植被盖度较低的裸地或灌草丛地，而青冈栎、蒜头果（*Malania oleifera*）、樟叶槭（*Acer cinnamomifolium*）、大叶女贞和肥牛树等需要一定荫庇的中性和阴性树种，则选择群落高度较高、盖度适中的灌草丛植苗或直播造林。

除注重利用自然封育和人工造林促进植被恢复外，外来入侵植物的生物抑制或替代防治也是石漠化地区植被恢复中一项十分重要的技术。虽然外来入侵植物具有适应性强、生长迅速和繁殖容易等特性，但与乔木树种相比，这些入侵植物多属于植株高度较低和喜光性明显的灌草植物，且对光照条件的要求较高，因而其在原生植被盖度较大的灌丛或郁闭度较高的乔木林中往往生长较差，对生态环境的危害影响亦较小。譬如，飞机草是桂西南石漠化山区蔓延速度最快、分布面积最广和危害最为严重的入侵植物，其在弃耕地和植被盖度较低的荒坡地中的群落优势地位及植株长势等均明显强于灌丛和林地。针对外来入侵植物的这一特点，其生物替代防治主要是选择茶条木、苏木、银合欢、广西顶果木和狗骨木等生长速度快、萌芽力强的阳性乔灌木树种，通过直播或植苗造林并采取密植的方式进行人工造林，即在飞机草或其植物盖度较低的地段直播苏木，而在飞机草盖度较大的地段则定植茶条木和银合欢等树种，每年抚育 2 或 3 次，包括刈割（飞机草）、培土和施肥等，力求在短时间内快速形成可以抑制飞机草的乔灌层。

7.2　土地整理技术

7.2.1　广西岩溶石漠化区的土地资源问题

广西岩溶石山区土地资源面临的主要问题：①石漠化及水土流失严重，植被覆盖度低，生态环境恶化，旱涝灾害频繁；②岩溶发育强烈，表层溶沟、溶槽、溶孔、溶穴及石芽等发育，洼地发育较多落水洞、竖井、天窗，饱水带多发育岩溶管道、岩溶裂隙，地表漏水严重；③耕地质量差，可耕地面积严重不足，后备耕地资源缺乏。多坡耕地、石旮旯地，土壤瘠薄，土壤多被裸岩、乱石堆、石芽等间隔，零星分散；④岩石成土速率低，土壤剖面中通常缺乏 C 层，岩土界面呈刚性接触，极易沿界面流失；⑤土下溶隙、裂隙、孔隙等发育，水土流失具有地表地下双层空间流失的特点，以地下漏失为主；⑥降水时空分布不均，几乎无配套灌溉设施，水利设施差；⑦生活污水、农药化肥及水土流失污染地下水；⑧土地利用效率低，土地利用结构不合理、农业产业结构单一、耕作粗放。

7.2.2　广西岩溶石漠化区土地整理存在的问题

土地整理的活动是通过一系列的生物和工程措施改变土地资源的原始状态，必然对其涉及区域的水资源、土地资源、植被和生物等环境要素及其生态过程产生直接或间接、有利或有害的影响。不合理的土地整理活动可能会带来消极的环境影响。由于对岩溶区石漠化及水土流失的深层次问题认识不足，没有充分结合岩溶地质背景条件，广西岩溶区的土地整理实践操作不当，出现了一些问题，具体包括：①荒地垦殖，坡耕地整地，扰动了原有的土壤层，破坏了土壤结构，引起或加剧了水土流失，尤其加剧了水土的地下漏失过程；②土地整理一味追求耕地面积的增加，提高耕地产出率，不顾适宜性土地利用方式的调整，加剧了水土流失及石漠化；③客土整地缺少相应的防护措施，导致新的水土流失产生；④整地后，大量化肥、农药等的使用，造成土壤及地下水污染；⑤土地整理活动改变了地表地下水文网络结构，缺乏相应的防护措施，改变了自然生态环境类型和原有的生态过程；⑥土地整理活动通常安排在秋收后进行，此时岩溶石山区严重缺水，导致工程活动与人畜生活抢水的矛盾；⑦土地整理缺乏对农业产业发展的投入，农民积极性不高；⑧绝大多数土地整理很少涉及客土整地；⑨土地整理施工不注重土壤剖面的构建（周佳松，2005）；⑩土地整理导致原生、次生自然植被及人工植被的大面积减少和退化，景观多样性降低，病虫害发生的频度与强度增加，造成许多生态过程的中断。

7.2.3　土地整理的主要目标与示范

7.2.3.1　土地整理的主要目标

广西岩溶区生态环境脆弱，水土流失及石漠化严重，旱涝灾害频繁，人地矛盾突出，土地整理的主要目标包括：①生态恢复和重建，维护生态系统的稳定性和物种多样性，建立可持续发展的生态土地系统，保障生态安全；②调整土地利用结构，保证生态用地的要求；③改善水土资源的利用条件，提高水土资源的利用率和土地生产力，合理高效利用岩溶区有限的水土资源；④综合治理水土流失及石漠化，有效防治旱涝灾害，改善生态环境，确保生态土地资源安全；⑤保护好现有的耕地资源，合理增加有效耕地面积，保障粮食安全；⑥促进当地经济发展，实现农民脱贫致富；⑦以岩溶流域系统为单元，实现整个岩溶流域系统生态经济社会可持续发展。

7.2.3.2　岩溶山区土地整理技术试验与示范

根据景观生态学的原理和典型岩溶区生态土地优化配置原理（罗为群，2005），对果化示范区进行微观土地整理设计，在实现土地生态系统可持续利用目标的前提下，充分利用现有的水土资源和植物资源，紧紧围绕缺水少土、地块破碎、裸岩率高、旱涝灾害等关键问题，依据岩溶峰丛洼地不同地貌部位水土资源特征及景观生态学原理，开展岩溶山区土地整理试验与示范（蒋忠诚等，2007）。试验表明，土地整理后示范区的有效耕地面积、粮食单产、人均收入显著增加；不但显著增加土壤厚度，而且改善土壤质地等理化性状，提高土壤团粒的含量，土壤含水量明显提高，微生物活性强且有效养分供应多，土壤肥力明显改善；改善了峰丛洼地小气候条件，水土流失及石漠化得到了有效遏制，有效防治了地下水污染，生态环境得到了明显改善。总之，进行土地整理后，让农户更有效地实施立体种植模式，取得了很好的生态效益和经济效益。通过试验与示范，探索研究出了一套适宜于岩溶石漠化区的生态型土地整理技术模式。

7.2.4 岩溶区土地整理模式与技术

7.2.4.1 岩溶石漠化区生态土地整理的模式

通过系统分析广西岩溶区土地资源特点和生态环境特点，依据岩溶生态系统的特性、岩溶土地生态系统的演变特征、岩溶土地生态系统的生态功能、人类对岩溶土地生态系统的干扰程度和利用保护手段等标准，建立岩溶区宏观生态土地分类系统方案，进一步建立不同岩溶地貌类型区生态土地分类系统方案、生态土地优化配置模型、指标体系和评价方法，在土地整理前，以岩溶流域为单元，开展生态土地优化配置评价分区。将整个岩溶流域划分成上游、中游、下游三个土地整理区。从宏观、中观和微观三个层次建立生态土地优化配置整理模式。

宏观上：上游土地整理区，着重建设水源涵养生态型土地利用模式；中游土地整理区，在保护水源、石漠化及水土流失综合防治的生态用地基础上，依据区域土地资源特点，优化配置耕地、牧草、园地、生产性林地等用地结构，适度发展经济，建设生态经济型土地利用模式；下游土地整理区，主要是在做好石漠化及水土流失综合防治、保证生态系统不退化的前提下发展经济，建设生态防护经济型峰丛洼地系统。

中观上：主要依据不同地貌类型区光、温、水、土等资源的分异规律和石漠化及水土流失的空间分布规律，利用 GIS 等技术手段对研究区进行生态环境敏感性评价及农用地内部耕地、园地、牧草地、生产性林地适宜性评价，优化配置区内生态用地和农用地，在农用地内部优化配置耕地、园地、牧草地和生产性林地。优化配置为生态用地的土地单元，土地整理主要是生态修复和保护；优化配置为农用地的土地单元，在不同地貌单元，在农用地内部优化调整用地结构，针对不同土地利用类型的用地需求和障碍因子，采取不同的土地整理措施，改善利用条件，提高土地生产力，如在岩溶峰丛洼地石山区，从峰坡、陡坡、垭口、缓坡、洼地分别采取相应的土地整理措施，建立岩溶峰丛洼地生态土地立体配置模式（蒋忠诚等，2007）。

微观上：岩溶区具有较高的基岩裸露率，小生境异质性高，土层浅薄、贫瘠且不连续，造成生境异常严酷，环境容量小，土地承载力低，干旱频繁发生。因此，水、土成为制约土地整理生物与工程措施的主导因子，在进行生态土地整理时，特别强调对已有水、土资源的有效保护和充分合理利用，尽量减少扰动、防治水土流失及选择适生的植物种类。在园地、牧草地、生产性林地的整理过程中，充分利用岩溶区土面、石面、石窝、石沟等组合的多样性小生境，合理配置不同生态位植物群落结构组合，在水平和垂直空间上形成多格局和多层次，促使生态系统生物多样性的形成，提高生态系统生产力。侧重于具体土地单元的利用方式，强调可操作性，立足土壤空间分布与岩石空间组合特征以及土面、石面、石窝、石沟等小生境特点，充分利用水、土、光、温、小生境资源，在农林牧各用地内，因地制宜地设计多熟制作物种植、林果药草等生态立体种植模式。

7.2.4.2　不同地貌部位的土地整理技术

依据岩溶区土地资源的特点，土地整理的重点在保护有限水土资源的基础上充分合理利用水土资源，即合理调整用地结构、改善耕地质量、保持水土、提高水资源的利用能力。将岩溶水资源调蓄利用的生物与工程建设、农用地内部调整的生物与工程措施、耕地整理、土壤改良、水利设施建设作为重点，并与水土保持、排涝、道路、生态修复等相结合。不同的岩溶地貌部位具有不同的土地资源特点，面临不同的生态环境问题，相应的需要采取不同的土地整理措施。

(1) 坡面土地整理

1) 在详细调查整理区土地资源特点的基础上，进行生态土地优化配置评价分区，将坡面土地划分成生态用地和农用地，农用地内部又划分成耕地、园地、牧草地、生产性林地。

2) 上坡部位土地整理。上坡位通常坡度陡，土壤极缺，只在石缝中见少量土，一般配置为生态用地。生态用地除造林种草外，尽量减少扰动，土地整理主要是封山育林，或见缝插针、或采用客土人工造林恢复植被。造林整地采取的措施：①石缝（石窝）土壤造林，首先采用浆砌块石或混凝土料石混合物堵住土壤可能流失的岩石裂缝或缺口，砌体厚 5~10 cm，在土壤周围有明显岩面产流冲蚀的岩面砌筑小型截水沟，截留岩面产流排出；②造林时尽量少扰动原位土壤，种树浇水后即采用草、圈肥、秸秆等有机肥覆盖 5 cm 厚；③在无土的裸露基岩地段，采用客土填充溶窝、溶槽、岩石裂缝等溶蚀空间，或者爆破坑填充客土造林，爆破坑面积大小 0.5~1.0 m²，深 30~50 cm；④为减少爆破震动影响，爆破坑宜在所有造林整地工作之前完成，要求采用小规模爆破；⑤在填充客土之前，采用浆砌石堵住坑内大的裂缝和缺口，采用碎石堵塞细小裂缝，底层垫上草、秸秆、圈肥等有机肥后，填充客土，土层厚大于 20 cm，植树后用有机肥覆盖土表。

3) 中坡部位土地整理。中坡部位坡度相对较缓，但大多仍大于 25°，通常优化配置为生态用地或农用地，农用地内以园地、草地、生产性林地为主。优化配置为生态用地和生产性林地的土地整理方法同 (2)。

生产性林地内可种植多年生牧草，实现林 + 草立体种植。种植方式：①在土壤斑块中间预留内径 50 cm 左右的空地覆盖有机肥，围绕空地四周种植牧草，1~2 年后再在空地上植树；②在土壤斑块四周种植藤本植物，中间种植多年生牧草。

优化配置为园地和牧草的土地，土地整理措施主要为：①石漠化中等的土地，土地整理前，沿坡面向下，每间隔 5~8 m，沿等高线方向修建梯形地埂，地埂高 50~100 cm，建成坡式梯地，在地埂内侧种植宽 50 cm 左右的牧草、灌木、藤本植物条带，用做植物篱笆；②待植物篱笆基本形成后，爆破清除地块内的石芽、碎石，依据地形起伏特点，归并地块，分段求平采用浆砌块石建设梯形地，回填客土，平整土地；③回填客土前，用碎石垫底，铺上秸秆等有机肥；④小于 1 m² 土壤斑块作园地时，爆破取石扩穴至大于 2 m²，碎石垫底，铺上秸秆等有机肥，回填客土；⑤岩石裸露率高，难以客土整地的石缝地地段，采用浆砌块石堵塞大的裂缝及缺口后，种植类似金银花的藤本植物覆盖裸岩；⑥园地四周及果树（茶树等）间隔空地上，距离果树 50 cm，种植牧草。

4）下坡部位土地整理。中坡部位坡度较缓，大多小于25°，基本开垦成耕地，土地整理优化配置主要为耕地、园地、牧草地。配置为园地和牧草的土地，其土地整理参照中坡部位土地整理，坡改梯参照7.2.4.3。配置为耕地的土地整理直接参照7.2.4.3。

（2）洼地（谷地）土地整理

土地水肥条件较好，但旱涝灾害频繁，主要优化配置为耕地，对于淹水时间短，短期内无法治理的低洼部位，优化配置为园地和牧草地。土地整理主要是清除石碓、石芽，归并地块，平整土地，建设排灌渠系和田间道路，改良土壤。

7.2.4.3 坡改梯工程技术

坡改梯工程主要是对缓坡地沿等高线修筑阶梯式梯地，按照地形变化，大弯就势，小弯取直，修筑各种类型的梯地。坡耕地梯化主要是针对坡度小于25°的坡耕地进行。

对于强度石漠化坡耕地采用牧草或饲料灌木建设坡式梯地，中度石漠化坡耕地改造成隔坡梯地，轻度石漠化坡耕地整理成水平梯地。

在水平梯地设计规格上，设计梯级间高差1~2 m，梯地水平宽度分大于2.5 m和小于2.5 m两种，沿等高线分段修筑石坎梯地。对水平宽度小于2.5 m的梯地或石旯岇地，清除地块内的面积小于1.5 m²的石芽及碎石，保留面积大于1.5 m²的石芽，但石芽四周种上类似金银花等藤本植物覆盖石芽，人均耕地面积低于0.4亩的区域，优先设计为旱作耕地，人均耕地面积大于0.4亩的区域，优先设计为药材、林果、茶园梯地或牧草梯地；梯地内宽度大于2.5 m的梯地，尽量清除地块内碎石块和石芽，回填客土补坑，整理成水平梯地，根据用途设计为旱作梯地、经济作物梯地。

坡耕地梯化工程中，整个坡面的梯地逐台从下向上修，先将地坎修好后，在靠近梯埂内侧留出约10 cm宽，梯埂内侧从下往上，沿等高线方向，随梯埂弯曲方向，结合分层挖沟法改良土壤，去除碎石和石芽用做梯坎修筑材料，以300 kg/100 m²的比例混硅质沙土，平整土地。

7.2.4.4 平整土地工程技术

岩溶区平整土地主要是针对岩溶洼地或岩溶谷地中坡度小于8°的耕地、中轻度石漠化耕地。

对洼地底坡度小于8°的耕地、乱石缝地，根据土层厚度，在不破坏土层下主要基岩面的前提下，去除碎石和石芽，回填客土，以300 kg/100 m²的比例混硅质沙土，平整土地，局部低洼地段以秸秆、绿肥、有机肥垫底，表层盖土，总体整理高效旱地。

面积小于5亩的小型洼地，调整各地块的权属，尽量整理成单块面积大于1亩的土地，在允许的条件下将整个洼地底整理成一块土地，洼地四周沿山脚结合排水沟，排水沟采用浆砌石，剖面宽深均为20 cm。土地权属调整困难需分割成多个地块的时候，清除各地块间的石砍，以宽约20 cm的牧草带分割各地块。

面积大于5亩小于100亩的中型洼地，在调整权属尽量整理单块面积大于1亩的大块土地，结合排水沟工程，尽量沿洼地中间修建连接落水洞与汇水沟的排水沟，排水沟剖面内径宽深均为50 cm。

7.2.4.5 土地整理配套措施

在进行土地整理时，可以利用客土增加土层厚度，并按 1:3 的比例混少量沙土，改善土壤物理结构。梯地修平后应在挖方部位多施有机肥，质地黏的土，施用适量的硅质沙土，促进生土熟化，改良土壤结构。利用附近糖厂大量廉价的滤泥和甘蔗渣以及附近平原区的稻草秸秆改良土壤，在进行土地整理时，将表层土壤翻到一边，挖沟 15~20 cm，垫上甘蔗渣或秸秆，盖上底土与客土的混合土，施其他有机肥料，最后覆盖表层土壤，地面覆盖薄层甘蔗渣、秸秆或有机肥料防止新翻土壤水土流失。

在有表层岩溶带泉出露的岩溶地区，依据泉水流量、灌溉耕地面积大小及灌溉需水量设计修建蓄水水柜，引泉蓄水，并通过配套的管渠自流引用。在地下河浅埋的岩溶地区，利用竖井、天窗等地下水天然露头，依据地下河水水流量及需水量大小，修建提水站，将地下水提到高处储蓄，修建多个连接的蓄水水柜，提水站通过引水管道直接与主水柜相连，分支水柜通过引水管道与主水柜连接，便于自流灌溉。

无表层岩溶带泉出露且地下河深埋的岩溶区，在石山自然汇水沟的坡麓地带修建截集水槽和蓄水池，截取坡面流和分散的表层岩溶带裂隙水，或者通过修建集雨水柜、集雨水池、塘堰等积蓄雨水，以解决峰丛山区居民的饮水和部分农作物的灌溉。

在峰丛洼地与峰林平原交界地带地下水集中排泄区，在地下河和岩溶泉口处修建大型山塘或蓄水池，同时配套提水站，将地下水提到高处储蓄后自流引用。

沉沙池的布设。在坡面径流、沟排水等进入蓄水池、水柜、山塘之前的上游附近布设沉沙池，使排水沟水先进入沉沙池沉淀后，再将清水排入水池或水柜中。沉沙池的具体位置，根据当地地形和工程条件确定，可以紧靠蓄水池，也可以与蓄水池保持一定距离。

7.2.4.6 管理与维护

工程养护。施工期应注意混凝土、砂浆在规定养护期内的保温、保湿，以增强建筑物的结构强度，提高建筑物的使用年限；使用期间要求使用者加强管理，如水柜内至少保持 10 cm 左右的水量，防止底板被晒裂。

加强泉域水源地植被的保护，人工促进水源地植被的恢复，确保泉水流量动态稳定。

加强巡视工作，对于水柜运行不利的各种隐患要及时清除和补救，以延长水柜的使用期限；每年汛后和每次大雨后，要对梯地区检查，发现地坎有缺口、穿洞等损坏现象，及时进行修补。

梯地面平整后，地中原有浅沟处，雨后产生不均匀沉陷，地面出现浅沟集流的，在作物收割后，及时取土填平。

坡式梯地的地埂，应随着埂后泥沙淤积情况，用土石加高地埂；隔坡式梯地的平台与斜坡交接处，如有泥沙淤积，应及时将泥沙均匀摊在水平地面，保持地面水平。

水柜和沉沙池建成后应及时清除杂物并清洗干净，以后每隔 3 年清洗 1 次水柜。

集体的大水柜，要制定出切实可行的管理制度，加强工程管理，充分发挥工程效益。

7.2.5 土地整理技术适用范围

土地整理适宜于整个西南岩溶峰丛洼地区、峰林（峰丛）谷地区、峰林平原区、溶丘洼地（谷地）区的国土整治、石漠化治理、生态重建、水土保持等技术要求。

典型应用冥例：岩溶洼地整地种植火龙果技术

洼地岩溶强烈发育，石漠化产生后，土被被裸露石芽分割，厚薄分布极不均匀，地块坑洼不平。为了充分合理高效利用这部分的土壤资源，在广西平果果化示范区研发了洼地整地后种植火龙果技术，该项技术的核心主要包括：清除地块内零碎的裸露石芽；充分利用裸石资源浆砌成柱，用做火龙果的攀岩体；对于相对低洼的地块或者因清除石芽而导致的石坑，采用客土回填；平整洼地地块；改良土壤；采用浆砌块石作地埂；火龙果与牧草、蔬菜等立体种植（图7-4）。

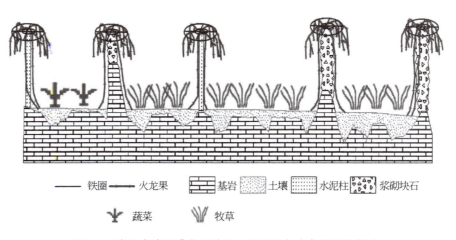

图 7-4 峰丛岩溶石漠化区洼地土地整理与火龙果种植技术

7.3 水土保持技术

7.3.1 广西岩溶石漠化区水土保持存在的问题

岩溶石漠化区基岩裸露，土壤分布不连续，土层薄，土壤剖面缺乏 C 层，土壤与岩石呈刚性接触，植被破坏后，极易产生水土流失，且水土流失主要通过地下漏失，具有隐蔽性，石漠化加剧水土资源地下漏失。尽管土壤侵蚀模数相对于非岩溶区小，但是由于石漠化区土壤资源极缺，土壤每流失一点，当地农民生存的耕地就丧失一点，水土流失的危害严重。水土流失还导致表层岩溶泉水枯竭，旱涝灾害频繁，石漠化与水土流失相互促进的恶性循环。因此岩溶区水土保持必须解决水土流失导致的各项危害，并与石漠化的综合防治结合进行。

岩溶石漠化区水土流失的过程特殊，导致原有非岩溶区的各项水土保持工程及生物措施的许多环节不适宜岩溶区，需要针对岩溶区水土流失的特点研发适宜于岩溶区不同地貌部位、不同环境类型条件下的水土保持生物与工程技术。

7.3.2 岩溶石漠化区水土保持技术研发

7.3.2.1 岩溶石漠化区水土流失的特点及主要途径

岩溶峰丛山区土壤流失是化学溶蚀、重力侵蚀、地下径流侵蚀、壤中流侵蚀和地表径流侵蚀综合作用的结果，不同地貌部位各侵蚀类型的表现形式和强度差异较大。岩溶石漠化区微地貌单元水土流失的主要过程包括：垂向基岩裂隙流漏失、岩面产流冲蚀、表土面产流侵蚀、土壤干裂流失、岩土接触面流失、壤中流侵蚀、小管道流流失、崩解及塌陷流失。

依据广西平果果化示范区的调查监测结果表明（罗为群等，2008），在坡面上，土壤流失均以地下漏失为主；洼地底部土壤流失以地表流失为主，但是最终通过落水洞转成地下河管道流失，成为堵塞地下河管道的主要泥沙来源。自山峰顶到洼地底部，土壤总侵蚀模数、地表侵蚀强度、地下侵蚀强度、地表侵蚀相对贡献率逐渐增加，地下侵蚀相对贡献率逐渐减少；土壤侵蚀潜在危险级由峰顶的毁坏型减弱到洼地底的轻险型；地表侵蚀从峰顶到洼地底部主要为岩面流冲蚀—岩面流冲蚀和土表面产流面蚀—岩面流冲蚀、土表产流面蚀、土表产流细沟侵蚀和降水溅蚀（耕地）—土表产流面蚀、表土面细沟侵蚀、表土面浅沟侵蚀（耕地）、表层岩溶水排泄径流冲蚀、上游坡面径流冲沟蚀、岩面流冲蚀（灌草坡）和降水溅蚀（耕地）—冲沟侵蚀、土表产流面蚀、表土面细沟侵蚀、表土面浅沟侵蚀和降水溅蚀；地下侵蚀从峰顶到洼地底部主要为崩塌侵蚀、垂向径流流失和表层带裂隙流侧向流失—岩面潜流侵蚀、垂向径流侵蚀和崩塌侵蚀—崩塌侵蚀（耕地）、岩面潜流侵蚀（耕地）、垂向裂隙流侵蚀和蠕滑侵蚀（灌草坡）—蠕滑侵蚀、崩塌侵蚀（耕地）、表层带侧向径流侵蚀和壤中流侵蚀（耕地）—蠕滑侵蚀和壤中流侵蚀。

灌草坡开垦成耕地后，人为活动震动了岩溶"石筛"（张信宝等，2007），破坏了土壤剖面结构和物理性质，地表、地下土壤侵蚀均增强。在缓坡部位，人为活动对地下侵蚀贡献最大；在坡麓部位和洼地底部，地表侵蚀贡献最大。

7.3.2.2 岩溶石漠化区水土保持试验与示范

依据岩溶石漠化区微地貌单元水土流失的特点及主要途径，在果化和弄拉示范区开展了水土保持试验与示范。主要方法：采用藤本植被覆盖或清除裸岩防治岩面产流对土壤的侵蚀；改进种植结构避免翻动土，减少石旮旯地和土层薄的土壤地下漏失；对于土层相对较厚、土被相对连续的土地，采取炸石、砌墙保土、植物篱、立体种植相结合防治水土流失；筛选出了薜荔、赤苍藤、扶芳藤、山麻杆、牧草、金银花 6 种适宜岩溶区的水保植物，设计了牧草＋金银花、牧草＋火龙果、牧草篱、扶芳藤＋果、山麻杆＋果等微观水土保持技术模式。

在试验的基础上，依据不同地貌部位、不同岩溶环境条件下的水土流失特点及主要途径，研发适宜的水土保持技术。实施植物篱、草被、保土耕作、坡面梯化、拦沙坝、排水沟、水源林、沉沙池等水土保持生物与工程技术示范。

7.3.3 岩溶石漠化区水土保持技术

岩溶石漠化区水土保持技术主要是结合石漠化的综合防治，依据岩溶区不同地貌部位、不同环境类型区水土流失的主要途径，采取相应的生物和工程技术，截断地表、地下流失的主要途径，过滤泥沙，发展水土保持水源林，改良土壤，提高生态环境调蓄水资源和保持水土的能力。

7.3.3.1 水土保持生物技术

(1) 不同地貌部位水土保持林的建设

山顶部位。主要以发展水源涵养林为目标。封山育林的同时，注重景观异质性的创造，人工配置多种树种，营造常绿落叶阔叶混交林，并在混交林下部，种植灌丛林带，让阴性树种与阳性树种混交；形成林灌草立体群落结构。

陡坡部位。利用石缝中的土壤资源，发展水土保持林，在土壤极缺的严重石漠化坡面，采用客土填充溶沟、溶槽、溶洞等后，种植藤本常绿植物，尽量兼顾以采摘花果及嫩芽为主的经济型藤本植物，如金银花、赤苍藤、薜荔等。

缓坡部位，水平方向上，在修建多级水平沟的同时，沟埂外侧种植豆科类乔灌林带，内侧种植豆科类灌草，根据坡度大小，在满足种植需要的条件下，间隔一定距离适当留出一定宽度梯地用做灌木林防护缓冲带，主要种植豆科类灌木，构成"绿色篱笆"。

洼地或谷地底。在落水洞、竖井及天窗周围建设林灌草缓冲区；在排水沟、截水沟的两侧种植银合欢、扶芳藤、木豆、金银花等灌木，或者种植根系发达的多年生牧草，如桂牧1号、象草、狼尾草等；洼地或谷地严重石漠化地段或经常受淹水的低洼部位，种植任豆树、银合欢等豆科速生树，配套种植牧草，实施牧草+树的立体种植。

植物种类选择：尽量选择乡土种类，乡土种类不能满足要求时，建立苗圃进行试验，引进外来物种，保水林尽量选择常绿匍匐藤本植物。植树种草时需区分阴坡和阳坡，在阳坡、半阳坡选择阳性植物，在阴坡和半阴坡选择耐阴性植物（焦居仁等，2002）。优先选择根系发达的常绿树种和多年生牧草。

注意事项及措施：①优先将表层岩溶泉流域系统划分成水源林恢复与保护区，重点发展金银花、赤苍藤、薜荔等藤本植物覆盖裸露基岩，在此基础上，种植速生乔灌木；②因水土资源的地下漏失严重，避免种植过程中导致新的水土流失，水保林的建设顺序为牧草—藤本植物—灌、乔木；③填充的客土通常较松散，降水易产生新的流失，客土与有机肥混合发酵后填充，填土后在土表覆盖草、秸秆、圈肥或薄膜，防治土壤水分骤变或降水对土壤的溅蚀；④填充客土前，采用浆砌块石堵住缺口和大的裂缝，用粗纤维质有机肥堵塞小的裂缝；⑤在填充土壤斑块周围基岩面上，采用浆砌小块石砌成小截水沟截留岩面产流；⑥水保林的建设以不破坏原有植被为前提；⑦水保林建设初期，以种植采集花、果、嫩芽的特色经济植物为主，农民易接受，易推广应用；⑧在石缝地或土层较薄的土地种植水土保持林时，尽量减少动土，可采用营养钵育苗整体种入土壤，或采用种子、发酵后的有机肥、土壤混合物散播在土层表面，辅以适量的草、圈肥覆盖。

（2）水土保持植物篱技术

薜荔植物篱技术。石漠化区耕地经过长期的耕种，当地农民已经将部分耕地改成梯地，但地埂为块石简单垒成，标准低，水土流失防治效果差，地埂易垮塌。薜荔适宜生长在裸露岩石上，繁殖能力强。在地埂内侧或外侧种植单行薜荔，种植间距 20～30 cm，形成匍匐于块石地埂的植物篱笆。2～3 年内即可将整个地埂表面覆盖，覆盖后的块石地埂稳固，不易垮塌，且可过滤地表冲出的泥沙，具有较好的水土保持功能。在裸露基岩表面的石缝、溶洞、溶孔等填充 0.5 kg 左右的土壤，并且采用少量混凝土砌块石拦住土壤，在填充的土壤中种植 1 或 2 棵薜荔植物，裸露基岩上的薜荔植物种植密度为每平方米的基岩面种植 2 或 3 棵。这种植物篱成本低，操作简单，农户易接受，薜荔果可作凉粉及药用，具有较好的生态经济及社会效益。

裸露石芽植物篱。在裸露石芽表面的石缝、溶洞、溶孔等填充 0.5 kg 左右的土壤，并且采用少量混凝土砌块石拦住土壤，种植红背山麻杆，种植密度为每平方米的石芽面种植 4 或 5 棵；沿裸露石芽的周围土块，或者填客土种植类似金银花、赤苍藤的常绿藤本植物覆盖，种植密度为每 2 m² 石芽裸露面种植 1 棵。

砌墙保土地埂植物篱。在水土保持砌墙保土地埂的内侧或外侧，种植单行金银花、赤苍藤等藤本植物，植物覆盖地埂，形成篱笆，种植间隔 80～100 cm；在地埂内外侧种植双行桂牧 1 号、象草、狼尾草等牧草形成篱笆。

隔坡式植物篱。在坡度较陡、梯级较多、采用块石垒砌的低等级梯形地，沿坡面向下，每隔 10～15 m 的距离，选择相对狭窄的地块，沿等高线方向种植牧草、金银花等植物，形成条带状植物篱笆。

（3）微地貌单元水土保持技术

针对如图 7-5 所示微地貌单元水土流失的途径采取相应的水土保持措施。对于岩面产流，主要采取种植常绿藤本植物覆盖，截留降水，或者直接清除石芽，或者浆砌块石建小截留沟的方式拦蓄岩面产流。在广西平果果化、弄拉示范区建立了牧草＋金银花、牧草＋火龙果、牧草篱、扶芳藤＋果、山麻杆＋果等微观生态土地优化利用模式，取得了较好的蓄水保土效果，可向整个西南岩溶石山区推广应用。对于岩土接触面产流，主要是采取改良土壤、清除石芽以及改善周围小气候环境；对于裂隙流流失及干裂流失，主要是改进种植结构，尽量种植多年生根系发达的植物，少耕或免耕，减少对土壤的扰动，同时改良土壤、改善周围小气候环境、避免土壤斑块的水分骤变产生干裂。

（4）坡面植物梯化技术

1）坡面牧草＋金银花梯化种植技术。岩溶石漠化区坡面土壤分布不连续，常被裸露石芽间隔。为充分合理利用土壤斑块中的水土资源，减少岩石裸露，改善植被＋土壤＋岩石组合的生态环境，采用牧草＋金银花的组合种植模式，金银花靠土壤斑块的外侧单行种植，内侧种植牧草（图 7-6）。利用金银花发达的根系拦水固土，利用其半常绿的匍匐藤覆盖土壤斑块外侧裸露岩石，改善岩面小气候环境，减少岩面径流对岩面土壤颗粒和土壤斑块的冲蚀，促进岩面地衣、藻类、苔藓、蕨类等植物群落的发育，种植 3 年以上的金银花就可以获得良好的经济效益。土壤斑块内侧种植牧草，一方面可以起到蓄水保土、改良土壤的作用；另一方面，通过牧草＋畜＋沼气＋沼肥循环经济利用模式，当年就可获得良好的经济效益，以弥补金银花的长期经济效益，农民易接受，易向整个岩溶区辐射推广。

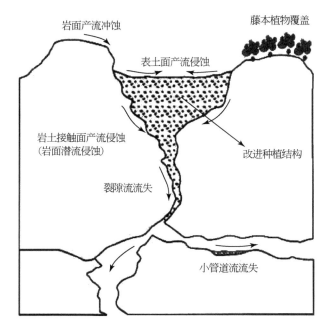

图 7-5　岩溶洼地微地貌单元种植结构改善防治水土流失剖面

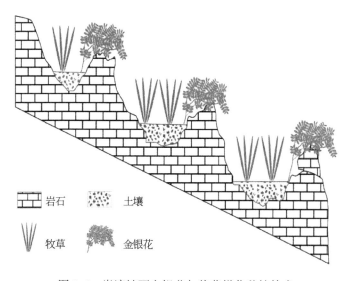

图 7-6　岩溶坡面金银花与牧草梯化种植技术

2) 坡面牧草 + 火龙果梯化种植技术。火龙果在龙何示范区种植取得了良好的经济效益，而且火龙果耐旱、耐瘠薄，种植技术简单，农民易掌握，当地农民种植意愿强。但是种植在石漠化严重的石缝地上，因夏季中午裸岩升温过高影响火龙果产量。为了获得较高的生态经济效益，在石漠化中度以下的坡面上，设计火龙果 + 牧草组合种植模式，火龙果单行种植在土壤斑块内侧，外侧种植牧草 （图 7-7）。利用内侧裸岩作为火龙果攀岩的支撑，3 年后火龙果可挂果，此时火龙果的枝条刚好对内侧裸岩起到好的遮阴覆盖作用，外侧的牧草不仅当年可以获得良好的经济效益，多年生牧草还具有较好的蓄水保土作用，与火龙果一起改善周围的小气候环境，促进岩面地衣、藻类、苔藓、蕨类等植物群落的发育，降低周围岩石夏季中午的温度，实现火龙果的高产，从而获得较高的生态效益以及社会效益。

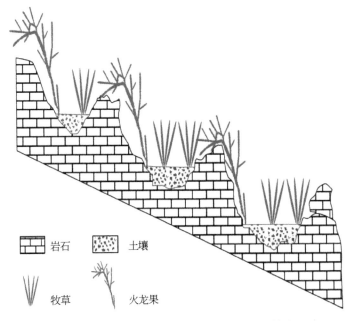

图 7-7　岩溶坡面火龙果与牧草梯化种植技术

7.3.3.2　水土保持工程技术

（1）坡面治理工程技术

主要措施：①对于坡度较缓的坡耕地，清除石芽，采用浆砌块石作地埂，整理土地成水平梯地；②在石缝地土壤斑块周围基岩面采用浆砌块石修建小型截水沟；③从垭口到洼地修建排水沟，排水沟大小视汇水面积及降水量大小而定，沟壁采用浆砌块石，沟底只需敲掉突出的石芽整平即可；④沿排水沟向下，在自然跌水部位及与截水沟相交部位修建沉沙池，沉沙池内径约 1 m；⑤在坡面陡坡与缓坡转换部位，梯形地与退耕地之间交汇部位，修建截水沟，截水沟材料同排水沟；⑥在截水沟较低部位修建小型蓄水池或水窖，单个蓄水池容积 10 ~ 30 m³，单个水窖容积 8 ~ 10 m³，均采用混凝土盖板盖顶，减少水分蒸发，在水流进蓄水池或水窖之前修建内径 1 m 的沉沙池；⑦ 在土被覆盖相对连续的坡面汇水沟地形自然自然转换部位修建多级拦沙坝或谷坊，采用浆砌块石结构；⑧在季节性或降水后短暂排水的表层带泉水集中排水口修建蓄水池，蓄水池因水量大小而定，一般单个容积大小控制在 30 ~ 100 m³。

（2）洼地（谷地）治理工程技术

主要措施：①洼地沿降水径流沟，修建排水沟，沟底尽量挖深见基岩，清除沟底石芽，保持沟底水力坡降为 5% ~ 8%，沟壁采用浆砌块石，高出地面 30 ~ 50 cm；②对于汇水面积较大的洼地（谷地），在洼地（谷地）底四周，修建排水沟，并与下山排水沟正交，最终排入落水洞，沟深以尽量深挖，依据最大汇水量设计沟深、沟宽；③在物探的基础上，清理堵塞落水洞的泥沙和碎石，开挖土石扩充落水洞口，以水泥砂浆砌石筑成近圆形洞壁，洞口大小视最大来水量而定，洞壁高出地面 30 ~ 50 cm，沿洞口外侧种植灌草隔离带；④排水沟水进入落实洞前，距离落水洞 5 ~ 10 m 处修建沉沙池和拦枯枝落叶网，沉沙池大小视汇水量大小而定，通常长、宽各 2 m，深度尽量大于 2 m 或见基岩面；⑤在自然汇水沟近洼地（谷地）部位修建拦水（沙）坝，防止水流冲蚀洼地耕地；⑥对于洼地耕地面积超过 100 亩的大型洼地，在上述措施无法解决涝灾的情况下，考虑修建排水隧道，将洼地积水排到洼地系统以外，从而达到治理目的。

7.3.4 水土保持技术适用的范围

该项水土保持技术主要适宜于西南岩溶区的岩溶峰丛洼地、峰林（峰丛）谷地、溶丘洼地地区，水土保持生物技术在具体植物物种选择上需要依据当地的气候特点及经济发展需要选择。

7.4 水资源开发及其高效利用技术

7.4.1 地下水开发技术

广西岩溶石山区发育分布着众多的地下河，地下水资源开发潜力大。由于不同类型的地下河系统开发利用条件存在很大的差别。因此，对不同类型的地下水资源的利用，应采用不同的开发技术。

7.4.1.1 高位地下河出口引水

岩溶石山地区地下河出口位置通常较高，具有自流引水的有利条件，多年的地下河开发利用实践表明，采用自流引水技术对这类地下河水资源进行开发在广西岩溶石山区取得了较好的效果。主要利用高于供水目的地的地下河出口，在地下河出口处围堵后利用天然落差进行自流引水，用于居民生活、发电及农田灌溉等不同供水目的。例如，广西南丹县的八半屯地下河（图 7-8），流域面积 285 km²，出口处比谷底高约 60 m，枯季流量 1.58 m³/s，在出水口处修建蓄水池并引水，进行水能开发，成功安装了三台发电机组，已正式投入运营。

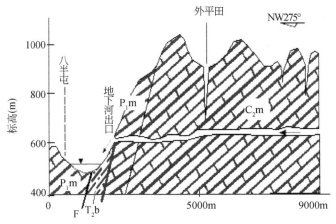

图7-8 南丹县八半屯地下河出口引水发电剖面示意

7.4.1.2 地下河天窗提水

在峰丛洼地低洼处常有与地下河相通的天窗，地下河天窗提水技术主要是利用地下河天窗建有一定扬程的提水泵站抽取地下水，并在比供水目的地高的有利部位修建蓄水设施，配套输水管、渠系，利用蓄水设施与供水目的地的高差以自流引水的形式将水输送到供水目的地，作为当地居民生活、农田灌溉用水。如发育分布于广西平果县果化镇龙何地区的布尧地下河（图7-9），在龙何屯洼地东侧发育有一与地下河道连通的地下河天窗，采用地下河天窗提水技术，在天窗处建立一座提水泵站，并在附近山坡上修建容积300 m³的高位蓄水池，配套自流引水管道系统，将布尧地下河水通过天窗提至高位蓄水池积蓄后通过自流引水管道系统输送，解决了龙何屯114户共530人的自流饮用水（用水量为28.5 m³/d）及龙何洼地内（约10 hm²）全部农作物的自流灌溉。

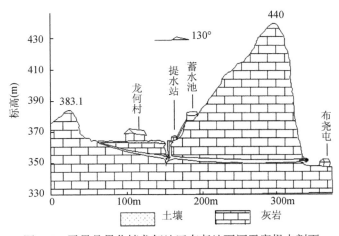

图7-9 平果县果化镇龙何地区布尧地下河天窗提水剖面

7.4.1.3 地下河堵洞成库

地下河堵洞成库技术主要是在地下河道中寻找合适部位建地下坝（堵体）堵截地下

河，利用地表封闭性好的岩溶洼地为库容蓄水或抬高水位，用于发电或供水目的。在峰丛洼地区大多为封闭性较好的岩溶洼地，洼地底部常有与地下河相通的消（落）水洞或天窗，在地下河道中的有利部位建地下坝（堵体）堵截地下河并利用地表岩溶洼地蓄水成库，可取得较好的效果。如图7-10所示的广西宜州市里洞地下河在洼地中溢出后，又穿过洼地西北的山体，形成伏流，在伏流洞中构筑地下坝（堵体）堵截地下河，使洼地蓄水成库并抬高水位，获得库容615万 m³ 有效库容，成为3台250 kW 机组发电及部分农田灌溉的供水水源。

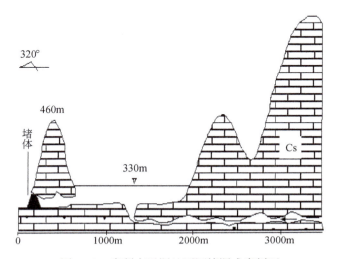

图 7-10 宜州市里洞地下河堵洞成库剖面

7.4.1.4 地下河出口建坝蓄水

地下河出口建坝蓄水技术主要是利用地下河出口附近下游河谷地段的有利地形作为库区，在适宜筑坝的有利部位构筑水坝进行蓄水并抬高水位后，引水发电或供下游地区各种不同用水目的使用。例如，广西靖西县龙潭地下河，在地下河出口附近下游河段的有利部位建水坝后蓄水，成为该县城的重要供水水源。

7.4.1.5 地表与地下联合水库

建设地表与地下联合水库是岩溶谷地区地下河水开发的一项较为有效技术。主要是利用岩溶谷地的地表空间和地下岩溶空间共同作为蓄水空间，在一些由地下河补给的河流，尤其是在明暗交替的伏流中，在地下河段堵截，利用上游的地表河槽、谷地及伏流管道等地下岩溶空间作库容蓄水构建地表与地下联合水库提高地下河水资源利用率。例如，上林县的大龙洞地下河，在伏流入口段建坝堵水，以上游长达10 km的岩溶谷地和部分地下河管道等地下岩溶空间共同构成库容蓄水成库，建成地表与地下联合水库，抬高水位，通过隧道引水发电和供水（图7-11）。

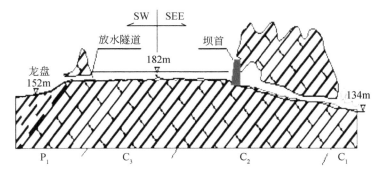

图 7-11　上林县大龙洞地下河伏流段地表地下水库剖面示意图

7.4.1.6　岩溶地下河联合开发

岩溶石山区常发育着一些穿越不同地貌类型的大型地下河，通常表现为：地下河的上游段主要流经峰丛地区，而中下游段主要流经峰丛谷地或峰丛盆地，最终流出峰丛峡谷或以地下河的形式大落差地流入分割高原面的深切峡谷河流。对这种类型地下河，采用联合开发技术对其水资源进行分段开发可获得更好的效果。通常是在上游段采用天窗提水技术进行开发，在中下游段采用拦坝引水或泵站提水等技术进行开发，而在地下河出口附近采用筑坝建库的技术进行开发。以求分散、多模式地利用地下河水资源和提高地下河水资源的利用率。如广西忻城县的鸡叫地下河，在地下河上游段（峰丛洼地区）采用天窗提水；在地下河中游段的鸡叫天窗下游附近的地下河管道内建拦水坝抬高水位 30 m，同时开凿隧道引渠系引水灌田，并在管道跌水处装机发电；在地下河出口处流量尚余 2.288 m³/s（2004 年 9 月），因而又在出口处（峰丛洼地区向峰林平原区过渡地带）附近下游筑坝建库蓄水，供县城用水（图 7-12）。

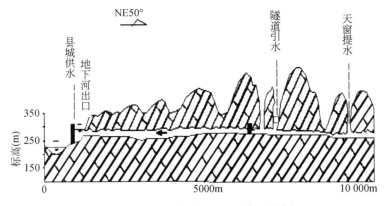

图 7-12　忻城县鸡叫地下河联合开发剖面

7.4.2　岩溶蓄水构造及富水块段水资源开发技术

广西岩溶石山区分布着诸多水资源丰富的蓄水构造或富水块段，是当地居民工农业生产及生活的重要供水源地。由于不同类型蓄水构造或富水块段的水文地质、地下水的埋藏深度等条件的差别，对其水资源的利用，同样需采用不同的技术进行开发。

（1）钻井

对于水文地质条件复杂、地下水位埋藏深的岩溶蓄水构造或富水块段内地下水资源，主要采用钻井技术进行开发。通常是在对拟开发蓄水构造或富水块段进行地质分析的基础上，通过地球物理探测确定井位，采用钻井技术成井并安装提水设备抽取深部地下水，供当地及附近居民生产生活使用。钻井技术在广西岩溶石山区地下水的开发中已被广泛采用。

（2）开挖大口井

对于地下水位埋藏较浅但地表又没有地下水露头的岩溶蓄水构造或富水块段，采用开挖大口井技术对其水资源进行开发，是岩溶石山区地下水资源开发较为经济且有效的技术之一。利用开挖大口井技术对浅埋的岩溶地下水资源进行开发，主要是寻找揭露地下水的有利部位，人工开挖大口径的浅井并安装大流量、低扬程的提水设备或采用人工直接提水用于各种用水目的。例如，在广西平果县果化镇龙何地区的龙情洼地底部地带，地下浅部溶蚀裂隙发育，构成当地的相对富水块段，当地居民利用开挖大口井技术，人工开挖大口径浅井，配套提水设备，供当地 20 多亩耕地灌溉使用。

（3）直接抽提水

在地下水位埋藏接近地表面且发育分布有溶潭、竖井等地下水露头的岩溶蓄水构造或富水块段，采用直接抽提水技术对其水资源进行开发，是岩溶石山区地下水资源开发中简单直接、经济有效的技术之一。主要是在岩溶蓄水构造或富水块段内的溶潭、竖井等地下水天然露头点，安装抽提水设备直接抽提当地的岩溶地下水并配套输水管渠系统，将水资源输送到供水目的地，供各用水目的使用。

7.4.3 表层岩溶水资源开发技术

广西岩溶石山地区表层岩溶带广泛分布，在不同的地段或不同的地貌部位分别构成具有不同类型的表层岩溶水系统。因此，对不同类型表层岩溶水系统水资源的利用，宜采用不同的水资源开发技术。

（1）洼地水柜山塘蓄水

在峰丛洼地区，小型洼地底部的面积较小，开发利用洼地范围内的表层岩溶水资源，通常不必经长距离的输送即达供水目的地。因此，对洼地范围内集中排泄的表层岩溶水，采用水柜、山塘蓄水技术对其水资源进行积蓄是开发此类表层岩溶水资源的一项有效技术。水柜、山塘蓄水技术主要是在洼地周边山坡或坡脚地带的有利部位筑建水柜或在洼地底部的低洼处修筑山塘，以积蓄出露于洼地周边山坡或坡脚地带的表层岩溶泉水，供零星散布于峰丛洼地区洼地内居民的饮用和农作物灌溉。例如，在广西平果县果化镇龙何地区龙烈洼地的布洋 2 号泉和龙何下泉，在泉口附近开挖山塘和筑建水柜蓄水，解决附近 20 多亩耕地灌溉用水问题。

（2）山腰水柜蓄水、管渠引水

在峰丛山坡中上部地段，经常有表层岩溶泉（间隙性的为主），修建山坡水柜山在表层岩泉附近可积蓄表层岩溶泉域的水资源，并通过配套的管渠系统将水资源输送到供水目的地。对岩溶石山区的大型岩溶洼地或谷地范围内流量较大、出露位置相对较高且距供水目的地较远的表层岩溶泉水，采用水柜蓄水、管渠引水的水资源开发技术可取得较好的效果。如广西平果县果化镇龙何地区龙烈洼地的布洋 1 号高位表层岩溶泉，采取在泉口附近修建 2 个 500 m^3 的水柜，通过引水管将水引到 500 m 以外的龙怀洼地，解决了龙怀洼地 200 多亩耕地的灌溉用水，实现自流灌溉；而在龙何地区布午屯高位表层岩溶泉口附近修建 800 m^3 的山塘配套管渠系统将水引到 1000 m 外的布午屯，解决布午屯 300 余人及全部牲畜饮用水和 200 多亩耕地的灌溉用水问题。

（3）山麓开槽截水、水柜山塘储蓄、管渠引水

开槽截水、水柜山塘储蓄、管渠引水技术是在岩溶石山地区山体坡麓地带散流状表层岩溶水系统，采取开挖截积水槽聚积表层岩溶水资源，同时修建水柜或山塘进行储蓄，并配套管渠系统将水资源输送到供水目的地。例如，对广西平果县果化镇龙何地区布尧村东南坡坡麓地带的散流状表层岩溶水，采取开槽截水、水柜山塘储蓄、管渠引水的技术进行水资源开发示范，解决了布尧村 10 户村民的饮水问题。

（4）泉口围堰、管渠引水

泉口围堰、管渠引水技术是在泉域范围内植被土壤覆盖好、流量动态变化较小、出路位置较高的表层岩溶泉口，采取围堰的方式并通过配套管渠系统将水资源直接输送到供水目的地。例如，广西马山县弄拉兰店堂南侧山腰的表层岩溶泉，泉域范围内森林植被茂密，水量较稳定，出露位置相对较高。当地居民在泉口进行围堰并用水管直接引用，解决弄拉村 10 多户的人畜饮水及附近 10 多亩旱地的灌溉用水问题。

（5）洼地底部人工浅井

人工浅井技术是在宽缓洼地（或谷地）边缘地底部、表层岩溶带发育较均匀且表层岩溶水资源较丰富的部位，采用人工开挖浅井配套小型提水设备对表层岩溶水资源进行开发。例如，在广西平果县果化镇龙何地区的龙情村，村民们采用人工浅井技术开发当地表层岩溶水资源取得成效，解决了龙情村 6 户的人畜饮水问题。

7.4.4　岩溶区水资源高效利用技术

广西岩溶石山区虽然处于我国降水较多的区域，但降水垂直分异大、干湿季节明显，常出现长时间的季节性干旱现象。可利用水资源短缺、水土资源配置失衡已成为当地农业生产的主要限制因素。在岩溶山区进行水资源开发，提倡和实施节水技术，提高水资源的利用率，建立节水型农业，是广西岩溶山区农业生产带有方向性、战略性的重大问题。

建立岩溶山区节水型农业，要在广泛深入调查研究基础上，提出区域节水目标；按照水土资源实际情况，合理布局作物种植；根据不同自然条件和社会经济条件，划分节水地域，提出相应的节水模式，开展节水技术措施的研究和推广。

7.4.4.1　农艺节水技术

（1）种植制度优化节水技术

节水农业中作物的合理布局必须遵循以下两个原则：一是充分利用本地的光、热、水资源，二是获得较高的经济效益和生态效益。岩溶山区农业产业结构比较单一，除玉米、黄豆等传统农业和部分牧业外，其他产业极少，要从根本上解决这一现状，必须从优化农业生产结构、培植特色替代产业及产业化经营上寻求突破。果树、经济作物等具有较高的经济效益，同时也是发展节水灌溉的契机，与玉米、黄豆等大田作物相比，果树、经济作物内发展喷灌、滴灌等节水灌溉，经济效益更为明显，投入产出比小，投资回收年限短。因而必须适当调整作物的种植比例，增加高经济效益的果树种植比例，减少传统农业所占的份额，并通过引入节水灌溉技术使经济果树的效益提高。同时，在果树株间，利用充足的空间，发展低矮经济作物的种植，提高单位土地的收入。如平果县龙何屯，利用火龙果株间距较大，火龙果冠幅小，透光性强的特点，在火龙果种植地间发展青椒覆膜种植，水资源得到更充分的利用，获得了良好的经济效益。

（2）抗旱品种的筛选与引进

选择耐旱作物及品种，是利用生物适应环境，以生物机能提高作物水分利用效率的一条有效途径。耐旱、抗旱作物一般在作物需水临界期能避开干旱季节，和当地的雨季吻合，以充分利用有限的降水。各种不同的作物以不同的方式抗旱，如火龙果是 CAM 植物，为了避免水分丧失，白天气孔关闭，肉质茎中的叶绿体能够将白天吸收的光能储藏起来，晚上进行光化学反应、固定生物能，火龙果肉质茎以保持水分吸收延迟脱水的发生，保持了高的组织水势，具有较强的耐旱性特点。通过几年试验的结果表明，火龙果对岩溶山区环境有极强的适应能力，能够应对岩溶山区的干旱环境，产量品质也有良好的表现，经济效益可观。

（3）覆盖保墒技术

覆盖是一项人工调控土壤 – 作物间水分条件的栽培技术，是降低水分无效蒸发、提高用水效率的有效措施。农田地膜覆盖阻断了土壤水分的垂直蒸发和乱流，使水分横向迁移，增大了水分蒸发的阻力，有效地抑制土壤水分的无效蒸发，抑蒸力可达80%以上。覆膜的抑蒸保墒效应促进了土壤 – 作物 – 大气连续体系中水分有效循环，增加了耕层土壤储水量，加大作物利用深层水分，改善作物吸收水分条件；水热条件及作物生长状况的改善同样有利于矿质养分的吸收利用。广西平果县龙何示范区将玉米秸秆和地头杂草覆盖第二季（旱季）的大豆或火龙果、黄皮等果树树盘，有效地减少土壤蒸发量，充分利用了有效的水量，通过试验对比发现，覆草地土壤水分含量比裸地高 2.2% ~ 11%。

（4）化学制剂保水技术

保水剂（super absorbent polymer，SAP）是一种通过改善植物根土界面环境、供给植物水分的化学节水技术，不仅能有效地改善土壤理化性质，而且还可以明显提高植物的光合速率和水分利用效率、增强其抗旱性。但大量的研究也表明，保水剂功能的有效发挥受土壤和植物的双重制约，另外，其功能的有效发挥还受环境因子如温度、光照等因素的影响。

植物蒸腾的化学调控：植物吸收的水分中有90%以上是由植株表面蒸腾作用消耗的，通过光合作用直接用于生长发育的水分还不到1%；无论是理论上的推论还是在实践中的探索，人们形成的共识是蒸腾过程不一定要消耗那么多水分，即作物存在奢侈蒸腾。因而降低蒸腾耗水是节水、防旱、抗旱的重要环节。作物蒸腾的化学控制的目的是，保持供应作物的水分不过度耗竭；改善作物的水分状况，不致使作物受水分胁迫的危害；不影响光合作用的物质积累；提高产量和 WUE。在岩溶山区，采用抗蒸腾剂进行了相关试验，证实可以减少作物蒸腾损失。

7.4.4.2 生物（生理）节水技术

作物正常生长要求土壤中水分状况处于适宜范围。土壤过干或过湿均不利于根系的生长。当土壤变干时，必须及时灌溉来满足作物对水分的需要。但土壤过湿或积水时，必须及时排走多余的水分。在大部分情况下，调节土壤水分状况主要是进行灌溉。当进行灌溉作业时，需要灌多少水，什么时候开始灌溉，什么时候结束灌溉，土壤需要湿润到什么程度（灌溉深度）等问题是进行科学合理灌溉的主要问题。一般农作物的适宜土壤含水量应保持在田间持水量的 60%～80% 为宜，如土壤含水量低于田间持水量的 60% 就需要灌溉。

根据作物需水过程，确定节水灌溉制度是高效水灌溉的一项重要的技术措施，投资少、见效快、适面广，易推广普及。近年来，国内外提出了许多新概念与方法，如分区交替灌溉、局部灌溉与调亏灌溉（生育节水灌溉）等。这些概念的提出及其方法的实施，对于由传统的丰水高产型灌溉转向节水优产灌溉，对提高水分利用效率起到了积极的作用，并产生了显著的效益。

调亏灌溉（RDI）即根据植物的遗传学和生态学特征，在对经济产量形成需水的非关键期人为地施加一定程度的水分胁迫，以改变其生理生化过程，调节光合同化产物在不同器官间的分配，减少营养器官的冗余，达到提高水肥利用效率和改善品质的目的，这对多年生的果树来说尤为实用。在岩溶山区进行的调亏灌溉试验研究表明，甘蔗调亏灌溉是可行的，可以同时实现节水、高产、高效目标。甘蔗的调亏灌溉试验在 9 月至翌年 1 月旱季条件下进行，这段时期为蔗茎快速生长和糖分累积阶段，调亏度为 40%～60% 田间持水率（HF），历时约 4 个月，平均比无灌溉增加节水 20%，水分利用效率提高 15.96%～32.98%。

控制性作物根系分区交替灌溉在田间可通过水平方向和垂直方向交替给局部根区供水来实现，它特别适于果树和沟灌的宽行作物与蔬菜等。主要包括田间控制性分区交替隔沟灌溉系统、交替滴灌系统、水平分区交替隔管地下滴（渗）灌系统、垂向分区交替灌水系统等供水方式。交替灌溉能刺激根系的补偿功能，提高根系的传导能力。

7.4.4.3 节水灌溉技术

除地面灌溉技术外，我们加强对喷、微灌技术的研究和应用。微灌技术是所有田间灌水技术中能够做到对作物进行精量灌溉的高效方法之一。美国、以色列、澳大利亚等国家特别重视微灌系统的配套性、可靠性和先进性的研究，将计算机模拟技术、自控技术、先进的制造成模工艺技术相结合开发高水力性能的微灌系列新产品、微灌系统施肥装置和过滤器。喷头是影响喷灌技术灌水质量的关键设备，世界主要发达国家一直致力于喷头的改进及研究开发，其发展趋势是向多功能、节能、低压等综合方向发展。如美国先后开发出不同摇臂形式、不同仰角及适用于不同目的的多功能喷头，具有防风、多功能利用、低压工作的显著特点。

1）滴灌：是通过安装在毛管上的滴头、孔口或滴灌带等灌水器，将水均匀而又缓慢地滴入作物根区土壤中的灌水方式。灌水时仅滴头下的土壤得到水分，灌后沿作物种植行形成一个一个的湿润圆,其余部分是干燥的。由于滴水流量小,水滴缓慢入渗,仅滴头下的土壤水分处于饱和状态外,其他部位的土壤水分处于非饱和状态。土壤水分主要借助毛管张力作用湿润土壤。

2)微喷灌:采用低压管道将水送到作物根部附近,通过流量为 50~200L/h、工作压力为 100~150kPa 的微喷头将水喷洒在土壤表面进行灌溉。微喷灌一般只湿润作物周围的土地,一般也用于局部灌溉。微喷灌不仅可以湿润土壤,而且可以调节田间小气候。此外,微喷头的出水孔径较大,因而比滴灌抗堵塞能力强。

3)涌泉灌:也称小管出流灌,是通过安装在毛管上的涌水器或微管形成的小股水流,以涓泉方式涌出地面进行灌溉。其灌溉流量比滴灌和微喷灌大,一般都超过土壤渗吸速度。为了防止产生地面径流,需要在涌水器附近的地表挖小穴坑或绕树环沟暂时储水。由于出水孔径较大,不易堵塞。

4)地下渗灌:是通过埋在地表下的全部管网和灌水器进行灌水,水在土壤中缓慢地浸润和扩散湿润部分土体,故仍属于局部灌溉。

良好的灌溉设施是现代果园管理中保持丰产稳产的重要措施。设施灌溉不单解决果园水的需求,同时还为一种新的高效施肥方法提供必备的条件,这种新的施肥方法叫做"加肥灌溉"。在果园普遍应用的设施灌溉方式为滴灌。滴灌施肥就是将灌溉和施肥结合起来的一项农业措施,即通过灌溉设备进行施肥。和沟灌、喷灌等相比,滴灌是一种局部灌溉和精确灌溉。滴灌不但可以与施肥结合,也可以和农药、除草剂、土壤消毒剂一起使用。滴灌施肥技术在 20 世纪 70 年代得到迅速发展。其中美国、以色列、澳大利亚、墨西哥、新西兰、塞浦路斯等国滴灌施肥技术非常普遍。以色列 90% 以上的园艺作物都采用滴灌施肥技术。我国的滴灌面积只占总灌溉面积的 0.5%,但现有 90% 以上的滴灌面积都没有和施肥结合。

岩溶山区应用滴灌施肥的有利条件:①大部分果园位于丘陵山地或石旮旯地,传统的灌溉施肥操作非常困难,对节省劳力的灌溉施肥技术用户迫切需要;②岩溶山区丰富的石质资源,对于就地取材建水柜十分方便,既节约成本又坚固耐用;③南方相对来讲有充足的降水,可以淋洗滴灌施肥可能带来的盐分累积,基本不存在盐害问题;④灌溉水为地下泉水,杂质含量低,水质好,对管道和滴水器的堵塞问题不严重;⑤大部分情况下可以应用重力滴灌和重力微喷灌,管理简单化;⑥因无严寒,田间管道埋深较浅,节省安装费用,同时也不用担心冬季管道内结冰而爆管。

滴灌施肥系统的设计过程中要了解土壤质地、地形变化、果树栽植规格、水源、电力等基本情况,确定合理的管道系统,有效湿润区的面积和土层深度、滴头间距、毛管大小及最大铺设长度。在高差较大的果园,采用重力滴灌系统更方便管理,轮灌区面积可大可小,灌溉和施肥的灵活性大。在岩溶山区果园,利用地形条件依山建造蓄水池,同时将山脚的泉水抽到蓄水池,使水池与果园高差在 10m 左右,最适合采用重力自压式滴灌系统。在山顶建蓄水池的情况下,可以在蓄水池顶部或比蓄水池高的位置建一混肥池,并将两者出口管道连接。当需要施肥时,先打开蓄水池阀门,再打开混肥池阀门,肥料则被带入管道。实践证明,这种施肥方法非常适合有自压水源的果园,操作简单,设备简易。如调控得当,可控制施肥浓度,做到精确施肥。

根据平果果化示范区生态果园火龙果种植区的特点，采用在半山腰高差约10m的地方建造蓄水池，由于岩溶山区土少石多、裂隙发育等特点，为保证水柜座基稳固，建设先开挖平台，尽量保证基础置于完整的岩基上，同时在比水池稍高的位置建一肥料池，蓄水池以石块及水泥石碴围砌而成，进水池顶部装有进水管，进水管口上套一个50 cm长的120目的尼龙网袋，池底安装出水管，管上安装控制阀门，肥料池底安装肥液流出的管道，出口处安装PVC球阀，此管道与蓄水池出水管相连。蓄水池及肥料池示意见图7-13。

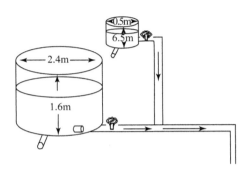

图7-13　火龙果滴灌施肥系统蓄水池及肥料池示意

果园滴灌施肥操作简便，施肥时先计算好每个轮灌区需要的肥料总量，倒入肥料池，加水溶解，或溶解好直接倒入。打开主管道的阀门，开始灌溉，然后打开肥料池的管道，肥液即被主管道的水流稀释带入灌溉系统。通过调节球阀的开关位置，可以控制施肥速度。果园滴灌施肥必须注意采用相互间没有反应的肥料进行同时施肥，以保证不发生化学沉淀。施肥后保证足够长的时间冲洗管道，是防止系统堵塞的重要措施。冲洗时间与灌溉区的大小有关，滴灌一般为15～30 min。一些滴灌施肥示范点的失败大部分与施肥后不冲洗而致的堵塞有关。此系统利用重力自压可同时进行灌溉和施肥，具有省水、省肥、省力、高效的优点，并且达到灌溉、施肥的高度均匀，能够发挥水肥的最大效益，有利于实现标准化栽培，是岩溶山区现代农业的一个重要技术措施，适合在岩溶山区大力推广。

对龙何示范区部分种植户2009年火龙果产量的统计显示，应用滴灌施肥进行火龙果种植获得了较好的收益，应用滴灌施肥的种植户火龙果产量为20 615 kg/hm²，比常规种植的15 530 kg/hm²有大幅提高，提高幅度达32.7%。经济收益上，滴灌施肥的亩收益达到了6453元，较之常规种植的5531元/亩提高了16.7%。由此认为，滴灌施肥技术在岩溶山区火龙果种植上的应用，使火龙果的产量获得了较大的提高，经济效益可观。

与此同时，滴灌施肥技术的应用，除获得火龙果产量上的增加外，肥料的投入也在减少，从表7-5可以看出，采用单质肥料的滴灌施肥种植方式，其肥料用量仅为常规种植的肥料用量的34%，即通过滴灌施肥技术的应用，节省肥料达66%；并且，通过滴灌施肥系统施用肥料，并不需要大量的人力，只需两个人配合，即可对10亩的火龙果园进行灌溉及施肥，而常规种植，则需较多的劳力进行肥料撒施，耗费较多劳力。因此，滴灌施肥技术的应用，既减少了生产成本，又降低了肥料的环境污染，有良好的经济效益和生态效益。

表 7-5　火龙果种植园滴灌施肥与常规施肥用量对比

种植方式	应用的肥料品种	施用方式	用量 [g/(柱·a)]	总用量 [g/(柱·a)]
滴灌施肥种植	尿素	滴灌施肥	100	395
	硝酸钾	滴灌施肥	115	
	魔力钾	滴灌施肥	30	
	过磷酸钙	撒施	150	
常规种植	复合肥（15 – 15 – 15）	撒施	1000	1150
	过磷酸钙	撒施	150	

7.5　种草养畜技术

7.5.1　广西岩溶石漠化区种草养殖现状与存在问题

目前，由于受到落后产业结构和经济条件等多方面因素的影响，广西岩溶山区多数农户仍未摆脱靠天养畜的生产手段和粗放落后的饲养管理方式，现行的牛、羊、马饲养方式以放牧和半放牧为主。放牧是广西岩溶山区农户养畜生产中采用的最普遍形式，家畜一年四季几乎完全依靠放牧。放牧成本低，家畜在外活动范围大，运动量足，体质比较健壮，发病少，节省劳动力，占用自家耕地少，在夏秋牧草丰盛季节即便不用补饲也能取得较好的育肥效果和经济效益。而半放牧方式也是一种较为普遍的饲养方式，一般是在冬春季节圈养，在夏秋季节放牧。这种饲养方式比较灵活，可根据饲草的供应状况进行变动，夏秋季节草山饲草生长旺盛，采用放牧方式饲养，而冬春季节野外青绿饲草短缺时利用秸秆进行圈养，这种饲养方式养殖成本比较低。

随着农村社会经济的发展和人们对生态环境保护意识的增强，传统的畜牧业生产方式已渐渐不适应现代生产的需求。传统的饲养方式存在许多弊端。首先，放牧会对生态环境造成严重的破坏，随着家畜数量的增加，放牧强度的增加和规模的扩大，使草山压力越来越大，草地繁殖生长体系遭到破坏后产草量和载畜量迅速下降，而家畜中的山羊和黄牛在放牧时不仅采食低矮的草本植物，而且对灌木和小乔木的啃食和踩踏作用也特别厉害，同时，山羊和黄牛的超强攀爬能力使其从石山的低洼部位至峰顶一带均能到达，活动范围特别大。因此，放牧对植被的破坏是极为严重的，而植被的破坏可造成土地退化，水土流失，基岩裸露，脆弱的岩溶生态系统就更容易发生退化，进而发生石漠化。其次，传统的粗放饲养方式的另一弊端是不利于高效养殖业的发展。据调查发现，在岩溶山区的家畜品种中，本地品种占大多数，引进品种占极少数。本地品种具有适应性强、耐粗饲的特点，适应了当地的饲养管理条件，但饲养周期长、产值低、产品的质量也不高。由于缺乏科学合理的饲草种植生产管理技术和家畜的饲养管理方式，饲草生产水平的高低受气候条件的影响非常大，不仅冬季气候寒冷影响牲畜的生长，而且冬季鲜草供应不足、饲草品质差，造成家畜"夏长、秋肥、冬瘦、春死亡"的四季生长和生产规律，严重影响到牲畜生产性能的发挥。另外，传统的饲养方式的弊端还表现为不利于科学技术的普及和推广应用。具体表现为传统的放牧饲养很难根据不同季节以及家畜的不同年龄、性别和成长阶段的营养需求进行科学饲养，更不利于家畜的品种改良、选种选育和疾病防治，致使家畜的良种化程度和抗病能力低下，生产水平也难以提高，对于发展岩溶山区的草业科学和提高畜牧养殖业的经济效益极为不利。

随着科学技术的发展，很多适宜于岩溶石山地区推广种植的牧草新品种相继被引进，饲料加工技术的发展以及科学养殖技术的普及，使种草圈养家畜成为可能。种草养畜不仅涉及种植业结构调整，而且也是畜牧业结构调整的重要举措，在广西岩溶石山地区，传统的种植业以种植籽实作物为主，而籽实作物的生产对生态环境中的光、温、湿度以及土壤水肥条件要求比较严格，对岩溶石山地区的旱涝灾害抵御能力低下，种植籽实作物不仅容易导致石山地区的水土流失，更因日照、温度不足、土地贫瘠和旱涝灾害而难以获得优质、稳产和高产。而牧草的生产是以收获茎叶等营养体为主，不是以生产籽实为主的种植模式，与籽实作物相比，牧草在抗旱耐涝等方面优于玉米等谷类作物，更容易获得稳产、高产，因此，牧草更适合于岩溶山区的土壤和石山环境的光、热、水、土等条件。另外，种植牧草对土壤的翻刨频次及破坏程度远低于种植谷类作物，更有利于岩溶山区的水土保持和生态恢复，很多岩溶石山地区甚至将一些耐旱速生的乔灌类饲料植物如任豆树、银合欢、构树等种植在石旮旯、石缝、石沟中，利用其发达的根系进行保水固土，同时采集叶片部分作为饲料进行养殖，从而实现生态效益与经济效益的双赢效果。通过近年来对饲料植物的引种栽培、推广种植，家畜品种选育及改良技术的普及，广西岩溶石山地区很多地方开始兴起种草圈养家畜的饲养方式。很多高产优质的饲草品种如桂牧 1 号、象草、银合欢、木豆等广受农户推崇，并进行大范围推广种植。在家畜的饲养方面，波尔山羊、隆林山羊、鲁西黄牛、西门塔尔牛等家畜品种也已被很多养殖户引进，虽然规模不大，但已经成为一些地方具有特色的经济增长点。为了使种草养畜这种新兴的饲养方式能在岩溶石漠化山区进行推广，课题组在平果果化、环江古周、都安三只羊、全州白宝和马山弄拉 5 个示范区开展了种草养畜的技术示范并开展相关的研究工作，通过牧草新品种的引种试验及饲用价值评价，开展峰丛山区种草的适宜性、散户饲养菜牛、山羊引种及饲养等试验和相关技术的研发，取得了显著的成效。

7.5.2　岩溶石漠化区开发种草养殖技术的必要性

广西岩溶石漠化区野生草本植物大都质量较差，养分含量较低，枯草期较长，人工草地的建植成本高，难度大，建植后的人工草地群落不稳定，这已成为制约广西岩溶区持续高效发展的重大难题。要发挥岩溶区水热资源优势和草地生产潜力，需要建立高产优质的人工草地。而岩溶山区，多年来为了脱贫致富，政府多次号召发展畜牧业，如河池的百万山羊计划、百色的右江山羊经济带计划等，但这些地方由于优质高效的草地生态系统不配套，发展难度非常大，影响了有关方面的积极性，使广西草地畜牧业的发展徘徊不前。在岩溶区推广种草养殖要种养结合，兼顾生态效益。种植牧草不仅可以为家畜家禽提高粮食产量，还可以有效提高土壤植被覆盖率，减少水土流失，改良土壤，改善当地小气候。但示范区农民以往的做法是把牛羊放养在石山上，对当地生态环境破坏特别严重，因此提倡圈养，实现生态与经济的良性循环。岩溶区虽然有较大面积的草山草坡，但品质差，缺乏优良饲草。而发展种植牧草将为岩溶区解决养殖缺乏饲草的难题。发展草食动物首先必须解决饲草的周年供应问题，由于应用的牧草多属暖季型牧草，不同季节的收获量有较大差异，特别是冬季的产量低，因而必须配合牧草的晒制、青贮技术，以及发展相应的冬闲田种植冷季型牧草，如黑麦草和饲用大麦等。对于一些优良的豆科牧草而言，还可以晒干加工成营养价值很高的草粉，如紫花苜蓿、白三叶草粉。利用草粉调制配合饲料，不仅可以用于牛羊等草食动物，还可以用于喂猪、家禽和鱼，节约大量的精饲料。通过种植牧草推动畜牧业的发展，提高了牧草的经济价值，也就提高了农民种植牧草的积极性，这是扩大牧草种植以充分发挥牧草生态功能的重要条件。

7.5.3　广西岩溶石漠化区优良牧草种植技术

岩溶石漠化地区受土地分散零星、水土流失严重、交通不便等条件限制，因此在岩溶区进行种草养畜必须遵循地区的特点进行。首先，应根据当地气候、地理资源状况，选择适应当地区播种的优良牧草品种；其次，针对种植牧草的土壤特点，选择适合的牧草品种，进行科学的播种；最后，对种植的牧草进行合理的牲畜利用，才能产生经济效益。

7.5.3.1　牧草单播技术

（1）种草前整地措施

在平果果化和马山弄拉示范区选择10种国内外优良牧草品种包括美洲菊苣（*Cichorium* sp.）、杂交狼尾草（*Pennisetum alopecuroides*）、墨西哥类玉米（*Euchlaena mexicana*）、柱花草（*Stylosanthes guianensis*）、黑麦草（*Lolium perenne*）、紫花苜蓿（*Medicago sativa*）、白三叶草（*Trifolium repens*）等进行引种。播种前整平土地，另外可在洼地底、山脚、山腰和垭口不同部位选择平地、斜坡、石旮旯、石缝、石槽、石沟等种植各种牧草。播种时选择阴雨天气，深耕翻土，施农家肥作基肥，加适当钙镁磷肥，整地细耙，使肥料均匀分布于土壤中，整平试验地。

全州白宝示范区为岩溶丘陵地貌，岩石裸露度较高。雨季为3~6月，而旱季较长。当地土壤多数板结严重，保水性差，为使土壤达到保水、保肥、通气，整地要精细，做到地平土碎。为使土壤保水，当地群众种植水稻前通常对水田"十犁九耙"，种草前也应下足工夫，并以农家肥为主，施足底肥。根据当地气候特点，10月后农作物大部分已收割完毕，此时深翻耕地，清除杂草根茎，经过秋晒冬冻，可消灭土壤中的杂草和害虫。早春时进行耙地，平整地面，以疏松表土，防止土壤水分蒸发，为播种做好准备。

（2）因地制宜进行播种

牧草的生长发育和营养物质的积累受播种期的影响较大，因此，选择适宜的播种期，是提高其出苗成活率和经济性能的关键。根据各种参试牧草的生长发育特点，结合试验区的气候和土壤进行播种。

杂交狼尾草：杂交狼尾草为多年生牧草品种，是美洲狼尾草与象草的杂种一代。适播期为 3 月中旬至 4 月上旬，插植出芽后 16 ~ 18 天进入分蘖期，5 月进入拔节生长期，开始刈割利用，在一个生长周期内能正常生长发育，只要土壤满足一定的肥力条件，杂交狼尾草均能正常分蘖、拔节、抽穗开花，其在峰丛山区适应力极强，生长期在 145 天以上。杂交狼尾草采用茎秆插植法栽植，用锋利的刀具将杂交狼尾草的繁殖茎进行斩种，斩种时腋芽向两侧，防止伤芽，力求做到 1 或 2 个节为一段，每段长 15 ~ 25 cm。插植之前先翻整土壤，松土开行，行距 20 ~ 35 cm。将切好的茎秆置于行内，每隔 40 cm 放一根，上覆有机肥后全覆细土，盖层厚度 3 ~ 5 cm。杂交狼尾草茎秆插植后 10 日之内开始出芽，出芽最快的是 4 月上旬所插植的茎秆，仅需 5 ~ 6 天时间，出苗最慢的是 11 月中旬所栽植的茎秆，需要 10 天时间。各插植期出芽率均达到 81% 以上，出芽率最高可达 98%。

美洲菊苣：美洲菊苣在 2 月下旬播种，3 月上旬出苗，3 月下旬到 4 月中旬进入莲坐期，即可刈割利用，10 月上旬种子成熟。各试验区的美洲菊苣在一个生长周期内均能正常开花结实，完成其生育期，果化试验区所栽培的美洲菊苣生育期为 148 天，弄拉试验区为 150 天，生育期天数没有明显差别。从播种当年 12 月下旬至翌年 1 月上旬进入休眠状态，2 月上旬返青恢复生长，长势良好，3 月上旬即可刈割利用，3 月中旬抽薹，4 月中旬至 5 月上旬为孕蕾开花期，6 月下旬、7 月上旬种子成熟。美洲菊苣在播种后 13 日之内就开始出苗，出苗最快的是 5 月中旬所播的种子，仅需 8 天时间，出苗最慢的是 11 月下旬所播种子，需要 13 天时间。各播种期出苗率均达到了 85% 以上，出苗率最高可达 94%。高丹草和类玉米可采用点播方法播种，播种后 15 日之内开始出苗，出苗最快的是 2 月下旬所播的种子，仅需 12 天左右，出苗最慢的是 11 月下旬所播种子，需要 15 天左右。各播种期出苗率均达到了 88% 以上，出苗率最高可达 90%。

柱花草、黑麦草、紫花苜蓿和三叶草：4 种牧草在播种后 15 天之内开始出苗，出苗最快为 2 月上旬阴雨天气所播的种子，仅需 7 ~ 9 天，9 月上旬的阴雨天播种出苗也比较快，需 8 ~ 11 天。2 月和 9 月播种后出苗率高达 86% 以上，最高 99%。出苗后一个月的生长量较其他品种牧草的生长量较小，但黑麦草和三叶草表现出极强的抗旱抗寒性，越冬返青率表现优秀，达 98% 以上，柱花草在 9 月上旬进行秋播，至 12 月下旬开始枯黄，翌年 3 月未见返青出苗，说明不适宜进行秋播。紫花苜蓿对峰丛山区高温干旱的气候条件适应性不强，一般 3 ~ 8 月为其生长发育期，8 月过后开始进入秋季的休眠期，而 11 月下旬以后又开始出芽返青出叶。紫花苜蓿的越冬返青率为 80% ~ 90%，一般情况是秋季休眠期过后出芽长叶率与越冬返青率成负相关关系，休眠后出芽出叶率越高，其植株的越冬性能越差。

木豆（*Cajanus cajan*）：木豆为豆科木豆属直立灌木，播种前 1 ~ 2 个月采用全面整地或带状整地；若是单种于石旮旯、石穴等土壤稀薄地带，可采用穴状整地，规格为 20 cm × 20 cm × 20 cm，株行距根据立地条件确定，一般采用（1 m × 1 m）~（1.5 m × 1.5 m）规格；每年 3 ~ 5 月雨季初期，将表土敲碎整平后穴播，底施农家肥，每穴播种 3 或 4 粒，上覆细土；木豆播种后 6 ~ 16 天开始发芽出苗，待苗高 20 ~ 30 cm 阴雨天气时进行移苗或间苗工作，每穴保留 1 或 2 株，同时将清除穴内杂草。由于木豆根部共生根瘤菌，能固定空气中的氮气，同时能释放出番石榴酸，可溶解土壤中的磷酸铁，使木豆通过根部吸收磷、铁等营养物质。因此，木豆不仅能改良土壤，而且通常不用追肥便能适应石山地区贫瘠的土壤；利用木豆绿叶直接饲喂，也可以将叶片晒制后制成干粉进行饲喂，木豆籽实可作为家畜精料进行蛋白补饲。

桂牧1号、象草（*Pennisetum purpereum* Schumach）、杂交狼尾草、王草（*Pennistum purpureum*）等：桂牧1号是采用矮象草为父本、杂交狼尾草为母本进行有性杂交选育的新品种，属禾本科种间杂交的多年生草本植物，象草为禾本科狼尾草属多年生高大的草本植物，属喜湿耐热型的牧草。杂交狼尾草，又叫杂交象草，是美洲狼尾草和象草的杂交种，与象草同属禾本科狼尾草属多年生草本植物，抗旱力强，喜温暖湿润的气候，久淹数月不会死亡。王草也是由象草和美洲狼尾草杂交育种而得到的新品种，喜温暖潮湿的气候条件，王草的优势是耐寒性优于亲本，但在长期淹水及高温干旱条件下长势较差。目前，桂牧1号、象草、杂交狼尾草和王草已经在广西岩溶山区大面积种植。一般应选择排灌方便、土壤连续分布、土层相对较厚和疏松肥沃的土地建植以上四种牧草，以便获得稳产和丰产。春夏季进行土地深耕平整，行距50~60 cm，或按宽1 m左右作畦，施有机肥作底肥，若利用边坡种植，宜开成条带状；种茎一般选择成熟粗壮的茎秆，用锋利刀具将种茎按每两节切成一段，逆芽长方向插入土中，每穴插种茎1或2段，也可将种茎埋植，覆土1~3 cm；这四种牧草的经济产草量很高，需掌握合理的割青时间，割青过早不能获得高产，割青过晚又使饲草粗蛋白含量下降，割青次数过多，则影响草的寿命及抗旱耐寒的性能。牧草出苗后50~60天为第一次割青的理想时期，刈割留地上茎高度不宜超过20 cm，否则会影响再生和产量。刈割过后及时中耕施肥，生长高峰季节，可利用多余的鲜嫩草，加工成青干草。

类玉米是1年生禾本科饲料植物，形似玉米，分蘖力强、叶宽、高产优质、适口性好，在广西部分岩溶地区有栽培。以3~4月间播种的效果最好，种子播前宜翻晒6~8 h，然后浸泡于30~40℃水中催芽24 h，株行距以50 cm×50 cm为宜，播量为20 kg/hm²。穴播时株距以60 cm×60 cm为宜，播量为16 kg/hm²。出苗后1个月内除杂草，并保持灌溉，同时做好疏苗或补苗工作。当苗高达到10 cm时追肥，第一次刈割时植株高度不宜超过50 cm，第二次刈割应根据不同饲喂对象，确定不同的刈割高度。另外，雨天最好不要刈割，以免植株烂芯。除做青绿饲料外，还可利用生长旺季制作干草或青贮饲料，以备寒冬和早春季节草料紧缺之需。

高丹草是由高粱（*Sorghum bicolor*）和苏丹草（*Sorghum sudanense*）杂交而成，综合了高粱茎粗、叶宽和苏丹草分蘖力、再生力强的优点，在广西岩溶区普遍种植。高丹草可条播，也可以根据土壤肥力特征进行撒播，整地翻耕深度不小于20 cm，翻耕后碎土耙平再开行，行距40~50 cm。撒播整地主要是起畦，畦宽50~80 cm，垄高以便排水。在广西2~3月为适播期，播种前8~12天晒种可以提高出苗率，以30℃左右温水浸种后堆积，上覆塑料布，经常浇水保持湿润，至大部分种子微露白时即可播种。条播行距40~50 cm，播种量为35~40 kg/hm²，播后上覆2~4 cm细土；高丹草幼苗期细弱，不耐杂草，出苗后要及时中耕除草。高丹草在分蘖期至孕穗期生长迅速，因此要注意施肥以获得高产；高丹草具有很强的耐刈割能力，在岩溶区生产益于青饲和晒制干草，适宜刈割期为抽穗期或初花期，植株高达1.0 m以上即可刈割利用，此时粗蛋白含量最高。

早春主要播种种子发芽要求温度较低、苗期较耐寒的种类或品种，如苦荬菜、紫花苜蓿等。晚春和夏季多播种一些幼苗不耐寒的夏秋牧草如杂交狼尾草、苏丹草等，这类种子萌发需要温度较高，一般需要 5 cm 土层温度稳定在 12℃ 以上。秋季多播一些耐寒的或多年生的牧草，如黑麦草。秋播应给牧草一个较长的幼苗生长时期，以便使牧草体内储备足够养分，达到安全越冬的目的。在白宝示范区，播种时间应根据示范区气候特点，通常秋季干旱较为严重，秋季播种牧草发芽率较低，如播种一年生黑麦草，则应洒足水，大多数牧草在当地适宜春季播种。春季雨水充足，此时播种比秋季播种牧草发芽率和成活率高，但春季不宜较早播种，尤其是豆科牧草，当地"倒春寒"较严重，过早播种幼苗常受低温影响，一般 3 月下旬或 4 月上旬播种较适宜。根据当地种植习惯，可选择适当种植模式，如果 – 草套种模式、林 – 草套种模式、稻 – 草轮作模式。目前在示范区推广较成功的模式是梨 – 草套种和槐 – 草套种模式。播种组合可以选择单播和混播，根据饲养家畜家禽特点和牧草特性进行选择播种（表 7-6）。

表 7-6　全州白宝示范区牧草播种量

牧草名称	单一播种量（kg/亩）	混播量（kg/亩）	条播行距（cm）	播种深度（cm）
一年生黑麦草	1.5	1.0	20 ~ 30	1 ~ 2
菊苣	0.3	0.2	20	1 ~ 1.5
鸡脚草	1.0	0.5	15 ~ 30	1 ~ 2
白三叶	0.5	0.3	30	1 ~ 1.5
紫花苜蓿	1.5	1.0	30 ~ 40	2 ~ 3
高羊茅	2.0	1.0	15 ~ 30	1 ~ 2

7.5.3.2　牧草混播技术

豆科牧草粗蛋白含量高，禾本科牧草产量高，但粗蛋白含量低，因此豆科牧草可以弥补这一缺陷。禾本科牧草根系浅而密，豆科牧草根系发达，主根粗而根系深，能固定空气和土壤中的游离氮，并可供给禾本科牧草利用。不同牧草生长习性不同，对杂草和病虫害的抵抗能力也不一样，而混播则可以延长生长时期，增强适应能力，从而改善牧草产量和牧草品质，不同牧草在一年中不同季节盛衰时期各有差异，牧草混播可以利用各自的有利条件提高产量。选择豆科、禾本科牧草进行混播，既能有效防止家畜胀气病，又能提高牧草的产量和品质，还能充分利用各自的有利条件，增强草地的适应性和抗病力，同时又能增加土壤肥力，延长草地的使用年限，提高土地生产力。因此，在示范区进行了豆科牧草与非豆科牧草的混播试验。牧草混播是通过混合牧草种子来进行的，因此豆科与非豆科牧草种子所占比例直接影响牧草的生长、产量和品质。就生物量而言，在群落密度相同的条件下，混播比例的变化所引起的差异，因不同种群而不同。在菊苣 + 紫花苜蓿组合中以 1 :1 比例进行混播，鸡脚草 + 紫花苜蓿组合与鸡脚草 + 白三叶组合以 7:3 比例进行混播，即混播时的播种量为单播时播种量乘以混播组合中所占比例。牧草混播不仅可以改善牧草质量，牧草产量也有提高（图 7-14）。

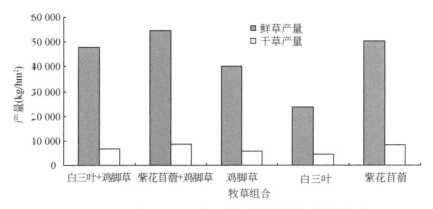

图 7-14　白宝示范区果园豆科牧草与禾本科牧草混播与单播产量

7.5.4　岩溶石漠化区养殖技术

7.5.4.1　山羊圈养技术

在岩溶区进行种草养羊，要注重羊舍建设、品种选择和饲养管理三大关键技术措施。

（1）羊舍建设

羊舍建设以通风、干燥、凉爽以及方便管理为原则。一般选择地势高、向阳、就近水源便于卫生防疫和管理的地方，有条件的配套建设沼气池。羊舍建设可根据养羊规模、性质来确定，一般分为吊楼单列式斜坡型羊舍和吊楼双列式平地型羊舍，采取砖瓦水泥结构，羊床采用竹条或木板铺平，留有漏缝，以便排污，保持清洁（图 7-15）。

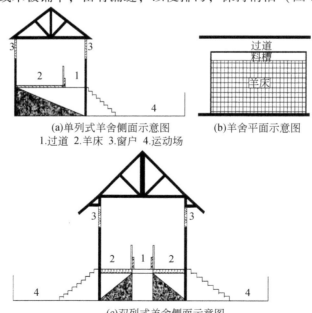

(a)单列式羊舍侧面示意图
1.过道 2.羊床 3.窗户 4.运动场

(b)羊舍平面示意图

(c)双列式羊舍侧面示意图
1.过道 2.羊床 3.窗户 4.运动场

图 7-15　圈养羊舍结构示意图

（2）品种选择

根据生态重建期间的试验观察，适宜在岩溶区舍饲圈养的山羊有波尔山羊、隆林山羊、小尾寒羊等，据测定，隆林种公羊混群饲养，经产母羊年产 1.83 胎，产羔率为 199.72%，波尔山羊种公羊与本地羊混群饲养，经产母羊年产 1.57 胎，产羔率为 199.05%。在广西岩溶石山区进行种草养畜可利用冷冻精液技术或胚胎移植技术对本地山羊进行品种改良，以获得更高的出栏率、产肉率和经济效益。

（3）科学饲养管理

1）合理利用牧草。放养的山羊可以选择性地采食所喜欢或需要的牧草、树叶等，满足其自身生理和代谢的需要，而圈养靠人工投喂饲草料，喂什么吃什么。如果饲草料种类单一、营养不全面，就必然会引起某些元素、营养方面的缺乏，导致羊群消瘦或各种疾病的发生。因此，舍饲圈养山羊，要合理搭配日粮，保证饲草饲料多样和搭配合理。因此，要求养羊户要充分利用各类秸秆、农副产品、野生杂草、树木枝叶等，并利用果园种植优良豆科牧草紫花苜蓿、白三叶、菊苣，利用荒地或农田种植（间套与轮作）优良禾本科牧草黑麦草、鸡脚草等，混合喂养；每养殖 6 只羊配套 1 亩牧草，采用青饲轮供方式，根据牧草生长特性，把田间牧草分成若干小区，每天收割一个小区，轮回收割，保证每天有充足的鲜草供给；在农作物秸秆及牧草生产旺季要尽量调制青贮、青干草料储备，保证青粗饲料全年的均衡供给。

2）补充混合精料和矿物质。山羊由放牧转为舍饲圈养，其饲草饲料来源种类以及营养元素有限，不能满足山羊生长发育的需要。因此，宜适量地补喂混合精料，尤其对羔羊的培育、母羊妊娠的中后期、泌乳期以及种公羊的配种期等，更应适量添加山羊专用浓缩料，并在羊舍内放置矿物质舔砖，以增加食欲，增强草料消化力，保证山羊营养全面、平衡，促进生长发育，预防疾病，提高出栏率。成年羊每天应补喂 0.15～0.25 kg 混合精料，如用玉米粉、豆饼、米糠、木薯渣、食盐加矿物质和微量元素等或配与山羊专用浓缩料。

3）定时定量，分餐投喂。传统放牧养羊，一般放牧 1 次/d，少数 2 次/d，常造成暴饮暴食，易引起消化疾患及草腹等。圈养山羊饲喂要定时定量，规律进餐，以增进食欲及消化吸收。按成羊每天喂青料（采收后晾干 4 h 以上）约 3.5 kg/只、粗料（秸秆、干草）1 kg/只，分 3 或 4 餐投喂，每餐 1～1.5 h。青粗饲料喂量中以豆科约占 30%、禾本科约占 60%、其他科约占 10% 为宜，切成 2～3 cm 的短草喂给；精料粉碎以压扁、压碎为好，并按 1:（1～2）的比例与水拌和成半干状饲喂，先粗后精，自由饮用清洁水。变更饲料要从少到多，逐步过渡，一般在 3～5 d 内完成。

7.5.4.2　岩溶区种草养兔技术

（1）兔种选择

市场上肉兔品种很多，课题组在广西岩溶区主要引进推广抗病和抗热能力均较强的新西兰大白兔，该品种具有生长发育速度快，饲料利用率高、肉质好，适应力强，繁殖率高、抗病力较强，较耐粗饲。

（2）兔舍的改造

家兔喜爱清洁干燥的生活环境。潮湿污秽的环境，易造成家兔传染病和寄生虫的蔓延。在兔舍设计及日常管理中，要保证圈舍清洁干燥，冬暖夏凉，通风良好。由于示范区地处山区，传统上是人居楼上畜禽居楼下的人畜混居模式，兔与鸡、猪同舍，舍内几乎没有窗户，采光和通风条件差，舍内粪尿一般不清扫，氨气浓度十分高，动物的死亡率也很高。岩溶区养兔首先必须因地制宜地改造兔舍，将兔舍从楼底下移到通风透光条件好的楼上，条件好的（如全州示范区的蒋作科示范户）则建立独立畜舍，畜舍的位置保证夏天舍内温度不会过高，冬天有遮风、御寒条件。兔子具有独居性和啃咬性，成年兔混养时常发生争斗咬伤的现象，雄兔尤为突出，雌雄兔应分开饲养，成年后要一兔一笼，一兔一窝。家兔的第一对门齿是恒齿，且不断生长，需借助采食和啃咬硬物，不断磨损，才能保持其上下门齿的正常咬合。因此，兔笼采用铁质材料。兔笼的面积为 60 cm × 60 cm，高为50 cm，且离地架高利于粪尿清除。对饲养人员进行技术培训，使他们掌握防病治病、配种、剪毛等必要的专业知识。

（3）养殖管理技术

新西兰兔在良好的饲养管理条件下，早期生长发育速度快，饲料利用率高，肉质好。在喂养前掌握家兔的生活习性，对日常生产管理措施的制定具有指导意义，是养好家兔的基础。根据兔的昼伏夜行特点，在晚上要喂足草料和水，有条件的养殖户在深夜加喂一次。兔子喜食的牧草有黑麦草、紫花苜蓿、菊苣等。此外，牧草不足时，红薯藤、花生藤、大根菜、胡萝卜、包菜、青菜等农副产品也可以适宜作为兔的饲料。由于兔子胆小怕惊，因此要避免突然的声响、陌生人和其他动物的惊扰，同时由于兔具有嗜眠性，在保证正常喂料、饮水及日常管理基础上，应保持兔舍及周围环境的安静，白天尽量不要妨碍家兔睡眠。

（4）养兔牧草选择与利用技术

养兔主要选择墨西哥玉米、高丹草、苏丹草等高秆禾本科牧草，饲养 100 只肉兔，一般需要种植 2 ~ 3 亩墨西哥玉米，或高丹草、苏丹草 3 ~ 4 亩；豆科牧草主要选择种植紫花苜蓿、白三叶等豆科牧草，在现蕾期开始刈割鲜草饲喂；花期收获后晒干草喂兔。饲养100 只兔一般需要种植 4 ~ 5 亩豆科牧草。采用豆科牧草 + 禾本科牧草混播种植模式养兔可以提高兔种的饲草利用率；一般选择种植紫花苜蓿、白三叶、红三叶等豆科牧草，禾本科牧草主要是多年生黑麦草、羊茅和鸡脚草等，豆科与禾本科牧草混播比例为 1:（2 ~ 3）。

7.5.4.3　家畜速育增肥补饲技术

在生态重建与石漠化治理示范区的平果果化、马山弄拉、环江古周，针对架子牛或丧失劳役能力及繁殖能力的老、弱、病、残牛，养殖户利用酒糟、精料、秸秆、青贮饲料、青绿饲料和食盐进行科学搭配，不时添加磷酸脲、瘤胃素、尿素、小苏打等有机饲料，从而大大提高了黄牛的日增重和饲料转化率。此外，还有选择地使用了多种维生素、矿物质、微量元素等添加剂饲喂。通过 60 ~ 80 天的短期科学配方饲养和精心管理，使这些类型的牛迅速肥壮，体重增重了 100 ~ 150 kg，将育肥后的黄牛及时出售，获得了更高的经济效益。

（1）利用尿素给牛、羊补饲技术

牛、养等家畜能利用尿素等非蛋白含氮化合物合成自身的蛋白质，尿素中氮含量高达46%，1 kg尿素相当于7 kg豆饼所含蛋白质的营养价值，是解决岩溶地区高蛋白草料短缺的高效补缺物质。但尿素补饲家畜要合理，否则容易导致用量过度而中毒或浪费。用尿素给家畜补饲一般按体重计算投喂的用量，每100 kg体重的家畜补饲20～30 g尿素为宜，补饲时最好将尿素与草料混合拌匀，以便慢速吸收转化。一般成年山羊每头补饲尿素的量不宜超过20 g，成年黄牛每头补饲尿素的量不宜超过100 g。补饲的技术要点是：用量适当，拌料均匀，少喂多次，切忌饮服，补饲后3 h内严禁饮水，若出现中毒症状，可用糖、醋解毒。另外，在制作青贮饲料时也可以按0.4%～0.6%将尿素添加到青绿草料中做成青贮饲料投喂家畜。

（2）饲料中添加磷酸脲和瘤胃素技术

磷酸脲是国际通用的优良反刍动物饲料添加剂，将其加入草料中可显著提高蛋白质的含量和转化率，对肉牛、山羊可提高产肉性能15%以上。这也是解决岩溶山区缺乏蛋白性饲料的有效途径。磷酸脲添加到饲料中也要讲究用量，一般按每100 kg体重的家畜日投喂量20～25 g，用时溶于水中，与草料混均投喂。瘤胃素又称莫能菌素，是一种灰色链球菌的发酵产物。瘤胃素作为一种离子载体，在家畜饲养上的主要作用是控制和改善瘤胃发酵时挥发脂肪酸的比率，减少瘤胃蛋白质的降解，使过瘤胃蛋白质的数量得到增加，又可提高到达胃的氨基酸数量，减少细菌氮进入胃，从而提高饲料的消化率和家畜的日增重。使用方法是按照家畜体重来计算用量，成年山羊用量为每头每日20～50 mg，成年黄牛用量为每头每日150～400 mg。投喂前将瘤胃素与精料充分混匀，精料与瘤胃素的混合比例为500：1。一天分两次饲喂，早晚各一次。

7.5.5 岩溶区人工草地管理技术

在岩溶区，发展草地畜牧业、调整农村产业结构是增加农民收入的有效途径，也是建设和保护生态环境的有效措施。但是，由于受气候、土壤等条件的影响，引进的牧草虽然对该区域具有一定的适应性，但是若管理和利用技术不成熟，不仅容易造成人工草地退化，而且还严重地影响了人们对发展草地畜牧业的积极性。因此，人工草地的管理技术就显得非常重要。

在平果示范区，我们主要是根据地形的差异选择相应的牧草种类。播种前根据牧草生物学特性对其种子进行相应的处理，如用热水浸泡、破皮等。同时，对土地进行精细耕作，施用农家肥作为底肥，并且做好相应的保护措施，如围栏等，以防其他动物破坏和啃食。采用的播种方法主要有条播、混播，播种时间和种植深度依据草种而定。在大禹兔业，我们也采取了先育苗后移栽的方法，不仅提高了牧草的发芽率，而且也提高了幼苗的存活率。对于混播牧草，我们充分考虑种类和用量的最优组合，既能重复满足家畜的营养要求，又能使几种牧草的生长较为适宜，不相互抑制。

人工草地播种后，牧草种子要经历从发芽到出苗、生长的过程，这段时间当地的气候、土壤及水热条件对其影响较大。若遇干旱，牧草种子很难发芽或发芽后迅速干死，而适应性较强的杂草则迅速生长。因此，播种后应保持土壤湿润，这不仅有利于幼苗出土，若幼苗出土不整齐，应及时补种。同时，注意清除杂草和防治病虫害。

在草地基本建成后，除了适时施肥、灌溉、防除杂草等田间管理外，在刈割利用的同时，我们十分注意刈割时期、刈割高度和刈割次数，这不仅影响牧草产量，而且影响以后的刈割利用，且每次刈割后注意追肥，这对牧草的来年利用非常关键。另外，加强对牧草越冬前的管理，保证多年生牧草安全过冬。

7.5.5.1　水肥管理

施肥的目的是满足牧草生长发育的需要、增加产量、提高效益。牧草通常对水肥条件要求较高，充足的水肥能大大提高牧草的产量和质量。首先，播种前需施足基肥，一般牧草以收割牧草茎叶为主，因此应施用较多的氮素肥料。作基肥的肥料主要是有机肥料如厩肥、堆肥、绿肥或磷肥、复合肥，在白宝示范区，大部分土壤缺磷，因此播种前应施足磷肥。其次，播种时施用种肥可为种子发芽和幼苗生长创造良好的条件，用腐熟的有机肥料作种肥还有改善种子床或苗床物理性状的作用。最后，在牧草生长期间进行追肥，可满足牧草生育期间对养分的要求，追肥的主要种类为速效氮肥和腐熟的有机肥料，磷、钾、复合肥也可用做追肥。一般在牧草出苗后在三叶期和分蘖前各追肥一次，每次施 10kg/亩的复合肥或尿素，每次刈割后再追施 10～15kg/亩的复合肥或尿素。

灌溉是补充土壤水分，满足牧草正常生长发育所需水分的一种农事措施。正确的灌溉不仅能满足牧草各生育期对水分的需求，而且可改善土壤的理化性质、调节土壤温度、促进微生物的活动，最终达到促进牧草快速生长发育、获得高产的目的。禾本科牧草通常在拔节期至抽穗期是需水的关键时期，豆科牧草则从现蕾期到开花期是需水的关键时期。对于刈割草地来说，每次刈割后都要进行灌溉施肥。灌溉用水量以不超过田间持水量为原则，此外，旱田土壤含水量为田间持水量的50%～80%时，有利于作物的生长发育，但牧草不同生育期对水分的需要量不同，水分过多时，必须及时排除。

7.5.5.2　病虫害防治和杂草管理

牧草在生长发育和产品储运过程中，常遭受生物的侵染和非生物不良因素连续不断的影响，从而在生理上、组织上和形态上发生一系列反常变化，造成产量降低、品种变劣。通常防治病害的方法有：①选择抗病牧草品种，降低病害的发生；②播种时进行种子的清洗和消毒，合理施肥，保持氮磷钾肥的合理比例，以提高植株的抗病能力；③搞好田间管理，及时刈割收获牧草，及时消灭寄主植株和病残植株；④喷洒化学药物进行防治。对于虫害的防治主要方法是及时刈割收获和进行化学药物防治。牧草生长期间，特别是在牧草苗期生长缓慢，往往被杂草浸没，所以要特别注意拔除杂草。在5月上旬，温度逐渐升高，雨水充沛，当地杂草生长也较旺盛，因此在这一阶段要注意防治。

7.5.6　岩溶石漠化区种植牧草适应性评价

桂牧1号、杂交狼尾草和象草，这3种牧草是最适宜在峰丛山区种植的牧草品种之一，最受当地种植户的欢迎，种植于峰丛底部至垭口的不同地块类型中，3 种牧草均能正常生长发育。通过对单播或混播于峰丛底部或垭口部位平地、梯地和缓坡地块中 3 种牧草的生产性能观测记录发现，3 种牧草的生长速度非常快，桂牧 1 号为 1.40～1.98 cm/d，杂交狼尾草为 1.20～1.65 cm/d，象草为 1.24～1.80 cm/d。3 种牧草的经济产草量也特别大，桂牧 1 号为 150 000～225 000 kg/（$hm^2 \cdot a$），杂交狼尾草为 112 500～180 000 kg/（$hm^2 \cdot a$），象草为 125 000～220 000 kg/（$hm^2 \cdot a$）。因此，适宜将 3 种牧草进行连片单播或混播于土层厚度大，土壤分布连续的平地、梯地或缓坡部位，这样不仅有利于提高 3 种牧草的生长速度、增加刈割频次，而且还有利于获得最高的经济产草量。此外，对种植于马山弄拉和环江古周试验区峰丛底部低洼部位 3 种牧草的耐涝避涝作用进行观察试验发现，耐受水淹时长最多可达 5 天，在水淹过后对其进行刈割留茬，3 种牧草的大部分植株能迅速出芽再生，表现出很强的内涝性能。因此，3 种牧草可种植于峰丛底部低洼部位，作为耐涝避涝作物在峰丛山区推广种植。

美洲菊苣也是最适宜在各种地貌部位和土地类型中种植的牧草品种之一，可种植于垭口、山腰、山脚和峰丛底部，但其根系没有桂牧 1 号、杂交狼尾草和象草那么发达，肉质的根茎也比其他类型牧草在耐涝能力方面稍差些。综合评价来看，美洲菊苣最适宜种植于垭口至洼地周边的梯形地，缓坡土层厚度在 30 cm 以上的地段也可种植，峰丛底部及边上种植的美洲菊苣产草量和再生速度最大，但要注意排涝。

与其他牧草相比，木豆更能耐受峰丛山区的干旱缺水和土壤贫瘠，在陡坡、斜坡、公路边坡等不宜耕作土层浅薄的地块类型中，木豆具有极强的适应能力，其饲用部分为叶片，刈割后不影响木豆根部的保水保土性能。此外，木豆也适宜种植于石旮旯地、石缝地和石槽地中。

银合欢是一种高蛋白速生的饲料植物，国际上称为"蛋白质奇迹树"，在峰丛山区具有很强的适应能力，其耐旱、耐贫瘠特性不亚于木豆。最适宜种植于公路边坡、斜坡地、石缝、石旮旯地、石沟地、石槽地、石穴地中，最适生长部位是山脚至山腰一带。

任豆树是我国南方石山地区很普遍的一种用做薪材、木材和饲料的多用途植物，在峰丛山区作为综合开发利用进行种植，任豆树具有很强的石生性（岩生性），根系发达，最长可向下沿石缝延伸至地下几十米深的地方吸收地下水以供应其生长发育。因此，最适宜种植于石缝地、石旮旯地、石沟地、石槽地、石穴地等土壤紧缺的土地类型中，有些甚至贴在石头上生长。其最适生长地貌部位是山脚、山腰和垭口部位。

黑麦草属于冷季型牧草，其抗寒性能较其他牧草品种强，但不适合种植于石缝、石旮旯等土壤稀少的土地类型中，经试验观察发现，在土壤少，土层浅薄（5～10 cm）的土地类型上生长的黑麦草，其生长速度极为缓慢，平均为 0.2～0.6 cm/d，年平均产草量最多1800 kg/亩。因此，最适宜种植于土层厚度大的平地、梯地或缓坡当中。黑麦草也不耐内涝，一般在丰雨期来临之前就要换种其他品种的牧草。

桂花草、类玉米、三叶草和紫花苜蓿，这 4 种牧草根系不发达，只能吸收表层30 cm以上土壤中的水分和养分，其耐旱耐贫瘠能力相对较差，但类玉米和高丹草的生长速度较快，产量也比较可观，三叶草和紫花苜蓿营养价值高。经试验发现，类玉米、高丹草、三叶草和紫花苜蓿最适宜种植于峰丛底部、山脚及垭口的平地和梯地中。

7.5.7　岩溶峰丛山区适宜的牧草立体种植模式

根据峰丛山区土壤分布不连续、分配不均衡以及土地格局多样化的特点，该项目在 4 个试验区 "因地" 适宜的采取相应的种植模式，如单种、套种、混播和间种等，在不同的地貌部位，依土地类型的不同采用不同的立体种植模式。经过两年的试验，结果总结出了适宜于峰丛山区的牧草立体种植模式。

峰顶至垭口部位由于坡度大，土壤稀少，分布零星，土层浅薄，封山育林禁牧区。垭口及以下部位，可在缓坡地和梯地中桂牧 1 号、象草、杂交狼尾草、美洲菊苣、黑麦草、类玉米、高丹草等速生高产牧草品种，单种或套种、混播均可获得高产；对于土层浅薄、土被分布零星的石缝、石槽、石旮旯、石沟等地块类型，可种植石生性强的任豆树、银合欢、构树木豆等乔灌类饲料作物，还可利用林下空闲地套种桂牧 1 号、象草、杂交狼尾草、美洲菊苣等相对低矮型牧草；对于土被分布连续的斜坡、公路边坡，可种植木豆、银合欢等耐旱耐贫瘠型和水土保持型牧草；峰丛底部平地和山脚部位，除了单种或混播桂牧 1 号、象草、杂交狼尾草、美洲菊苣、黑麦草、类玉米、高丹草、紫花苜蓿、三叶草，还可以将乔灌类饲料植物如任豆树、银合欢、构树与相对低矮的桂牧 1 号、象草、杂交狼尾草、高丹草、美洲菊苣等避涝型牧草进行套种的林草种植模式，以便在获得丰产高产的同时，减少内涝造成的损失。

7.6　岩溶土壤改良技术

7.6.1　广西岩溶石漠化区土壤资源特征及存在的问题

广西岩溶石山区，由于其特殊的地质背景和不合理的人类活动，导致土壤退化严重，产生严重的石漠化，土壤资源具有以下特点：①土壤以石灰土为主，除平原、洼地、谷地土壤外，土壤层瘠薄，多在 30 cm 以下，多为裸露基岩所间隔呈不连续状分布，土壤分布破碎；②土壤斑块内土层厚薄不均一，差异大，影响耕种；③土壤剖面中缺乏 C 层，土壤黏重，易板结，坡地土壤熟化程度低，富含碎石块；④土壤中富含 Ca、Mg 元素，偏碱性或中性，营养元素有效态含量低；⑤水土流失严重，以向地下漏失为主，土壤肥力差，营养元素流失严重；⑥石漠化严重，土壤物理性质差，土壤水分含量骤变，易产生干裂；⑦土壤有机质含量较低，主要集中于表层，流失严重，有机质主要以稳定的腐殖质钙形式存在，可利用部分少（罗为群等，2009）。

存在的问题：客土改良过程中，操作不当，导致土壤肥力下降；甘蔗渣被用作造纸，相对于其他有机肥料价格昂贵；肥料施用方式不当，利用率低，污染地下水；农业种植结构单一，耕作粗放；旱涝灾害频繁，农作物受灾严重；土壤改良及土地整理过程中，产生新的水土流失。

7.6.2　石灰土改良的主要思路和方法

依据广西岩溶区土壤资源的特征，在前期土壤改良试验及技术方法的基础上（蒋忠诚等，2007），针对岩溶区土壤改良存在的问题和不足，进一步开展岩溶土壤改良试验，主要从以下几个方面来进行：①改善生态环境，提高植被覆盖度，涵养水源，提高土壤水分含量，减少蒸发损失；②采用客土增加土壤层厚度，调节土壤沙黏比例和土壤 pH，改进操作方法；③改善土壤的物理性质，提高土壤蓄水保肥的能力；④防治水土流失，尤其防治水土及土壤营养元素的地下漏失；⑤改进有机肥及化肥的施用方式，提高肥料的利用效率，防治污染地下水；⑥针对不同的地貌类型区，采取不同的适宜当地特点的土壤改良技术。

7.6.3　岩溶土壤改良技术

7.6.3.1　土壤改良分区

依据广西岩溶区的地貌类型及土壤资源特点，将广西岩溶区主要划分为岩溶峰丛洼地区、岩溶峰林（峰丛）谷地区、岩溶平原区、岩溶丘陵区 4 个土壤改良大区。在每个大区内，依据地貌部位、土壤分布特点、石漠化程度、水土流失特点、旱涝灾害等为依据，进一步划分成若干个土壤改良子分区。在前期研究的基础上，将每个土壤改良大区划分成荒地裸岩区、石旮旯地、坡耕地、梯形地、平地 5 个土壤改良子分区。

7.6.3.2　各分区改良措施及步骤

(1) 荒地裸岩区

该区主要是结合人工造林，在封山育林的基础上，利用客土植树或种草。客土植树通常选在春季雨天进行，植树初期，因人为扰动土壤，幼林水土保持能力差，在暴雨条件下，极易将新填充的客土快速冲刷掉，随地下裂隙空间漏失，产生新的水土流失。

改良措施及步骤：①植树前，在石缝、石窝等低洼溶蚀空间内填上碎石块，以堵塞住相对较大的溶蚀空间；②采用浆砌块石堵住缺口部位，防止土壤随缺口流失；③将运来的客土与适量发酵后的有机肥料混合堆放 10~15 天；④在树坑填充的碎石块表面覆盖秸秆、杂草、木屑、发酵后的蔗渣粉、发酵后的糖厂滤泥、沼渣等有机肥料，用 500 倍生物腐殖酸液喷洒一遍；⑤覆盖上堆放后的客土，保证土壤层平均厚度为 20 cm 左右；⑥种树浇水后，在土壤表层覆盖地膜或木屑、杂草、秸秆等，防止降水溅蚀土壤和土壤水分的蒸发；⑦覆盖土后，直接种上速生牧草；⑧为了防止填充的客土斑块周围裸露基岩产流的冲蚀，植树或种草后，采用浆砌小块石截留主要岩面产流；⑨为更好的改良和利用客土资源，优先种植类似金银的藤本植物，待藤本植物基本覆盖裸露基岩后，可在土壤斑块内在种上速生树种。

(2) 石穴地土壤改良

前期研究成果表明，石穴地土壤改良因其所处的地貌部位和当地的人地矛盾程度不同而存在差异。在人地矛盾突出的岩溶峰丛洼地石山区，坡度大于25°全部退耕；在地形坡度小于25°、石漠化重度以上时，土壤改良主要是在退耕还林还草，在裸露基岩部位选择低洼的溶蚀空间，利用客土植树种草，方法同荒地裸岩区；地形坡度小于25°、石漠化中度以下时，在土地整理炸石砌埂坡改梯的基础上，采用客土种草或绿肥改良。在人地矛盾相对缓和的岩溶峰林（丛）谷地及岩溶丘陵区，坡度大于15°全部退耕；坡度小于15°的、石漠化重度以上时，土壤改良主要是在裸露基岩部位选择低洼的溶蚀空间，利用客土种草，方法同荒地裸岩区；地形坡度小于25°、石漠化中度以下时，在土地整理炸石砌埂坡改梯的基础上，采用客土种草或绿肥改良。

改良措施及步骤：①土地整理炸石砌埂，石旮旯地改成梯地；②在地块适当低洼的部位修建小型的发酵池，提前1个月将畜禽粪便、沼气水、滤泥、乙醇厂和糖厂废液放入发酵池，按1 kg/30m³的比例加上生物腐殖酸粉剂，按肥料与水1:2的体积比加水，采用简易薄膜等覆盖防雨发酵；③待肥料发酵后，将石旮旯地表层肥土集中在一起，覆盖客土，直到将地块内的裸露基岩全部覆盖为止，平整土地，喷洒一次发酵后的肥液；④再将原有的表层肥土覆盖，平整土地；⑤新整理好的土地，优先种植牧草，或者第一年种植绿肥后，第二年开始种植果树、粮食作物等。

（3）坡耕地土壤改良

在前期研究的基础上（蒋忠诚等，2007），主要是在退耕还林还草或坡改梯平整土地搞好水土保持的基础上，配套施用厩肥、堆肥、种植绿肥以及客土改良土壤的方法改良土壤。

改良措施及步骤：①土地整理坡改梯；②采用条带分层挖沟法改良土壤，因甘蔗渣昂贵，秸秆等有机物有限，采用蔗渣粉、糖厂废液和乙醇厂废液发酵后的浓缩物进行改良；③因坡耕地土壤流失严重，且向地下漏失，而挖沟法改良土壤易造成土壤的地下漏失和沿岩土面蠕滑，坡改梯后1~2年内宜种植牧草或绿肥作物，在此基础上再采用分层挖沟发改良土壤；④为提高有机肥的利用率，降低土壤pH，减少钙含量，采用生物腐殖酸将有机肥发酵后施用；⑤土地整理时，在地边选择天然的石窝、石坑修建简易的有机肥发酵池，便于将有机肥与化肥一起混合发酵；⑥挖沟法改良土壤前，宜在地块四周种植或者预留2排根系发达的牧草或绿肥植物，如狼尾草、桂牧1号象草等，防治水土流失；⑦在多表层带裂隙水排泄的区域，不宜采用挖沟法改良土壤；⑧挖沟法改良土壤必须先修好截水沟和排水沟，避免上游坡面水及裂隙突水冲蚀土壤流失和漏失；⑨在地块内石芽较多的情况下，不宜采用条带分层挖沟法，可采挖窝穴改良法，在清除石芽后，在石芽间的土壤斑块内挖窝穴，改良步骤与条带分层挖沟法类似；⑩挖窝穴改良法，注意在岩土接触面保留大于10 cm厚的土壤层不扰动，采用糖厂滤泥改良土壤时，当季作物尽量种植在窝穴周围，避免发酵烧伤植物根系。

（4）梯形地土壤改良

本节的梯形地是指当地农民长期耕作过程中，采用块石垒砌或土坎修筑而成的标准较低的梯形地。以石坎垒砌的梯形地土壤层相对较薄，且土壤基本偏碱性，水土沿块石坎缝隙和基岩裂隙流失严重，地块内多见石芽裸露，为石灰土改良的重点；以土坎修筑的梯形地，土壤层相对较厚，土壤改良主要是做好水土保持，增施有机肥料提高土壤肥力，改善土壤结构和平衡施肥。本研究主要针对以石坎垒砌的梯形地土壤进行改良。

改良措施及步骤：①清除地块中的碎石和石芽；②对于土壤层厚度小于30 cm的耕地，采用客土法改良土壤，对于土壤层厚度大于30 cm的耕地采用条带分层挖沟法或挖窝穴法；③客土法改良土壤，首先将耕作层土壤挖开集中堆到一边，然后重新采用浆砌块石砌筑地埂；采用生物腐殖酸辅助发酵后的有机肥与客土混合堆放10~15天后，将混合客土均匀覆盖地块，平整土地，再均匀覆盖上耕作层土壤；④梯形地通常位于中下坡，雨后上坡面来水量大，并伴短时间或季节性的泉水从石缝中集中排泄，在修建排水沟，防止冲刷土壤的同时，在集中汇水或排水的部位修建小型蓄水池或水窖，供土壤改良有机肥发酵及绿肥植物灌溉用；⑤低标准梯形地的土壤肥力差，钙含量高，因此梯形地客土改良后，宜种植多年生牧草或绿肥植物，覆盖地块的同时，根系及分泌物改良土壤，茎叶养畜，过腹后改良土壤；⑥绿肥植物种植2~3年后，可改种粮食、经济作物及改作果园。

（5）平地土壤改良

广西岩溶区平地主要为洼地、谷地、平原和台地。洼地和谷地通常为当地最好的耕地资源，土壤层较厚，水肥条件相对较好，但石漠化加剧水土流失，旱涝灾害频繁，导致洼地和谷地表层土壤流失严重，雨时涝、旱时严重缺水，且因长期接受山坡流下的黏土沉积，质地黏重。岩溶平原和台地区，主要问题为地下水埋藏深，旱灾严重。本文主要在前期研究的基础上，针对洼地和谷地开展土壤改良技术研究。

改良措施及步骤：①首先进行洼地排涝工程，修建排水沟、沉沙池和落水洞坊；②采用沙性客土改良土壤黏性，按每100 m² 3 t的比例混合施用；③增施有机肥，种植绿肥植物改良土壤，测土平衡施肥。

7.6.3.3　种植绿肥改良土壤

绿肥即作肥料施用的植物绿色体，大多绿肥植物可用作牲畜饲料。通过试验研究，适宜广西岩溶区种植的绿肥植物较多，如美洲菊苣（*Cichorium* sp.）、杂交狼尾草、高丹草、墨西哥类玉米（*Euchlaena mexicana*）、柱花草（*Stylosanthes guianensis*）、黑麦草（*Lolium perenne*）、紫花苜蓿（*Medicago sativa*）、白三叶草（*Trifolium repens*）、肥田萝卜、苕子、银合欢等等。按不同分类方法可分为一年生绿肥或多年生绿肥，短期绿肥；水生绿肥，旱生绿肥，稻底绿肥；夏季绿肥，冬季绿肥等（徐明岗等，2009）。

广西岩溶区绿肥植物种植注意从以下几个方面选择绿肥植物：①岩溶区缺水少土，居民贫困，种植绿肥植物改良土壤必须与种草养殖相结合进行，进一步扩展到生产沼气，产生一定的经济效益，农户易接受，易辐射推广；②豆科绿肥植物与农作物、果树等间作，为不影响作物生长，宜选择耐贫瘠、耐旱、耐隐蔽等特点的绿肥植物，如苕子、菊苣等；③在坡面及梯形地种植果园中，宜选择耐旱、耐瘠薄、耐酸碱的绿肥植物，如肥田萝卜、菊苣、黑麦草等；④在石缝地、梯形地、坡耕地中，宜选择耐旱、耐瘠薄、耐钙、根系发达的多年生绿肥植物，如桂牧1号、狼尾草、木豆、紫花苜蓿等；⑤易涝洼地，宜选择耐涝的绿肥植物，如桂牧1号、象草、狼尾草、银合欢等。

在前期研究的基础上（蒋忠诚等，2007），新研发了绿肥聚垄种植玉米技术。冬季休闲地上种植短期绿肥植物，在玉米种植前1个月，按照玉米种植的间距，将绿肥条带状翻压聚垄，注意控制土壤水分，待发酵后，沿聚垄种植玉米，在玉米行间套种短期绿肥植物，如饭豆等。试验结果表明，绿肥聚垄种植玉米，土壤容重下降 0.05 ~ 0.09 g/cm³，总孔隙度增加 3.45% ~ 6.53%，土壤有机质增加 5.3%。

绿肥施用方式主要有鲜草直接翻压、干草切碎翻压、过腹还田、腐熟利用。广西岩溶区土壤富钙、偏碱，为了更好地减少钙含量和降低 pH，提高绿肥的利用率，绿肥翻压时，喷上微生物菌剂或 500 倍生物腐殖酸液（李瑞波，2008），再覆土，促进绿肥快速腐化，利于绿肥发酵过程中微生物活动和低分子有机酸的产生，促进岩溶作用进行，增强改良效果。过腹还田或腐熟利用，需要与糖厂绿泥、牲畜粪便、沼渣等混合，在 300 倍生物腐殖酸液的作用下发酵产生大量低分子有机酸后利用；绿肥施用时，可适当与无机肥配合施用。

广西岩溶石山区绿肥改良土壤应注意以下问题：①秋冬季为旱季，严重缺水，冬季休闲地上种绿肥，必须以水资源的开发利用为前提保障；②绿肥翻压降解过程中会产生一些有机酸等还原物质，易对作物造成毒害，采用条带间隔翻压，作物沿翻压条带两侧种植，或者作物种植前半个月翻压，采用生物菌剂或生物腐殖酸酸液促进快速发酵；③岩溶土壤改良，绿肥采用过腹或腐熟发酵利用效果最佳，在条件成熟或交通不便的地方，采用腐熟发酵后改良土壤，既增加经济效益，又提高绿肥利用率。

7.6.3.4 食用菌糠改良土壤

2004 ~ 2008 年，广西食用菌总产量和总产值 5 年翻了三番，在产生高的经济效益的同时，也制造了大量食用菌菌糠。食用菌菌糠为食用菌栽培后剩下的废弃物，含有大量菌体蛋白，具有较小的碳氮比，富含大量食用菌生长过程中分泌出的许多有机酸等代谢物，为一种酸性优质农家肥。正适宜岩溶区碱性瘠薄土壤的改良，广西食用菌的发展为岩溶土壤改良提供了优质肥源。试验结果表明，在岩溶土壤中，每亩施用菌糠 50 kg 左右，土壤 pH可降低 0.5 ~ 0.9，钙含量减少 5% ~ 10%，有机质含量增加 3.2%。

食用菌菌糠改良土壤方式主要有：直接施入土壤、发酵后还田、作饲料过腹后还田、作饲料过腹—沼渣（液）还田。

注意的问题：岩溶土壤改良以发酵后还田和作饲料过腹—沼渣（液）还田效果最佳；在条件差的地方，直接施入土壤改良也可取得较好的改良效果，但在施入土壤后注意控制土壤水分含量不得低于 20%；食用菌菌糠发酵后宜作追肥或者与其他有机肥混合作基肥，菌糠用作追肥用量不宜过多，控制在 30 ~ 60 kg/亩，过多会造成释放的营养元素随水流失。

7.6.3.5 有机肥改良岩溶土壤注意的问题

在已有的秸秆还田、亚硫酸法糖厂滤泥改良岩溶土壤技术的基础上，针对存在的问题，提出以下注意事项：①岩溶土壤层薄，扰动后易漏失，有机肥改良土壤必须结合土地整理及水土保持工程同时进行；②土地整理改良土壤后，有机肥改良土壤宜发酵后作液体肥施用或追肥施用效果好；③为更好地减少土壤钙含量和降低 pH，采用生物腐殖酸促进有机肥发酵产生大量低分子有机酸，提高有机肥利用率和改良效果；④采用生物腐殖酸发酵后的糖厂滤泥包裹化肥颗粒，形成络合体和螯合物，使化肥营养成分缓慢释放；⑤有机肥作追肥施用，以常规穴施和条施改良效果好；⑥因水土流失及地下漏失严重，肥料单次用量不宜过大，采取"少吃多餐"的施肥法；⑦甘蔗渣价格昂贵，可以采用圈肥、蔗渣粉、糖厂废液和乙醇厂废液发酵后的浓缩物替代。

7.6.4　岩溶土壤改良技术适用的范围

本技术适宜于广西岩溶石山区的岩溶土壤改良、生态重建、石漠化治理、水土保持、土地整理等的技术要求。其中，糖厂滤泥和酒精厂废弃物改良土壤，适宜于广西百色、南宁、柳州、来宾及河池部分县的岩溶地区；食用菌菌糠改良土壤，主要适宜于偏碱性的岩溶土壤。

7.7　洼地内涝防治技术

7.7.1　广西岩溶区内涝灾害特点及类型

岩溶内涝灾害是亚热带湿润气候条件下岩溶地区特有的一种与岩溶生态环境和人类活动密切相关的灾害类型（光耀华和郭纯青，2001），在一些溶蚀洼地、谷地和峰林平原因连续降水或水库蓄水，地下岩溶管道排泄受阻，经常发生内涝，且这种内涝具有周期性、多发性、突发性和群发性的特点，且受复杂的地下管道系统制约，水流循环及补排关系错综复杂，有效治理的难度很大。广西大部分的岩溶区属裸露型岩溶区，内涝灾害频繁，内涝类型多样，主要有峰丛洼地内涝、峰丛（峰林）谷地内涝、岩溶平原内涝、岩溶区与非岩溶区接触过渡带内涝。广西峰丛洼地分布面积约为 4.96 万 km^2，占广西岩溶面积的80%，是广西岩溶区的一种最常见的岩溶内涝地貌类型（袁道先和蔡桂鸿，1988）。

7.7.2　岩溶洼地排涝工程技术

7.7.2.1　岩溶小洼地排涝工程技术

岩溶小洼地内涝灾害主要由于水土流失造成落水洞及地下河堵塞，通常淹水时间为1~2 天，水深 1 m 左右。在进行其他水土保持工程措施的基础上，分 2 个洼地内涝类型实施排涝工程。

（1）完全封闭的洼地内涝

排涝主要步骤：①采用物探技术探测落水洞及地下河找到堵塞的瓶颈部位；②依据物探结果制定排涝技术方案；③清理落水洞内的泥沙、碎石，依据 50 年一遇降水量大小扩大落水洞口，修建落水洞坊并采用浆砌石围筑洞壁高出地表 0.5 m；④在洼地沿自然汇水沟修建拦沙坝拦蓄水；⑤修建排水沟直通落水洞，排水沟剖面内径依据汇水面 50 年一遇暴雨的来水量大小设计，尽量修建深沟；⑥在排水沟距离进入落水洞前 6 ~ 10 m 处修建沉沙池，在各条排水沟的交汇处修建沉沙池，沉积沙池内径按2 m×2 m×1 m设计；⑦材料采用块石混凝土结构；⑧以整个岩溶洼地系统和岩溶流域系统为单元，配套相关生态恢复措施和其他水土保持工程措施。治理后基本对农作物不造成影响。

典型案例：在弄拉示范区下弄拉洼地，四周完全封闭，每年都受淹，需要实施排涝工程才能有限利用土地，但必须查明洼地底部的岩溶发育规律，对此，开展了洼地的物探调查，以此为基础制订了洼地排涝工程方案。根据设计方案，修建排水沟500 m余，拦水坝100 m，沉沙池6个，落水洞坊1个，基本解决了下弄拉洼地的排涝问题，同时利用排水沟旱季实现多级蓄水灌溉（图7-16）。

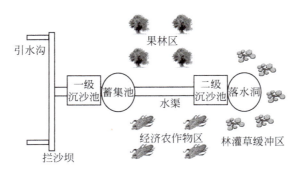

图7-16　弄拉洼地排涝工程平面示意图

（2）一端有开口的洼地内涝

排涝主要步骤：①清理落水洞修建落水洞坊，或者直接将淤塞的落水洞建成沉沙蓄水池；②修建拦沙坝拦蓄自然汇水沟径流；③修建排水沟连接拦沙坝和落水洞坊或沉沙池；④修建连接洼地开口和落水洞的排水沟；⑤在排水沟的连接部位修建沉沙池；⑥有条件的地方，可以在洼地开口部位修建大型蓄水池，蓄积部分洪水，用于下游地区的灌溉；⑦材料采用块石混凝土结构；⑧以整个岩溶洼地系统和岩溶流域系统为单元，配套相关生态恢复措施和其他水土保持工程措施。将大部分水排出洼地。治理后，洼地基本不淹水。

典型案例：针对果化示范区龙何屯洼地人口多，人畜污水污染地下水，而地下管道水为全村的水源，洼地一端有开口的特点，设计治理方案为雨水、污水过滤池—蓄集池（蓄水种植蔬菜）—排水沟（图7-17）。

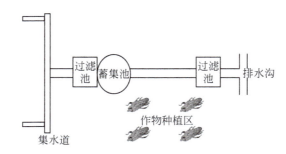

图7-17　果化洼地排涝工程平面示意图

7.7.2.2 岩溶大洼地（谷地）排涝工程技术

岩溶大洼地内涝灾害主要由于地下河水文地质瓶颈结构和水土流失造成落水洞及地下河堵塞等因素综合作用的结构，内涝灾害淹水时间较长，水深几米至几十米不等，通常淹水时间超过 15 天，造成上千亩耕地颗粒无收和大量居民房屋被淹，危害严重，面积大。对于这类型洼地内涝，采取挖排水明沟或排水隧洞的方法进行排水，配套进行其他水土保持工程措施和生态恢复措施。

典型案例：德保县排涝工程，有多学、隆桑两大排涝工程，前者位于燕峒乡平安村陇迷屯至多学屯，1967～1972 年建成，隧洞长 110 m，过水流量 74 m³/s，排洪道长 460 m，排涝面积 8000 亩；后者位于隆桑镇，1969～1974 年完成，排洪洞长 1.16 km，全长 3.7 km，过水流量 60 m³/s，排涝面积 6000 亩（广西壮族自治区地方志编纂委员会，2000）。

7.7.3 岩溶洼地生物与工程相结合防治内涝技术

峰丛洼地地形封闭，没有地表排水出路，地下河常常埋藏较深，在没有条件修建排水明沟和排水隧洞的洼地系统，应采取水利工程措施和生态环境措施相结合的科学治理方法，根据高峰丛洼地系统和低峰丛洼地系统的水文地质条件、居民点和耕地的分布情况，治理工程的投资效益比分别采取合适的治理措施。

7.7.3.1 高峰丛洼地内涝防治技术

高峰丛洼地系统主要分布于广西西部地区的中山山地，在峰丛洼地区内还间夹部分谷地。这类洼地系统地形地势特征表现为基座高，海拔 800 m 以上，山峰海拔 1000～1800 m，洼地和山峰高差相对较小，为 150～250 m，洼地面积与山体面积比为（1∶3）～（1∶5.5），洼地密度 0.9～2 个/km²。洼地多沿区域性次级构造发育，呈不规则的盆状，底部面积较大，且有大于 1 m 厚的土层覆盖。在比较大的洼地中常有伏流穿越。高峰丛洼地因基座高，远离排泄基准面和蓄排洪场所，径排途径过长，"瓶颈"状洞管过多，排泄困难，内涝防治应以生态环境工程措施为主，水利工程措施为辅。

1）生态环境工程措施。除退耕造林、封山育林等普适性措施外，着重解决好作物的时空分布格局。在水平布局上，地势最低的地方种植牧草，地势略高、土层较厚、土壤肥力相对较好的地方退耕种桑养蚕，地势较高（正常年份不受内涝影响）种植玉米和果树，坡地全部退耕还林。广西古周喀斯特峰丛洼地生态恢复与重建试验示范区在地势最低的地方全部种植桂牧 1 号养牛，在地势略高的地方全部退耕种桑养蚕，地势较高的地方种植玉米、板栗、枇杷、柑橘，坡地种植香椿、任豆等树种并在立地条件较好的坡地实施林草间种养牛，取得了很好的经济效益、生态效益和社会效益。在时序布局上，根据内涝发生特点，选择适宜的种植方式，尽量避免内涝对作物生长的影响，如广西古周喀斯特峰丛洼地生态恢复与重建试验示范区改变了传统的种植结构，实现了"土豆＋玉米＋红薯＋大豆"的年作方式，避免了内涝的危害。

2）水利工程措施。高峰丛洼地系统内涝较轻，远离地表河流和蓄排洪场所，不具备修建排洪隧道工程条件，但洼地中普遍分布 3～5 m 厚的土层，因此在较严重的高峰丛洼地内涝区域建立溶洼成库，调蓄洪涝。

7.7.3.2 低峰丛洼地系统内涝防治措施

这类峰丛洼地系统以红水河流域为代表，主要分布于桂西北和桂西南，其次为桂中和桂东北，基座在 800 m 以下，山峰标高为 700～1100 m，峰丛与洼地高程相差 200～500 m。高差大的洼地呈现出分布密集且小而深的现象，呈漏斗状，土层厚度小于 0.5 m，洼地密度 2～3 个/km²，高差小的洼地则表现为洼地面积大，以峰丛浅洼地为特征，洼地分布密度 0.5～2 个/km²。低峰丛洼地内涝在全面实施普适性措施中应特别强调处理好上下游之间的关系和内涝严重、居民较少的漏斗状洼地实施生态移民，除此之外，根据地峰丛洼地与地下河的主干道和排泄区较近的特点及内涝一般较严重的状况，应以水利工程为主，生态环境工程为辅。

1）生态环境工程措施。在做好退耕还林、作物时空合理布局的基础上，引进一些避涝品种，改进栽培技术措施，减轻内涝对作物生长的危害，如广西古周喀斯特峰丛洼地生态恢复与重建试验示范区，引进了华玉 4 号、农大 108、湘玉 7 号、湘玉 8 号、液单系列等优质玉米品种，克新 3 号、克新 4 号、东农 303 等马铃薯冬种作物，桂牧 1 号、宽叶雀稗、合萌等耐涝牧草品种；对玉米常规栽培技术进行改进，通过提前播种和覆盖薄膜育苗技术相结合，将玉米成熟期提前 20～25 天，调节到 6 月 15 日之前，成功地避开了洪涝灾害。

2）水利工程措施。充分利用已有的水利工程，清除已有的排洪蓄道中淤污，使其行洪顺畅，减少工程挖方量，在此基础上，对内涝特别严重的区域重新修建排洪蓄道工程。

7.7.4 岩溶洼地内涝防治辅助措施及日常管护

7.7.4.1 治理规划

根据广西岩溶山地洼地的分布状况和具体特点，制定整体治理规划和分区治理规划。

7.7.4.2 预防措施

洼地内涝治理首先坚持以预防为主，分析其具体的致灾因子，找出其发展规律，做好灾害的预测预报工作；杜绝不合理的平整土地，防止有意或无意地把落水洞堵填而造成的内涝；避免固体废弃物（如塑料垃圾、枯枝落叶等）随意倾倒造成落水洞堵塞和地下河堵塞而成内涝。

7.7.4.3 生态环境措施

封山育林、保持水土、防止泥石堵塞地下岩溶管道等。例如，马山县弄拉屯为典型的峰丛洼地，该屯地势高，地表径流贫乏，地下水深埋，以前的旱季常造成水荒，而到了汛期，由于其天然林已于 1958～1963 年全部砍光，调蓄能力下降，水土流失及石漠化加剧，落水洞和地下河遭淤积，偶遇连续暴雨就会导致大量雨水汇集于洼地内而不能及时消水，形成内涝。该屯主要采用了生态环境治理和修复的方法，居民对几个岩溶泉的补给区的森林发展和保护十分重视，并结合土地整理、退耕还林种草、土壤改良、水资源开发等工程来辅助治理（蒋忠诚等，2001）。经过长期的保护和综合治理，生态环境有了很大改善，森林的生态水文功能逐步增强，居民的饮用水得到了保证的同时，内涝灾害的可能性和规模都有减少的趋势。随着后续的导流明渠、排水隧洞等工程设施的完成，该屯的内涝灾害已经基本解决。生态环境治理与修复的方法不仅对岩溶内涝防治具有显著成效，而且对于耕地资源保护、干旱治理、流域地表地下水道淤塞预防、土地生产力和人们收入提高都具有重要意义。

7.7.4.4　科学管理措施

洼地内涝治理是一项复杂的系统工程，一是需要水利、林业、农业、气象、科研和企业等部门通力合作；二是要处理好上下游之间的关系，避免上游排泄导致下游内涝加重；三是从投资效益比考虑，对突发性内涝应制定合理的补偿政策；四是对一些居民少但内涝严重且时间长的地区应实行环境移民。

7.8　石漠化区域农业结构调整与生态产业培育技术

7.8.1　广西岩溶石漠化区传统农业结构存在的问题

广西岩溶地区传统农业生态系统主要以粮食（玉米）和低效作物（黄豆、花生等）轮作的单一结构为主。由于人口的压力，在山坡上开荒种地十分普遍；坡地上地块破碎，为大块裸露石灰岩隔开，耕地块面积一般不大于 3 m²，这类耕地类型占总耕地的 50% 以上；而大面积的桂中峰林岩溶区，岩溶系统表层的岩溶化极强，复杂的介质结构系统构成地表物质与能量迅速渗漏转移，造成地表土层浅薄贫瘠，植被少，土壤结构疏松，保水能力差，调节功能弱，旱涝灾频繁，导致连片干旱和严重的农田用水、人畜饮水困难，只能以粮食、甘蔗、花生、黄豆等作物品种为主，复种指数低，耕地闲置、土地裸露时间长，农业生态系统的基本结构遭到严重破坏。除农业结构和生产技术不合理外，岩溶地区的养殖业也发展迟缓。岩溶区农户普遍存在在山上放养家畜的习惯，随意放养家畜一方面破坏了岩溶区植被的正常恢复，另一方面放养家畜食物质量得不到保证，家畜产量低下，经济价值低，无法达到脱贫致富的目的。针对这样的土地生产力极低的农业系统环境问题，通过生态功能的转换，引入高效生态农业技术，以构建具有良好经济效益和生态效益的复合农林经营系统为目标，采取长短结合的技术措施，在提高农业整体效益的同时遏制水土流失和石漠化，改善岩溶山区农业生态系统功能，恢复生态链的良性循环，实现岩溶山区生态环境和社会经济的协调发展。

7.8.2 广西岩溶石漠化区农业结构调整与生态产业规划

岩溶石漠化地区是极度退化的生态系统，土地极度贫瘠、理化结构很差，水土流失十分严重，在这种极度退化的生态系统中植被的自然恢复是一个极为漫长和困难的过程，应遵循生态学及生态经济学原理，寻求人类活动与自然相互协调的生态规划，通过土地利用结构调整，控制水土流失，扼制石漠化趋势。实行生物措施、工程措施、耕作措施和管理措施等多方面的有机结合，坚持植被恢复、生态重建与经济开发相结合，促进岩溶山区生态、经济和社会的可持续发展。

将植被生态系统的恢复重建与农业生产结构调整、提高居民生活水平等结合起来考虑。通过优化示范区的农业资源和土地利用结构调整其产业结构，改革耕作制度，提高复种指数，利用生物措施、增施有机肥和监测配方施肥等技术改善土壤理化性状和提高地力，实施退耕还林还草来减少水土流失以改善和保护生态环境等。

广西岩溶区丰富的植物资源中许多是具有较高经济价值的名特优资源植物，形成特殊的热带和亚热带岩溶植物区系。由于天然植被的生态效益远远高于单纯的人工植被，在生态保护和建设过程中，引进、发掘和推广适宜岩溶石山地区种植生长的优良常绿阔叶树种及特色农林植物生产技术，有效提高生物生产效率和植被覆盖率。示范区种植业主要进行峰丛洼地名特优良品种及产业化开发（包括中药材、经济作物、水果、经济林等），发展草食畜牧业，牧草种植与养殖业相对应，还相应发展一些饲料植物。改善农村能源结构、推广沼气对保护森林具有重要意义。示范区通过推广沼气能源，建立沼气池99座（原有9座），入户普及率达到86.8%，据估算每年可以保护24 hm^2 岩溶山地植被免遭砍伐。

7.8.2.1 土地利用与产业规划

项目实施前，示范区土地开发利用方式主要有耕地、封山育林地和采樵放牧地（荒山）三个类型。以平果果化龙何示范区为例，荒山的面积最大，约占土地总面积的85%，耕地约占10%，主要分布在洼地及其周围的坡地上，陡坡耕地所占的比例较大，而林地（包括郁闭度＜0.3的稀疏林地）仅占5%。总体而言，整个示范区的土地质量较差，自然生产力较低，而且存在种植品种单一、陡坡垦殖和复种指数低等问题，因而需在土地属性调查和分类整理的基础上，对其农业结构做出重大调整，即引进粮食优良品种、提高粮食单位产量，从而减少陡坡开垦种植面积；发展和扩大果树、木本药材及其他经济植物的种植面积，增加或提高木本农业的经济产出，逐步降低粮食生产比例，最终建立起以复合农林业为主体的山地农业发展模式。

野外调查和入户走访结果显示，龙何示范区农户的收入主要来源于种植业、养殖业和劳务输出，农业产业链比较简单，抵御自然灾害、市场价格波动和畜禽疾病等的风险能力低。种植业的品种主要有玉米、黄豆和甘蔗，其中玉米、甘蔗和黄豆的种植面积、总产量和收入均占到种植业的98%以上。由于玉米和黄豆单产量较低，如玉米每亩的产量在100～200 kg，最高不过250 kg，黄豆则是25～40 kg，而且洼地和缓坡耕地面积十分有限，导致陡坡开荒种植仍比较普遍，一些陡坡耕地因裸岩的密布和分隔成大小不等、土层浅薄的石窝地而显得极为破碎，80% 以上的石窝地单块面积不足 2 m²，甚至小到仅能种植 1 或 2 株玉米。养殖业的种类主要有猪、牛、山羊和鸡等，其中牛和山羊以山地放养为主，生长速度较慢，出栏率偏低。近几年来，随着外出劳务人员数量和时间的增加，劳务收入逐渐成为龙何示范区大多数农户经济收入的重要来源，这在一定程度上缓解了耕地不足及其他资源的压力并有利于其农业结构的调整。

项目在示范区实施后，根据土地利用和示范区的发展情况，对示范区进行了产业规划，如在龙何示范区，当地气候非常适宜种植火龙果和温带牧草的生长，当地又具有大型兔业公司，因此在示范区采取了生态种植与生态养殖结合的办法，采用高效节水灌溉技术种植火龙果，在火龙果下套种牧草，用种植的牧草养殖肉兔，农户和兔业公司建立合作，兔产品卖给兔业公司，确保了产品市场和销路，形成了一个完整的生态养殖和生态种植的产业链。在白宝示范区，项目实施期间引进了许多名优果树和经济林作物，筛选出适宜当地种植的翠冠梨、槐树、吴茱萸等果树和药材，并且筛选出适宜在当地种植的优质牧草，结合农户圈养猪羊，果园下养鸡、鸭，同样也采用了生态养殖与生态种植结合的办法建立生态产业链。在三只羊示范区，根据植物特性和农民种植习惯，采取了种植桃树，桃树下套种牧草，用牧草养羊；另外一种模式是种植大果枇杷，林下套种黄豆、射干（*Belamcanda chinensis*）、金银花、黄栀子（*Gardenia jasminoides*）等药材。其中桃子、金银花等林产品已在当地形成规模较大的产业，大大改善了当地农户收入和生态环境。环江古周示范区发展肉牛养殖产业，农民人均收入大幅度提高，山地植被得到有效保护。

7.8.2.2　农业结构调整

通过产业结构调整，规划现有土地，进行生态功能的转换，在有限的耕地上构建复合农林牧生态系统，即山顶封植、适当补植优良树种、山腰果草 + 果药套种、洼地粮果（草）结合、庭院畜牧圈养和半圈养的农业生态系统空间发展模式。耕地系统改变传统意义上单纯的农作物种植业，增加了季节性牧草生产，利用豆科牧草、一年生牧草及饲料作物参与粮食作物和经济作物的套作和轮作，实行用地与养地相结合。季节性牧草的加入是农田系统结构改革中的活化剂，通过轮作或套作、培肥地力、提高单产，在保证粮食不减产的前提下，提高土地利用率和产出。岩溶区农业结构调整主要包括三个方面：

1）实施退耕还林（还草），引进优良品种。对不宜种植粮食作物的陡坡耕地实施退耕还林（还草），同时引进产量高、抗旱性强的正大 618、正大 619（玉米）等优良品种，提高粮食单产量，确保粮食产量不出现较大的波动。开展人工草地种植技术和草地利用技术的研究与应用。主要包括：①品种选择：由于南方岩溶区夏季高温、秋冬干旱，且土壤呈中性—微碱性，选择适合的草种是成败关键。根据龙何示范区的条件，引进普那菊苣、高羊茅（*Festuca elata*）、鸡脚草（*Dactylis glomerata*）、柱花草、紫苜蓿（*Medicago sativa*）、白三叶（*Trifolium repens*）、木豆、杂交狼尾草（*Pennisetum alopecuroides*）、桂牧 1 号（*Pennisetum purpureum*）、多花黑麦草（*Lolium multiflorum*）、牛鞭草（*Hemarthria altissima*）、银合欢（*Leucaena glauca*）（小乔木）和任豆树（乔木）等品种，其中表现最好的有菊苣、任豆、银合欢、柱花草、高羊茅、木豆、桂牧 1 号等，任豆和银合欢在贫瘠的多砾地块生长旺盛，而任豆树在石山岩石裸露度高达 80% 的山坡上仍然长势极好，因此利用任豆树或银合欢与牧草按一定的密度进行种植，可以产生较好的综合效益。②肥料施用：由于岩溶石山区土壤瘠薄，要施足基肥，基肥一般为有机肥 15 000 ~ 30 000 kg/hm²，同时施用迟效肥钙镁磷肥 400 ~ 700 kg/hm²，要合理施用追肥，禾本科植物补施氮肥为主，豆科植物补施磷肥为主，提倡使用有机肥。③牧草混播：牧草混播可提高牧草的总量和质量，能四季均衡供草，并改良土壤提高土壤肥力，减少杂草和病虫害，延续草地的利用年限，豆科牧草与禾本科牧草混播比例为 3 : 4 或 4 : 7。④人工草地的利用：人工草地的利用方式主要是直接放牧利用和刈割养畜利用。由于石山区地块分散，归属不同，草地中间隔很多玉米地，本研究根据实际情况目前还是以刈割为主，以菊苣为主混播牧草每年刈割 4 次，正常管理年总产量可达 75 000 kg/hm²。目前龙何示范区村民种草主要用于喂山羊和猪，草高度达 20 ~ 25 cm 时开始刈割，牧草过高则粗纤维含量高，营养成分降低，同时造成营养生长向生殖生长转变，导致草场很快退化。

2）推广适生经济树种，建立果树和木本药材种植基地。选择水土条件较好的洼地和梯地，建立火龙果（*Hylocereus undatus*）、早熟桃（*Amygdalus persica*）、无籽黄皮和翠冠梨等果树，以及吴茱萸（*Evodia rutaecarpa*）、槐树（*Sophora japonica*）等经济林种植基地；而立地条件较差的陡坡耕地则主要种植金银花、吊丝竹（*Dendrocalamus minor*）和苏木等经济植物。抗逆性强、经济效益好的果树品种如火龙果、牛心李、澳洲坚果、翠冠梨等作为上层覆盖，其下套种混合牧草如普那菊苣 + 柱花草 + 鸡脚草（*Dactylis glomerata*）等或草本药材如板蓝根（*Isatis indigotica* Fort.）。上层植物适应岩溶高温干旱环境，下层植物种类稍耐阴，两类植物各占生态位，充分利用光能，提高土地生产力。在岩石裸露度较高的地段，7 月正午的岩石表面，林下没有太阳光直射的较有太阳光直射的温度低 5 ~ 10℃，高温导致水分散发大大增加。上层果树的树冠可阻挡太阳对地面特别是对岩石的直接辐射，可改善小气候，提高光合利用效率。在白宝示范区，种植果树的土地多为缓坡地，土质较为深厚，利用果园行间套种牧草，一方面牧草大多为豆科植物，具有固氮作用，可以提高果园的肥力；另一方面，套种牧草对果园地面可起覆盖作用，防止水土流失，同时还可调节土壤的温度和维持土壤的湿度，为果树的生长发育营造良好的微生态环境，因此，果树—牧草—养殖模式是一种生态和经济双赢的土地综合利用模式。

3）发展种草养殖，改进传统种养结构和方式。引进菊苣（*Cichorium intybus*）、桂牧 1号（*Pennisetum purpureum*）等优良牧草品种，采用果草套种、林草套种、粮草轮作等模式种植牧草，发展草食畜牧业、改良家畜品种，将传统放养改为圈养，建立林—果（药）—草—养的复合农林牧产业。至 2005 年年底，产业结构调整已初显成效。粮草轮作是玉米与黄豆或玉米与秋冬牧草进行轮作，可提高农田系统生产力，增强系统稳定性。龙何屯示范区是典型的峰丛洼地地貌类型，耕地少，土壤瘠薄，土地生产力极低，由模型可以看出，草田轮作技术是增强农田草地系统耦合生产的关键技术之一。利用农业休耕地种植适宜的豆科—禾本科—菊科牧草，如普那菊苣（*Cichorium intybus* L.）、多花黑麦草（*Lolium mnltiflorum* Lam.）、白三叶（*Trifolium repens* L.）、百脉根（*Lotus corniculatus*）、柱花草（*Stylosnathes guianensis*）、紫花苜蓿（*Medicago sativa*）等。另外，在种植作物的农田系统内部，由于主要作物玉米和大豆的生产都在夏秋两季，在水分条件好的区域，可以用来种植冬季牧草，发展季节性人工（短期）草地，可提高土地生产力。牧草以发达的根系和土壤微生物的共同作用，促进了土壤理化性质的改善和团粒结构的形成，从而提高土壤有机质含量。牧草盘根错节的根系可阻挡雨点对土壤的直接冲刷。特别是豆科牧草具有很强的固氮能力（图7-18）。

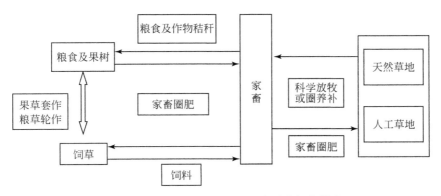

图 7-18 平果果化龙何示范区的农果草耦合模式图

7.8.3 广西岩溶石漠化区生态产业培育措施与技术

生态产业是指兼具生态性和经济性的，在维持生态平衡的基础上能够实现自身增长的产业结构和模式。生态产业不同于传统产业，它将生产、流通、消费、回收、环境保护及能力建设纵向结合，将不同行业的生产工艺横向耦合，将生产基地与周边环境纳入整个生态系统统一管理，使经济系统和生态系统之间建立起协调、完整的物质、能量和信息循环，保证生态、经济、社会可持续发展的经济结构或模式。在广西岩溶石漠化区，传统的农业产业结构不合理，普遍存在技术落后，污染严重，对资源需求大，效益低等问题。从保护岩溶区生态环境和改善示范区经济收入的目的出发，结合当地种养习惯和土地利用情况，项目组在岩溶石漠化示范区进行了生态养殖产业和生态林业产业的培育。

7.8.3.1 生态养殖产业培育措施

发展种草养畜业是加快岩溶山区农村经济发展的有效途径，而岩溶地区土地资源有限，没有大面积的土地专用于种植牧草，唯有充分利用林地和果园地来种植牧草发展养殖业。在各个示范区均有种草养殖示范。如在全州白宝示范区，根据土地结构调整后的利用情况，结合饲养的家畜家禽对牧草的喜食偏好，采用牧草混播模式，在梨树下套种牧草，牧草用来养殖肉兔、猪、羊、竹鼠等动物；在平果龙何示范区，根据当地的市场需求和当地条件，扶持当地农户种草养兔，取得较好的效果，目前已基本形成完整的生态养殖产业，采取的是"公司＋农户"的产业化经营模式。2007 年，项目组与广西平果大禹兔业有限责任公司通过协商进行合作，项目组负责组织培训农户和种草技术服务，兔业公司负责收购。通过"公司＋农户"模式的合作与参加学习培训，农户的养殖积极性和养殖技术有了很大提高，并取得了较好的经济收入。环江古周示范区发展肉牛养殖产业，农民人均收入大幅度提高，山地植被得到有效保护。

7.8.3.2 生态林业培育措施与技术

广西岩溶石漠化区由于长期受到掠夺式开发,生态环境严重破坏,山区人们生活水平极其贫困,发展果树种植是解决贫困和改善生态环境的一个出路。项目组根据示范区特点和土地利用状况,在广西岩溶石漠化区建设生态果园与经济林产业,立足于岩溶区群众脱贫致富以及岩溶区资源的合理利用和保护,采用生态工程与复合农林种植相结合的方法,使当地农户获得良好的经济收入,并改善当地的生态环境,从单个示范户发展到示范村,使生态果园逐渐发展成支撑当地经济发展的一个产业。目前,项目组已在平果龙何、全州白宝、都安三只羊、马山弄拉几个示范区培育了适合当地发展的生态果园和经济林产业。在全州白宝示范区,种植梨树的农户自发建立了梨子协会,每年定期举行果树栽培技术培训,请技术人员讲解果树栽培知识,并通过网络等途径联系销售梨子,果农的经济收入比较稳定,果农利益得到进一步保障,逐渐形成了"农户—梨子协会—市场"的发展模式,如今梨子产业已在白宝示范区发展壮大。在龙何示范区,项目组通过引种试验和对示范户进行栽培技术培训,在龙何示范区建立了大面积的火龙果种植基地,并结合高效节水灌溉施肥技术和果园套种牧草技术,在当地形成一个集生态种植和生态养殖一体化的生态产业。根据过去几年在示范区的生态产业的培育经验,总结出一套适合广西岩溶石漠化区生态产业培育技术与措施。

(1) 岩溶石漠化区生态果园建设及模式

生态果园的建设要充分考虑能源流动与物质循环、植物群落的空间分布、生物多样性、植物群落的生态效应等方面的因素,要按照示范区的自然条件选择适宜的果树品种以及间作植物,既要有利于保护生态环境、改良土壤、控制水土流失,又要考虑果园的经济效益,最大限度地提高单位面积的产值,只有让农民有了经济利益,才能维持果园的经营管理,达到有限资源的合理利用。岩溶石漠化区的生态重建是我国西部大开发的重要内容,发展生态果园,实现可持续发展,是我国农业未来发展的主要方向。生态果园产业将传统栽培措施与现代栽培技术相结合,改善了果园环境条件,协调了果树与其环境间的相互关系,促进了果树的生长发育,极有利于果品的高产优质与果园持续发展,具有极为重要的应用价值。但各类生态栽培模式有其自身的特点和局限性,必须根据果树种类、果园生态条件和经营管理状况选择应用,并不断加强研究,探索新的生态模式和果园管理技术,促进山区水果产业的持续稳定发展。

建立以沼气池为纽带种养结合的生态果园,是提高果农经济效益、生产绿色水果的重要途径(图7-19)。果园行间种植绿肥可以起到保墒肥地、防止水土流失的作用,同时又为家畜提供饲料,促进养殖业的发展,家畜的粪便是沼气池的原料,沼气池的废渣、废液又是很好的果园有机肥,从而形成物质、能量的循环利用,达到投入少、产出高、保护生态环境的作用。根据示范区的地形地貌特点,果园覆盖植被应包括地表覆盖和裸露岩石的覆盖。果园开发初期梯面及梯壁大面积裸露,易造成水土流失。要在果树行中套种牧草,可有效防止水土流失,抑制杂草,降低夏季土温,保持土壤湿度,而且豆科植物带有根瘤菌,有利于改良土壤,同时每年冬季还可利用套种作物压青,减少施肥成本。套种的具体方式之一可在果园面套种圆叶决明、紫花苜蓿、白三叶等豆科牧草品种和鸡脚草、黑麦草等禾本科牧草；露边地、梯埂、梯壁则选用百喜草、金银花、山葡萄等，用于覆盖岩石，降低果园气温，增加果林内湿度。综合以上因素，岩溶峰丛洼地生态果园选择的模式是：果树—土面覆盖（饲料绿肥）—石面覆盖（攀缘藤本植物）—养殖—沼气。

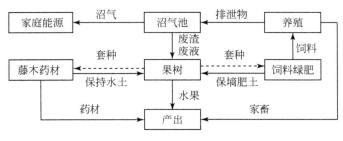

图 7-19　生态果园模式

（2）生态果园果树品种选择与果树栽培技术

根据当地气候与土壤等自然条件，以及当地群众的文化素质水平等特点，选择果树品种。在全州白宝示范区（图 7-20），选择果树品种有翠冠梨、枇杷、桃、山葡萄，经济林树种为槐树，采用果草套种模式；平果龙何示范区选择果树品种火龙果、早熟桃、牛心李、澳洲坚果等，林下套种牧草；都安三只羊示范区选择果树品种早熟桃、无核黄皮，林下套种牧草、金银花等；马山弄拉示范区在广泛种植柑橘、桃子、枇杷、柿子、龙眼、黄皮、石榴和李子等果树的基础上，重点发展经济价值高的药用植物如金银花。目前具有代表性的果树产业有火龙果、翠冠梨、桃、槐树等，林下套种的金银花、射干、板蓝根也形成了具有一定规模的产业。下面主要介绍几种有代表性果树栽培技术。

1）火龙果栽培技术：火龙果是一种新兴的营养型水果，适宜于桂中以南广大地区种植。桂中和平果等示范区于 2002 年开始引种火龙果、2004 年挂果投产。火龙果栽后 12 ~ 14 个月开花结果，每年可开花 12 ~ 15 次，4 ~ 11 月为产果期，谢花后 30 ~ 40 天果实成熟，单果重 500 ~ 1000 g，栽植后第 2 年每柱产果 20 个以上，第 3 年进入盛果期，管理水平较高的，单产可达 2500 kg/亩。火龙果种植方式多种多样，可以爬墙种植，也可以搭棚种植，但以柱式栽培最为普遍，其优点是生产成本低、土地利用率高。每亩按 1.5 m×2 m 的规格，立 10 cm×10 cm×250 cm 的水泥方柱 100 ~ 110 根，水泥柱入土 50 ~ 70 cm，以支撑火龙果枝条攀缘，水泥柱两侧距顶部 5 ~ 10 cm 处各打一直孔，引两条垂直的铁丝十字架供火龙果枝条攀挂，为防止枝条因负重过重或被风刮断，十字架上要放一固定的废旧轮胎，以支撑枝条。在柱的周围种植 3 或 4 株火龙果苗，让火龙果植株沿着立柱向上生长。

火龙果较耐旱，定植初期 2 ~ 3 天浇水一次，以后保持土壤潮湿即可。火龙果根系分布较浅，施肥宜少量多次，防止烧根、烂根。冬季覆盖一次腐熟有机肥或菇渣，每株 10 kg 左右，增强植株保温抗寒能力。开花结果后，年施肥 3 次，即 4 月的花前肥、8 月的壮果肥和 12 月的越冬肥，以腐熟有机肥和三元复合肥为主。火龙果种植地必须保证排水良好，防止岩溶区内涝引起烂根。幼苗期易受蜗牛和蚂蚁危害，可用杀虫剂防治；在高温高湿季节易感染病害，出现枝条部分坏死及霉斑，可用粉锈宁、强力氧化铜等防治，效果良好。

2）翠冠梨栽培技术：翠冠梨适应在我国长江流域及其以南地区栽培。该品种 2002 年开始在全州白宝岩溶丘陵地进行引种栽培，第二年有30%的植株开花结果，第三年98%的植株开花结果，并形成产量。该品种果实含糖量高，肉质细，汁液多，石细胞小，品质极优，深受消费者喜爱，种植户也获得了较好的经济效益，示范效果良好。

根据果树特点和岩溶区地形特点，采用三主枝开心形树形。定植后在距地面60 cm处定干，新梢萌发后，选留相互间水平分布角约120°的3条健壮新梢为主枝，7月拉枝开角，拉枝角度到45°~60°。翠冠梨在当地栽植后第2年即开始结果，第4年进入盛果期。但从开花到果实成熟的时间比非岩溶区长（表7-7）。对结果树主枝上抽生的枝条应进行拉枝处理，除了疏除直立状的徒长枝外，尽量少疏枝，以增加结果枝组数量。定植时应配置授粉树，适宜的授粉品种是清香和黄花，配置比例为8:1。翠冠梨生理落果现象不明显，应进行疏果，以提高果品质量。疏果于花后2周进行，每花序留2个果，或按叶果比进行疏果，根据试验结果，叶果比以25:1为宜。翠冠梨果面锈斑明显，且易裂果，套袋可减少锈斑，控制裂果。套袋宜在花后15~20天进行，即4月20日左右。套袋前周到细致地喷1次杀虫杀菌剂。采收前15天除袋。

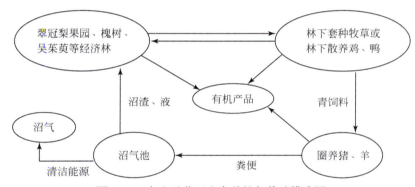

图7-20　白宝示范区生态种植与养殖模式图

表7-7　翠冠梨在广西全州和原产地（杭州）的主要物候期比较

地点	萌芽期	展叶期	始花期	盛花期	末花期	果实成熟期
全州白宝乡	3月12日	3月15日	3月10日	3月15日~3月20日	3月20日	7月5日
浙江杭州	4月2日	4月5日	3月30日	4月3日~4月8日	4月8日	7月24日
提前（+）或推迟（-）天数	+21	+21	+20	+19	+19	-18

3）"四月红"早熟桃栽培技术：从盛花到果实成熟的生育期共60~65天。在三只羊示范区2月下旬至3月上旬开花，5月上、中旬果实成熟。其最大特点是产期早，当年种植第二年即可挂果；落叶期早，易于管理，一般水肥条件下，9月下旬即开始落叶并进入休眠期。"四月红"具有普通桃的生长结果习性，就正常情况而言，桃是先开花后展叶的果树，开花坐果后再进行枝梢生长，使幼果迅速膨大期和枝梢旺盛生长期错开，有利于坐果，产量稳定。但岩溶地区早春气温回升较快，往往在开花的同时叶芽迅速萌发，坐果与枝梢生长同期进行，易导致生理落果加剧，影响当年的产量。采用合理的修剪方法和相应的施肥技术，缓和营养生长和生殖生长的矛盾，是保证早熟桃优质高产的关键所在。

栽植早熟桃最好选择在土层深厚、有机质含量高、避风向阳、排水良好、交通方便和不低洼的地带建园。一般栽植密度为 3 m×4 m，亩栽 55 株。果坑规格长 80 cm×宽 80 cm×深 60 cm，挖果坑时，将表土和底土分别放在果坑两侧。基肥以有机肥为主，如腐熟鸡、牛、羊、猪粪、土杂肥等。每坎有机肥 30~50 kg，钙镁磷肥 1 kg，与表土拌匀填入坑内，厚度 50 cm 左右，然后回填底土，回填高出地面 20 cm。种植时间在桃苗落叶后至萌芽前定植（11 月至翌年 2 月）较好。种植方法：把桃苗放在定植穴中，将根系向四周展开，用细土填入根系间，并压实，整理成一个圆形果盘，浇足定根水。

果园宜实行生草制，种植的间作物或草类应以豆科植物和小型禾本科牧草为宜，如白三叶、紫花苜蓿、黑麦草等，适时刈割利用或覆盖于树盘。深翻扩穴一般在秋季进行，从树冠外围滴水线处开始，逐年向外扩展。回填时混以绿肥、秸秆或经腐熟的人畜粪尿、堆肥、厩肥、饼肥、钙镁磷肥等，表土放在底层，心土放在表层。果盘内常年使用玉米秆或杂草等覆盖物覆盖，覆盖物应与根茎保持 10 cm 左右的距离。5 月上中旬后，早熟桃第一次梢转绿时，地下新根已长出，开始进行追肥，追肥以水肥为主，如稀释的腐熟粪水、沼气水，也可加入 0.1%~0.2% 的尿素，补充施入磷钾肥。种植的头 1~3 月内施肥以勤施薄施为原则，目的是多发枝，培养树冠。秋季结合土壤深翻扩穴施入基肥，基肥以绿肥、农家肥等有机肥为主。早熟桃成年树一般年施肥 4 次：第一次（花前肥）在 1 月下旬~2 月上旬进行，以速效氮肥为主，施肥量约占全年施肥量的 10%；第二次（壮果肥）在 4 月上中旬果实进入硬核期进行，以钾肥为主，施肥量约占全年施肥量的 20%；第三次（采果肥）在采果前后进行，以速效氮肥为主，配合复合肥，以恢复树势，施肥量约占全年施肥量的 30%；第四次（扩穴基肥）落叶后 11 月中下旬结合土壤深翻进行，以有机肥为主，施肥量约占全年施肥量的 50%。采用条状沟交替施肥的方法。

早熟桃生长快，树势强，干性弱，宜采用自然开心形树形。定植后在 40~60 cm 处定干，定干时将副梢全部去掉，留副梢基部的侧芽，新梢长出后选留 2~4 个生长健壮、方位适宜的新梢作主枝，主枝与主干夹角 50°~60°。每个主枝上再选配 2 或 3 个副主枝，要互相平衡，避免上下重叠及交叉。早熟桃发枝多，生长快，修剪应以夏剪和冬剪相结合较好。夏剪是疏除过密枝和徒长枝，对生长较快的枝梢在二次分枝分生处进行扭枝处理，5~6 月对新梢在 20 cm 处摘心，培养结果枝组。冬剪应疏除密生枝、交叉枝、细弱枝和病虫枝，长果枝留 10~12 对花芽短截，中果枝留 6~8 对花芽短截。

采果后的 6~8 月，新梢转绿后喷 15% 多效唑 300~500 倍液，控制枝梢生长，促进营养积累，利于花芽分化。在现蕾期喷 0.2% 磷酸二氢钾加 0.1% 硼砂；在开花期喷 0.3% 尿素加 0.1% 硼砂进行保花保果。早熟桃花多，结实率高，要进行疏花疏果，以提高果实品质。疏花的适宜时期在 2 月上旬花蕾开始露红，花开前 4~5 天进行，此时容易区分花蕾的质量。长果枝留 5 或 6 个花蕾，中果枝留 3 或 4 个，短果枝和花束状枝留 2 或 3 个，预备枝上不留果。疏果在花后 3 周开始，一般分两次进行。第一次在生理落果之后，约在花后 20 天（疏花多的树，可不进行这一次疏果）。疏去发育不良果、畸形果、小果，留生长比较均匀的果。以结果部位而言，中部及基部着生的果实较先端的好，因此多将顶端果实疏去。第二次疏果也称定果，在第二次生理落果之后进行。

常见病害有细菌性穿孔病、褐腐病、炭疽病、缩叶病和流胶病等。加强栽培管理，增施有机肥，注意通风透光、排水；常使用石硫合剂、托布津、代森锌等农药防治。常见害虫有桃蚜、桑盾蚧、桃红颈天牛和桃蛀螟等，可选用敌百虫、杀螟松、蚜虱灵和菊酯类农药防治。在防治病虫害时，要求药液浓度适中，喷药周到均匀，农药交替使用，避免中午高温时喷药而产生药害。

4）桂华李栽培技术：桂华李是广西植物研究所最新引进并在桂西南岩溶地区重点推广的李子优良品种，以其早结丰产、果大色艳、外观美丽、口味好等特性，深受消费者喜爱，其商品性能好，经济效益高，具有广阔的开发前景。

桂华李中心干不明显，其整形方法常用的丰产树形有自然丛状开心形、自然开心形、主干疏层形。自然丛状开心形：整形时距地表 10～20 cm 处或贴地皮选留 4～6 个主枝。疏去下垂和过密集的枝条，并尽量利用副梢做主枝上的侧枝。每个主枝上留两三个侧枝便可。但每年要及时疏除过密的枝条，使树内膛通风透光，也要注意防止内膛空虚和结果部位上移。由于这种树形的树冠大，所以单株产量和单位面积产量较高。自然开心形：于 50～60 cm 处定干。从剪口下长出的新梢中选留三四条生长健壮、方向适宜、夹角较大的新梢作为主枝。第 1 年冬季，主枝剪留 60 cm 左右。其余的枝条依空间的大小做适当的轻剪或不剪。第 2 年生长季节进行两三次修剪，疏去竞争枝，生长中等的斜生枝要尽量的保留或轻剪，促使提早形成花芽。冬季，主枝延长枝还是剪留 60 cm 左右，其余的枝条按空间的大小去留。第 3 年，按上述方法继续培养主枝延长枝，并在各主枝的外侧选留侧枝。各主枝上的侧枝分布要均匀，避免相互交错重叠。按此方法，每个主枝上选留两三个侧枝，有 4 年即可基本完成定形。主干疏层形：第 1 年，定干 60～70cm，从剪口长出的新梢中、上部直立枝条作为主干延长枝，再从其下部枝条中选出 3 条长势较强，分布较均匀的枝条作为第 1 层的 3 大主枝。冬季修剪时，第 1 层的 3 大主枝剪留 50 cm 左右。主干延长枝剪留 60 cm。第 2 年春，从主干延长枝的剪口下长出一些枝条，从中选留 2 条生长良好的枝条作为第 2 层主枝。第 2 层主枝要求与第 1 层主枝相互错开不重叠。第 2 年冬季，修剪时对第 1 层主枝还是剪留 50 cm 左右。第 2 层主枝剪留 40～50 cm，主干延长枝剪留 50～60 cm，其余的枝条生长中等的或弱的不剪，长势强的轻剪，过强的疏剪。保持整个树体上部较弱些，下部强些。照此方法，层间保持 50～60 cm，再留出第 3 层和第 4 层各 1 个主枝。最后使树体呈圆锥形。

桂华李以花束状短果枝结果为主。故修剪上宜采用长放疏枝，促进短枝形成。桂华李短果枝极易生成，且花芽极多，数年即衰弱，需适当短剪更新，保持合理的长短枝比例。桂华李的潜伏芽寿命长，老枝更新容易，对老衰树中下部长出的徒长枝可进行拉枝或适当短截，促发分枝和发生结果枝，以填充树冠。

幼树修剪要以轻剪缓放，开张主枝角度为主，多留大型辅养枝，尽快填补空间，缓和树势，提高早期产量。主枝角度的开张，宜采取撑、拉、别的方法，调整其角度为 65°～80°，并结合利用外芽轻剪，使其开张生长，弯曲延伸。辅养枝以利用骨干枝两侧的平斜中庸枝为主，也可以通过拉枝下垂的方法，选择利用部分骨干枝两侧的上斜枝。要及时除去过多的直立旺长枝和竞争枝。夏剪时要注意利用主枝延长枝上方位和角度适宜的 2 次副梢，达到开张角度，多次整形的目的。

盛果期果树修剪以疏为主，疏剪结合。即疏除上层和外围的旺长枝、密生枝和竞争枝，保留少量的中庸枝。保留的枝条缓放不截，由此可以减少外围枝叶。枝组的修剪要疏弱留强，疏老留新，并有计划地分批进行更新复壮，控制其数量和长势。夏季修剪及时剪除内膛和主枝背上萌发的徒长枝、病虫枝、细弱枝。

1～3 年幼树以促进生长、提早结果为目的，施肥次数较多。掌握薄施勤施的原则，从发芽后至 7 月每月施肥一次，以速效氮肥为主，结合有机肥和磷肥施用。10～11 月施基肥一次，基肥以腐熟厩肥和沼气渣等有机肥为主，配施磷肥。成年树施肥必须氮、磷、钾肥配合施用，由于桂华李产量高、果实大，故需肥量也较大，尤其是对钾肥的需求量较一般李品种为多，其氮、磷、钾肥施用比例为 10∶8∶10。

桂华李座果率高，在第一次生理落果后需及时进行疏果，亩产控制在 3000 kg 左右为宜。增施有机肥，在果实膨大期增施钾肥，根外追施磷、钾肥等措施有利于提高果实品质。

主要病虫防治：①细菌性穿孔病：合理修剪，改善通风透光，增施有机肥，使树体健壮，提高抗病力；发芽前喷 3～5°Bé 石硫合剂或 1∶1∶100 倍波尔多液；发芽后喷硫酸锌石灰液（硫酸锌 0.5 kg，消石灰 2 kg，水 120 kg）或 72% 农用链霉素可溶性粉剂 3000 倍液。②李红点病：发芽前喷 3～5°Bé 石硫合剂，展叶后至发病前连续喷两三次 0.3～0.4°Bé 石硫合剂；5 月中旬至 6 月下旬每 10 天喷 1 次 65% 代森锰锌 500～600 倍液或 50% 多菌灵 600 倍液。③疮痂病：谢花后 2～4 周是防治关键时期，可选用 75% 甲基托布津 500～800 倍液或 50% 多霉清 1500 倍液，另外，40% 杜邦福星 4000～5000 倍液和 10% 世高 3000 倍液对此病有特效。④李实蜂：幼虫为害初期喷 2.5% 溴氰菊酯 2500 倍液，20% 多杀菊酯 3000 倍液。⑤桃蛀螟：在 4～5 月第一、第二代成虫产卵高峰期，当果上的卵多数变为红色时，及时喷 2.5% 溴氰菊酯 2500 倍液，50% 辛硫磷乳油 1000 倍液，40% 氧化乐果 1000 倍液。⑥蚧壳虫：冬季清园时喷 3～5°Bé 石硫合剂；第一、第二代害虫孵化盛期（5～6 月）为防治关键时期，可选用 1000～1500 倍 40% 速扑杀乳油或 1000 倍 40% 氧化乐果均有效。

岩溶石漠化区的生态重建是我国西部大开发的重要内容。发展生态林业与生态果园，将传统栽培措施与现代栽培技术相结合，改善了果园环境条件（特别是土壤条件），协调了果树与其环境间的相互关系，促进了果树的生长发育，极有利于果品的高产优质与果园持续发展，具有极为重要的应用价值。但各类生态栽培模式有其自身的特点和局限性，必须根据果树种类、果园生态条件和经营管理状况选择应用，并不断加强研究，探索新的生态模式和果园管理技术，促进山区水果产业的持续稳定发展。生态果园产业的发展也要以市场为导向，生态产业的发展不仅仅是技术上的资源配置问题，现实的生态产业是经济发展拉动的市场需求，以市场为导向，可以避免在建设生态产业时走弯路。

7.9　其他技术

广西岩溶石漠化地区，生态环境恶劣，森林资源短缺，且增长过缓，而人口增长过快，每年用于生活的薪材量为 6000～9000 kg/户，从而使森林生态环境进一步退化，石漠化现象加剧。针对这种情况，通过开展能源技术开发，采用多种形式包括沼气、液化气、电、薪炭林等能源手段，大大缓解了樵采造成环境的恶化。运用结果表明：古周村和移民迁入区的肯福示范区推广沼气运用，沼气使用前，户均养猪 0.5～0.8 头，户均消耗薪炭材（干物质）6000～9000 kg，每日户均用于砍柴的劳力 0.4 个达 4h；沼气使用后，户均养猪达到

3.0～5.0 头，养牛 2.5 头，户均消耗薪炭材（干物质）800～1500 kg；每日用于砍柴的劳力 0.06 个不到1h，而由于沼气的运用，薪炭材砍伐减少，森林生产力由此提高 17.2%～23.4%，生物量平均提高 27.1%，由于养殖业的发展农民户均增收 800～1000 元。

项目实施以前，果化示范区 5 个生产队的能源结构如图 7-21～图 7-23 所示，示范区老百姓普遍采用烧柴做饭取暖，严重破坏了当地的植被恢复。在沼气建设前几年，地处峰丛洼地腹地的龙何、布尧两个自然屯，人均年消耗薪柴达 1500 kg 以上，通过开发沼气，人均用柴量明显减少，龙何三个生产队的实际人均用柴由原来的 1700 kg 以上减少到 1010～1299 kg，人均耗柴量以龙何三队最多。龙何的每个生产队的节柴量达 26 160 kg～41 114 kg，这个自然屯的总节柴量达 96 408 kg，三个队节柴率分别为 31%、16% 和 20%。通过项目开发，开展以沼气为主导、适当发展薪炭林的农村能源结构调整，示范区先后建立沼气池 90 座，目前沼气的普及率达 80% 以上。建立以畜沼为中心的能源结构提高了土地生产力和农业经济效益，极大地缓解了由于生活能源地开发对自然植被的破坏。

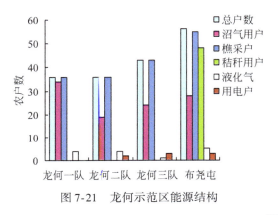

图 7-21　龙何示范区能源结构

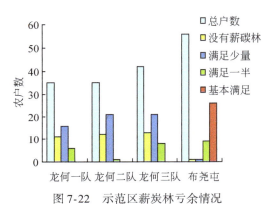

图 7-22　示范区薪炭林亏余情况

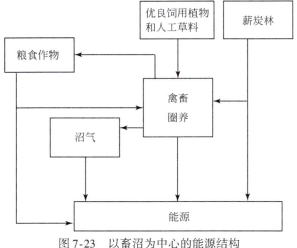

图 7-23　以畜沼为中心的能源结构

结合种草养殖业，建立以畜–沼为纽带的农业经济模式，能有效解决农村能源问题。

第 8 章 广西岩溶石漠化治理示范

8.1 广西岩溶山区石漠化治理示范区建设的总体部署

8.1.1 示范区部署的思路与方案

广西岩溶地貌的物质基础——碳酸盐岩，以层厚、质纯为其特点，累计厚度超过万米，加之长期处于热带和亚热带气候，所以岩溶特别发育。世界著名岩溶学家，前国际洞穴协会主席 D. C. Ford 认为，从广西的桂林到南宁一带是世界上岩溶地貌发育得最好的地区。桂林则以其秀美奇特的峰林岩溶景观被国内外的岩溶专家誉为"岩溶的首都"。

广西岩溶地貌主要包括三种类型：峰丛洼地、峰林谷地和峰林平原。

峰丛洼地主要分布于桂西北和桂中地区，是生态退化最典型和生态治理难度最大的地区。高耸的石峰密集丛生，其间镶嵌封闭的深洼地或岩溶漏斗，缺乏地表水文网。洼地和漏斗可深达 500 m 多，如大化县的七百弄地区。峰丛洼地地区的水、土资源非常缺乏，植物生长速度慢，交通非常困难，生态环境十分恶劣。旱季是"地下水滚滚流，地表水贵如油，三日无雨地冒烟"，人畜饮用水十分困难；雨季是"一日大雨被水淹"，常发生洪涝灾害。因此，峰丛洼地是生态环境地区非常脆弱的，也是居民最贫困的地区，为首先考虑的生态环境重建地区。

峰林平原主要分布于桂中地区，如来宾、武鸣、上林、玉林等地，桂东北也有分布。石峰低矮、分散、稀疏，点缀于广阔的岩溶平原上。干旱是该区的明显特征和农村经济发展的最大障碍，由于历史和自然的原因，该区的植被覆盖率低，森林资源浪费和破坏严重。

峰林谷地主要分布于桂东北的桂林、柳州一带，石峰有规律地排列于河谷两侧，但河谷多为季节性河谷，有时呈干涸状态。总体而言，为广西岩溶区土地资源和水资源比较丰富的岩溶地貌类型，生态环境也相对较好。

通过岩溶学、环境学和生物学、农学等学科的交叉研究，探索岩溶生态系统可持续发展的途径和方法，探索岩溶石漠化的治理和岩溶山区的土地整治以及峰丛洼地立体生态农业结构的建立和可持续发展途径。根据农业地域分异规律和自然地域分异规律，结合社会经济状况和人文条件，峰丛洼地岩溶类型生态重建的途径是封育为主、封造结合，坡耕地逐渐退耕还林还草，缓坡地及条件允许地段采用农林复合经营的方式，增加植被覆盖，控制水土流失和石漠化。改造中低产田地，提高复种指数，主攻单产（引进良种和先进耕作技术），提高粮食自给率。开发方向以林果业、养殖业（草食性畜禽）为主，种养结合，农村燃料实行沼气化，在缺乏基本生存条件的区域要坚持移民和异地扶贫开发，减缓环境压力。

岩溶区的生态建设以生态学原理、生态经济的理论和方法为指导，发展立体生态农业、构建复合农林系统，其一般格局是：在洼地底部和比较平缓山凹的耕地上种植经济植物或果树套种高效经济农作物，山麓、平缓的山坡重点发展果树和经济林、间种药材；峰丛垭口、坡改梯地段种植藤本经济植物和水土保持植物，土层较厚的地段，种植生态经济树种；山地中上部以封山育林为主，采取一定的人工诱导措施，重点发展水源林和生态防护林。

岩溶区植被自然恢复难度极大，必须进行人工诱导恢复，充分挖掘利用广西岩溶区丰富的植物资源，开发岩溶山区特有适生的名特优产品，带动示范区的经济发展和改善生态环境；促进岩溶区特色农林产品的开发和基地的建设，促使岩溶山区农业结构的优化调整和土地资源的合理利用，加速退耕还林的进程。

在制定示范区中长期发展目标基础上，以弄为规划单元，通过立地类型划分对整个山弄的土地进行统筹规划，采取以地找树（植物）和以树（植物）找地相结合的方式，优化配置不同地段的植物群落，使之组合成与环境相适应的、以木本农业为主体的复合农林经营模式，构建由粮—经—草轮作模式、果—经（草）模式、果—药模式、茶—经（草）模式和林—草（药）模式等组成的复合农林经营的基本框架，提高土地利用效率，增加农民的经济收益，同时也使整个示范区的生态环境得到改善。

通过对岩溶区生态环境特点、地质背景、资源和人文条件的深入调查和研究，掌握岩溶山区生态系统退化和恢复重建的机理，探索不同岩溶环境有效恢复森林植被的途径；综合考虑岩溶区资源、环境和人口的协调发展，通过石山森林植被恢复的合理规划和设计，提出可持续发展的岩溶生态系统与社会经济系统相互作用的资源、生态、经济合理配置模式，为岩溶石山区的土地整理服务；引进、发掘和推广石山生态恢复的高新技术和成功的经验以及各项综合集成技术，提出适宜不同类型石山地区种植的农林作物和生产技术，研究提高生物生产效率的实用技术，提高岩溶石山生态和农业生产的效果和效率；通过示范和试验，取得石山生态重建的实效，并带动当地居民脱贫致富；为整个西南岩溶石山区的生态重建，广大农民稳定脱贫致富，山区人民生活水平的提高，岩溶石山脆弱环境抗御灾害能力的提高，农业发展后劲的增强，资源、生态、经济、社会的和谐统一，以及经济、社会和生态环境的可持续发展提供科学依据和成功的样板。

从宏观区域方面的研究角度考虑，其技术路线为：前期资料、成果、经验收集、总结—研究区航片、卫片解译—建立数据库和地理信息系统—空间信息分析—岩溶生态类型分类和分区—岩溶生态特征的形成—石漠化的形成机理和影响因素—环境容量和土地承载力分析—生态重建模式—土地整理方案—适生树种和作物的因地选择—人与自然协调发展综合规划和区划。

立足示范区开展典型研究和试验示范。根据环境因素、水源、能源及交通情况，在桂西、桂西北、桂中、桂北各选择 1 或 2 个具有代表性的岩溶区域建立示范区，示范区规划面积为 15～20km^2。桂西（平果、都安、大化县，属峰丛岩溶类型）主要是以种养为主的生态重建为内容；桂西北（环江县，属峰林岩溶类型）主要是以农业优质、高产、高效和可持续发展的新垦区，保护生态环境为内容；桂中（宾阳、来宾、象州县，属岩溶干旱类型）主要以治旱治涝、节水和石漠化治理及土壤改良等综合治理为内容；桂北（全州县，岩溶丘陵类型）以高效农业和特色经济产业为主。示范区的名称和分布见图8-1。在各示范区，以岩溶生态重建、生物资源的有效利用和可持续发展为最终目标，体现科技、示范先行，立足生态，提高石山地区生物生产效率，以种植—养殖（草食畜禽）—沼气—种植为模式的农田生态、森林生态、草地生态为一体的良性循环生态链，走农、林、牧综合开发的路子，实现生态、社会、经济三效相统一的良性循环体系。

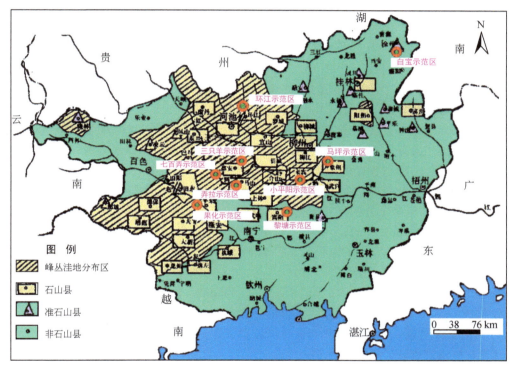

图8-1　广西岩溶生态示范区分布图

　　建立的广西生态示范区共9个，但由于小平阳、黎塘、马坪3个示范区在岩溶平原地区，不涉及石漠化治理的问题，故下面只重点介绍三只羊、果化、环江、弄拉、白宝和七百弄6个示范区的建设和效果情况。

8.1.2　示范区的基本情况

　　1）三只羊示范区。三只羊乡位于都安县北部，24°26′N、180°02′E附近，距县城84 km，距金城江市48 km，全乡面积264 km²，为典型的峰丛洼地地貌，石山基座相连，山体巨大，山势险重，常见4或5座山峰合围并在中间形成漏斗状的洼地，洼地底部面积通常在1 hm²以下，最大不超过1 km²。地层以炭系为主，由石灰岩、白云岩等组成，土壤成土母质为碳酸盐类风化物，量少且分布零散，土层生物生产效率很低，境内原生植被极少，主要为次生植被，森林覆盖率不足 5%，全乡没有河流，农业生产条件和生活条件十分恶劣。该区属亚热带季风气候，多年平均气温 19.6℃，极端最高温 39.3℃，极端最低温 0.4℃，年均无霜日 363 天，>10℃年积温平均值 7289.5℃，年日照平均值 1395.5 h，年均降水量 2020.9 mm，降水主要集中在 5～8 月，占全年降水量的 67.8%；年平均蒸发量 1644.9 mm，相对湿度 74%，但其特定的地貌使得地表水不发达，干湿季节明显，春旱、秋旱较频繁。示范区选定三只羊乡高陇、沙沟、岜马 3 个处于公路旁的村屯实施，总面积 676 hm²，耕地面积 75 hm²（其中坡地占耕地面积的 84%），坡底土层厚度 40～50 cm，中上部土层较薄，一般为 20～30 cm，且多为石芽所间隔，甚或呈鱼鳞状分布，连续性差，土壤熟化程度较低，保水保肥能力差，土壤十分贫瘠。试验区 3 个自然屯共 54 户 256 人，民族为瑶族、壮族及毛南族，村民文化程度以小学文化为主，初中以上文化 5 人。据统计，2001 年试验区人均有粮 320 kg，人均纯收入 546 元（人均收入 1185 元）。

2）平果果化示范区。峰丛洼地生态重建基地，位于该县西南部，距离平果县城 33 km，以龙何屯为核心，面积约 500 hm²，其中龙何屯的土地面积 320 hm²。龙何屯隶属于平果县果化镇布尧村，地处典型的峰丛洼地分布区，海拔为 130～560 m，全屯最高点为峣怀山，海拔 652.1 m。据统计，全屯共有 35 个弄，这些弄是由众多高低错落的联座尖峭（锥状）山峰与其间形态各异的多边形封闭洼地组成，洼地一般标高 200～380 m，石峰高度 300～500 m，峰顶与洼地的高差为 100～300 m。龙何屯毗邻右江河谷，热量丰富，降水量尚多，但干、湿季十分明显，多年气象观测显示，该地区极端高温 38.8℃，极端低温 −1.3℃，年降水量 1369.9 mm，但降水时空分布不均，5～8 月占年降水量的 70%，而 9 月至翌年 4 月仅占 30%，季节性干旱现象非常明显，干旱指数 0.82，尤以春旱为甚，是广西旱灾发生频率较高的地区之一（吕仕洪等，2005）。岩石主要为纯石灰岩和硅质灰岩，东南角有少量泥质成分。由于大面积地区由质纯的碳酸盐岩构成，岩石容易溶解，故由岩石风化形成的土层很薄，峰丛洼地区土壤稀少，岩石裸露，加之人对土地资源的不合理利用，石漠化趋势明显。植被覆盖率和森林覆盖率很低，植被覆盖率不足 10%，森林覆盖率不足 1%，旱涝灾害非常频繁和严重。

恶劣的自然条件和粗放的农业耕作方式，导致直至 2000 年时龙何屯经济条件以及生活水平还相当落后和贫困。据 2000 年的统计材料，龙何屯共有 114 户，人口 530 人，耕地面积 28.5 hm²，人均不足 0.06 hm²，而且立地条件差，农业可利用资源贫乏，稀疏林地及荒山 291.5 hm²。粮食作物以玉米、黄豆为主，经济作物以甘蔗为主，由于环境条件恶劣，除靠一个岩溶天窗点来维持全屯饮用水外，绝大部分耕地没有基本的灌溉条件或设施，农业耕作主要靠天吃饭，生产技术水平低，因而田间管理十分粗放，作物产量较低，其中玉米单产量不足 3000 kg/hm²，黄豆约 750 kg/hm²。由于耕地严重不足，作物品种单一，种养和劳务输出等是该屯村民的主要收入来源，2000 年人均纯收入仅为 658 元。

3）古周示范区。位于广西与贵州交界的环江县下南乡古周村，距县城 80 km，为中亚热带气候。封闭的峰丛洼地与谷地地貌，最高海拔 876 m，最低海拔 417 m，地面起伏较大，成土母岩以砂页岩、石灰岩为主，砂岩、页岩次之，坡度在 25°以下的土地面积占 10.3%，洼地占 7.0%，森林覆盖率 5.6%。交通不便、干旱与内涝交加，全村土地面积 11 000 多亩，其中耕地 680 亩，全村共有 9 个自然屯，180 户 550 人，迁出移民 75 户 220

人。其中核心区土地面积 2800 亩，有农户 54 户 291 人，耕地（旱地）260 亩，迁出移民 19 户 76 人，居民贫困。"十五"期间将部分人口移民迁出到环江肯福移民开发区，进行了生态恢复，发展了果树与种草养殖业，但还没有形成稳定的产业，有关的技术还需要进一步研究。

4）弄拉示范区。位于广西马山县的东南部，以古零镇弄拉屯为中心，包括东旺屯一部分，总面积约为 1700 hm²。距县城约 25 km，地理坐标为 108°19′E，23°29′N。弄拉示范区出露的地层为泥盆系东岗岭组二段（D₂d²），地层产状比较平缓，绝大多数岩层倾角小于 5°。岩性以泥硅质白云岩为主，其次为白云岩、灰岩和钙质页岩。在地貌上弄拉属于典型的岩溶峰丛洼地，主要由下弄拉和弄团两个峰丛洼地构成。弄拉示范区地势较高、边坡陡峭，地质构造属于广西"山"字形构造前弧西翼，为大明山背斜核部的西北端。受新构造运动的影响，地壳掀斜性抬升明显，抬升量北部大于南部。属于典型的亚热带季风气候，多年平均气温相对稳定，一般为 19.84℃ 左右，最冷月为 1 月，平均气温为 5~6℃，最热月为 7 月，平均气温为 26~29℃，多年平均降水量为 1700 mm，降水量相对稳定，受季风气候影响，4~9 月降水量占年降水量的 82%，这种雨热同期的气候特点，为当地的植物生长提供了良好的条件。弄拉示范区属于右江流域，缺乏地表水文网，区内主要出露兰殿堂、弄团和东旺表层岩溶泉，其中兰殿堂表层岩溶泉为常流泉，流量最大，全年平均流量为 0.67 L/s。降水时水流主要通过洼地中的落水洞及岩溶管道排入南面的古零河。弄拉全屯 23 户，人口 125 人，粮食作物主要为玉米、旱藕。经济收入的 82% 来源于林、果、药业。

5）白宝示范区。位于全州县白宝乡，西距县城 17 km，土地总面积 160.5 km²，辖 9 个村委，107 个自然村，共有农户 5069 户，人口 19 494 人，有耕地面积 20 003 亩，其中水田 12 149 亩，旱地 7854 亩，境内石灰岩遍布，石头多，土地少，森林覆盖率低，水资源缺乏，是典型的岩溶石山区。白宝乡生态重建示范区包括白北公路（白宝至北山）线旁的白宝、磨头、北山 3 个村委的 12 个自然村。总面积 15 km²，有农户 393 户，人口 1456 人。示范区属白宝乡最为典型的溶岩峰丛谷地，90% 以上的旱地为山坡地，土层浅薄，植被覆盖率低，耕地面积少，山坡多被杂草覆盖，仅有少量的自然疏林和人工幼林。无山塘水库，无河流，十年九旱。示范区内农户以种植大西瓜、红辣椒等经济作物为主，经济收入属全乡较差区域，粮食作物主要是水稻，且只能种一季，每逢干旱年份，则不能解决温饱。

6）七百弄示范区。七百弄乡位于大化县西北部，距县城 80 km，全乡面积 203 km²，属典型的峰丛洼地石山区，全乡总人口 1.66 万，耕地面积 8100 亩。年平均气温 17℃，年平均降水量为 1500~1600 mm，春夏多雨，秋冬干旱。示范区海拔为 500~1100 m，高峰丛和深洼地为其岩溶地貌的基本特征，山与山之间是大小不等、深达数百米的深洼地（当地人称"弄"），属最典型峰丛洼地岩溶类型。大面积岩石裸露，石漠化严重，植被稀少，以灌木丛为主，还有极少量竹林和阔叶树，森林覆盖率在 5% 以下。七百弄的动物资源有野鸡、蛤蚧、果子狸等野生动物，植物资源主要有绞股蓝、金银花、黄精、山葡萄、香椿、苦楝等。该岩溶山区造壤能力差，坡地土壤少，土壤层较薄而不连续，以碱性或中性石灰土及粗骨土为主，土壤熟化程度和肥力低。

其中少量是可以用牛耕的深弄地和台地，大部分耕地是毁林开垦出来的山窝石缝地。

示范区农业生产结构单一，社会经济发展缓慢。种植业主要以玉米为主，大部分耕地分布在25°以上的陡坡和石缝里，作物生长条件差，产量低，平均亩产100 kg。一年基本只能一熟，虽然可间种黄豆、饭豆、火麻、红薯等，经济效益仍十分低下，只有其他地区的25%～30%。畜牧业以饲养猪、山羊等为主。农民年人均纯收入1200元。

由于人类对地表植被的掠夺性破坏和不合理的土地开发进一步削弱了地表水源涵养和调蓄能力，旱涝灾害更为突出。旱季严重缺水，居民饮用水困难，农业灌溉用水缺乏。雨季洼地内涝灾害频繁。

8.2　主要示范区建设及其取得的成效

8.2.1　三只羊示范区建设

8.2.1.1　示范区建设规划

该区属于典型的岩溶峰丛洼地地貌，石多土少，地形大多呈漏斗状，易旱易涝。通过对三只羊试验区农作地进行土壤环境条件、特征、类型、分布及土壤肥力等调查，三只羊岩溶峰丛洼地的农作地按在洼地底部、中部、上部可划分三种类型。

洼底平地：位于山体底部，地势低、日照短、土层厚、干旱胁迫轻。土壤以冲积土为主，颜色黑灰，质地中等偏重，分层不明显，侵入体以小石子为主。地面平坦，土层厚0.5～1.5 m，土质疏松，有机质丰富，但遇雨易成涝，受涝时间视落水洞排水能力而定，短则1～2 h，久则1～3天。

带状阶梯地：位于山体中下部，原是简易耕地，农民把地中石芽、石块撬开，沿等高带逐级砌保土墙而成带状阶梯地。土壤暗褐色、浅棕色至灰色均有，质地黏重、紧实，分层明显，侵入体以小石子为主。梯面宽1～4 m，下部的梯地其梯面较宽，越向上梯面越窄。土层厚度的分布亦有规律，最下部的梯地土层最厚，深达0.7～1 m，越上部的梯地土层越浅，为0.3～0.5 m。土地不受涝，土壤排水良好。

高坡石穴地：位于带状梯地以上的陡坡、山坳地带，地势高、土层浅、干旱胁迫重。以石穴地为主，石隙、石缝较多，土地零星，常呈鱼鳞状分布，土壤浅棕色至暗棕色，质地轻黏，稍紧，分层明显，侵入体为石块，土壤保水性差。地面石芽广露，怪石嶙峋，裸露岩石占地面50%以上，坡度25°～30°。该类型土地光照充足，不受涝，土壤排水性好，但由于坡度陡，加之土质疏松，是主要的水土流失区。

三只羊试验区农作地主要种植玉米、黄豆、红薯，耕作习惯一般为春玉米—秋红薯、春玉米—秋黄豆。沙沟屯农户冬季种植少量蔬菜供应三只羊乡市场，其余土地多数冬闲。经济林木主要是房前屋后零星分布的桃、李、枇杷、黄皮、沙田柚等，品质差、产量低，多自给自足，仅有少量上市。养殖业以猪、牛、羊、鸡为主。牛羊皆为随意放牧，没有固定的放牧场所。由于村民多满足于自给自足型经济，缺乏商品经济意识，商品交换常以玉米—大米、黄豆—大米等以物换物的方式进行，市场发育滞后，社会整体功能差。

经过实地调查并利用1/10 000地形图勾绘，求算面积，三只羊试验区总面积10 120

亩，其中，耕地 240 亩（包括砌墙保土梯地和峰丛洼地），开荒地 415 亩，其他面积（石山、草丛和灌丛）9465 亩。以自然村为单位，根据当前条件，将 10 120 亩土地进行了如下生态建设布局（表 8-1）。

表 8-1　三只羊示范区农业产业结构调整规划表　　　（单位：亩）

地点	总面积	封山育林面积		果树种植面积	生态经济林面积	中低产田改良面积	药材种植面积	其他用地面积
		小计	其中有林					
岜马	3 525	3 000	290	80	265	—	60	120
沙沟	2 660	1 950	150	100	310	70（蔬菜20）	—	230
高隘	3 935	2 730	450	205	390	80	140	390
合计	10 120	7 680	890	385	965	150	200	740

1）岜马屯：总面积 3525 亩，其中，耕地 50 亩，开荒地 140 亩，其他面积（石山、草丛或灌丛）3335 亩。以果树、药材为重点开发对象，果药综合开发 80 亩，种植早熟桃、大果枇杷、无核黄皮，并在林下套种射干、扶芳藤等中药材或花生、黄豆等农作物。在平缓地带，土壤条件稍好的地方种植牧草、吊丝竹、槐树 265 亩，射干、扶芳藤等中药材 60 亩；对坡度较大的区域 3000 亩采取封山育林；其他 120 亩作为生活用地及牧场（图8-2）。

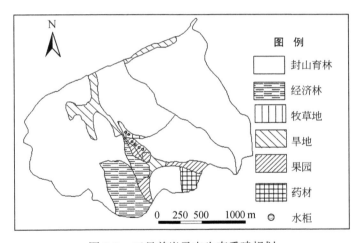

图 8-2　三只羊岜马屯生态重建规划

2）沙沟屯：总面积 2660 亩，其中，耕地 90 亩，开荒地 80 亩，其他面积（石山、草丛或灌丛）2490 亩。以蔬菜为重点开发对象，进行中低产田改良、推广良种地膜玉米 50 亩，反季节蔬菜 20 亩，建立 4 个塑料大棚（共 720 m²），棚内蔬菜以西红柿、辣椒为主，根据市场需求，适时调整品种结构。早熟桃等优质水果开发 100 亩，并在林下套种花生、黄豆等农作物。在平缓地带，土壤条件稍好的地方种植牧草、吊丝竹、任豆等 310 亩；对坡度较大的区域 1950 亩采取封山育林；其他 230 亩作为生活用地及牧场（图8-3）。

3）高隘屯：总面积 3936 亩，其中，耕地 100 亩，开荒地 245 亩，其他面积（石山、草丛或灌丛）3591 亩。以发展水果种植和养殖业为主，开展早熟桃等优质水果开发 205

亩，并在林下套种花生、黄豆等农作物。在平缓地带，土壤条件稍好的地方种植金银花、扶芳藤等中药材 140 亩，任豆、香椿、银合欢等生态经济林 390 亩；对坡度较大的区域 2730 亩采取封山育林；其他 390 亩作为生活用地及牧场（其中，推广良种地膜玉米 50 亩，高产饲料作物 50 亩，图 8-4）。

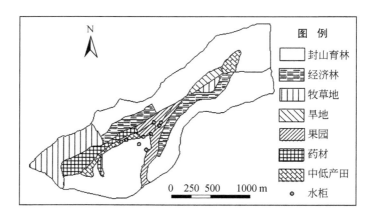

图 8-3　三只羊高隘屯生态重建规划

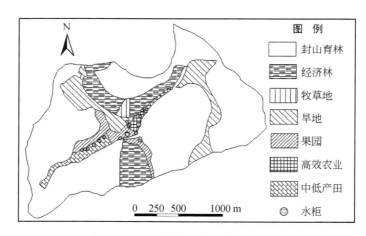

图 8-4　三只羊沙沟屯生态重建规划

8.2.1.2　主要示范内容

针对示范区地貌类型和当地种植、养殖习惯，通过优化当地的农业资源和土地利用结构，引进农业高新技术、适用技术并进行合理集成和组装，以改善岩溶地区生态环境为目标，根据地理条件、自然规律设计符合客观实际的种植—养殖—沼气—种植良性生态链，建立一个集农业生态、森林生态、草地生态、牧业生态于一体的可持续发展生态经济型复合系统。

（1）适生优质果树早实丰产栽培技术与集约型开发示范

根据适地适栽的基本原则和要求，从选择适生、优良果树种类和品种入手，建立了石漠化地区名特优果树早实丰产栽培与集约型管理示范基地，深入研究各个果树种类或品种的种苗繁育与栽培管理等方面技术，建立了名特优果树示范园。在三只羊示范区进行产业结构调整，先后引进山区名特优果树共 9.8 万株，种植 1630 亩，其中，种植早熟桃 1400亩、大果枇杷 10 亩、无核黄皮 30 亩、桂华李 110 亩、日本双季板栗 30 亩、蜜思李 30 亩、珍珠番石榴 20 亩，并在果园内套种牧草 450 亩。示范区果农基本掌握了峰丛洼地小气候下果树种植管理技术及主要病害的防治技术。其早熟桃的虫害主要为桃小食心虫、桃蚜等，无核黄皮的主要虫害是潜叶蛾。

三只羊示范区的四月红桃从 2005 年开始投产并陆续进入盛果期，经组织专家验收测产，2005 年平均亩产 702 kg，亩产值达 1400 元，果园内套种的牧草亩产量也达到 4000 kg/a。

示范区发展果树，已带动了三只羊乡乃至都安县其他主导产业结构的调整，极大地带动了当地群众参与生态重建的积极性。2004 年全县种植早熟桃 19.8 万株，面积 4060 亩，覆盖 11 个乡镇。2008 年平均亩产 1540 kg，仅此一项，产值超过 1000 万元。

（2）岩溶水资源有效利用与高效节水农业开发综合治旱技术示范

以节水灌溉为目标，改造和新建蓄水、引水工程，完善灌区渠系配套，提高水的利用率，建设节水灌溉设施，应用喷灌、滴灌、移动式灌溉等节水灌溉技术，进行水利设施的综合利用，提高水资源利用效率，降低农业灌溉用水成本。在灌区渠系更新改造、完善配套中推广使用新技术、新材料，提高防渗漏性能，减少水源损失，以达到最大的综合水利效益，提高抗旱防涝能力。在解决示范区的农业生产干旱缺水和人畜饮水困难方面取得了明显实效，增强了防旱抗旱能力，改善了生态环境。项目实施期间完成新修水柜 9 个、安装节水灌溉系统 4 套，灌溉面积 50 亩，解决 100 人的饮用水问题。

（3）退耕还林和封山育林技术示范

都安三只羊试验区现存植被以藤刺灌丛为主，人工林有香椿、苦楝林和吊丝竹林，有残存或封育形成的森林植被片段，但面积极小，植被退化严重，恢复和重建的难度很大，需要采取退耕还林与生态经济林建设相结合的方法。项目实施期间完成退耕还林与封山育林面积 510 hm²，并在环境条件适宜地段及缓坡地营造生态经济林 50 hm²。

（4）岩溶区种草养殖技术应用示范

都安三只羊乡属典型的峰丛洼地，由于地形的特殊，日照短，尤其是洼地底部，农作物生长期光合作用不充分，单位面积产量提升潜力不大。当地农户的主要经济来源主要依靠养殖业，而山羊又是当地群众传统的养殖品种，2001 年全乡存栏山羊 17 612 只，接近人均一只羊，但养殖品种绝大多数为本地品种（17 562 只，占存栏山羊总数的 99.7%），个体小、生长慢，且多为放养，对当地的生态破坏极大。近年来，由于养殖规模的不断扩大及群众对资源的无序开采，导致生态失衡，植被遭受严重破坏，水土流失愈发难以遏制。2002 年以来，生态重建试验区大面积土地用于种植果树和封山育林，羊群活动范围受到限制，传统放牧方式不再适应山羊养殖业的发展。探索在果园内种植牧草，引进波尔山羊和隆林黑山羊等优良品种，采用圈养方式，是石山地区发展山羊养殖的必由之路。

针对三只羊示范区的地形和气候条件，引进了一年生黑麦草、菊苣、白三叶、鸡脚草、苇状羊茅、紫苜蓿、柱花草、桂牧 1 号、木豆、多年生黑麦草、百脉根等牧草品种进行试验，其中一年生黑麦草、菊苣、桂牧 1 号、木豆适应性较好。

据测定，在桃园内套种牧草每亩可刈割鲜草 4000 kg/a，可喂养母羊 3.4 只。2004 年至 2005 年冬季，项目充分利用冬闲田和果园套种黑麦草 550 亩，可圈养山羊 1870 只。在果园种植牧草，可充分利用豆科牧草的固氮作用提高果园肥力，保持土壤水分，为果树的生长提供良好的微环境；更重要的是人工牧草的蛋白质含量高，营养丰富，畜类食用后生长快，产量高，经济效益显著。同时，畜粪又是优良的沼气原料和农家肥，通过种草养畜，可以实现"种植—养殖—沼气—种植"的良性生态循环。

经过近三年的引种试验，引进的波尔山羊和隆林黑山羊较适应当地环境。波尔山羊适口性好，耐粗饲，体型大，繁殖力强，一般两年可产三胎，羔羊生长发育快，有良好的生长率和高产肉能力。隆林黑山羊体形硕大健壮，繁殖力和抗病力强，一般每年可产两胎，是我国南方典型的地方优良品种。隆林黑山羊还具有产肉性能良好，胴体中脂肪分布均匀、肉质细嫩鲜美、无膻味等特点，产品远销深圳、香港、澳门、海南等地，市场需求旺盛，价格稳定，市场收购价稳中有升，产品供不应求。按每户养殖 10 只母羊计算，每年可产羊羔 30 只，第二年开始出栏，每只体重 40 kg，按目前市场收购价 10 元/kg 计，产值 1.2 万元，效益十分可观。

此外，三只羊示范区还引进了优良种猪 54 头（公猪 3 头、母猪 51 头）、种兔 200 只、种鸽 120 对、种鸡苗 9300 羽，通过实施科学喂养，取得了良好的效益，肉猪由原来 1 年的饲养时间缩短至 90 天左右就可以出栏。若能采取"公司 + 科研单位 + 贫困农户"的模式进行订单生产，将带动都安县山羊养殖业的发展，使之成为山区经济发展的新的增长点。

（5）农村技术服务体系建设示范

随着四月红桃在三只羊示范区的发展，群众认识到了成立协会更有利于支柱产业和规模效益的形成，采用"协会 + 基地 + 会员"的经营方式利于产生更好的经济效益和社会效益。项目组因势利导，引导示范区行政村和村民小组成立了"三只羊乡四月红桃协会"。通过对协会进行现场指导，并举办培训班，让村骨干掌握四月红种植管理技术，再通过他们的示范，将相关技术向群众传播，推广示范技术成果。此外，项目组还组织该协会主要成员进行网络应用培训，让他们通过网络掌握市场信息，通过市场导向发展生产，促进产品流通，使项目开发技术对该示范区及周边区域的农业建设和发展起到持续的示范作用。

8.2.1.3 示范区建设取得主要成效

1）生态效益。通过退耕还林与生态经济林大规模的封山育林、退耕还林（草）、种植经济林建设，开展能源技术开发，采用多种形式，包括沼气、液化气、电、薪炭林等能源手段，示范区自 2001 年以来兴建沼气池 46 座，沼气普及率达 81%，大大缓解了樵采造成的环境恶化。示范区生态环境得到明显改善，植被覆盖率从 2000 年的 27.1% 提高到 2005 年的 77%。经济果园的小气候也得到明显的改善，在炎热的夏季，生态经济林的气温比对照低 1.5℃、空气相对湿度比对照高 5%，土壤含水量比裸岩区提高 7.7%，土壤容重降低 7.1%，土壤孔隙度增加 7.8%，创造了有利于植物生长的小气候条件。

2）经济效益。项目的实施，改变了示范区以种植粮食为主、小规模粗放养殖的习惯，通过种植高效的经济林果，林下种草规模养殖（圈养），农业结构得到初步调整，示范区年人均收入从 2000 年的 780 元提高到 2006 年的 2148 元，到 2006 年示范区总产值 54.99 余万元，比实施前 2000 年的 19.97 万元增长了 175%，项目实施期内新增总产值 116.98 万元，年平均新增产值 19.5 万元。

　　3）社会效益。示范区涌现出一批种果、种草养畜的致富典型，富裕起来的农民住进了宽敞明亮的新居，水、电、路等基础设施得到了大大改善。同时通过技术培训，群众掌握了多门种植技术，骨干农户已能对其他群众进行技术指导，带动示范区农户共同致富，引起了有关领导的重视。

8.2.2　平果果化示范区建设

8.2.2.1　示范区建设规划

　　考虑到示范区生态环境的突出特点是岩石裸露、石漠化严重、生态环境脆弱，农业现状的显著特点是耕地严重不足、农业作物单一、生产力水平低、资源利用率低，因此，果化示范区建设规划以水土资源充分、合理、高效利用为前提，以抢救土地资源、遏制石漠化为目的，以基本农田建设、小型水保工程和恢复林草植被为重点，以实施坡面水系工程、沟道治理工程、梯田工程、水土保持防护林、种草养畜、薪炭林、用材林和经济果木林为主要手段，人工治理和生态自我修复相结合，实施以岩溶小流域为单元的山、水、田、林、路、电、沼、草综合治理试验研究与监测（图8-5）。

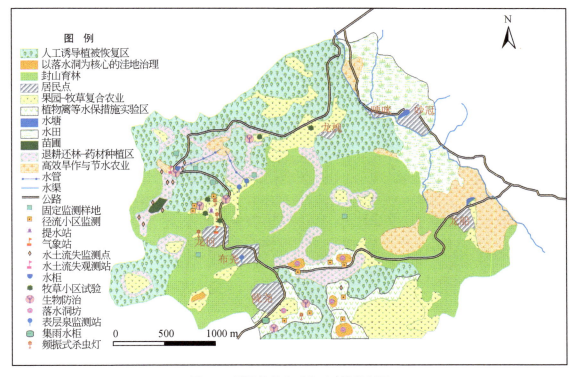

图 8-5　平果县果化示范区建设规划图

8.2.2.2　主要示范内容

（1）水土保持工程与生物技术示范

为了抢救岩溶峰丛山区的土地资源，在示范区实施了适宜岩溶区特点的植物篱笆、草被等生物措施和水土保持工程措施。

针对岩溶石漠化区水土主要通过地下漏失的特点和流失的主要途径，研究出水土保持的主要技术方法：采用藤本植被覆盖或清除裸岩防治岩面产流对土壤的侵蚀；改进种植结构，避免翻动土，减少石旮旯地和土层薄的土地的地下漏失；对于土层相对较厚、土被相对连续的土地，采取炸石、砌墙保土、植物篱、立体种植相结合防治水土流失。筛选出了薜荔、赤苍藤、扶芳藤、山麻杆、牧草、金银花6种适宜岩溶区的水保植物篱植物，设计了牧草＋金银花、牧草＋火龙果、牧草篱、扶芳藤＋果、山麻杆＋果等微观生态土地优化利用模式。针对不同的环境类型区实施植物篱、草被、保土耕作、坡面梯化、土地整理、截水沟、蓄水池、沉沙系统等水土保持生物措施和工程措施。在果化示范区实施牧草植物篱示范10亩，薜荔植物篱10亩，金银花＋牧草优化土地配置示范3亩，火龙果＋牧草优化土地配置示范5亩；在弄拉示范区进行砌墙保土、坡面梯化20亩，配套扶芳藤篱示范5亩，山麻杆篱示范20亩，金银花＋果树优化配置示范10亩。

（2）岩溶水开发利用技术示范

系统调查示范区的表层岩溶水和地下河，研发了表层岩溶水和地下河水开发利用方式。对地下河及浅层岩溶水主要是直接利用地下水天然露头，开采方式主要为引水型、提水型、提蓄引结合型、挖大口井型；对于区内表层岩溶水开发利用主要有引水型、蓄水型、复合蓄引型、截蓄引型。对6个要开发的表层岩溶泉，提出了表层岩溶泉水开发的具体设计，并与广西水利厅、示范区县及当地居民合作，实施了表层岩溶泉—水柜开发工程，开发了6个表层岩溶泉，配套修建水柜、蓄水池8个共3600 m³余，建立地下河天窗提蓄引水站1个，地下河管道出口蓄引提水站2个，进一步兴建或完善了表层岩溶泉和地下河监测设施。

（3）洼地排涝技术研究与示范

示范区内涝灾害主要由于水土流失造成落水洞及地下河堵塞，在进行其他水土保持工程措施的基础上，以果化示范区龙何屯洼地为典型案例，针对洼地人口多，人畜污水污染地下水，而地下管道水为全村的水源，洼地一端有开口的特点，清理落水洞，修建排水沟和落水洞坊的同时，修建连接洼地开口和落水洞的排水沟，将大部分水排出洼地。设计治理方案为：雨水、污水过滤池—蓄集池（蓄水种植蔬菜）—排水沟。治理后，洼地基本不淹水。

（4）节水灌溉示范

在果化示范区，研发了地下水＋生活污水＋沼气水＋化肥＋发酵的有机肥等耦合滴灌技术，通过阀门控制肥液与水比例自流滴灌到果树根部，控制施肥用量和速度，实现节水、节肥、省力、均匀、高效、防止地下水污染的目标，试验结果表明，较常规方法节约水、肥各50%，火龙果产量提高15%左右。结合表层岩溶水开发，形成了集岩溶水开发、喷灌、滴灌、移动式浇灌为一体的节水灌溉示范体系，面积达100多亩。

（5）土地整理技术研究与示范

对示范区进行了土地测量，制定了土地整理的设计方案，并与地方政府、居民合作实施了土地整理示范。针对不同的土地类型，依据充分合理利用水、土、石头资源以及改善生态环境的原则，研发出不同的土地整理技术。对于土被相对连续的坡耕地，采取坡改梯和植物篱结合，配套排水沟、小型蓄水池和沉沙池；对于洼地平耕地，采取炸石、填土、砌坎，配套排水沟、小型蓄水池和沉沙池；对于石旮旯地，采用砌石堵缺，在土壤斑块周围种植藤本植物或牧草防护。在果化示范区实施了70多亩。

（6）石灰土改良示范

建立土壤改良对比试验区，施用亚硫酸法糖厂滤泥改良石灰土，表现出较常规有机肥料更好的效果。滤泥的弱酸性，可调节石灰土的酸碱度在适宜范围；滤泥富含有机质和营养元素，不仅可以增加土壤有机质和营养元素含量，而且因其腐化引起土壤微生物的大量繁殖，能够产生大量的有机酸和 CO_2，促进土壤岩溶作用的正向运动，更利于土壤营养元素的释放和有效化。

（7）立体农业——果草（药）复合模式示范

引进抗逆性强、经济效益好的果树品种如火龙果、牛心李（*Prunus salicina*）、澳洲坚果（*Macadamia ternifolia*）等作为乔木层覆盖，上层植物特别是火龙果，为 CAM 代谢植物，适应岩溶高温干旱环境、产量高、价值高。更由于其冠层小、透光率高，下层可以套种矮秆植物如板蓝根（*Isatis indigotica*）（药用）、豆科作物或牧草等。豆科植物的固氮作用促进土壤肥力和土壤环境的改善，两类植物各自占据不同的生态位，可以充分利用光能、提高土地生产力。7月正午，在岩石裸露度较高的地段，太阳光直射的岩石表面较林下岩石表面的温度高 5～10℃，高温导致水分散发大大地增加。乔木树冠可阻挡太阳对地面特别是岩石的直接辐射，可以改善小气候促进光合利用效率，进而提高土地生产力和农民收入（表8-2）。

表 8-2　2008 年龙何示范区果树种植效益统计表

户名	果树	定植年份	种植面积（m²）	始果年份	平均单产量（kg/hm²）	平均单产值（元/hm²）	套种作物产值（元/hm²）	总产值（元/hm²）	与传统耕作相比（%）
卢广存	火龙果	2002	530	2005	18 610	74 440	10 999.8	85 439.8	876.3
何广生	火龙果	2002	500	2005	19 500	78 000	11 185.2	89 185.2	914.7
何文兴	火龙果*	2002	260	2005	13 460	53 840	—	53 840.0	552.2
何承远	火龙果*	2002	260	2005	12 500	50 000	—	50 000.0	512.8
何广华	火龙果	2002	730	2006	13 270	53 080	8 988.2	62 068.2	636.6
何广豪	火龙果	2002	240	2004	17 500	70 000	—*	70 000.0	717.9
何承战	火龙果	2006	300	2007	5 830	23 320	—**	23 320.0	239.2
何广源	火龙果	2006	280	2008	2 680	10 720	—	10 712.0	109.9
何广源	无核黄皮	2002	220	2004	4 090	24 540	—	24 540.0	251.7
卢凤仙	无核黄皮	2003	260	2005	3 846	23 076	8184	31 260.0	320.6
何文兴	无核黄皮	2004	300	2006	2 500	15 000	8 509.2	23 509.2	241.1

*定植地为石窝地；** 主要套种蔬菜；火龙果单价以 4.00 元/kg 计算

（8）山地造林示范

尽管果化示范区山地的立地条件比较恶劣，加之存在高温干旱持续时间较长等不利因素，但仍然可以选择一些能够进行人工造林的地段，利用其短暂而有利的时机，定植岩溶乡土树种苗木或点播种子。据统计，2006～2008年示范区山地造林试验树种多达25种，其中定植苗木34 540株，直播种子130 kg。尽管由于不同树种、苗龄、造林地段和不同年份的天气状况等方面的差异，人工造林成活率和植株生长量等常常出现较大甚至是非常明显的波动，但就总体而言，目前初步筛选出的适于果化示范区种植且表现良好的树种已达十几种，如银合欢、任豆、女贞、狗骨木、麻栎、东京桐、广西顶果木、茶条木、伊桐、苏木、蒜头果、榉树和假苹婆等，这些树种的植苗造林成活率多在70%以上，直播造林萌发率则超过50%。以茶条木和蒜头果两个树种为例，茶条木是龙何示范区山地造林中所有树种表现最好之一，其根系发达，粗生快长，苗木培育和人工造林技术简单，除了2008年因适逢天气干燥而成活率仅为63.7%外，其他年份的造林成活率均在85%以上，其2年生植株平均株高生长量208.9 cm，最高值则达到310.8 cm，并且有少部分植株在定植后的第二年就能开花结实，表现出其对石漠化山地具有非常良好的适应性，是今后岩溶山区尤其是石漠化山区值得重点推广常绿型速生先锋树种。蒜头果是种仁含油量较高、资源急剧减少的国家二级保护珍稀濒危树种，对环境条件要求较高，造林难度也较大，但在果化示范区，通过选择侧荫条件较好的灌草丛进行直播造林，其种子萌发率（2008年）也能达到55.3%，年均高生长量超过50 cm，表现出其对岩溶石漠化山区具有较为良好的适应性。

近十几年来，飞机草等外来入侵植物在桂西南岩溶山区蔓延速度极快，给当地的生物多样性和农林业生产带来非常严重的影响，也是岩溶山区生态重建过程中面临和亟须解决的重大问题之一。2006～2008年，在果化示范区选取代表性较强的飞机草群落，采取树种配置、造林密度和人工除草（飞机草）等多因素多水平的正交设计开展飞机草防控试验（表8-3，表8-4），以通过定植乔木和人工割除相结合的方法，达到控制飞机草、改善植物群落结构和提高生物多样性等目的。试验包括9个处理、4个重复，各试验小区面积均为16 m²（4 m×4 m）。2006年3月定植乔木树种，每年7月对部分试验小区的飞机草进行割除50%或全部割除处理，以不割除作为对照，每年11月调查和统计各试验小区飞机草的盖度、高度、株丛数和生物量等。据2008年7月调查，各试验小区的群落盖度和平均物种数均有所增加，其中群落的平均总盖度由70%增加到80%，各试验小区的平均物种数由13.5个增加到14.3个。与此形成鲜明对比的是，飞机草的盖度、单位面积株丛数、最大高度和平均高度均明显下降，下降幅度为34%～96%，其中飞机草的平均盖度由35.3%急剧下降到1.3%，下降幅度达96%，平均高度也由1.2 m下降到0.4 m，下降幅度也达67%，使得飞机草已由群落的优势种转变成伴生种，整个植物群落的性质发生了非常明显的变化，表明飞机草综合防治试验已取得了初步成效（图8-6）。

表8-3　飞机草防控试验的因素与水平

水平	造林树种 A	造林密度 B	人工除草 C
1	任豆	1250 株/hm²	不割（飞机）草
2	银合欢	2500 株/hm²	割草50%
3	银合欢＋任豆	3750 株/hm²	割草100%

表8-4　飞机草综合防治试验样方调查统计表（小区面积为4 m×4 m）

时间	群落平均盖度（%）	小区平均物种数（个）	飞机草特征				
			盖度（%）	密度（株/m²）	植株高度（m）		生物量（g/m²）
					最大值	平均值	
2006.06	70	13.5	35.3	1.89	2.5	1.2	171.56
2008.11	80	14.3	1.3	0.85	1.7	0.4	6.86
对比值	1.14	1.06	0.04	0.45	0.68	0.33	0.04

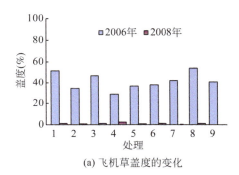

(a) 飞机草盖度的变化

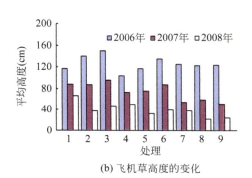

(b) 飞机草高度的变化

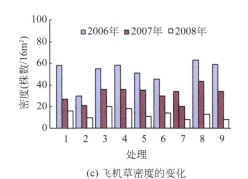

(c) 飞机草密度的变化

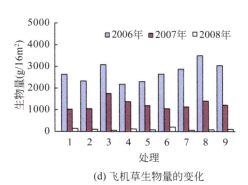

(d) 飞机草生物量的变化

图8-6　飞机草防治试验地不同年份植物群落指标的变化

处理号：1. $A_3B_2C_1$；2. $A_1B_1C_1$；3. $A_2B_3C_1$；4. $A_3B_3C_2$；5. $A_1B_2C_2$；6. $A_2B_1C_2$；7. $A_2B_2C_3$；8. $A_3B_1C_3$；9. $A_1B_3C_3$

（9）优质特色种苗繁育基地建设

果化示范区建立种苗繁育基地1个。果化示范区种苗繁育基地总面积20亩，以饲料灌木植物、经果树、能源植物、岩溶石山先锋植物苗木为主，其中饲料灌木面积5亩、优质果木面积5亩、能源植物3亩。多年来，种苗繁育基地不仅为示范区提供优质苗木50余万株，而且辐射推广到其他岩溶石山区100余万株，辐射面积达2万 hm²，带动了周边地区经济发展和生态环境恢复。

（10）岩溶环境观测

结合示范区的建设示范及科学研究，以岩溶流域（泉域）为单元，针对不同措施治理石漠化区建立了相应的观测站点，配备了相应的仪器设备，开展水土保持及岩溶生态环境变化过程的动态监测，主要监测指标包括土壤侵蚀、成土速率、水土流失、土被覆盖、土地利用结构、植物的分布与生长速度、植物演替阶段、植物结构的稳定性、岩溶动力条件、土壤有机碳、土壤 pH、岩石溶蚀速度、水分中元素迁移的变化等。积累了丰富的数据，建立了数据库。

目前在果化示范区共建立了表层岩溶泉观测站 5 个、水土流失径流小区 6 个、小流域水土流失观测站 2 个、表层岩溶泉域水土流失自动化监测站 1 个、岩溶地下河流域水土流失观测站 1 个、气象站 1 个、植被固定样地 6 个、土壤监测剖面 6 个、牧草引种试验区 20 个、药材种植试验区 10 个、土壤改良试验区 16 个、种草养殖示范户 20 户。

（11）科普教育宣传及培训

对示范区内监测站点、示范样板设置了宣传牌，每年有大量的国内外科研院所专家学者、政府机关人员以及周边群众等来示范区参观、学习，其中仅弄拉示范区每年参观人数达 3000 多人次，2 个示范区均已成为科研院所研究生、大学生科普教育和科普实践活动实习基地，每年来示范区学习学生约有 600 人次。

在示范区及周边地区，以场、院、田间地头为课堂，组织多种形式的科普教育技术培训和咨询，引导农民群众从思想上高度重视水土资源的保护，认识产业结构调整、优质特色经济林果资源开发、种草养畜等的意义。推广普及适宜于岩溶区的生态农业种植实用技术、养殖技术，发送了各种技术资料，组织示范区的典型示范户到周边地区进行现场演说，介绍他们的科技致富经验，为广大农民送去苗木、牧草种子以及种兔和种羊等农用生产资料。在示范区村口设立宣传栏，定期适时地向群众宣传农作物栽培田间管理技术，提醒农民在农作物生长的不同时期及时作好田间管理，作好病虫害的防治。2009年，开展技术培训 3 次，培训 600 人次，向农民发送各种农业先进实用技术资料 500 多份。

8.2.2.3 示范区取得成效

1）经济效益。增加有效耕地面积约 8 hm²，林地面积约 120 hm²，牧草地、园地合计约 40 hm²，土地整理约 12hm²；新建沼气 110 个；开发利用了岩溶地下水资源 1 万多立方米/年。土地单位面积产值提高了 10～20 倍，节约水、肥各 50%，2009 年统计结果显示，果化示范区典型示范户火龙果与蔬菜（花生）等立体种植第 4 年年产值可达到 11 000 元/亩。果化示范区已经形成了以火龙果为龙头附加药材、种草养殖等生态农业产业链。年人均收入提高了 20%。

2）生态效益。通过多年综合治理示范，植被覆盖率由原来的不足 10% 提高到现在的70% 以上，土壤侵蚀模数下降了 82%，水土流失综合治理程度达到 85%，坡耕地、石旮旯地全部得到有效整治，石漠化得到了遏制。

3）社会效益及示范推广影响。研发了适宜岩溶石漠化区特点的水土保持工程技术和生物技术，并建立示范样板，可以在西南绝大多数岩溶县推广应用；通过对峰丛洼地岩溶地下水系统的研究及开发示范，探索出一整套峰丛洼地区地下水有效开发利用的思路、方法和经验，为类似峰丛石山区提供样板；开发岩溶山区特有适生的名特优产品，构建生态功能优良的岩溶常绿阔叶林，可在广西 24 个岩溶县推广；提供的岩溶峰丛石山区种草圈养殖技术，可辐射推广面积 20 万亩；建立了一整套复合农林立体生态系统技术体系，实验面积 600 亩，可辐射推广 30 万亩；建立了年产苗木 80 万株的岩溶区特色苗木繁育基地 2 个，可为广大岩溶区提供水土流失综合防治的优质特色苗木；已经成为我国西南岩溶峰丛洼地退化生态系统恢复重建和岩溶峰丛洼地立体生态农业模式的典型样板，国内外相关科研院所的定点研究基地和教育培训基地。2007 年 11 月国家林业局将果化示范区确立为国家林业局石漠化长期定位监测站，2009 年被批准为水利部水土保持科技示范园。

示范工作得到了示范区老百姓认可，居民由不配合到主动与科技人员沟通，自发育苗、整地等，果化示范区农户自发成立了农村经济合作社。周边县、有关部门、甚至西南其他省的干部和群众多次组织人员来示范区参观学习。

示范区的研究成果和各级领导考察情况每年被中央电视台、广西电视台、广西日报、《人与生物圈》等多家新闻媒体给予多次报道。

8.2.3　环江古周示范区

8.2.3.1　示范区建设规划

该示范工作选择桂西北典型峰丛洼地环江的古周（移民迁出区）和肯福（移民迁入区）为示范区，开展峰丛洼地生态重建技术开发与示范。主要针对岩溶山区土地承载量不合理、石漠化加剧、生存环境日趋恶化和异地移民安置中资源开发利用中存在的过度开发，造成新的资源环境破坏，加剧生态环境恶化的问题，提出以岩溶峰丛洼地生态重建、生物资源、土地资源、水资源有效利用和区域可持续发展为目标，立足生态，提高石山区生物生产效率。将现有的科技成果配套集成，推导推广，建设以种植—养殖（草食畜禽）—沼气—种植有机结合的农田生态、森林生态、草地生态为一体的良性循环生态链，走农、林、牧综合开发的路子，实现生态、社会、经济三效相统一的良性循环；引进、筛选和推广有效生物物种，建立配套的先进、适应技术体系；建立岩溶峰丛洼地水资源合理利用、有效开发及科学节水灌溉技术体系；建立异地移民开发的生态—经济建设示范；着重研究岩溶区持续高效发展与生态环境改善的关键技术与产业结构调整问题，使岩溶区的生态、经济和社会得到快速、持续和协调的发展。

环江古周的生态重建规划如图 8-7 所示，主要是迁出约 40% 的移民 75 户 220 人后，在大面积的石山生态恢复区、耕地和 260 亩变为林草结合的经济林和用材林地基础上，发展草养殖业。

在肯福开发区，主要是在荒山荒地建设移民新村，开发新的以经济作物和果树为主的新产业，同时注意生态建设与环境保护（图 8-8）。

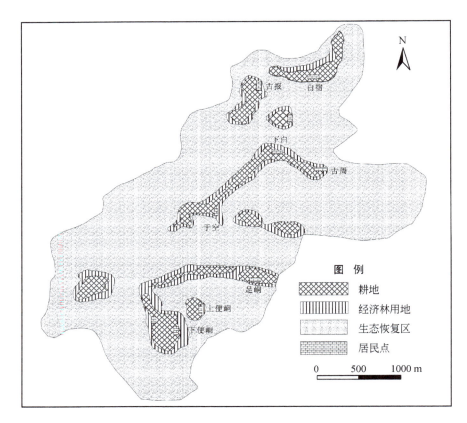

图 8-7　环江古周移民迁出区生态重建规划

8.2.3.2　主要示范内容

（1）峰丛洼地生态重建优化模式示范

1）退化森林生态系统结构优化及梯坎篱笆种植技术示范：桂西北喀斯特地区人口增长过快，人们为了生存不得不过度开发利用土地资源，传统和粗放的经营方式加上自然灾害频繁，导致该地区生态环境严重退化。针对上述问题，开展了退化森林生态系统结构优化、功能与效益研究，优选出了适合喀斯特山区种植的竹、木豆、香椿、任豆、苦楝等树种，达到了减少水土流失的目的，通过研究各模式的生态结构和生态经济效益，提出了可供类似区域推广示范的优化模式。

2）退耕地生态重建模式的结构与效益研究：针对示范区内大于25°坡地退耕后生态重建的问题，应用恢复生态学的理论，探讨了以自然恢复为主、人工种植生态经济林为辅的生态重建途径，通过研究各种模式的生态结构、功能及其经济效益，提出自然恢复、毛竹、木豆、板栗—木豆、任豆—木豆、板栗—金银花、任豆—金银花、香椿—金银花、香椿—木豆9种优化模式，结果表明，木豆、毛竹、牧草及自然恢复4种模式下的土壤侵蚀量具有逐年降低的趋势（图8-9），总体生态效益为自然恢复 > 毛竹 > 木豆 > 板栗—金银花＞任豆—金银花＞香椿—金银花＞任豆—木豆＞板栗—木豆＞香椿—木豆；而经济效益为板栗—金银花＞板栗—木豆＞任豆—金银花＞香椿—金银花＞香椿—木豆＞任豆—木豆＞木豆—毛竹。

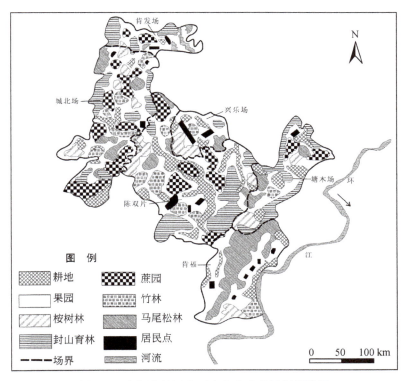

图 8-8　肯福移民迁入区生态农业发展规划简图

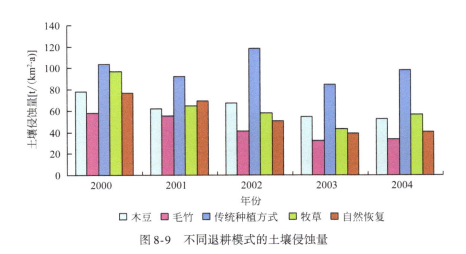

图 8-9　不同退耕模式的土壤侵蚀量

3）沼气的运用对森林消长影响及生态效益研究：在桂西北喀斯特山区，生态环境恶劣，森林资源短缺且增长过缓，而人口增长过快，每年用于生活的薪材量 6000～9000 kg/

户，导致森林生态环境进一步退化、石漠化现象加剧。在喀斯特山区（移民迁出区）的古周村和移民迁入区的肯福示范区推广沼气运用，到目前已建沼气池 88 个，并开展了沼气的运用对森林消长影响及生态经济效益的研究。结果表明：沼气使用前，户均养猪 0.5～0.8 头，户均消耗薪炭材（干物质）6000～9000 kg，每日户均用于砍柴的劳力 0.4 个达 4 h；沼气使用后，户均养猪达到 3.0～5.0 头，养牛 2.5 头，户均消耗薪炭材（干物质）800～1500 kg，每日用于砍柴的劳力 0.06 个不到 1 h，而由于沼气的运用，薪炭材砍伐减少，森林生产力由此提高 17.2%～23.4%，生物量平均提高 27.1%，养殖业的发展使得农民户均增收 800～1000 元。

（2）峰丛洼地抗旱耐涝（避涝）的作物布局及栽培示范

1）抗旱耐涝（避涝）的作物布局：古周移民迁出区属典型的喀斯特峰丛洼地，降水的时空分布极其不均，正常年份 4～8 月集中了全年降水的 70%～80%。峰丛洼地的地貌特征决定了该区雨季无法及时排泄大暴雨产生的洪水，一遇大暴雨低洼地即被淹，淹涝时间短则 3～5 天，长可达半月。在喀斯特峰丛洼地农民赖以生存的土地都集中在低洼地带，由于雨季恰是作物生长的旺季，此时洪水的淹涝常常使得生长在低洼地的当季作物绝收，据统计这种概率约为 40%。当地的农民为了生存，不得不开垦土层较薄且镶嵌在石缝中的坡地来种植粮食，这往往会加剧喀斯特峰丛洼地的水土流失和生态系统退化。由此可见，如何合理进行作物布局就成为喀斯特峰丛洼地退化生态系统恢复重建的关键。经过 4 年的研究，确定了古周移民迁出区的作物布局：在地势最低的地方种植牧草，在地势略高、土层较厚、土壤肥力相对较高的地方种植土豆和桑叶，在地势较高（正常年份不受淹涝影响）的地方种植玉米和果树，坡地全部退耕还林，考虑当地农民长远经济利益，退耕还林的树种以板栗为主，结合示范区菜牛养殖业的发展适当种植任豆、木豆等豆科饲料植物。

2）玉米引种及稳产、避涝栽培技术：玉米是当地农民的主要粮食，为了解决农民的口粮问题，首先，引种了一些优质高产的玉米新品种，如华玉 4 号、农大 108、湘玉 7 号、湘玉 8 号及掖单系列等。其次，为了避开 6 月 20 日至 7 月 20 日的洪涝，试验推广地膜覆盖技术，结果表明地膜覆盖在玉米生长前期增温效果明显，可将玉米成熟期提前 7～10 天，同时地膜覆盖还有保水、保肥的作用。再次，当地农民种植玉米一般 3 月初播种、7 月上旬成熟，成熟时正是洪涝季节，为了避开洪涝灾害试验推广提前播种技术，结果表明结合地膜覆盖播种期可提前 20～25 天，这样就可将玉米的成熟期调节到 6 月 15 日之前，成功地避开了洪涝灾害，且将玉米产量由 2000 年的 150 kg/亩提高到 2003 年的接近 800 kg/亩。另外，还发现湘玉 7 号和湘玉 8 号在古周示范区表现较好的耐旱性，在当地秋播仍可获得 150～200 kg/亩的产量。

3）马铃薯引种栽培技术：马铃薯是一种适应性较广的块茎类作物，对栽培管理技术的要求不高，可在不同季节播种，引种马铃薯可能是避涝的有效措施之一。根据古周示范区的气候特点，引种试验选择了目前广泛种植的优良品种，如克新 3 号、克新 4 号、东农 303 等，实行冬种，播种期控制在 12 月中下旬，收获期则在 4 月中下旬至 5 月初，完全避开了雨季洪涝灾害的影响。虽然当地农民的科技素质并不高，以前也未曾种植过马铃薯，但通过引种试验、结合配方施肥技术的推广，马铃薯的产量仍然达到了 1200～1500 kg/亩，经济效益是以前单纯种植玉米的 2～3 倍。

4）高产、优质、高效牧草的引种栽培技术：引种了桂牧 1 号、木豆和任豆多种牧草，其中，桂牧 1 号 300 余亩，木豆和任豆近 500 亩。桂牧 1 号是适合岩溶地区生长的一种高产优质的禾本科牧草，在古周示范区中等肥力土壤上每年可割青 10 次以上，每亩产鲜草 15～20 t。据分析测定，干物质中粗蛋白含量为 13.1%～16.5%、粗脂肪 33.8%。而且该草还具有抗逆性强，避涝、抗高温和干旱的性能均较好，密封地面快，覆盖强度大，拦截泥沙能力强，根系发达，固土保水性能强，一年移植，利用多年，且病虫害少，易管理等特点。木豆为多年生豆科木本植物，其豆粒含粗蛋白 31%、纤维 10.7%、脂肪 1.7%、灰分 2.3%，是菜牛等的优质食料，豆粒经过膨化后可直接作为饲料，用木豆代替大豆加工饲料，营养成分不变，配合饲料的生产成本可降低 20%～30%，从而提高了示范区农民发展养殖业的积极性。木豆的嫩枝叶含有粗蛋白 15.68%、中性纤维 36.53%、酸性纤维 32.28%、粗脂肪 4.0%、灰分 7.54%，也是一种优质青饲料。成功地建立了峰丛洼地避洪农业的模式。

（3）峰丛洼地果树定植与病虫害生态控制技术示范

1）喀斯特山地果树定植技术示范：针对喀斯特山地土层比较薄的特点，应用炮震扩穴和石坎填土技术定植果树苗木。2002 年 3 月在峰丛洼地古周示范区应用炮震扩穴和石坎填土技术定植脐橙苗木 1252 株和 393 株，2002 年 12 月 19 日统计成活率分别为 96.7% 和 94.4%，而在土层比较薄的峰丛洼地没有采用炮震扩穴和石坎填土技术定植脐橙苗木（CK）的成活率只有 56.7%。炮震扩穴和石坎填土后使脐橙苗根际土层增厚，增强了土壤涵养水分的能力，田间土壤水分测定结果（表 8-5）表明，0～10 cm 土层土壤水分含量分别增加 21.9% 和 12.0%，10～20 cm 土层土壤水分含量分别增加 17.2% 和 13.3%，20～30 cm 土层土壤水分含量分别增加 16.1% 和 13.6%，30～40 cm 土层土壤水分含量分别增加 14.8% 和 12.7%，40～50 cm 土层土壤水分含量分别增加 16.4% 和 12.7%。

表 8-5 炮震扩穴和石坎填土定植脐橙园各土层含水量比较 （单位:%）

方式		5 月	6 月	7 月	8 月	9 月	10 月	平均
0～10 cm 土层	炮震扩穴	22.64	20.41	16.78	17.18	20.09	17.18	19.05
	石坎填土	20.87	19.37	16.60	16.81	18.13	16.63	18.07
	对照处理	18.9	16.79	13.37	14.72	14.86	15.13	15.63
10～20 cm 土层	炮震扩穴	22.83	19.16	20.11	18.31	20.84	18.31	19.93
	石坎填土	21.54	18.88	19.06	18.23	19.63	18.23	19.26
	对照处理	19.16	18.56	15.75	15.5	16.53	16.47	17.00
20～30 cm 土层	炮震扩穴	23.81	20.44	20.18	20.98	21.80	20.18	21.23
	石坎填土	22.32	20.23	19.63	20.55	21.39	20.51	20.77
	对照处理	19.67	19.86	17.23	17.37	18.31	17.31	18.29
30～40 cm 土层	炮震扩穴	23.97	21.80	21.47	22.63	22.56	21.58	22.34
	石坎填土	23.06	20.80	21.08	21.99	22.10	21.79	21.80
	对照处理	20.85	20.31	18.34	18.74	19.84	18.69	19.46
40～50 cm 土层	炮震扩穴	24.76	22.06	22.92	23.58	23.21	22.63	23.19
	石坎填土	23.55	21.64	22.31	22.31	22.73	22.12	22.44
	对照处理	21.33	20.50	18.63	19.64	20.36	19.05	19.92

2）果树病虫害的生态控制技术：首先，培养健康和强健的柑橘树植株。培养健康植株、维持良好的生长势，对控制危害柑橘叶、茎、主干的害虫（天牛、凤蝶、吉丁虫、红蜘蛛等）有效。其次，释放天敌进行生物控制。生物控制是指利用释放有益生物（天敌）来控制害虫的数量。一些有益的节肢动物对控制柑橘树害虫较为有效，如捕食螨、捕食柑橘红蜘蛛、黄蜘蛛和锈壁虱，1 只捕食螨 1 生可以捕食 300 ~ 500 只红黄蜘蛛或者 2000 ~ 3000 只锈螨（锈壁虱），特别喜欢捕食害螨的卵。每年的 4 月开始应用福建艳璇生物防治技术有限公司生产的"捕食螨"——天敌制品（科研中试产品），结合间种三叶草或者黄豆等经济作物，1 年内柑橘红蜘蛛的危害可控制在经济允许范围内。如果释放捕食螨结合柑橘园间种三叶草，三叶草的花在冬春季柑橘红蜘蛛发生少时为捕食螨提供足够的蜜源和充足的水分条件，1 次释放捕食螨可在 2 ~ 3 年内有效地控制柑橘红蜘蛛的发生和危害。然后，开展柑橘害虫物理防治技术示范：① 利用害虫的趋光性应用佳多 PS-15 II 型频振式杀虫灯（河南汤阴佳多科工贸有限公司生产）诱杀害虫，一般置于柑橘园的最高处，杀虫灯底座和柑橘树树冠相当，离地面 160 cm 左右。相对连片的柑橘园每 1 ~ 2 hm² 安装频振式杀虫灯 1 个，每年的 4 月中旬安装，10 月上旬拆下放回室内保管。调查统计 30 天内，1 个频振式杀虫灯共诱杀了 7 目 26 科 68 种 57 274 只茶园害虫，诱杀的同翅目害虫最多，占诱杀害虫总量的 58.8%；其次是鳞翅目，占诱杀害虫总量的 37.1%；鞘翅目占诱杀害虫总量的 2.4%；半翅目占诱杀害虫总量的 1.1%；等翅目、直翅目和双翅目分别占诱杀害虫总量的 0.3%、0.2% 和 0.1%；诱杀的主要柑橘害虫有柑橘潜叶蛾、柑橘凤蝶、黑刺粉虱、金龟子、橘蚜、吸果夜蛾等。②利用"黄板黏"捕杀黑刺粉虱、潜叶蛾等害虫。③利用糖水诱杀吸果夜蛾等害虫。

（4）峰丛洼地的畜牧业生产体系建设示范

环江县下南乡菜牛远近闻名，在国内外市场上很有竞争力。但由于生产规模有限，一直未能形成支柱产品。自建设规划开始就将养殖业作为古周示范区的支柱产业，而养殖业的龙头产品就是菜牛。根据示范区资源状况，将目前区内的"粮、经"二元种植结构调整为"粮、经、饲"种植结构，为解决养牛的饲草问题，引进改良作物品种，在区内进行了推广优质牧草和建立肉牛高效舍饲技术的活动。不但大力培植养殖示范户，发展养殖舍饲肉牛 400 多头，还先后引进试种了桂牧 1 号、木豆、任豆、黑麦草、紫花苜蓿、三叶草、柱花草、百麦根等牧草，最后选择了生态适应性好的桂牧 1 号为推广品种，替代原来种植在洼地中易遇淹成灾的玉米等作物。

（5）绿色水果生产技术与名优蔬菜引种栽培示范

开展了果园套间种西瓜、辣椒、黄豆、花生、无架菜豆、白三叶草（牧草）和多年生黑麦草（牧草）等经济作物和甘蔗末梢覆盖对果园生态系统的影响及经济效益比较试验与示范。

8.2.3.3 示范区建设成效

环江古周岩溶峰丛洼地 2002 年起全面实施生态恢复与重建措施，生态移民 25 户 80 人，完成了退耕还林、退耕种果、退耕种草、退耕还林（果）种草养牛、退耕种桑养蚕等生态恢复与重建模式及 800 m² 牛舍、30 个沼气池、30 个蓄水池等配套工程建设；引进了

21 个抗旱避涝农作物品种，根据年度雨水分布状况和景观异质性，调整了农作物的时空分布格局及结构，构建了多种立体和循环农业模式，建立了面积各为 200 m × 40 m 并拥有全自动气候观测站的农田和人工林生态系统动态监测样地。2007 年示范区核心基地面积达 120 hm²，推广面积达 150 hm²，取得了良好的生态效益、经济效益和社会效益。

1）生态效益。植被覆盖率提高了 28.5%，达到了 91%，生物多样性指数提高了 27%，林木生长量提高了 18%，森林覆盖率提高了 21%，水土流失减少了 37%，土壤侵蚀模数下降了 33.8%，水分利用率提高了 30% ~ 40%。

2）经济效益。通过 7 年的努力，古周示范区人均纯收入显著提高（图 8-10），已接近或超过环江县平均水平，与 2000 年相比，人均纯收入提高了 142.2%，达 1980 元。

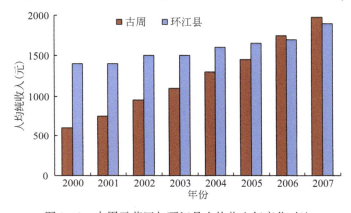

图 8-10　古周示范区与环江县人均收入年变化对比

3）社会效益。古周示范区在环境移民异地扶贫开发、就地生态重建取得了宝贵的经验，特别是其退耕还林种草养牛复合立体农业循环模式在西南喀斯特地区乃至全国产生了重大的影响。中央及有关部委领导、广西壮族自治区主要领导和有关部门领导曾多次调研视察，联合国粮农组织专员以及新西兰、澳大利亚、日本等国的专家多次考察调研，充分肯定了其取得的成绩，新华社、人民日报、中央电视台和广西电视台等新闻机构曾多次报道，取得了良好的社会效益。

8.2.4　马山弄拉示范区

8.2.4.1　示范区规划

经过当地居民长期努力，弄拉的石漠化到 20 世纪末就基本得到治理，但还存在如下主要问题：一是没有进行土地整理，土地利用结构零乱，农作物生产效率低，水土流失与内涝问题严重；二是饮用水严重不足，急需开发新的岩溶水资源；三是生态产业分散，没有优势产业，而且品种老化，急需改良和更新。因此，示范区建设的目标是把弄拉建成生态结构功能区划合理，生态环境优美，生态、经济和社会效益良好的生态示范区，将其建成岩溶生态研究的长期基地之一，成为社会主义新农村的典型样板。

示范区建设规划如图 8-11 所示，根据弄拉峰丛洼地的地貌、植被覆盖等特点，将示范区分为科研观测试验区、森林旅游观光区和休闲农业示范园区三大功能区。各大功能区根据其不同的科研目的、手段等需要再细分若干功能小区，各功能小区的界线原则上按地形、区位和植被类型等划分。

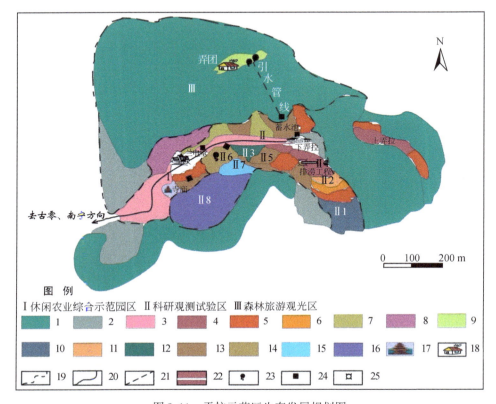

图 8-11 弄拉示范区生态发展规划图

1. 次生乔木林；2．次生灌丛；3. 景观及生态林；4. 大果枇杷园；5. 桃园；6. 石榴；7. 砂糖橘园；8. 蔬菜、花圃；9. 乡土菜园；10. Ⅱ1 水土流失观测小区；11. Ⅱ2 土壤改良试验小区；12. Ⅱ3 优质牧草种植小区；13. Ⅱ5 特种药材种植小区；14. Ⅱ6 表层岩溶泉科研观测小区；15. Ⅱ7 岩溶植被生态水文研究小区；16. Ⅱ8 植被演替研究小区；17. 古寺庙；18. 居民点；19. Ⅰ、Ⅱ和Ⅲ各大园区界线；20. 水泥公路；21. 引水管线；22. 排涝工程；23. 表层岩溶泉；24. 水柜；25. 落水洞

8.2.4.2 主要示范内容

（1）开展封山育林，涵养水源研究示范

建设表层岩溶泉保护带，将补给区划定为水源林。森林对水循环的调节起着不可忽视的作用，森林通过调节径流、涵养水源、保持水土、改良水质等来改良水的循环，其涵养水分的作用众所周知，但对岩溶区的意义更大，岩溶区的二级地貌结构和稀少的土壤使其不但缺乏地表径流，也缺少土壤对水分的调蓄作用。因此，岩溶植被还将是一个重要的调蓄层，可以延缓岩溶干旱的发生（蒋忠诚等，2001）。岩溶森林的大面积覆盖，可以改变岩溶水文地质结构，改善地表水与地下水的补给、径流及排泄条件，使大气降水、地表水及地下水之间的相互转化产生良性循环。弄拉区内地下水埋藏深，时空分布不均，开发利

用困难，而区内表层岩溶带发达，多年的封山育林和造林政策使得当地植被发育，表层岩溶带调蓄能力增强，表层岩溶泉水流量增加且趋向动态稳定，成为当地重要的供水水源。以广西弄拉村的兰电堂泉来说，20 世纪 70 年代以前，由于石山裸露，表层岩溶带的调蓄功能差，该泉为季节性泉，当地居民饮用水十分缺乏。随着封山育林，现在的兰电堂泉泉水已长年不断，成为常流泉（蒋忠诚，1999），当地居民基本的生活和农业用水得到根本保障。

广西弄拉屯建设表层岩溶泉水源林的成功经验表明，在使用表层岩溶泉作为供水源地的地区，应当将表层岩溶泉的补给区划定为水源林，一方面选择速生易蓄水的树种造林，另一方面采取严格的封山育林政策来加强对水源林的保护，从而取保表层岩溶泉泉水资源的可再生利用。

（2）修建水柜和内涝排灌工程，加大水利基础设施建设

因地制宜，修建田间水柜和内涝排灌工程，解决岩溶区干旱和内涝问题。岩溶区水资源空间分布不均，旱涝灾害频繁，水利基础设施在西南岩溶地区显得尤为重要。2000 年，针对弄拉人口居住分散，修建了水柜 600 m^3，解决了下弄拉洼地的农业用水。同时，针对下弄拉岩溶洼地易涝易旱的特点进行排涝工程网络的建设，对洼地底部的地下排水口进行疏导岩溶通道排洪，增大洼地排涝，根除洪涝灾害，并且，修建蓄水池和水渠，下弄拉洼地易涝问题得到了根本解决，增加了宜农耕地面积，提高果树产量，增加经济收入。

（3）构建峰丛洼地立体生态农业模式

1994 年以来，岩溶所在弄拉设立监测站，并在当地封山育林的基础上，指导当地居民进一步发展果树和药材，初步摸索出了适合山区发展的"山顶林，山腰竹，山脚药、果，地上粮"的立体生态发展模式，其一般格局是：耕地、菜地主要在洼地底部和比较平缓的山凹，耕地种植以玉米、旱藕为主的旱作粮食作物，山麓、平缓的山坡重点发展果树和经济林、用材林，间种药材，峰丛垭口和比较陡的山坡主要发展金银花等藤本植物，有土地段，适当发展刁竹、运香竹等竹林。陡峭山峰地段则长期封山育林，重点发展水源林和景观林。不同地区物种的选择是在研究地球化学背景和元素迁移的基础上进行。建设立体农业，在经济发展、解决饮用水和生态建设方面均取得了好的效果。

（4）土地整理，种植果树，发展中草药

针对弄拉坡地多平地少、水肥流失严重的特点，2000 年，实施坡地土地整理 20 多亩，同时配套种植果树和经济价值高的药用植物。现在累计果树 50 000 多株，果树的品种有 20 多种，主要有柑橘、桃子、枇杷、柿子、龙眼、黄皮、石榴和李子等。在广泛种植果树的基础上，弄拉屯重点发展经济价值高的药用植物。金银花是弄拉屯长期以来主要的经济作物之一，种植金银花 2000 多棵、砂糖橘 500 多棵、萝芙木 100 多棵，通过由天然采集转为人工培植和进行品种改良以及集约化经营，实现了收入的稳步增长。

（5）生态旅游

在政府的引导下，弄拉人不断调整经济结构，全屯解决了温饱问题，但弄拉人并不满足，为了加快实现小康生活的步伐，弄拉人改变经济发展方式，转变思路，发展生态旅游。弄拉屯组织成立了弄拉旅游专业合作社，开创了马山县农民以耕地、林地承包经营权量化入股的方式参与发展旅游业的先河，走生态旅游致富之路，形成了独特的经济发展模式。全体村民自筹资金开山凿石，劈山开路，开辟了一条长达 4.5 km 连接上马二级公路的攀山泥沙路。目前，弄拉生态旅游景区的基础设施建设正按计划逐步进行。

（6）生态监测

弄拉作为良性生态系统的典型，进行了长期的定位监测。重点发展：①良性生态系统长期定位监测。可分为水土流失观测小区、土壤改良试验小区、生物多样性观测区等。其中，水土流失观测小区位于下弄拉的东南部，占地面积约为 0.36 hm²，主要是观测植被遭受破坏、坡面侵蚀比较严重的地段，在植被恢复后的土壤侵蚀模数；生物多样性观测区位于鸡蛋堡和东旺。②表层岩溶带和水循环研究。重点研究植被对表层岩溶带的调蓄功能和生态需水量。表层岩溶泉观测试验小区位于兰电堂附近，主要用澳大利亚 Greenspan 公司生产的 CTDP 多参数（降水量—水位—温度—pH—电导率）自动监测仪，动态地监测兰电堂表层岩溶泉的流量、水化学特征等。③峰丛洼地立体生态农业模式的构建。分优质牧草种植试验小区、优质水果种植试验小区、特种药用植物种植小区、表层岩溶泉观测试验小区等。主要功能是引种试验适合于岩溶峰丛山区的各种名、优、特种果树和药用植物，同时用特种科学精密仪器对植物本身的生理特征和周围的环境生态因子（土壤、水、温度）进行观测试验。特种药用植物种植小区位于下弄拉，鸡蛋堡附近，其地形比较陡峭、石牙、溶沟发育、土壤比较薄的地块，主要种植以金银花为主，苦丁茶、青天葵为辅的特种药材，既有经济价值，又有好的水土保持功能。

研究脆弱生态系统管理的模式和科学方法，以加强对该类生态系统的管理、保护和限制开发，为开展与岩溶生态系统和石漠化重建有关的综合性科学问题和保护政策提供了研究平台，而且也将成为培养岩溶生态学领域高级人才的基地，同时也能促进国内外生态学与保护生物学领域的合作研究与学术交流。

8.2.4.3 取得的主要成效

弄拉示范区经过当地居民 20 多年的生态恢复以及近年来的生态示范区建设，其生态系统的结构和功能进一步得到了改善和加强。植被覆盖率和森林覆盖率分别达到了 95% 和 80%，生物多样性得到了进一步恢复，在生态环境改善的基础上，弄拉的社会、经济水平进一步发展。

（1）生态效益

弄拉屯自从 20 世纪 70 年代大炼钢铁进行植被砍伐以来，实行封山育林，大力发展植树造林，植被覆盖率和森林覆盖率分别达到了 95% 和 80%，成为峰丛洼地生态系统良性发展的典型。弄拉示范区生态重建服务总价值为 47 785 564 元，其中直接产品价值、涵养水源价值、保护土壤价值、固定 CO_2 价值、释放 O_2 价值、净化环境价值、维持生物多样性价值、卫生保健价值和教育示范及科研价值分别为 2 289 470 元、1 447 173 元、12 550 193元、3 602 862 元、2 836 809 元、4 627 057 元、6 715 000 元、5 117 000 元和 8 600 000 元。到 2000 年，弄拉人均收入 3000 元，饮用水问题完全解决。弄拉屯的植被覆盖率几乎达到100%，森林覆盖率已达到 70%，裸露岩溶石山已完全改变面貌。当地政府正在准备筹划将弄拉作为生态风景区。

（2）经济效益

弄拉天然林已于 1958～1963 年全部被砍光，当时裸露石山环境使当地居民非常贫困，饮用水也非常困难。据调查，1979 年全屯人均粮食不足 90 kg，人均纯收入仅为 85 元。1994 年以来，岩溶所在弄拉设立监测站，并在当地封山育林的基础上，指导当地居民进一步发展果树和药材，建立峰丛洼地的立体生态农业模式。根据广西日报报道，2004 年，全屯人均纯收入高达 5260 元，经济收入的 82% 来源于林、果、药业。经过多年的探索和实践，弄拉屯已形成了峰丛石山地区的立体生态农业模式，通过不断调整产业结构和转变发展方式，弄拉群众走上了致富路，人均年纯收入已从 1990 年的 328 元增到 2009 年的 3380元。现在，90% 的农户建起钢筋混凝土平房，农村面貌焕然一新。

（3）社会效益

弄拉示范区农户思想觉悟和生态建设的积极性极高，自发成立了生态旅游专业合作社。近年来，随着生态环境的改善和绿色经济效益的成长，该屯被评为南宁市的"文明村屯"和广西壮族自治区的"科普文明村"，2003 年被评为"全国小康示范屯"，2007 年被列入广西壮族自治区森林自然保护区，2009 年被列入水利部的水土保持科技示范园。现在该区成为我国岩溶山区生态恢复最成功的地区之一，不但在国家有关部门、社会团体、新闻媒体和学术研究中具有广泛而深远的影响，而且吸引很多省区的干部、学生和群众到此学习生态恢复和石漠化治理的知识、经验、技术和措施。

8.2.5 白宝示范区

8.2.5.1 示范区建设规划

该示范区生态特点是基岩裸露，土层浅薄，土壤类型以棕色石灰土为主，地表水系不发育且规模较小，85% 以上的水田为望天田，90% 以上的旱地为山坡地，植被覆盖率低，耕地面积少，山坡多被杂草覆盖，仅有少量的自然疏林和人工幼林。无山塘水库，无河流，十年九旱。农作物品种单一，示范区内农户主要以种植大西瓜、红辣椒等经济作物为主。因此示范区的规划主要是以小流域农业综合治理为主的高效与优质农业、林果业技术示范，规模化、专业化畜牧养殖业（草食性动物）为主的可持续生态农业示范。

8.2.5.2 主要示范内容

（1）封山育林示范

白宝示范区属岩溶丘陵地貌，在项目实施前，示范区植被破坏严重，处于灌草丛和草丛阶段，仅有少量的稀疏林残存，水土流失极为严重。项目实施 3 年后，科研人员在 2005年对封山区和非封山区进行植被调查，结果显示，封山区的乔木树种已明显占优势，最高已达 5 m，在 10 m×10 m 范围内乔木树种共 9 种 81 株，其中代表种黄连木（*Pistacia chinensis*）多达 30 株，高度均为 5 m 左右。灌木树种的高度已普遍提高，由 2002 年的平均高度 1.4 m 提高到 2005 年的 1.72 m；由于乔木和灌木树种的增高生长，一些阳性树种已变为阴性树种，草本物种的数量减少了，由 2002 年的 14 个减为 2005 年的 5 个。相比之下，非封山区由于人畜的践踏和破坏，时隔 3 年，物种的生物生长量只有 0.5 m 左右，而且以草本和刺藤的覆盖度占优势。上述表明，封山育林可以改变石山地区植被的群落结构，加速植被自然恢复速度。土壤分析结果表明，经过 3 年的封育，封山区的土壤肥力比 2002 年有较大提高，2002 年封山区的有机质含量仅为 4.786%，2005 年提高到 8.024%（表 8-6）。

表 8-6　封山前后封山区土壤养分含量变化

时段	有机质（%）	速效氮（mg/kg）	速效磷（mg/kg）	速效钾（mg/kg）
2002 年（封山前）	4.786	158	2.2	124
2005 年（封山后）	8.024	278	3.9	89

（2）营造生态经济林

示范区的山体基本无森林覆盖，山上岩石裸露，土壤贫瘠，为了提高土壤肥力，引进经济林时，主要以槐树（*Sophora japonica*）、板栗（*Castanea mollissima*）等落叶经济树种为主，配以常绿的杨梅树（*Myrica rubra*），同时以藤本的葛根（*Pueraria lobata*）作为林下地面覆盖植物，起到生态和经济的双效作用，几种经济树种在示范区都表现出良好的生态适应性（表 8-7）。经试验观测表明，2003 年种植的槐树，2005 年平均茎粗已达 5.65 cm，冠幅 2.42 m×2.55 m，植株生长快，长势良好，对地面的覆盖面积大。杨梅的生长速度相对较慢，2003 年种植的植株平均茎粗 4.7 cm，冠幅仅 1.14 m×1.27 m。日本板栗在示范区生长快，2003 年种植的植株茎粗平均 4.2 cm，冠幅 1.62 m×1.7 m，植株第二年即有 50% 植株开花结果，第三年 100% 植株开花结果。综上所述，槐树和板栗在示范区生长速度快，成林快，适合白宝岩溶区的生态环境，是该区域营造生态经济林的好树种。2008 年示范区槐树亩产鲜槐米 357.33 kg，折合干槐米 125.07 kg，按 16 元/kg 市场价格计算，亩产值超 2000 元。

表 8-7　2005 年示范区林地与裸露荒地的土壤温度和空气温度

日期	时间	土壤温度（℃）						空气相对湿度（%）	
		地表		5 cm 深土层		10 cm 深土层			
		林地	裸露地	林地	裸露地	林地	裸露地	林地	裸露地
6 月 12 日	8：00	—	—	24.6	24.5	24.2	24.6	91.8	74.3
	14：00	28.4	29.0	28.1	25.4	27.1	26.9	82.0	76.7
	18：00	—	—	27.6	26.7	27.1	26.9	93.0	75.3
8 月 12 日	8：00	—	—	23.9	25.1	24.1	25.7	83.0	80.5
	14：00	32.5	33.8	29.0	31.8	28.1	29.6	67.9	65.3
	18：00	—	—	27.8	28.4	27.8	28.8	80.4	76.5
9 月 12 日	8：00	—	—	22.6	24.5	22.5	25.1	84.9	77.0
	14：00	31.1	31.8	27.4	30.6	26.1	28.0	65.9	64.4
	18：00	—	—	26.5	28.0	25.4	29.0	80.3	78.4

（3）优质果树种植示范

白宝示范区原有水果品种很少，根据示范区气温相对偏低、冬季寒冷的特点，项目组引进了翠冠梨、早熟桃、蔡李、杂交柑、大果枇杷等耐寒品种进行栽培试验。观测结果表明，翠冠梨和"四月红"早熟桃最适合在白宝示范区种植。翠冠梨无论在植株长势、果实品质还是产量方面均表现良好。首先该品种耐干旱，2003 年连续 3 个月的高温干旱而无任何灌溉条件的情况下，植株仍然能正常生长，第二年能正常开花结果；其次是翠冠梨在示范区表现较高的产量，2005 年有关专家对 4 年生的梨树进行测产验收，种植在山脚平地的果园平均亩产果 1260.5 kg，山腰果园平均亩产 1095.2 kg；第三是示范区生产的梨子品质优良，表现在总糖含量高，其未套袋果实的总糖含量为 7.31%，比在桂林雁山区种植的同一品种果实的总糖（6.67%）含量高 0.64 个百分点，可溶性固形物含量高 1.6 个百分点。而常绿树种杂交柑和枇杷在示范区种植表现不太理想，杂交柑种植的当年冬季即遭受寒害，植株生长不良，两年生的树体茎粗只有 1.9 cm，树高只有 1.1 m，冠幅只有 0.6 m×0.7 m。由于示范区冬季每年下雪，枇杷冬梢和春梢容易受冻害，严重影响了树体的生长和树冠的扩展，从而影响花芽分化。在示范区种植的"四月红"桃表现较强的适应性，其果实可溶性固形物含量最高达 13%，维生素 C 含量 11.31%，总糖含量 7.502%，比在都安三只羊和桂林雁山种植的都高，因此，该品种也适宜在白宝示范区及其周边区域种植和推广（李洁维等，2008）。综上所述，由于白宝示范区气候独特，适宜发展落叶果树，落叶果树中又以翠冠梨和"四月红"桃为该区域适宜发展的品种（表8-8，表8-9，图8-12）。

表 8-8　不同果树品种在白宝示范区营养生长情况

品种	树高（cm）	干周（cm）	干高（cm）	冠幅（cm）
枇杷	87.1	8.0	38.5	77.4×55.0
"四月红"桃	212.0	13.2	26.4	274.1×255.8
日本板栗	133.0	7.6	50.6	97.9×83.1
翠冠梨	90.0	7.0	41.0	159.0×106.0

资料来源：李洁维等，2006

表 8-9　不同年份示范区翠冠梨的产量

年份	平均株产（kg）			平均产量（kg/亩）
	高产	中产	低产	
2004	15.6	11.8	8.6	880.8
2005	21.3	17.7	12.1	1260.5
2006	29.8	19.8	12.8	1757.2

资料来源：李洁维等，2008

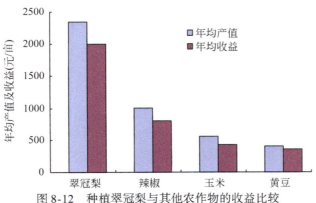

图 8-12　种植翠冠梨与其他农作物的收益比较

（4）旱地作物高效栽培示范

白宝示范区农民有种植辣椒的习惯，白宝生产的辣椒以辣、香、脆著称。但由于当地农民普遍采用传统的栽培管理方法，因此产品产量低，经济效益差。为提高示范区辣椒的产量，研究人员开展了科学栽培试验，即种植前在种植地施入有机肥，种植后在辣椒的不同生理期施入不同类型的肥料，与农民传统的粗放管理方法相比较，在栽植密度相同的情况下，科学栽培的平均单株产量为 0.75 kg，而传统栽培的平均单株产量仅为 0.5 kg。以亩栽 2500 株，平均每千克 0.75 元计，科学栽培的亩产值为 1406.25 元，传统栽培的亩产值为 937.5 元，两者相差 468.5 元。另外，在白宝示范区气候条件下生产出来的西瓜糖分含量高、汁液多、肉质脆、品质优良，但由于管理粗放，西瓜的体积小，产量低。白宝示范区有着气候条件优势，生产的西瓜品质优良，走无公害栽培之路，其产品将具有广阔的市场前景。为此，科研人员针对当地的生态环境条件，在示范区开展了西瓜科学栽培技术示范，制定了栽培品种、栽培技术、病虫害生物防治技术和采收标准。结果表明，采用科学方法栽培的西瓜平均亩产为 5000 kg，产值 5000 元，而农户采用传统方法栽培的西瓜平均亩产仅 2500 kg，产值 2500 元，前者的产值是后者的 2 倍。

（5）水资源开发示范

干旱缺水是示范区农业经济发展的主要制约因素之一。在示范区，农作物在干旱季节没有水进行灌溉，因而植株生长不良，产量低，干旱严重时甚至失收。针对示范区水资源缺乏的特点，发展节水灌溉农业是最为有效的措施。在白宝示范区，进行了梨子滴灌的技术示范，并对灌溉区梨子的根际变化和植株生长情况进行了观测，结果表明，在干旱季节进行定期滴灌的梨子根际土壤的含水量保持较高的水平，一般为 40%~45%，而非灌溉区梨子根际土壤含水量仅为 20%~25%。

（6）种草养畜研究示范

发展种草养畜业是加快岩溶山区农村经济发展的有效途径，在生态重建之前白宝示范区农户养殖品种少，主要以饲料喂养，养殖收入低，农户种草养殖积极性差。实施生态重建后，项目组引进紫花苜蓿、菊苣、黑麦草等优良牧草品种，建立牧草、饲料示范面积500 亩。针对高寒山区特点，研究人员根据不同的牧草营养成分、产量和家畜的采食量，制定不同的草畜平衡曲线，定期对农户进行科学养殖培训，培养了一批示范户，改善了示范区农户养殖状况。

种草能改善土壤，培肥地力，特别是豆科牧草在生长过程中可富集和活化土壤中的磷、钾及微量元素，它的根瘤菌可固定空气中的氮，从而培肥地力改良土壤，提高土地生产能力。2006~2008 年，在示范区农户果园套种豆科牧草后，土壤 pH 由原来的 5.42 提高到 6.28，速效氮提高 28.2%，速效钾提高了 60.5%，有机质提高了 94.6%，速效磷含量提高了近 4 倍（表 8-10）。经估算，在白宝示范区，豆科牧草紫花苜蓿每年每亩固氮14~19 kg，白三叶每年每亩固氮 10~11 kg。在岩溶山区，种植豆科牧草不仅提高土地肥力，而且对防止水土流失，稳定和改善生态环境具有积极作用。经测定，在示范区套种牧草的果园地面比没有套种牧草的果园地面温度低 0.4℃，湿度高 2%（2007 年 8 月）。牧草是牛、羊等家畜、家禽的粮食，优质牧草可以满足家畜家禽正常生长发育的营养需要，大大降低饲料成本，为农户获得更多利润。项目组 2001~2008 年，在白宝示范区共推广种植牧草 500 余亩，其中包括多年生牧草紫花苜蓿、白三叶、菊苣等 100 亩，冬季牧草黑麦草 200 亩，果草模式——梨草套种 150 亩，林草套种——槐草套种 50 亩。开展良种禽畜引种、共引进银香母猪 107 头、6 头公猪、银香麻花鸡 1000 羽、隆林山羊 152 头（其中 1 头为公羊）、6 组（24 只）新西兰兔。自实施种草养畜示范后，示范区农户年收入逐步提高，2001 年人均 1598 元，至 2007 年人均收入比种草前增长一倍，示范区农户每年人均增收 200 元以上（图 8-13）。示范村行水田村村民蒋向阳利用林—草套种模式，种植紫花苜蓿、白三叶、菊苣、桂牧 1 号共 12 亩，养殖西洋鸭、鹅、鸡，年收入 2 万多元，是当地少有的靠种草养殖收入过万的农户。种草养畜推广普及之后，提高了示范区人们的生活水平，辐射带动周边村 150 km²，受益群众近 1.5 万人。种草养畜技术推广后，改变了当地传统的养畜习惯，提高了畜牧业在农业中的比重，实现了示范区经济增长方式的转变。

表 8-10　套种牧草前后果园土壤养分含量变化

年份	速效氮（mg/kg）	速效磷（mg/kg）	速效钾（mg/kg）	有机质（g/kg）	pH
2006	52.08	3.94	157.39	29.80	5.42
2008	66.76	13.17	252.59	48.54	6.28

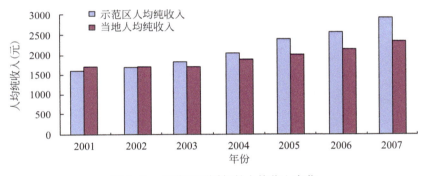

图 8-13　示范区不同年份人均收入变化

（7）果树（梨子）—辣椒、西瓜—马铃薯模式示范

这一模式适合在示范区的山脚平地的幼龄果园实施。果树种植后投产前三年，为有效利用土地而采用这种模式。这种模式一方面可以提高土地利用效率，增加单位面积的产值；另一方面套种农作物可以起到覆盖地面，防止水分蒸发，改善果园微生态环境。在梨子幼龄果园春季套种辣椒和西瓜，冬季套种马铃薯的试验结果表明，每亩果园纯收入比套种前增加 2300～2500 元。同时，由于套种农作物的覆盖作用，在一年中最热的 7 月，果园地表 5 cm 深处的土壤温度在 6：00、14：00 和 18：00 的温度比不套种地在同一时间的温度分别低 2.9℃、5.8℃和 4℃；在 10 cm 深处的土壤温度在上述 3 个时段的温度分别比不套种地低 2℃、4℃和 4℃；在 15 cm 深处的土壤温度在上述三个时段的温度分别比不套种地低 1.8℃、2.3℃和 3.2℃。由于这一模式经济和生态效益明显，已为示范区农民所接受，正在辐射推广。

（8）果树—牧草—养殖模式示范

发展种草养畜业是加快岩溶山区农村经济发展的有效途径，而岩溶地区土地资源有限，没有大面积的土地专用于种植牧草，唯有充分利用林地和果园地来种植牧草发展养殖业。在白宝示范区，种植果树的土地多为缓坡地，土质较为深厚，利用果园行间套种牧草，一方面牧草大多为豆科植物，具有固氮作用，可以提高果园的肥力；另一方面，套种牧草对果园地面可起覆盖作用，防止水土流失，同时还可调节土壤的温度和维持土壤的湿度，为果树的生长发育营造良好的微生态环境，因此，果树—牧草—养殖模式是一种生态和经济双赢的土地综合利用模式。研究人员在白宝示范区对这一模式的研究结果表明，在幼龄果园套种牧草，其地表空气湿度比不套种的高，其中 6 月高 10.1 个百分点，7 月高 7.3 个百分点，8 月高 4.2 个百分点，9 月高 6.5 个百分点。在 6 月、8 月和 9 月，15 cm 深处的土壤温度分别比不套种地低 0.6℃、1.3℃和 2.0℃。套种牧草的果园土壤肥力也得到了提高。土壤样品分析结果表明，套种牧草后，土壤 pH 提高了 0.86，速效氮含量提高了 28.2%，速效钾提高了 60.5%，有机质提高了 94.6%，速效磷含量提高了近 4 倍。这一模式除增加土地利用空间、改善田间生态环境外，对提高果实产量也有很大影响。2007 年研究人员在示范区农户梨树园内进行三种模式牧草套种试验：套种白三叶、鸡脚草；套种紫花苜蓿、鸡脚草；套种辣椒。试验地内除套种模式不同外，施肥、洒水、管理等条件相同。2008 年 8 月测定了不同套种条件下梨子产量和大小，结果表明套种牧草的果园地，梨子产量显著高于未套种牧草梨子产量和套种辣椒地梨子产量（图 8-14）。

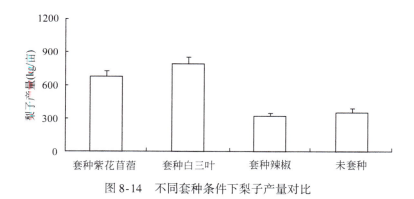

图 8-14　不同套种条件下梨子产量对比

（9）水稻—禾花鱼模式示范

白宝示范区由于气温较低和干旱缺水的原因，水稻只种一季。为了提高每亩稻田的产值，农民习惯在稻田养殖禾花鱼。一般在水稻插秧后放入一指大的鱼苗，于水稻收割前，田水干后收鱼。研究人员在白宝示范区开展了每亩放养禾花鱼尾数的试验，每亩分别放养 150 尾、200 尾和 300 尾进行对比试验，结果表明，以放养 150 尾的效果最好，鱼长得快，出售时每斤①4 尾鱼；而每亩放养 200 ~ 300 尾的，鱼长得慢，个小，出售时每斤 6 或 7 尾。目前，水稻—禾花鱼模式已成为白宝示范区提高农田生产效率的重要模式。

8.2.5.3　示范区建设取得的效益

1）示范区森林覆盖率得到提高，生态环境逐步改善。自项目实施以来，在白宝示范

---

① 1 斤 = 500 g，后同。

区实施封山育林面积 11 000 亩，营造生态经济林 1496 亩，优质果树 520 亩。通过封山育林，原来处于灌木状态的乔木树种生长速度加快，成长为树林。封山育林、生态经济林和优质果树林的共同作用，使示范区的植被覆盖率和森林覆盖面积得到提高，2005 年森林覆盖率由项目实施前的 6.5% 提高到 40%，林地地表温度比裸露地降低 2.5℃，土壤侵蚀下降 52.1%，土壤生产力提高了 52%，土壤含水率增加，林地相对湿度比裸露荒地提高 6%，形成了新的岩溶区生态系统。

2）示范区的产业结构得到调整，农民经济收入提高。项目实施前，示范区的农业主要以种植业为主，种植业又主要以水稻、玉米、花生、红薯的种植为主，产值低，经济效益差，农民除了有粮食保障外，无其他经济来源。生态重建项目在示范区实施以来，先后引进了优质梨、大果枇杷、早熟桃等品种进行栽培示范，其中以梨的示范效果最好，表现出早熟、丰产、品质优良，2003 年便获亩产值 1260 元，2004 年示范区农民仅销售梨一项使人均增收 350 元。近年来，示范区农民纷纷要求种植该品种的梨，白宝乡把梨作为该乡产业结构调整的主要品种，目前已在白宝乡 12 个自然村辐射推广种植梨 1500 亩。

3）科技知识在岩溶山区传播，农民的科学文化水平得到提高。项目实施前，示范区农民仍然沿袭着传统的耕作方式，种植着低产的农作物品种，没有科学的生产观念。农民虽然也渴望接受科学技术，但苦于求学无门。项目实施后，研究人员根据当地农民的实际需要，结合项目技术示范的内容，开展了各种形式的种养技术培训班，有外出参观学习，有田间地头技术培训和指导，有室内的理论培训，其中以实地培训指导的效果最好，农民接受得快。通过培训，提高了农民的科技文化水平和技能，同时也提高了农民学科学、用科学的自觉性。到目前为止，项目在白宝示范区共举办了 26 期种养技术培训班，培训人员 1050 人次，培养技术骨干十余名，在技术骨干的带领下，示范区农民基本能独立进行果树、作物、药材的科学栽培管理。

4）示范区农村的基础设施得到改善。项目实施以来，利用项目经费和县、乡的匹配经济进行了示范区的基础设施建设，使示范区的水利、交通、能源、道路等基础设施得到了改善。其中，维修山塘 5 座，建地头水柜 373 座，建沼气池 464 座，沼气池普及率达 88%；安装滴灌系统一套，有效灌溉面积 108 亩；人畜饮水问题得到了解决，村内道路得到了硬化。

5）示范区农民收入增加。项目实施后，由于新品种、新技术的引进和应用，拓宽了农民的收入渠道，农民的人均纯收入每年提高了 16%，2005 年 40% 的农民纯收入达到了我区农民同期人均收入的水平。2007 年示范区农民人均纯收入比 2001 年项目实施前增长 1 倍，每年人均增收 200 多元。

8.2.6　七百弄示范区

8.2.6.1　示范区生态建设基本情况

主要通过广西科技项目，针对该七百弄乡地少人多、干旱、土壤瘠薄、地理环境封闭、石漠化严重等突出的生态环境问题开展生态重建试验示范，主要试验示范区包括弄腾村的弄歪、弄结、弄腾、弄东、桥圩、弄外和弄合村的弄石、弄长、弄轩、牙外、弄元、弄沙、弄豆、坡坦 14 个位于公路两边的村屯实施。示范区总面积 6 km²，直接受益 104 户 560 人，辐射 62.2 km²，314 户 1514 人。主要试验示范在 2001～2004 年实施，主要开展封山育林、退耕还林、还草和以林果业、中药材种植业、家禽养殖业为主的种养结合农业生态建设。

8.2.6.2　主要示范内容

（1）大果枇杷低产改造技术示范

七百弄示范区于 2001～2002 年种植大果枇杷约 15 000 株，至 2005 年存活约 6500 株，虽然长势良好，但基本不挂果或仅少量挂果。不结果原因主要有以下几个方面：

1）品种特性。示范区种植的大果枇杷以解放钟嫁接苗为主，该品种树势强，生长旺盛，枝条较直立，早实性较差，要求对树体的管理水平较高，在管理良好条件下，种植后 3 年以上才开始结果。而在七百弄乡种植该品种，由于相关的技术培训工作没有到位，没有采取相应的栽培管理措施，因而使其结果年限推迟。

2）枝条直立，疏于整形修剪，树体生长过旺。调查发现示范区所种大果枇杷自定植后基本没有进行过整形和修剪，任由枝干自然生长，大部分枝条上抽生 3 个以上新梢，最多的达 7 个，植株分枝达 4 级以上，而 4 级分枝的枝条总数则多达 100 条以上，枝叶生长茂密，透光性差，树体以营养生长占优势，难以形成花芽。

3）病虫危害春夏梢严重，花芽分化的基础被破坏。枇杷幼树主要以夏梢为成花母枝，抓好病虫害防治，保护好夏梢是枇杷幼树早结果的重要保证。在示范区实地调查发现，100% 的植株受灰斑病、黄毛虫、梨小食心虫危害，每一植株上有 80% 的梢、叶受害。由于夏梢的顶芽遭受病虫危害，大部分已经处于干枯状态，失去了成花能力，这也是示范区枇杷不结果的主要原因之一。

大果枇杷采取了如下措施。

1）整形修剪，抹芽拉枝、扭枝，缓和树势。整形修剪是大果枇杷种植成败的关键，是最重要的技术环节。

大果枇杷分枝具有明显的规律性，顶芽生长势强，腋芽小而不明显，生长势弱，萌芽时的顶芽和附近几个腋芽抽生枝梢，而下部的腋芽，均成为隐芽，顶芽为中心枝向上延伸，腋芽则为侧枝向四周扩展。因此，枇杷中心干非常明显，树体表现为明显的层性，岩溶地区果园常采用小冠主干分层形。其整形方法是：苗木定植后不作任何修剪，待其抽生顶芽和侧芽（腋芽），顶芽任其自然向上生长，选留 4 个腋芽枝为第一层主枝，用竹竿固定使之伸向 4 个方向，并与中心干形成 70°夹角，其余枝梢在 7 月上、中旬枝梢停止生长时扭梢、环割，拉平以促进成花。中心干第二次萌发的侧枝，若与第一层相距在 40 cm 以下，则在 30 cm 处扭梢，若分枝距第一层在 40 cm 以上，则选作第二层主枝，与中心干形成 50°～60°夹角，按同法选留第三、第四层主枝（与中心形成 30°～45°夹角）。等第四层主枝留好后，剪除中心干，其余枝除主枝顶芽按其生长外，其他侧枝背上枝均在 7 月中旬扭梢、环割促花。

七百弄示范区的大果枇杷树龄多在 6 年左右，已经错过了整形的最佳时期，主要是结合修剪工作按照上述整形方法进行各层主枝的选留。此外，在春季和夏季进行两次修剪，春季修剪在 2～3 月进行，主要疏除衰弱枝、密生枝和徒长枝等，增加春梢发生量。夏季修剪在 6 月进行，主要删除密生枝、纤弱、病虫枝以利改善光照，对过高的植株回缩中心干，落头开心。并对部分外移的枝进行回缩，使行间保持 0.8～1 m 的距离，株间不过分交叉，疏除果桩或结果枝的果轴，以促发夏梢，在 7 月新梢停止生长时对其扭梢、环割，将从中心干发出的非主枝拉平，促使早成花。

2）防虫防病，保护夏梢。枇杷主要以夏梢为成花母枝，必须抓好防病防虫关，确保夏梢的正常抽发和生长，保证树体正常进行花芽分化。

枇杷的主要病害有癌肿病、叶斑病、灰斑病、污叶病、赤锈病、紫斑病等细菌性病害，其防治方法为：加强果园管理，注意排水，增强果树抗病力，对病枝及时剪除，病叶、病果及时收集用火烧掉，清除病源；在新叶长出后喷 1:1:160 的波尔多液或发病初期喷 800 ~ 1000 倍多菌灵或 1200 ~ 1500 倍多霉清 1 或 2 次。

枇杷枝叶、新梢害虫防治主要以黄毛虫、舟蛾、刺蛾、食心虫、蚜虫、叶螨为重点，可在幼虫期用 20% 杀灭菊酯 4000 ~ 5000 倍液或 2.5% 溴氰菊酯 3000 倍液防治。

枝干害虫则以桑天牛为主，可用 40% 敌敌畏等 50 倍溶液蘸棉花后塞入蛀孔内，再用黄泥封堵洞口，将害虫杀死在洞内。

3）合理施肥，促进花芽分化。枇杷为常绿果树，叶茂花繁，需肥比落叶果树多，应氮、磷、钾配合使用，适时促发夏梢早而多，且生长整齐而健壮，及早转绿成熟，增强光合效能，促进花芽分化。幼年树以氮、磷肥为主，成年树则配合钾肥。枇杷的枝梢一年有 4 次抽梢高峰，主要为春梢（2 ~ 4 月）、夏梢（5 ~ 6 月）、秋梢（8 ~ 9 月）、冬梢（11 ~ 12 月），以春梢、夏梢、秋梢为主。枇杷的根系活动与地上部枝梢生长有明显的交替现象，一般根系比枝梢生长早 2 周左右，果园施肥应结合根系与枝梢生长特点。成年果园，一般每年施三次肥。

春梢肥：2 月上中旬施用，此时根系处于第一次生长高峰，便于吸收养分，主要作用是促发春梢和增大果实。由于春梢能成为当年的结果枝和夏秋梢的基枝，因而此次施肥比较重要，占全年 30% 左右，以速效肥为主，钾肥在此次一并施入，以促进幼果膨大。每株可施尿素 0.3 kg、钙镁磷 0.3 kg、硫酸钾 0.5 kg、人畜粪水 15 kg 左右。

夏梢肥：5 月中旬至 6 月上旬采果后施用。此时正值根系第二次生长高峰，主要促发夏梢，并促进 7 ~ 8 月的花芽分化。由于夏梢多能形成结果母枝，促发夏梢多、齐、壮，是保证连年丰产的主要措施，因而，此次施肥量很大，约占全年的 50%，以速效化肥结合有机肥施用，以利于花芽分化。一般株施尿素 0.5 kg、钙镁磷 0.5 kg、有机肥 30 ~ 50 kg。

花前肥：9 月至 10 月上旬，抽穗后开花前施用，占全年 20% 左右，主要促进开花良好，提高坐果和增加防寒越冬能力，以迟效肥为主，株施尿素 0.2 kg、有机肥 15 ~ 20 kg。

4）加强花果管理，适时采收。主要是采取疏花疏果和保花保果等措施，对坐果量的调节，使果园达到合理的产量，生产优质商品果。

促花措施：枇杷园在当年夏梢停止生长后，对树势较旺的，尤其是抽出春夏二次梢的植株均应在 7 ~ 8 月采取措施促进花芽分化，使其在秋冬开花结果。主要方法有：7 月上旬和 8 月上旬各喷一次 2000 倍 5% 的多效唑或 350 倍 PBO；在 7 月初，夏梢停止生长时将枝梢拉平，扭梢、环割（割 3 圈，每圈相距 1 cm）和环剥倒贴皮等。

疏花疏果：枇杷春、夏梢都易成花，每个花穗一般有 60 ~ 100 朵花，而只有 5% 的花形成产量，所以必须疏除过多的花和幼果。疏花在 10 月下旬至 11 月进行，对花穗过多的树，应将部分花穗从基部疏除；中等树可将部分花穗疏除 1/2。总之，根据花量确定疏花的多少。适当疏花后，可使花穗得到充足的养分，增加对不良环境的抵抗力，提高坐果率。疏果则在 1~2 月进行，疏除部分小果和病果，每穗按情况留 4~6 个果即可。

保花保果：保花保果是对疏花疏果后的花果进行保护，确保丰产。主要方法是在盛花期用 0.25% 磷酸二氢钾加 0.2% 尿素和 0.1% 硼砂叶面喷施；谢花期用 10 mg/L（10ppm①）的 '九二0' 叶面喷施。

果实管理：3 月下旬至 4 月上旬进行最后一次疏果后，喷一次广谱性杀虫杀菌剂的混合药液，然后进行果实套袋。所用套袋纸可用旧报纸和专门的果实袋。大型果可一果一袋，小果则一穗一袋。先从树顶开始套，然后向下，向外套。袋口用线扎紧，也可用订书机订好。

果实采收：枇杷果实最好在果皮充分着色成熟时分批采收，先着色的先采，若作长途运输则适当早采。由于枇杷果皮薄，肉嫩汁多，皮上有一层绒毛，所以采摘时要特别小心，宜用手拿果穗或果梗，小心剪下，不要擦伤果面绒毛，碰伤果实。采后轻轻放在垫有棕片或草的果篮中。采收时间以上午、下午或阴天为好，绝不能在下大雨或高温烈日下采收。

通过项目组和当地科技部门的共同努力，对示范区的 5000 株大果枇杷进行了低产改造，2006 年冬季，改造后的大果枇杷即有部分开花结果。2007 年项目组继续采用上述方法进行管护，2008 年，改造后的大果枇杷开花结果株率达到 85.71%，平均株产 7.32 kg，按照平均销售价 4 元/kg 计，参与改造的农户可从大果枇杷获得收入 500 元/户以上。

（2）中药材种植技术示范

七百弄示范区石多土少，难以种植对立地条件和水肥要求高的中药材，应选择耐干旱瘠薄且适应岩溶环境的品种，利用石隙地种植或结合造林和果园进行立体套种。

2001 年以来，先后在七百弄示范区引进了射干、槐树、金银花、板蓝根、扶芳藤、红丝线、黄栀子等药用植物进行栽培试验，其中金银花、扶芳藤和射干在该地区的适应性较好，槐树、黄栀子生长则较差。项目实施期间，七百弄示范区共种植金银花 2.66 万株、扶芳藤 22.8 万株。与果树相比，药用植物生长期短、见效快，如射干、板蓝根、扶芳藤、红丝线等种类可当年栽种，当年收获，栽培技术较为容易掌握。

金银花：金银花是常用大宗中药材，有清热解毒、凉散风热的功效，为清火解毒的佳品，广泛应用于饮料、糖果、牙膏、香皂、沐浴液等食品和日用品加工业。金银花为藤本植物，藤蔓密集而细长，可铺展数米甚至十多米，覆盖面积很大。由于其根系发达，穿透能力强，可穿越岩缝，向四周岩层深入扎根，吸收范围大，适宜在石穴地栽种。根据岩溶生态退化山区的地形地貌，利用裸露的岩石作为支架，因地制宜地在岩石旁种上金银花，让其藤蔓攀缘到岩面上生长，既能掩盖裸露岩体，形成良好的生态景观，又可有效减少石漠化程度并为其他植物的生长创造良好的小环境。如在裸露岩石之间的空地上再适当地种上桃树、任豆等经济林或果树植物，就形成了可持续发展的林、果、药生态经济型复合体系。

金银花可采取播种、扦插、压条和分根等多种方法进行繁殖，种苗来源丰富，价格低廉。种植后，植株生长快，耐粗放管理。一般第二、第三年开始开花投产，以后产量逐年上升，盛花期可长达 20 年之久。

岩溶地区种植金银花一般选择能够较好适应岩溶环境的山银花（*Lonicera confusa* DC.）、

---

① 1 ppm = 10^{-6}，后同。

菰腺忍冬（*L. hypoglauca* Miq.）和黄褐毛忍冬（*L. fulvotomentosa* Hsu et S. C. Cheng）。

种植时在岩穴（缝）中挖坑，坑深约 40 cm。每坑施用土杂肥 5~6 kg，覆土回坑与肥料拌匀，选择阴雨天及时移栽，每坑种植 1~3 株。种植后在根部覆盖杂草保湿，待萌芽后，用小木棍或竹枝附在岩石旁，让小苗往岩石上面生长。随着藤蔓增多，要根据岩石的形状进行牵引，使藤蔓能合理分布。秋季或冬季将老、弱、密、枯、病藤蔓剪去，以减少养分消耗，并有利于通风透光，使植株生长健壮。以后每年结合中耕除草，于 2~3 月、6~7 月、9~10 月各施肥料 1 次，以腐熟人畜粪肥、堆肥和草木灰等为主。

在七百弄示范区种植的金银花花期一般为 4~5 月。在花蕾呈白色欲开放时采收。采回的鲜花及时放入硫黄柜（炉）内熏黄至软透，薄摊在太阳下晒干，放干燥处并注意防潮。

金银花病害极少，虫害主要是春夏季有蚜虫危害嫩枝或叶片，导致叶片和花蕾卷缩，可用 80% 敌敌畏 2000 倍液喷杀。此外，牛、羊特别喜欢啃食金银花的枝叶，要注意看管。

据 2005 年 9 月调查，示范区于 2002 年 2 月种植的金银花一般可以对岩石形成 3~5 m^2 的枝、叶覆盖，当年采收药材（鲜花蕾）1~2 kg，每亩产值达 300 元。

扶芳藤： 别名爬行卫矛、爬墙虎，为卫矛科卫矛属植物，其茎、叶均可入药，是著名中成药——"百年乐"的主要原料之一，需求量很大，是一种具有较高经济和实用价值的作物。

扶芳藤为常绿藤状植物，高约 1.5 m，枝上生气根，常匍匐在地面或石壁上生长，形成致密的地被，能消减雨滴的冲击力，降低流水侵蚀能力，有效地保护土壤。其适应性强，既耐旱也耐湿，广西各地气候均适宜扶芳藤的生长，在质地疏松、排水良好的旱地和阴坡、沟谷边以及石牙、石隙地、林木下都可种植。

采用扦插繁殖，植株生长速度快，成活率达 90% 以上。若用种子繁殖成活率仅 50%，且生长缓慢，故一般不采用此方法。扦插繁殖时，选择 1~2 年生枝条，切成每段 8~15 cm，每枝留叶 2~4 片，按株行距 10 cm×5 cm，将枝条下端 2/3 斜插入土中，插后紧压土壤，一次淋透水，待生长后再移至大田种植。种植时翻土深 10~25 cm，清除草根、乱石，平整地面。每亩施农家肥 2000~3000 kg。全年均可移植，移植密度可根据地形条件和管理水平确定，为了较快形成产量多采用密植型，一般每亩栽 1500~3000 株，石山地区可根据实际情况酌量稀植。如在夏秋季移植后需淋定根水一次，以后经常保持土壤湿润；生根一个月后，如非极干旱天气可不淋水。移植后两个月内要勤除草，待生长郁闭后杂草逐渐减少。生长期施氮肥 1 或 2 次，用 0.1% 尿素液喷洒，收割后追施农家肥一次。扶芳藤病虫害极少，如无大面积发生一般不需要进行化学防治。扶芳藤全草均可作为药用，每年夏冬两季收割茎叶部分。如留种不多，可以从茎基部切割；但为了植株来年生长更好，一般在采收时以剪割长枝条为主，留下较短的侧枝。种植管理好的每亩可以收鲜品 500 kg，每亩产值可达 1000 元左右。

射干： 为鸢尾科植物，其适应性强，对环境要求不严，喜阳光充足、温暖湿润气候，耐干旱、瘠薄。通常采用种子繁殖和分株繁殖。种子繁殖于 9~10 月采种，随采随播，播后覆土 2~3 cm，20~30 天即可出苗。分株繁殖于秋季枯叶前后或春季出苗前选择 2 年生以上的实生苗或结合收获同时进行，先将老根茎挖出，选取无病者，剪成 3~4 cm 的根段，按 30 cm×30 cm 挖穴栽种，每穴放 1 或 2 段根茎，覆土压实，浇水，次年春季即可长出新苗。

种植时选择地势高、干燥、排水良好、土层深厚的砂质壤土地块。射干为多年生作物，必须施足基肥，每亩施入厩肥或堆肥 2500 kg，加过磷酸钙 25 kg 或饼肥 50 kg，深耕翻土，整平耙细作成宽 1.3 m 的高畦或高垄，四周开好排水沟。于 4～5 月苗高 6～10 cm 时移栽大田，按株行距 30 cm×30 cm，每穴栽 1 或 2 株，填土压实，浇水。射干喜肥，除施足基肥外，从第二年开始每年追肥 3 次，分别于 1 月、6 月、11 月，结合中耕除草进行，前两次每亩追施人畜粪水 1500 kg 加腐熟饼肥 50 kg；冬季重施 1 次基肥，每亩施入腐熟厩肥 2000 kg，加过磷酸钙 25 kg。

采用根茎分株繁殖的于当年 7～8 月开花；种子繁殖的于第 3 年秋季开花，射干花期较长，开花结果需要消耗大量的养分。除留种外，可于抽薹时分期分批摘除花序，使养分集中于根部生长，有利增产。种子播种的栽种 3～4 年、根茎分株的栽种 2～3 年采挖。于秋季地上植株枯萎后，或早春萌发前，选晴天挖起完整根茎，剪去茎叶，连同须根在清水中洗净泥沙，直接晒干或烘干即成。

射干主要病害为锈病，常于秋季发生，危害叶片。增施磷钾肥，可促使植株生长健壮，提高抗菌力，发病初期喷 20% 萎锈灵 200 倍液，或 65% 代森锌 500 倍液，效果较好。

（3）岩溶地表水资源高效利用技术示范

大化七百弄示范区地下水埋藏深度在 100 m 以上，开发地下水难度较大，主要是修建一定密度的地头水柜，收集和储存地表水，提高水资源利用效率，降低农业灌溉用水成本，保障农田和旱作蔬菜、瓜果生产在干旱季节进行节水灌溉。

2001～2005 年，七百弄示范区新建家庭水柜 18 座共 470 m³、修建蓄水池 4036.5 m³，接引水管 1230 m，结合粮食作物、经济作物高产、高效栽培模式示范，进行滴灌、微灌等先进节水技术示范 20 亩，有效地提高了经济植物的种植成活率和生长速度。

（4）木豆种植的生态效益研究

虽然木豆在项目区内种植，该品种不同株高有一定的差异，树冠也疏密大小不同，但在七百弄石山地种植，当年株高达 1.50～2.95 m；在弄底梯地种植高达 2.80～3.40 m；在北景乡土山开荒种植，当年株高达 1.70～3.40 m，两年生的株高可达 4.50～6.10 m；在兴隆乡，6 月份种植株高达 1.48 m，3～4 月份种植株高达 2.97 m，最高达 3.10 m，结荚第一分枝达 39 枝。基本上是当年种植，当覆盖褐露的石头，能迅速恢复喀斯特石山区的生态环境。

（5）农作物高产示范

引进玉米良种有桂单 22 号、桂单 30 号、华玉 4 号和正大 619，引进良种 400 kg，种植 150 亩，分布在弄石、弄南、桥圩、弄外、弄东和弄结，平均亩产 398 kg，比当地品种增产 48.6%。

引进的蔬菜种类有菜心、白菜、豆角、南瓜和芥蓝，在桥圩和弄石屯进行示范，面积 12 亩，其中生长良好的有白菜、芥蓝；菜心、豆角、南瓜生长较差；试验区蔬菜生产仍不失为农业产业结构调整的一个农业生产亮点，蔬菜生产有待进一步试验种植，为发展试验区蔬菜生产提供科学依据。

（6）马铃薯试管微型薯发展潜力研究

进行马铃薯试管微型薯（MT）与普通种薯（CT），以及与当地主要作物玉米的产量比较试验。结果表明，MT 作种薯的生育期较 CT 的长；马铃薯的商品薯数不受种薯类型的影响；CT 和 MT 作种薯的两年平均产量分别为 38 450 kg/hm² 和 26 300 kg/hm²，分别是

2006 年全国马铃薯平均产量的 259% 和 177%；MT 作种薯的商品薯鲜重和干重分别是 CT 的 69% 和 71%；以 CT 和 MT 作种薯种植的马铃薯商品薯折干产量 1999 年分别为 6400 kg/hm² 和 4300 kg/hm²，等于或高于当年 8 个玉米新品种的平均产量，2000 年分别达 7500 kg/hm² 和 5600 kg/hm²，等于或高于当年 8 户农民的玉米高产示范田平均产量。因此，在广西岩溶大石山地区可以利用 MT 作种薯来发展马铃薯生产，并可利用该地区作为秋冬种马铃薯的种薯生产基地（郑虚等，2009）。

8.2.6.3　示范区取得的主要成效

通过项目实施，示范区年人均收入和总产值从 2000 年的 708 元和 107.2 万元提高到 2006 年的 1536 元和 232.55 万元，项目实施期内新增总产值 352.95 万元，年平均新增产值 58.8 万元，比实施前 2000 年增长 117%。

项目实施期间还修建沼气池 275 座，省柴灶示范 58 户，沼气普及率达到 100%，极大地改善了示范区农民的生活和生产条件。

示范区采取封、管、种结合，共完成封山育林 10 860 亩，种植经济林果木、药材 36.2 万株，其中，果树 2.0 万株、药材 25.5 万株、绿化苗 8.7 万株，造林面积 1400 亩。通过封山育林、营造速生生态和经济林等工程措施，示范区的植被覆盖率从 2000 年的 8.7% 提高到 2005 年的 85%，水土流失得到控制，水源涵养功能得到增强，生态环境得到较大的改善。

8.3　形成的典型治理模式

8.3.1　单个峰丛洼地立体生态农业模式

8.3.1.1　模式的要点

这个模式是在弄拉示范区工作的基础上建立，其关键是以峰丛洼地的地貌结构为着眼点，既考虑生态环境，又考虑农业经济的发展，还要保持水土和涵养水源，建立整个峰丛洼地的立体生态农业模式（图 8-15）。即根据峰丛山区地貌结构和不同地貌部位生态环境

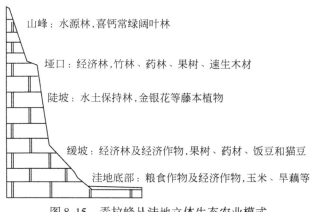

图 8-15　弄拉峰丛洼地立体生态农业模式

的特殊性，在峰丛洼地不同地貌部位发展不同的植被或作物。具体说来，就是在陡峭山峰地段，长期封山育林，重点发展水源林，涵养表层岩溶水；比较陡的山坡，主要发展金银花、木豆、竹林等水土保持能力强的植物；峰丛垭口、山麓、平缓的山坡重点发展优质果树和经济林，间种药材；洼地底部作为主要为耕地，发展高效旱作粮食作物或经济作物。

8.3.1.2　与模式配套的关键技术与方法

1）表层岩溶泉的调查与开发。发展水源林，是使其环境能够涵养水源，形成或发展表层岩溶泉，对比，必须要明确表层岩溶泉的位置和泉域范围，补、径、排条件和泉水开发的有利条件，还要建设与泉水相连的水柜蓄水配套工程。在弄拉，通过在鸡蛋堡山峰发展了水源林而使兰电堂表层岩溶泉流量四季长流不断。通过表层岩溶泉水的归并和水柜蓄水，使之成为全村100余人饮用水源。

2）因地制宜筛选适宜的植物和作物。无论是经济林、水土保持林还是经济作物、粮食作物，以前都没有开发出被地方居民接受的优良品种，而且还要考虑经济效益与生态效益的结合。弄拉为含泥硅质的白云岩地层，岩石和土壤微量元素丰富，因此山区有大量名特优植物资源，关键是要通过试验筛选最好的品种。通过地球化学研究与植物栽培试验，成功开发出苦丁茶、青天葵、金银花、岩黄连、枇杷、杨桃、早熟桃、柿子、黄皮果等品种，不但形成了生态产业，并发展了苗圃。

3）坡地的土地整理和洼地排涝技术。广西的岩溶峰丛洼地不但缺水，还少土，水土保持都非常重要。通过土地整理工程，不但进一步配合生物技术加强了水土保持，而且还改良土壤，使贫瘠的土壤肥力提高。峰丛洼地的底部是当地的主要耕地所在，都通过落水洞排水，不注意排涝，就容易受淹而废弃。

8.3.2　复合型峰丛洼地立体生态农业模式

8.3.2.1　模式要点

该模式在果化示范区建立，适合于大型复合型峰丛洼地，特别是岩溶谷地或平原边缘的峰丛洼地。复合型峰丛洼地的特点是石峰、洼地、坡地等地貌结构单元类型多样、缓坡和洼地底部面积较大。复合型立体生态农业模式的关键是：一方面在单个峰丛洼地立体生态农业模式的基础上又叠加多种农林牧复合模式；另一方面，可利用的岩溶地下水资源类型多样，除了开发表层岩溶泉水外，还注重洼地底部的岩溶水开发工作（图8-16）。

8.3.2.2　关键技术与方法

1）山坡植被生态修复：根据峰丛山坡的特点和生态条件，可选择自然封育、人工造林和封造结合3种方法。在广西岩溶石漠化山区，由于地形、地质、气候、立地类型和人为干扰程度等方面的原因，各地现存退化植被的群落结构、物种组成、自我恢复能力和人工生态修复难度等存在一定甚至是非常明显的差异，因而需要根据各实施地段的具体情况，灵活运用上述3种方法来促进山地植被的快速恢复。在果化示范区，自然封育模式主要用于原有植被自我恢复能力较强，或者因自然条件恶劣而难于进行人工修复的地段，重

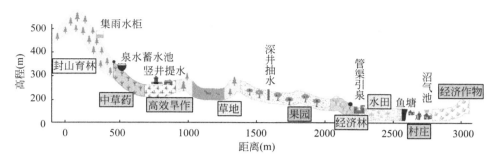

图 8-16　平果果化岩溶峰丛洼地立体生态农业模式

点加强已经有落叶树种任豆、香椿、南酸枣、苦楝的保护和原生植被的繁殖；人工造林主要用于退耕地和缓坡荒地等立地条件较好且可实施人工生态修复的地段，首先选择适宜种植的速生先锋树种，主要加强了常绿阔叶树种（如青冈栎、菜豆树、海南蒲桃、银合欢、茶条木等）的植树造林和直播造林，配置灌草种类（如云实）构建先锋群落。而原有植被具有一定自我恢复能力且能进行人工修复的地段则采用封造结合的方法。

2）岩溶水开发利用。该类环境区共有 3 种岩溶水资源可利用：表层岩溶泉、浅层地下水和隐伏的岩溶管道水。其中，表层岩溶泉主要分布于位置较高的山坡，但水量很少，仔细调查才能发现，需要配套修建水柜蓄水才能利用。浅层地下水往往分布在地表容易积水的洼地，可通过开挖大口井开发利用。隐伏的岩溶管道水需要探测才能找到，通过钻探才能出水，一般采取提 – 蓄 – 引的方式进行开发，因水量较大，可将地下水提到高处，作为主要水源和干旱期备用水源。

为加强农业灌溉，以修建的水柜为水源，发展节水灌溉系统对该地区具有重要意义。灌溉系统根据需要有喷灌、滴灌、浇灌 3 种方式，以滴灌在岩溶山区最为适宜。

3）生态产业培植。由于该类生态环境人口密度大，而以前的作物品种单一、生产能力低下，所以导致居民粗放耕种，生态环境脆弱。因此，要改善生态环境，首先要解决居民的生产和生活问题，发展生态产业是一条双赢之路。果化示范区生态产业的发展主要包括种植果树和培植优质经济作物与药用植物。目前已种植成功的果树种类（品种）为火龙果、无核黄皮和澳洲坚果；栽培的药用植物主要有金银花、苏木、苦丁茶和板蓝根；经济作物主要为花生与黄豆。经济作物主要在果园和经济林内套种，如实施果树 + 花生 + 黄豆种植模式，其中，花生与黄豆轮作，即 3 ~ 7 月在果树行间种植花生，6 ~ 9 月则种植黄豆，这使得果树行间 3 ~ 9 月均有植物覆盖，既提高了植被覆盖率和土地利用率，又增加了农户的经济收入。据 2005 ~ 2008 年抽样测定，果 – 经立体种植模式的单位面积（hm²）总收入达 10 712.0 ~ 89 185.2 元，是传统耕作方式的 109.9% ~ 914.7%。

4）种草养殖。因该地区雨热条件好，而且可耕地面积较大，易旱、易淹、贫瘠荒地较多，因此，发展种草养殖具有广阔的前景。其关键是因地开发适宜牧草，包括野生牧草和引进适宜牧草。在果化示范区，野生饲用植物主要有任豆树、红背山麻秆、火棘、荩草、类芦、千里光、穿破石、蔓生秀竹、水蔗草和构树等，其中任豆树和红背山麻秆的分布面积较大，数量亦较多，被成功开发为牛羊养殖常用的饲料植物。因当地野生饲用植物产量低，不足以供牲畜饲用，因此，还需要引进高产牧草资源，在果化示范区，桂牧 1

号、银合欢和菊苣均引种成功，成为重要的优质牧草。养殖主要应发展圈养牛、羊、兔等牲畜，通过培植示范户带动，再逐步推广。

5）裸岩地高效利用。在峰丛洼地这种石漠化严重的大型复合峰丛洼地，山坡裸岩地面积很大，从山下看全是裸露石山，但内部也间隔分布着一些可以种植作物、果树和药材等地块和石窝地，尽管土层比较稀薄，但可以种植火龙果、金银花和猫豆等浅根性却十分耐旱的果树和药材。2004 年以来，峰丛洼地部分农户利用裸岩之间的石窝地种植火龙果取得成功，年均收入达到 50 000 元/hm² 以上，虽然少于平地和梯地，但由于前期投入较少，操作简便，又能充分开发利用土地和保护生态环境，因而意义重大。

8.3.3 岩溶山区生态移民模式

8.3.3.1 生态移民模式的基本流程和框架

该模式原用于广西环江县的封闭岩溶山区，位于广西与贵州交界处，不但生态环境脆弱，环境容量和人口承载力非常有限，而且人口密度大，交通非常不便。而本县内又有一些人口密度相对较低的碎屑岩区丘陵荒地有待开发，因此可开展生态移民。封闭岩溶山区生态移民模式的流程：根据岩溶山区的人口承载力确定移民人口数量—移民到新开发区—移民到新开发区的产业开发与环境保护—部分移民后的岩溶山区的土地利用结构调整与利用。自 1996 年 9 月开始，环江县将 400 多名来自古周岩溶山区等地的特困人口迁入面积为 267 hm² 的肯福试验区及其辐射区（图 8-17）。

8.3.3.2 生态移民模式实施的要点

1）形成科学的运作体系。为了使生态移民能够良好运转，自 20 世纪 90 年代，中国科学院长沙农业现代化研究所（后更名为"中国科学院亚热带农业生态研究所"）、广西山区开发中心和环江县政府联合组建股份制扶贫企业——科技扶贫开发有限责任公司，有序推进岩溶山区的生态移民，建立了"科技单位 + 公司 + 基地 + 农户"的科技扶贫运作体系。

2）搞好移民开发区的产业开发与环境保护。首先要解决和提高农民的生产与生活，具体措施包括：在肯福碎屑岩红壤丘陵区坡度 <25° 的土山的中下部地带开垦农田。第 1 ~ 第 2 年作为旱地，种植优良的玉米品种和旱稻，第 3 年开始作为水田，经过 3 ~ 5 年后，红壤丘陵坡地的水田水稻产量可与当地的水田相比；将甘蔗高产、高糖施肥技术与新开耕地土壤肥力状况结合起来，发展甘蔗经济作物；发展脐橙等绿色果园和名优蔬菜基地；发展香猪等节粮型畜牧业；建设移民新区，改善居住条件和环境。同时，要注意保护开发区的生态环境，不造成生态环境的新破坏。其主要工作包括：对示范区内 >25° 山坡地和山顶部分封山育林，采取分片包干、分户经营管理，责利结合。同时实施水土保持工程，控制水土流失。

3）移民迁出区的土地利用结构调整。部分移民后，人口压力降低，有必要对土地利用结构进行调整。主要包括耕地的退耕、生态产业的培植和种草养殖业的发展，详细工作见古周示范区的示范工程。

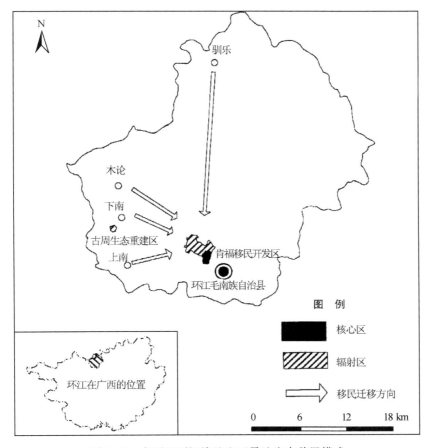

图 8-17　广西区环江峰丛山区异地生态移民模式

8.3.4　岩溶山区的三位一体（养殖－沼气－种植）模式

该模式最早建立于恭城县。自 20 世纪 80 年代末以来，该县在岩溶丘陵区发展养猪－沼气－种果，三位一体，不但生态环境得到改善，而且产业得到发展，居民收入大幅度提高，因此，被称为"恭城模式"。在 21 世纪兴建的岩溶生态示范区的建设过程中，也充分利用该模式于生态产业的发展，并在原有三位一体模式的基础上进一步发展和改善，包括养殖类型增加到牛、羊、兔等，种植内容除了果树外，还延伸到牧草、药材和其他经济林，沼气的发展和利用则更加普遍，使用效率更高。

恭城县对模式也有发展，目前已形成了"猪－沼－果－灯－鱼"五位一体生态农业模式。大力发展塘角鱼养殖，利用诱虫灯诱杀飞蛾等农业害虫，使被杀死的害虫落入鱼池作为塘角鱼的饲料。旅游观光，经济作物有柿子、椪柑、桃树。"月柿节""桃花节"，成功引进了汇源、汇坤、联发等国内知名企业落户恭城，实现了将工厂"直接建在果园里"，从而带动了恭城及周边地区 100 多万农户发展水果种植，使 5000 多名恭城农村富余劳动力实现了就地转移就业。

8.3.5 广西岩溶石漠化综合治理的其他地域模式

8.3.5.1 天等模式

天等县石漠化治理的一大特色就在于其独特的生态畜牧业模式：通过引进优良牧草品种——桂牧1号杂交象草以及肥牛树种源，辅以先进的培植技术，在石山林下种植牧草、割草养牛羊，以农户为基础，建设畜牧基地，形成开发、生产、经营一条龙的现代生态畜牧业生产模式，既带动了畜牧业的发展，又有效地防治了石漠化。综合治理试验区封山育林后，农民不能按照传统的模式放养牛羊。天等县利用自治区扶持的"牛品改"项目，配套一系列优惠政策，引导试验区的农民种草养畜，进行牛品种改良，实行圈养，做到"草当粮种，牛当猪养"。近年来全县共种植优质牧草 80 hm² 余，新建牛栏 216 间，存栏牛由原来的 503 头增加到 1695 头。利用退耕地在林下种植牧草，实行种草养畜，既保护了生态环境，又增加了农民收入；圈养畜牧所形成的粪便又为沼气池提供了稳定的原料来源，真正一举多得。

近年来，天等县大力推行种草养畜，通过"村党总支部＋协会＋小区＋农户"的养牛新模式，加快牛品改发展步伐，收到良好效果。截至 2010 年年底，该县新成立种草养畜协会 6 个，参与协会会员 600 多户。近年来，该县抓住退耕还林、还草、还牧的有利时机，把畜牧业发展的重点转移到种草养牛上。为了扶持壮大这一产业的发展，今年年初，该县积极推行种草养畜协会模式，即"村党总支部＋协会＋小区＋农户"的养牛新模式，协会以村党总支部为核心进行管理，以养殖示范小区为基础进行运转，鼓励农户积极参与。同时出台优惠政策，对参加协会的农户，凡在 2005 年度新购买符合品改标准的母牛 2 头以上的，每头补助 100 元；种植牧草 1 亩的，政府无偿提供草种；农户母牛发情进行冻配的，每头补助 2 元；母牛产下杂交品改牛犊的，每头补助 5 元；另外还给每个协会补助 300 元，建立一个青料贮藏示范地。这些措施极大地激发了群众种草养牛的积极性，1 月~9 月底，该县农民种植牧草 1860 亩，冻配母牛 4479 头，共产牛犊 969 头。

8.3.5.2 忻城模式

忻城县为长期以来石漠化治理的重点县，并得到国际组织的大力扶助。在多年的石漠化治理中，立足农民增收和岩溶山区造林，成功地创造了任豆－桑混交林、任豆－金银花混交林、任豆纯林、竹子纯林、金银花纯林 5 种造林模式。

1）任豆－桑混交林主要用于坡耕地造林。充分利用林下空间发展短期农业项目，在林木完全郁闭之前，每亩所产桑叶能养殖 4 或 5 张蚕，每亩可增加收入 3000~4000 元。该模式在增加植被的同时，能增加农民收入，属以短养长模式。

2）任豆－金银花混交林主要用于石山坡耕地和石山造林。充分利用林下空间发展中草药项目。金银花是藤本植物，枝叶均是攀缘石头生长，对裸岩有很好的覆盖作用，一些单株甚至能覆盖 10 m² 裸岩，3~5 年即有收益，每亩产花 300~500 斤，收入达 1500~2000 元。该模式在增加植被的同时，能增加农民收入，也是一个以短养长的好模式，被称为"石头上面种杂优"。

3）任豆纯林主要在低丘、低山、石山全坡位的喀斯特石漠化地区造林。任豆树是石山地区速生树种，速生快长，萌芽力强，更新容易，根系穿透力强。据调查，2002 年种植最大单株胸径达 22 cm。大力发展种植任豆树，能在短期内解决石山区燃料、木材短缺的问题，并且对改变气候环境条件和增加经济收入有着十分重要的作用。这是该县石山造林普遍采用的模式。

4）金银花纯林主要用于石山坡耕地和石山造林。充分利用林下空间石山区的空隙发展中草药项目。金银花，系半常绿多年生藤本缠绕灌木，隆冬不凋，生命可达 30 余年，其根系发达，主根粗壮，毛细根特别多，再生力特强，根系发达，适应性强。在山区种植，除采花收益外，主要用于保持水土、改良土壤。在增加植被的同时，能增加农民收入。近年来，忻城县把金银花作为继甘蔗、桑蚕之后的第三大支柱产业来发展，建立六大示范基地，至 2007 年年底全县金银花种植面积达 7 万亩余；干花产量达 350 余 t，产值 1200 万元，成为大石山区经济增长的新亮点。

第9章　岩溶石漠化区生态重建服务功能

9.1　石漠化地区生态重建成果评估的重要性

石漠化地区的生态重建已经开展了近20年，尤其是近10年来政府加大了投入力度，石漠化治理取得了丰硕的成果。石漠化治理后其生态系统的服务功能逐渐改善，但究竟石漠化治理工程的效果如何，还缺乏评价标准，需要用生态经济学方法核算石漠化区生态重建服务价值。

生态系统服务是指自然生态系统的结构和功能所产生的对人类生存和发展有支持和满足作用的产品、资源和环境。恢复后的生态系统具有服务功能，由于生态系统的服务功能多数不具有直接经济价值而容易被人类忽略。目前，对生态恢复的效益认识仅仅停留在定性阶段，如何进行定量计算尚未有成熟的方法；近期由于生态经济学理论的引入，对其认识已有较好的突破（彭少麟和陆宏芳，2003）。Costanza 等于1997年在 *Nature* 发表的 "*The value of the world's ecosystem services and nature capital*" 一文中，对全球生态系统服务及其自然资本的价值进行了评估，得到全球16种生物群系的17项生态系统服务功能类型的总经济价值约为 33×10^{12} 美元/年。Loomis 等（2000）用条件价值评估法（CVM）等生态经济学方法对恢复美国普拉特河流域的废水处理、水的自然净化、侵蚀控制、鱼和野生生物生境、休闲旅游的经济价值进行了研究。杨柳春等（2003）应用生态经济学的核算方法，对中国科学院小良热带人工林生态系统定位站植被生态恢复系统的服务功能进行了定量评估。结果表明，小良植被生态恢复系统43年的累积服务功能价值超过621亿元。所有这些都为生态系统服务价值的研究提供了理论方法基础；同时也深化了以劳动价值论和效用价值论为基础的、以评估生态系统服务价值为目的的生态经济学理论。可是迄今为止国内外大多数学者对生态系统服务价值的评价还只局限于健康生态系统范围之内，而对退化脆弱的生态系统恢复重建后服务价值的评估并不多见（彭少麟和陆宏芳，2003；Loomis et al.，2000）。

近几年来，石漠化治理后其生态系统的服务功能在逐渐完善，但生态系统服务的价值（特别是生态效益）的核算却被忽略。石漠化治理工程正逐步展开并加大力度，但工程是否合理可行，还缺乏评价标准，因此，开展石漠化治理工程效益评价方法的研究成为当务之急。

9.2　生态系统服务功能的内涵与理论方法

9.2.1　生态系统服务的内涵

早在古希腊，柏拉图就认识到雅典人对森林的破坏导致了水土流失和水井的干涸。在中国，风水林的建立与保护也反映了人们对森林生态系统所提供价值的认可和追求。1981 年，著名生态学家 Ehrilshi（1974）在研究生态系统对土壤肥力与基因库维持的作用以及生物多样性的丧失对生态系统的影响时，首次使用了"生态系统服务"一词，之后，它很快为许多生态学家、经济学家所引用。

1992 年，Gordon Irene 论述了不同生态系统对人类生产、生活的影响，这是第一本系统地论述自然为人类服务的著述。随着人类对"生态系统"研究的深入，生态系统服务的内涵在逐步充实、完善。Daily（1997）认为生态系统服务是指生态系统及其物种所形成、维持和实现人类生存的所有条件与过程。该定义包括 3 层含义：生态系统服务对人类生存的支持；发挥服务的主体是自然生态系统；自然生态系统通过状况和过程发挥服务。

1997 年，Cairns 从生态系统的特征出发，将生态系统服务定义为对人类生存和生活质量有贡献的生态系统产品和生态系统功能。该定义进一步指出生态系统服务对人类是有贡献的，生态系统服务体现的主体是产品和功能。该定义尽管与 Daily 的表述有所不同，但其实质基本是一致的。

Costanza 等（1997）进一步明确了生态系统服务（ecological service）是对人类生存和生活质量有贡献的生态系统产品和生态系统功能，生态系统服务是生态系统产品和生态系统功能的统一，而生态系统的开放性是生态系统服务的基础和前提。

1999 年，董全将生态系统服务定义为"自然生物过程产生和维持的环境资源方面的条件和服务"，该定义暗含了生态系统服务对人类生存的支持，同时指出是自然过程产生和维持的，并通过环境资源的条件和服务对人类社会起作用。

综上所述，生态系统服务是指自然生态系统的结构和功能所产生的对人类生存和发展有支持和满足作用的产品、资源和环境。

尽管生态系统服务的科学内涵基本一致，但生态服务的类型有许多种。Costanza 等（1997）把生态系统服务归纳为 17 大类（表 9-1）。

表 9-1　生态系统服务及功能指标

序号	生态系统服务	生态系统功能	示例
1	气体调节	大气化学成分调节	CO_2/O_2 平衡、O_3 防护 UV-B 和 SO_X 水平
2	气候调节	全球温度、降水及其他气候过程的生物调节作用	温室气体调节以及影响云形成的 DMS 生成
3	干扰调节	对环境波动的生态系统容纳、延迟和整合能力	防止风暴、控制洪水、干旱恢复及植被控制生境对环境变化的反应能力
4	水调节	调节水文循环过程	农业、工业或交通的水分供给
5	水供给	水分的保持与储存	集水区、水库和含水层的水分供给
6	控制侵蚀和保持沉积物	生态系统内的土壤保持	风、径流和其他运移过程的土壤侵蚀和在湖泊、湿地的累积
7	土壤形成	成土过程	岩石风化和有机物质的积累
8	养分循环	养分获取、形成，内部循环和存储	固氮和氮、磷、钾等元素的养分循环

序号	生态系统服务	生态系统功能	示例
9	废物处理	流失养分的恢复和过剩养分；有毒物质的转移和分解	废弃物处理、污染控制和毒物降解
10	传粉	植物配子的移动	植物种群繁殖授粉者的提供
11	生物控制	对种群的营养级动态调节	关键种捕食者对猎物种类的控制、顶级捕食者对食草动物的削减
12	庇护	为定居和临时种群提供栖息地	迁徙种的繁育和栖息地、本地种栖息地或越冬场所
13	食物生产	总初级生产力中可提取的食物	鱼、猎物、作物、果实的捕获与采集，给养的农业和渔业生产
14	原材料	总初级生产力中可提取的原材料	木材、燃料和饲料的生产
15	遗传资源	特有的生物材料和产品来源	药物、抵抗植物病原和作物害虫的基因、装饰物种（宠物和园艺品种）
16	休闲	提供休闲娱乐	生态旅游、体育、钓鱼等户外休闲娱乐
17	文化	提供非商业用途	生态美学、艺术、教育、精神或科学

资料来源：Costanza et al.，1997

由表 9-1 可知，这 17 大类生态服务类型只包括可再生的服务，没有包括不可再生的燃料和矿物质以及大气。此外，表 9-1 没有纳入生态系统服务要求生态系统维持必需的最低"内部结构"水平这一成分。

联合国千年生态系统评估项目（millennium ecosystem assessment，MA）在广泛借鉴了现有生态系统服务分类方法的基础上，尤其是按照生态系统结构、功能和过程与生态系统服务之间相互关系的分类方法，将主要生态服务归入提供产品、调节、文化和支持 4 个大的功能组（图 9-1）。其中，提供产品类服务（provisioning service）包括生态系统生产或提供的各种产品，如食物、纤维、燃料、遗传资源、药品、装饰与观赏资源、淡水资源等。调节类服务（regulating service）是指生态系统对人类生存发展环境的各种调节功能，包括空气和水的质量调节与维持、适宜气候和水文的调节与保持、污染物净化、人类疾病和作物病虫害控制、生物传粉、防护灾害等。文化类服务（cultural service）包括人们通过精神感受、知识获取和美学体验从生态系统中获得的精神享受和社会功能改善。支持类服务（supporting service）是指那些确保生态系统能够健康运作的基本生命支持功能，是其他所有生态系统服务能够提供的基础，包括初级生产、基本生境，以及空气、水和养分等生态系统资源和条件的提供与维持；这些服务不仅对人类社会生存发展有直接贡献，而且通过支撑整个复合生态系统对人类产生间接但长期的影响。一些服务，如侵蚀控制，根据其时间尺度和影响的直接程度，可以分别归类于支持功能和调节功能。

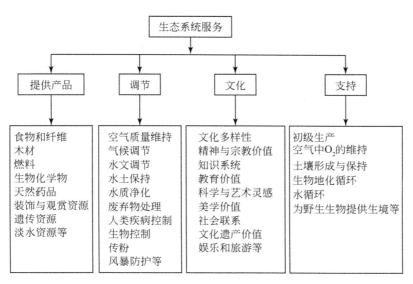

图 9-1 按照功能类型划分的生态系统服务

综上所述，生态系统服务类型主要包括生态系统的产品生产，生物多样性的产生和维持，气候、气体的调节，旱涝灾害的减缓，土壤的保持及其肥力的更新和增加，空气和水的净化，废弃物的降解，物质循环的保持，农作物和天然植被的授粉及其种子的传播，病虫害暴发的控制，人类文化的发育与演化，人类感官、心理和精神的休闲等方面。

9.2.2 生态系统服务价值及其理论基础

自从生态系统服务的概念被提出、充实、完善以来，怎样定量评价生态系统服务的经济价值已经成为当前生态学、经济学和环境经济学等学科研究的热点和前沿课题。当 Costanza 等于 1997 年在 *Nature* 发表的 "*The value of the world's ecosystem services and nature capital*" 一文中对全球生态系统服务及其自然资本的价值进行评估，得到全球 16 种生物群系的 17 项生态系统服务功能类型的总经济价值约为 33×10^{12} 美元/年时，20 世纪 90 年代以来，国内外学者对于全球、草地、森林和湿地等生态系统服务价值进行了大量的评估。所有这些都为生态系统服务价值的研究提供了理论方法基础；同时也深化了以劳动价值论和效用价值论为基础的、以评估生态系统服务价值为目的生态经济学理论。

生态系统服务价值的评估是建立在劳动价值论和效用价值论的基础之上的。

劳动价值论（labor theory of value）：18 世纪，经济学家 Adam Smith 将商品的使用价值和交换价值区分开，却否认使用价值是交换价值的基础；他还提出当劳动力成为生产过程中的唯一稀缺因素时，就可把其看做是商品交换的计价单位（Farber et al.，2002）。世界的资产储备由自然资本、人力资本以及人造资本构成。而劳动价值论过于强调劳动力即人力资本的作用，其成立的假定条件——劳动力为唯一稀缺因素，只能受限于特定的历史时期（Farber et al.，2002）。生态系统的服务价值体现的是自然资本对人类的贡献，而古典经济学强调的劳动价值论造成了对生态系统服务价值判定的缺失以及对其价值度量的不完全，因此劳动价值论不能作为生态系统服务价值评价的全部理论基础。

效用价值论（utility theory of value）：20世纪初，经济学家就认识到商品的效用性和稀缺性对商品交换价值的重要性。因此，边际效用和边际价值的概念被提出作为商品交换价值的基础。如何获取人们对边际效用的评价（边际价值）依赖于有效地量化他们对商品或服务数量增长的支付意愿（WTP）以及对其数量减少接受补偿的意愿（WTA）（Hueting et al.，1998）。

对于生态系统的商品和服务而言，有些市场（如木材、食品、旅游等市场），它们的价格在市场供求关系的变化中趋于动态平衡，但这主要是由于这些商品和服务具有排他性（Howarth and Farber，2002）。但是，生态系统为自然资产的拥有者，生产的商品和提供的服务远远超过可以在市场上通过价格表现的这个范畴，如空气和气候调节、水源涵养、污染物的降解和吸收等。生态系统的服务功能大多数具有外部性，即所有的利益相关者只能公平地、无竞争地共同享有这些服务，而不能将其中任何一方排除（Geber and Bjrklund，2002），因此，一般的市场经济环境对生态系统服务价值的确定无能为力。但是从商品的效用性和稀缺性入手，我们可以假定生态系统本身作为利益代表，由其提供的服务可以满足如图9-2所示的供求关系。

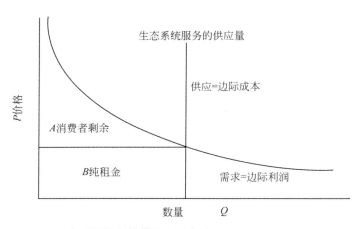

图9-2　生态系统服务的供应和需求关系（Costanza et al.，1997）

由图9-2可见，由于多数生态系统服务具有不可替代性，当某种服务的供应量趋于零（或某一最低限度）时，需求接近无限大，消费者盈余（以及服务的总经济价值）也趋于无限大；另外，生态系统服务的供应量不受经济系统行为的影响，其曲线近乎垂直。对于生态系统单位面积的服务价值，可分别以图中 A + B、A、B 代表的面积表示，其意义分别是消费者盈余与纯租金（生产者盈余）的和、消费者盈余、纯租金（Costanza et al.，1997）。目前，用于生态系统服务价值评估的各种方法，如替代市场法和假想市场法，都是基于这个理论模型以不同方式确定单价的。

9.2.3　生态系统服务的价值构成及其评价方法体系

根据生态系统服务价值的体现方式，生态系统服务总经济价值（total economic value）

包括利用价值（use value）和非利用价值（non-use value）两部分。生态系统的利用价值分为直接利用价值（direct use value）、间接利用价值（indirect use value）和选择价值（option value，潜在利用价值）。直接利用价值（DUV）主要是指生态系统产品所产生的价值，它是直接实物价值和直接服务价值，可以用产品的市场价格来估算。间接利用价值（IUV），主要是指无法商品化的生态系统服务功能和维护支撑地球生命支持系统功能的价值，即生态功能价值，它是根据生态服务功能的类型决定的。非利用价值可分为存在价值（existence value）和遗产价值（bequest value）。

生态系统的非利用价值是独立于人们对生态系统服务现期利用的价值，是与子孙后代将来的利用有关的生态系统经济价值和与人类利用无关的生态系统经济价值。选择价值（及准选择价值）是与利用价值有关的一种价值类型，是一种潜在利用价值，它是人们为了将来能利用某种生态系统服务功能的支付意愿。Pearce 认为选择价值就像保险费一样，为不确定的将来提供保障。选择价值即可视为利用价值也可视为非利用价值。存在价值（EV）是生态系统本身具有的内在价值，是争论最大的价值类型，是对生态环境资本的评价，这种评价与其现在或将来的用途都无关，可以仅仅源于知道环境的某些特征永续存在的满足感而不论其他人是否受益（Turner et al.，2000）。遗产价值（BV）是为了子孙后代将来利用生态系统功能的支付意愿。

生态系统服务价值的定量评价方法主要有 3 类：能值分析法、物质量评价法和价值量评价法（赵景柱等，2000）。其中，国际上研究、应用比较多的是价值量评价法。该法是指从货币价值量的角度对生态系统提供的服务进行定量评价的方法。

根据生态经济学、环境经济学和资源经济学的研究成果，目前生态系统服务价值如何量化主要是基于 3 种评价方法：直接市场法（direct market approach）、替代市场法（surrogate market approach）和模拟市场法（model market approach），这 3 种方法有各自的适用范围和不同的特点。目前最常用的是市场价值法、机会成本法和条件价值法。

市场价值法 它适合于没有费用支出但有市场价格的生态服务功能的价值评估。例如，没有市场交换而在当地直接消耗的生态系统产品，这些自然产品虽没有市场交换，但它们有市场价格，因而可按市场价格来确定它们的经济价值。

市场价值法先定量地评价某种生态服务功能的效果，再根据这些效果的市场价格来评估其经济价值。在实际评价中，通常有两类评价过程。一是理论效果评价法，它可分为 3 个步骤：先计算某种生态系统服务功能的定量值，如涵养水源的量、CO_2 固定量、农作物增产量；再研究生态服务功能的"影子价格"，如涵养水源的定价可根据水库工程的蓄水成本，固定 CO_2 的定价可以根据 CO_2 的市场价格；最后计算其总经济价值。二是环境损失评价法，这是与环境效果评价法类似的一种生态经济评价方法。例如，评价保护土壤的经济价值时，用生态系统破坏所造成的土壤侵蚀量及土地退化、生产力下降的损失来估计。

理论上，市场价值法是一种合理方法，也是目前应用最广泛的生态系统服务功能价值的评价方法。但由于生态系统服务功能种类繁多，而且往往很难定量，实际评价时仍有许多困难，需进一步完善。

　　机会成本法　机会成本是指在其他条件相同时，把一定的资源用于生产某种产品时所放弃的生产另一种产品的价值，或利用一定的资源获得某种收入时所放弃的另一种收入。边际机会成本是由边际生产成本、边际使用成本和边际外部成本组成的。对于具有稀缺性的自然资源和生态资源而言，其价格不是由其平均机会成本决定的，而是由边际机会成本决定，它在理论上反映了收获或使用一单位自然和生态资源时全社会付出的代价。边际机会成本法主要针对自然资源，在核算时既考虑使用者本人开发资源所付出的代价，也反映了资源开发对他人的影响以及后代人由于不能使用该种资源所需付出的代价，比较客观全面地体现了某种资源系统的生态价值。但这种方法只适用于具有稀缺性的生态类型，而且涉及的条件比较多，不易操作。

　　条件价值法　也称为调查法和假设评价法，它是生态系统服务功能价值评估中应用最广泛的评估方法之一。条件价值法适用于缺乏实际市场和替代市场交换商品的价值评估，是"公共商品"价值评估的一种特有的重要方法，它能评价各种生态系统服务功能的经济价值，主要用于遗产价值、存在价值和选择价值的评价。选择价值是指将来直接和间接的使用价值，表示人们为将来选择利用某种资源而愿意付出的费用，它可分为3类：为自己将来利用；为子孙后代将来利用；为别人将来利用。

　　条件价值法是评价上述3种价值的唯一方法，被许多专家采用。但是由于这种方法的不确定因素较多，偏差较大，因此它不能准确地进行评价，只能得到一定的趋势和价值范围。

9.3　生态系统服务价值评价指标的选取和构建

　　指标（indicators）是系统的信号或标志，是指示系统特征或事件发生的信息集。它可以是变量、定性的变量或定量的变量。运用指标的目的是简化系统的信息，使交流变得容易、便捷和定量化。目前国际上有代表性的关于评价生态环境类的指标（指数）体系有生态系统服务（ecosystem service）指标、生态足迹（ecological footprint）指数和能值分析（energy analysis）指标等。

　　Costanza 等（1997）提出的生态系统服务价值评估指标体系，在将全球生物圈分为远洋、海湾、海草/海藻、珊瑚礁、大陆架、热带森林、温带/北方森林、草场/牧场、潮汐带/红树林、沼泽/洪泛平原、湖泊/河流、沙漠、苔原、冰川/岩石、农田和城市 16 个生态系统类型的基础上，将生态系统服务分为气体调节、气候调节、扰动调节、水调节、水供给、控制侵蚀和保持沉积、土壤形成、养分循环、废物处理、传粉、生物控制、避难所、食物生产、原材料、基因资源、休闲和文化 17 种指标类型，开创了对全球生态系统服务价值定量评估的先河。

　　欧阳志云等（1999）对海南岛及中国陆地生态系统服务价值进行了评价，其特点是考虑的服务指标比较齐全（表9-2），如考虑了净化环境（吸收 SO_2、滞尘）、防止泥沙淤积、释放 O_2、防风固沙等指标。

表 9-2 海南岛森林生态系统服务价值指标体系

服务类型	指标	评价方法	计算方法
林产品	木材活立木	市场价值法	林分蓄积量×年净增长×活立木价格
旅游	—	市场价值法	旅游总收入
土壤保持	减少表土损失	机会成本法	减少侵蚀的土地面积×单位面积正常收益
	防止泥沙淤积	替代工程法	泥沙淤积量×单位蓄水量水库建设成本
	土壤肥力保持	影子价格法	养分流失量×市场化肥价格
涵养水源	蓄积水分	影子价格法	蓄积水量×用水价格
大气调节	固定 CO_2	市场/影子价格法	CO_2 固定量×碳税率或造林成本
	释放 O_2	影子价格法	O_2 释放量×工业制氧或造林成本
营养循环	持留养分	影子价格法	持留氮、磷、钾量×化肥价格
净化环境	吸收 SO_2	费用分析法	持留 SO_2 量×削减单位 SO_2 的工程成本
	滞尘	费用分析法	滞尘量×削减单位尘的工程成本
防风固沙	增产增收	影子价格法	—
	林产品	市场价值法	—

郭中伟等 (2001) 对神农架地区兴山县森林生态系统服务价值进行了评价, 评价中使用的服务指标和评价方法如表 9-3 所示。该评价指标的特点是: ①旅行费用法计算采用了门票、旅费、消费者剩余及时间成本; ②土壤侵蚀率、水分涵养量采用分区估算再综合的方法, 在一定程度上提高了服务指标的精度; ③将防止淤泥淤积和防止泥沙沉积分开考虑, 并分别用费用分析法 (人力清淤成本) 和影子工程法 (水库建造费用) 进行评价。

表 9-3 兴山县森林生态系统服务价值指标体系

服务类型	指标	评价方法	计算方法
林产品	木材活立木	市场价值法	林分蓄积量×年净增长×活立木价格
旅游	—	旅行费用法	—
土壤保持	减少表土损失	机会成本法	减少侵蚀的土地面积×单位面积正常收益
	防止泥沙淤积	费用分析法	年淤泥量折算成用工量×单位用工工资
	防止泥沙沉积	替代工程法	年泥沙沉积量×单位蓄水量水库建设成本
	土壤肥力保持	影子价格法	养分流失量×市场化肥价格
		机会成本法	有机质折算成薪柴量×薪柴价格
大气调节	固定 CO_2	市场/影子价格法	CO_2 固定量×碳税率或造林成木
	释放 O_2	影子价格法	O_2 释放量×工业制氧或造林成本
涵养水源	调节径流量	机会成本法	增加的径流量折算成发电量×电价
	蓄积水分	影子价格法	增加的蓄积水量×用水价格

杨柳春等 (2003) 对中国科学院小良热带人工林生态系统定位站植被生态恢复系统的服务价值进行了定量评估。评价中首次使用了卫生保健指标、防治病虫害指标和生物多样

性指标等，并在国内首次对重建后次生林的服务价值进行了评估（表9-4）。

表9-4　中国科学院小良热带人工林生态系统定位站生态系统服务价值指标体系

服务类型	指标	评价方法	计算方法
林产品	木材活立木	市场价值法	林分蓄积量×年净增长×活立木价格
涵养水源	蓄积水分	影子工程法	增加的蓄积水量×用水价格
土壤保持	减少表土损失	机会成本法	减少侵蚀的土地面积×单位面积正常收益
土壤保持	土壤肥力保持	影子价格法	持留氮、磷、钾量×化肥价格
净化环境	吸收 SO_2	影子价格法	吸收 SO_2 总量×削减单位 SO_2 的工程成本
净化环境	滞尘	费用分析法	滞尘量×削减粉尘的单位成本
大气调节	固定 CO_2	市场/影子价格法	CO_2 固定量×碳税率或造林成本
大气调节	释放 O_2	影子价格法	O_2 释放量×工业制氧或造林成本
环境健康	生物多样性	影子价格法	—
环境健康	防治病虫害	替代费用法	—
卫生保健	降低环境温度	市场价格法	—
卫生保健	减少医疗费用	—	—

综合上述研究案例，并结合其他前人的研究成果，同时考虑研究喀斯特石漠化区生态重建后生态系统服务价值评估的具体情况，提出本次研究的生态服务价值评价的指标体系（表9-5）。

表9-5　生态重建服务价值评估指标体系

一级指标	二级指标	三级指标
直接产品	粮食作物收入	—
直接产品	药材收入	—
直接产品	果品收入	—
直接产品	其他	—
直接产品	木材活立木	林分蓄积量
旅游、休闲	—	—
涵养水源	涵蓄土壤水分	土壤含水率
涵养水源	涵蓄土壤水分	土壤非毛管孔隙度
涵养水源	调蓄表层岩溶带	表层岩溶泉的调蓄系数
涵养水源	其他	枯枝落叶层的平均持水量
土壤保持	减少泥沙淤积	土壤侵蚀量
土壤保持	减少土地废弃面积	减少侵蚀的土地面积
土壤保持	改良土壤而增加的土壤肥力	土壤有效氮、磷、钾及有机质的含量
土壤保持	维持土壤肥力	土壤有效氮、磷、钾及有机质的含量
土壤保持	土地整理	
气体调节	固定 CO_2	CO_2 固定量
气体调节	释放 O_2	O_2 释放量

续表

一级指标	二级指标	三级指标
净化环境	吸收 SO_2	吸收 SO_2 总量
	滞尘	滞尘量
生物多样性的维持	增加生物多样性	—
	动物栖息地	—
卫生保健	降低环境温度	—
教育、科研	教育示范	—
	科学研究	—

9.4　果化示范区生态重建服务价值评估

经过近 5 年的生态重建，示范区的生态系统服务功能得到了恢复、改善和增强。表现在：生态重建后的示范区提供的直接产品更加多样化，如示范区的植被覆盖率由 2000 年重建前的 10% 提高到 2005 年的 50%~70%；岩溶地区存在地表地下双层结构，土壤本来就比较少，但通过生态治理，土壤侵蚀模数由治理恢复前的 1550 kg/km² · a 下降到了恢复后的 510.92 kg/km² · a，水土流失得到了较明显的控制；其他如气候、气体调节功能，教育、科学功能也得到了恢复与加强。

本节利用生态经济学的方法核算广西平果县果化龙何示范区 6 年来的石漠化整治成果，开展石漠化治理工程成本效益分析，用年金计算果化示范区每年向人类提供的价值大小，以便为国家和地方未来的石漠化治理工程的可行性提供参考。

9.4.1　直接产品价值

果化示范区经过恢复重建其生态系统有了较高的生产力。不仅提高了原来以玉米、水稻和黄豆等为主的传统农业的单产量，而且走向了农、林、牧综合开发之路，增加了新的产业。其直接利用价值体现在产业结构的变化引起的农民收入的变化上（表9-6）。根据表9-6，用市场价格法计算示范区生态重建前的人均总收入 = 示范区居民人数 × 2001 年人均收入 = 1335 × 686 = 915 810（元），生态重建后的人均总收入 = 1335 × 1347 = 1 798 245（元）。

表 9-6　果化示范区各种产业的直接收入　　（单位：元）

年份	种植收入		养殖收入		其他收入	合计	纯收入
	粮食作物	经济作物	家畜	家禽			
2001	204	18	399	56	192	869	686
2002	216	21	402	61	201	901	706
2003	242	26	417	72	212	969	786
2004	267	126	494	143	421	1451	1069
2005	303	169	572	178	493	1715	1347

9.4.2　涵养水源价值

涵养水源是生态系统的重要服务功能之一，其功能主要体现在：截留降水、抑制蒸发、涵蓄土壤水分、缓和地表径流、补充地下水等（邓坤枚等，2002）。水源涵养能力与植被的覆盖率和土壤的理化性质等密切相关。示范区重建后的植被覆盖率比重建前上升了近7倍，不仅土壤含水率有所增加，而且示范区的几处表层岩溶泉的调蓄能力也有所增强。因此，生态重建后示范区涵养水源价值的计算选取的指标为植被枯枝落叶层持水率、土壤平均最大含水量及表层岩溶泉的调蓄系数。植被枯落物的持水量采用浸泡法测定。森林的涵养水源量与土壤的最大持水量基本保持一致（王金建等，2005），因此，土壤平均最大含水量指标可以通过对示范区不同立地类型土壤最大含水量的测定而取得（表9-7）。涵养水源的计算方法为影子工程法。

表9-7　果化示范区综合治理后土壤水分的平均值　　　　（单位:%）

取样点	取样日期										对照地平均值	实验地平均值
	2004.04.15		2005.07.10		2005.08.04		2005.09.03		2005.09.14			
	A	B	A	B	A	B	A	B	A	B		
表层	6.22	12.93	27.27	30.90	20.63	26.89	8.01	13.73	6.85	10.92	13.80	19.07
10 cm	28.45	32.01	38.36	51.75	36.12	50.32	19.71	29.73	18.13	26.36	28.15	38.03
20 cm	33.40	36.00	40.20	48.88	38.95	48.62	25.68	34.27	25.42	32.77	32.73	40.11

注：A，对照地；B，实验地。表中每个数据都是10个样点的平均值

示范区重建前植被覆盖率低，表层岩溶泉未开发，因此涵养水源的价值只包括土壤层。按照"空间代替时间"的原则，以对照地的土壤平均最大含水量作为计算重建前的服务指标。即重建前涵养水源价值=示范区土壤水分平均值（表9-7）×示范区面积×土壤平均容重×土壤平均厚度×水价（薛达元，1997）=（13.8%+28.15%+32.73%）÷3×20 000 000×1.27×0.5×0.67=2 117 890（元）。

重建后土壤层涵养水源价值=（19.07%+38.03%+40.11%）÷3×20 000 000×1.27×0.5×0.67=2 756 916（元）。生态重建后新增加的植被枯枝落叶层和表层岩溶带涵养水源价值=（植被枯落物的平均持水量×示范区常绿–落叶乔、灌林的面积+表层岩溶泉的调蓄系数×表层岩溶泉的汇水面积×示范区多年平均降水量）×水价（薛达元，1997）=（41.66×1000+0.6×1 740 000×1.5）×0.67=1 077 132（元）。

对果化示范区表层岩溶水的开发，通过自流灌溉引水，结束了龙何、妙冠两屯278户共1335人的祖祖辈辈人工担水的历史，每年可节约230 441个工作日，按每个工作日40元计算，自流灌溉的表层岩溶水每年所产生的价值为开发表层岩溶水节约的工作日×工作日单价=230 441×40=9 217 640（元）。

9.4.3　保持土壤价值

示范区植被的恢复有效地防止了土壤中氮、磷、钾以及有机质的流失，减少了泥沙淤

积量，相对地增加了土地面积。同时，示范区的土地整理和土壤改良增加了有效耕地面积和土壤的肥力。因此，保持土壤价值选用的服务指标为：土壤侵蚀量即土壤侵蚀模数；土壤中有效氮、有效磷、有效钾以及有机质的含量。用市场价格法计算土壤肥力价值，用机会成本法计算因控制土壤侵蚀而减少土地面积所产生的价值。因示范区的面积较小，此次研究只计算土壤肥力的价值。

示范区恢复重建前的土壤肥力价值 $= [10^{-6} \times (L_{N1} + L_{P1} + L_{K1}) + N_1] \times S_1 \times d \times h \times P = 150\,000 \times 1.27 \times 0.5 \times 2549 \times [10^{-6} \times (120.05 + 68.6 + 14.77) + 2.72\%] = 6\,653\,338$（元）。

式中，S_1 为示范区改良土壤的面积（m^2）；d 为示范区土壤的平均容重（t/m^3）；h 为示范区土壤的平均厚度（m）；L_{N1}、L_{P1}、L_{K1} 和 N_1 分别为示范区土壤改良前有效氮、有效磷、有效钾及有机质的含量，经测试后分别为 120.05 $\mu g/g$、68.6 $\mu g/g$、14.77 $\mu g/g$ 和 2.72%；P 是 N、P、K 的市场影子价格，为 2549 元/t（国家统计局，1992）。

示范区恢复重建后的土壤肥力价值 = 土地改良后因土壤中有效氮、磷、钾及有机质的平均含量增加的土壤肥力价值 + 因土壤侵蚀下降而增加的土壤肥力价值 $= [10^{-6} \times (L_{N2} + L_{P2} + L_{K2}) + N_2] \times S_1 \times d \times h \times P + (R_1 - R_2) \times S_2 \times P \times [10^{-6} \times (F_N + F_P + F_K) + F_N] = 150\,000 \times 1.27 \times 0.5 \times 2549 \times [10^{-6} \times (193.82 + 112.30 + 27.01) + 3.19\%] + (1550 - 510.92) \times 20 \times 2549 \times [10^{-6} \times (102.3 + 60.2 + 3.06) + 2.114\%] = 8\,954\,559$（元）。

式中，L_{N2}、L_{P2}、L_{K2} 和 N_2 分别为示范区土壤改良后有效氮、有效磷、有效钾及有机质的含量，分别为 193.82 $\mu g/g$、112.30 $\mu g/g$、27.01 $\mu g/g$ 和 3.19%；R_1 和 R_2 分别为治理恢复前后的土壤平均侵蚀模数 $[t/(km^2 \cdot a)]$；S_2 为示范区面积（km^2）；F_N、F_P、F_K 和 F_N 分别为示范区恢复重建后有效氮、有效磷、有效钾及有机质的含量（表9-8）。

表 9-8　果化示范区生态重建后实测土壤的肥力状况

取样立地	土壤层次	土壤化学性质							pH
		总氮（%）	全磷（%）	全钾（%）	有机质（%）	有效氮（$\mu g/g$）	有效磷（$\mu g/g$）	有效钾（$\mu g/g$）	
石穴地	A	0.23	0.15	0.65	2.91	88	5.36	77.2	7.85
洼地	A	0.69	0.10	0.37	1.69	85	1.84	59.3	8.17
	B	1.77	0.09	0.41	1.77	71	1.54	50.2	7.96
坡耕地	A	0.27	0.10	1.00	2.42	139.9	4.26	69.2	6.85
	B	0.19	0.09	1.00	1.78	127.4	2.29	45.1	7.05
平均含量		0.63	0.106	0.686	2.114	102.3	3.06	60.2	—

示范区土地整理调整了农地结构，归并了零散地块，增加了有效耕地面积，减少了农民对其他荒地的盲目开发，产生了良好的生态效益。土地整理后共完成坡改梯和平整土地 150 hm^2，按 10 000 元/hm^2 单价计算土地整理每年所产生的生态服务价值：土地整理新增

的耕地面积 × 单价 = 150 × 10 000 = 1 500 000（元）。

9.4.4　气体调节价值

O_2 是人类生存最基本的气体，CO_2 是重要的温室气体。生态系统通过光合作用和呼吸作用能与大气中的主要物质进行交换，即固定大气中的 CO_2，同时释放 O_2 到大气中去。生态系统的这种功能对于维持地球大气中 CO_2 和 O_2 的动态平衡，减缓温室效应有着十分重要的作用。

示范区经过几年的恢复重建，定苗或植苗的植株都生长良好。植被覆盖率也由重建前的 10% 增加到 2006 年的 70%，从而具备了最基本的气体调节功能。

$$6CO_2 + 12H_2O \xrightarrow{\text{6772cal[①] 太阳能}} C_6H_{12}O_6 + 6O_2 + 6H_2O \longrightarrow 多糖$$

根据植物光合作用总的化学反应方程式，植物利用太阳能，吸收 264 g CO_2 和 108 g H_2O，同时释放出 192 g O_2，生成 180 g 葡萄糖，葡萄糖再转化成 162 g 多糖并储存在植物体内。即植物每生产 1 g 干物质要固定 0.4445 g 碳并放出 1.19 g O_2。经实地取样测算，示范区土壤改良地农作物的平均生物量为 6.1929 t/hm^2（干物质），封禁区和果园幼林（灌丛）的平均生物量为 2.0433 t/hm^2。

气体调节的服务指标为玉米等农作物、果幼林（灌丛）的实测生物量。用碳税法、造林成本法和影子价格法计算植被固碳和释放 O_2 的价值。

因示范区恢复重建前的植被覆盖率只有 10%，植被固碳和释放 O_2 价值可忽略不计。示范区恢复重建后植被固碳和释放 O_2 价值 =（$r_1 \times P_1 + r_2 \times P_2$）×（$N_1 \times S_1 + N_2 \times S_2$）=（0.4445 × 150 × 8 + 1.19 × 352.93）×（6.1929 × 15 + 2.0433 × 2000）= 3 984 674（元）。

式中，r_1 为每克干植物中固定的碳量；r_2 为植物每生成 1 克干物质放出的 O_2 量；N_1 是土壤改良地农作物的平均生物量（t/hm^2）；N_2 是封禁区和果园幼林（灌丛）的平均生物量（t/hm^2）；S_1 是土壤改量地的面积（hm^2）；S_2 为示范区面积（hm^2）；P_1 是国际上通常采用的瑞典 CO_2 税率（pearce），每吨碳约为 150 美元；P_2 是中国平均造林成本（元/m^3）（欧阳志云等，1999）。

9.4.5　教育、科研价值

示范区建成后，中央及有关部委领导、联合国粮农组织专员以及加拿大、新西兰、澳大利亚、日本等国的专家多次到示范区考察调研，对示范区生态重建的技术和成果给予了充分的肯定。近两年来，平果县的周边县市有 5000 多位干部、群众到示范区参观学习。中国地质科学院岩溶地质研究所、广西植物研究所等单位利用示范区作为教学基地，培养研究生 15 人。因此，示范区有巨大的推广、教育示范功能。同时，上述两所研究所以示范区为科研基地，其科研成果获得了国土资源部一等奖。因此，示范区也具有巨大的科研

---

① 1cal = 4.19J。

价值。

　　教育、科研服务指标分别以干部、群众和学生来示范区的差旅费和科技工作者实际投入的科研费为准。以费用分析法计算示范区的教育、科研价值。示范区的教育和科研价值 = $r \times N + r_2 = 100 \times 2500 + 1\ 934\ 820 = 2\ 184\ 820$（元）。为了计算方便，$r$ 取平果县城到示范区的来回路费（元）；N 为 2004～2005 年每年平均的培训人数；r_2 为实际投入的科研费用。

9.4.6　果化示范区重建前后生态系统服务净价值

　　示范区重建前后的服务价值是不同的。重建前由于是退化的生态系统，某些功能不是很健全，因而其服务价值还未体现出来；示范区经过水土治理、植被的恢复重建后，其生态系统的功能就逐渐彰显出来了。重建前涵养水源，保护土壤价值只包括原有土壤层，重建后增加了表层岩溶带、改良的土壤、土地整理新增的有效耕地面积、因植被恢复而新增的固碳和释放 O_2 的价值和教育、科研价值。示范区恢复重建后其生态系统产生了巨大的价值，产生的总价值为 31 473 986 元，其中涵养水源价值最大，为 13 051 688元；其次为保护土壤价值，为10 454 559元。扣除重建前的直接产品价值、涵养水源价值、保护土壤价值和重建期间实际投入的科研费用，得出示范区重建后的生态服务净价值（表9-9）。从表 9-9 可以看出总服务净价值为 19 586 948 元，其中涵养水源净价值最大，为10 933 798元，其次为次生林固碳和释放 O_2 价值，其值为 3 984 674 元。示范区重建后的间接经济净价值达 20 904 513 元，间接经济净价值是直接产品价值的 12 倍。果化示范区的生态恢复重建不仅产生了很大的生态效益，而且使之与经济效益和社会效益实现了完美的统一。

表 9-9　果化示范区治理恢复后生态服务净价值　　　　　　（单位：元）

生态服务功能	直接产品	涵养水源	保护土壤	固碳和释放 O_2	教育科研	合计
重建前价值	915 810	2 117 890	6 653 338	—	—	9 687 038
实际投入费用	—	—	—	—	—	2 200 000
重建后价值	1 798 245	13 051 688	10 454 559	3 984 674	2 184 820	31 473 986
生态服务净价值	882 435	10 933 798	3 801 221	3 984 674	2 184 820	19 586 948

9.5　弄拉示范区生态重建服务价值评估

　　弄拉示范区的建立使弄拉及周边地区的社会、经济和生态环境有了进一步的发展。两年来，随着弄拉经济的发展，弄拉的基础设施建设得到了长足的发展，表现在从古零镇到弄拉的一条宽为 7.5m 的水泥路即将通车。随着人们环保意识的增强，弄拉的生物资源及特色农作物得到了进一步保护，生态环境也得到了进一步改善。

总之，弄拉示范区的生态恢复重建不仅为弄拉进一步提供了丰富的直接产品，而且在涵养水源、维持土壤肥力、防止水土流失、增加生物多样性、固碳、释放 O_2、吸收 SO_2 等方面发挥了更加重要的作用。

本节利用生态经济学的方法核算弄拉植被恢复 25 年来的生态系统服务价值，用年金计算弄拉每年向人类提供的价值大小，以便为国家和地方未来的石漠化治理工程的可行性提供参考。

9.5.1　直接产品价值

恢复重建后的弄拉次生林生态系统不仅提供了丰富多样的林副产品，而且向人们提供了木材及其他工业性原材料等。

1）果品药材。果树 43 000 多株，合计面积约 38 hm^2。主要包括柑橘、枇杷、杨桃、山葡萄、黄皮果、柚子、龙眼、荔枝等 20 多个品种。药用植物 370 多种，主要分布在 133 hm^2 的次生林中。经济价值较高的有苦丁茶、青天葵、绞股蓝、双勾藤、两面针、天狼星、吴茱萸、黄精、金银花、土党参、九龙藤等。

用市场价值法计算果品药材价值。据广西日报报道，2004 年，弄拉人均纯收入已达 5260 元，收入的 82% 来源于果品、药材。1961～2006 年弄拉的年均居民数为 125 人。弄拉每年来源于果品、药材的直接经济价值为 5260 × 0.82 × 125 = 539 150（元）。

2）林木产品。弄拉示范区封育有 40 年和 20 年的，以青冈、阴香、石山樟、石楠、化香、大叶青冈、野黄皮、苹婆等为主的次生林。木材生产是弄拉次生林主要的直接价值，而价值又主要体现在活立木的年生产量和蓄积量上。因此取林分的年净生长率为林木产品的服务指标。用市场价值法计算林木产品的价值，即林木产品的价值 = $S \times P \times R \times T$ = 1700 × 600 × 55% × 3.12 = 1 750 320（元）。其中，S 为林地面积（hm^2），P 为全国主要树种标准序列活立木林价（600 元/m^3）（薛达元，1997），R 为综合出材率为 55%；T 为弄拉封育 20 年以上的主要次生林树种的实测年平均生长量 $[m^3/(hm^2 \cdot a)]$。

9.5.2　涵养水源价值

弄拉示范区的次生林、经济林以及农作物凭借其庞大的林冠、厚实的枯落物和发达的根系改变了降水的分配形式，其林冠层、林下灌草层、枯枝落叶层及土壤层等通过拦截、吸收、蓄积降水涵养了大量水源。区内表层岩溶带发育，通过生态重建，区内的生态环境得到了进一步改善，因而出露于鸡蛋堡及大山附近的兰殿堂表层岩溶泉也由 20 世纪 70 年代以前的季节性泉变成了现在的常流泉，流量增加且趋向于动态稳定（蒋忠诚等，2006）。由于次生林里有较为厚层的枯落物和广泛发育的表层岩溶带，因此本研究只考虑枯落物、土壤层和表层岩溶带的涵养水源价值。涵养水源的服务指标主要取枯落物的持水率、土壤非毛管孔隙度和表层岩溶带调蓄系数。枯落物的现存量、最大持水率以鸡蛋堡、下弄拉、弄团和东旺 4 处 100 cm × 100 cm 的样地调查为准，其值分别为 10.5 t/hm^2、216.6%。用影子工程法计算，则枯落物涵养水源的价值 = 10.5 × 216.6% × 1700 × 水价 = 10.5 ×

216.6% ×1700×0.67 = 25 904 （元）（薛达元，1997）。

  土壤非毛管孔隙度用环刀法测定，在示范区的不同地貌部位、不同土层深度用环刀取土壤，之后带回中国地质科学院岩溶地质研究所实验室分别测定，测定结果如表 9-10 所示。非毛管水就是涵养水源量，它可以通过重力作用做垂直运动，也可横向渗透，补给湖泊和河流，起着调节径流、稳定水位的功能。次生林的涵养水源量取其非毛管孔隙度的平均值作为计算土壤层涵养水源的指标。

表 9-10　弄拉示范区的土壤蓄水能力

植被类型	土壤剖面位置	土层位置（cm）	容重（t/m³）	最大持水率（%）	总孔隙度（%）	非毛管孔隙度（%）
苦丁茶	鸡蛋堡上坡	6	1.28	28	39.75	2.79
金银花	鸡蛋堡上坡	25	1.25	24	39.79	4.68
金银花	鸡蛋堡上坡	60	1.33	21	34.34	7.83
青冈栎	鸡蛋堡垭口	10	1.11	26	39.77	4.68
青冈栎	鸡蛋堡垭口	30	1.29	21	34.97	4.14
粉丹竹	鸡蛋堡中坡	10	1.08	26	38.58	5.60
粉丹竹	鸡蛋堡中坡	45	1.30	19	30.66	2.54
枇杷树	下弄拉洼底	12	1.16	27	43.82	2.48
枇杷树	下弄拉洼底	50	1.46	16	28.77	1.83
马蹄竹	下弄拉村边	12	1.04	29	42.97	4.36
马蹄竹	下弄拉村边	40	1.08	27	41.04	3.68
玉米	兰殿堂路口	20	1.11	25	31.93	1.68
玉米	兰殿堂路口	80	1.52	17	37.93	4.19
菜豆树	东旺路口	15	1.37	21	35.88	1.19
菜豆树	东旺路口	36	1.46	22	40.32	3.21
任豆树	东旺路口	20	1.24	24	39.12	1.95
任豆树	东旺路口	40	1.47	21	33.17	2.65
紫棱木	大山中坡	15	1.19	24	36.47	3.68
紫棱木	大山中坡	37	1.41	20	34.29	4.11
灌丛	公路边石缝中	120	1.28	19	30.72	2.63

  该指标是在 2007 年 12 月 4 日测定的，据建在示范区内的气象定位观测站的资料显示，从 9 月 28 日到 12 月 3 日这段时间内没有下一滴雨，因此，测出的土壤非毛管孔隙度

有可能偏小。

土壤层涵养水源价值 $= R \times h \times S \times a \times p = 3.5\% \times 0.8 \times 17\,000\,000 \times 1 \times 0.67 = 318\,920$（元）。

其中，R 为土壤的平均非毛管孔隙度（%）；h 为土壤水分渗透的平均峰面厚度（m）；S 为土壤的面积（m^2）；a 为水的密度（t/m^3）；p 为水价（薛达元，1997）。

次生林的恢复重建有利于表层岩溶带的调蓄。弄拉示范区表层岩溶带发育，出露的表层岩溶泉也很多（表9-11），因而，表层岩溶带调蓄水资源的价值也大。

表9-11　弄拉示范区表层岩溶泉流量

泉名	海拔（m）	电导率（μS/cm）	pH	水位（cm）	流量（m^3）	备注
兰殿堂	473	620	7.21	5.20	11 751	常流泉11月至翌年2月流量变小
二湾	458	495	7.29	0.10	2.6	10月至翌年3月断流
下弄拉下湾	460	607	6.89	1.00	486	10月至翌年3月断流
上弄拉下湾	482	428	7.04	0.20	4.5	10月至翌年3月断流
上弄拉	510	617	7.16	0.50	44	10月至翌年3月断流
肖家湾	515	475	6.84	0.20	2.6	10月至翌年3月断流
坳上	492	675	7.22	0.20	4.5	10月至翌年3月断流
弄团	584	359	7.32	2.50	3 805	10月至翌年3月断流
弄团田湾	604	410	7.75	0.50	44	10月至翌年3月断流
寺庙下	497	453	7.65	2.00	2 657	常流泉10月至翌年3月流量变小
东旺	422	473	7.33	5.00	8 516	5月、6月、7月、8月有水流
合计	—	—	—	—	27 317.2	—

表层岩溶带调蓄水源价值 =（弄拉表层岩溶带的调蓄系数 × 表层岩溶带面积 × 示范区多年平均降水量 + 表层岩溶泉的全年平均总流量）× 水价 =（$0.889 \times 1.04 \times 10^6 \times 1.75 + 27\,317.2$）$\times 0.67 = 1\,102\,349$（元）（薛达元，1997）。

9.5.3　固土保肥价值

恢复重建后的生态系统具有减少土地废弃面积、保育土壤肥力、减少泥沙对江河湖泊的淤积等功能。本研究只计算前两者的价值。即用机会成本法计算保持地表土壤价值：保持地表土壤价值 $= r \times S \times P \div H = 15\,691.77 \times 17 \times 2.8217 \div 0.5 = 1\,505\,434$（元）。其中，$r$ 为离研究区约10 km、曾遭受过严重的土壤侵蚀并呈半荒漠化状态的喀斯特山区——古寨乡的土壤平均侵蚀模数（裴建国和李庆松，2001）（忽略研究区生态系统恢复后的土壤侵蚀模数）[$m^3/(km^2 \cdot a)$]；S 为研究区面积（km^2）；H 为土壤的平均厚度（m）；P 为林业的平均收益（元/m^2），以1987~1990年中国林业的平均经济收益2.8217元/$m^2 \cdot a$作为弄拉次生林、经济林每年保持地表土壤的机会成本。

重建后的生态系统能防止土壤中氮、磷、钾以及有机质的流失，土壤肥力的价值采取以"空间代替时间"的方法，选取古寨乡的肥力状况为对照，同时，在同等的条件下各取20个土壤样品并对其中的有效氮、有效磷、有效钾以及有机质进行分析。用市场价值法计算次生林保育土壤肥力的价值如下：

$$保育土壤肥力的价值 = [10^{-6} \times (L_{N1} - L_{N2} + L_{P1} - L_{P2} + L_{K1} - L_{K2})]$$
$$\times S \times d \times h \times P_1 + (N_2 - N_1) \times S \times d \times h \times P_2$$
$$= [10^{-6} \times (137.34 - 123.2 + 48.2 - 43.7 + 76.81 - 67.43)]$$
$$\times 12\ 240\ 000 \times 1.38 \times 0.5 \times 2549 + (4.72\% - 2.31\%)$$
$$\times 12\ 240\ 000 \times 1.38 \times 0.5 \times 51.3 = 11\ 044\ 759(元)$$

式中，L_{N1}、L_{P1}、L_{K1} 和 N_1 为示范区次生林、经济林及旱作地土壤的有效氮、有效磷、有效钾及有机质的平均含量，其值取自青冈林地、黄榉林地、紫棱木地、枇杷林地和玉米地等 30 个土壤样品的平均值（$\mu g/g$）；L_{N2}、L_{P2}、L_{K2} 和 N_2 为古寨乡土壤有效氮、有效磷、有效钾及有机质的平均含量（$\mu g/g$）；S 为示范区土地面积（m^2）；d 为示范区土壤的平均容重（t/m^3）；h 为示范区土壤的平均厚度（m）；P_1 是氮、磷、钾的市场影子价格，为 2549 元/t（国家统计局，1992）；P_2 为有机质的影子价格，为 51.3 元/t（欧阳志云等，1999）。

9.5.4　调节气体、气候价值

次生林、经济林等在光合作用过程中，吸收 CO_2，同时放出 O_2。CO_2 是一种温室气体，O_2 是人类生存必需的物质之一。因此，恢复后的生态系统在调节气候和大气组分上有其重要的价值，同时在净化大气中的 SO_2、降尘和飘尘等方面也有其重要的功能。

9.5.4.1　固碳和释放 O_2

根据植物光合作用总的化学反应方程式，植物利用太阳能，吸收 264 g CO_2 和 108 g H_2O，同时释放出 192 g O_2，生成 180 g 葡萄糖，葡萄糖再转化成 162 g 多糖并储存在植物体内。即植物每生产 1 g 干物质要固定 0.4445 g 碳并放出 1.19 g O_2。在喀斯特峰丛洼地森林生态系统中，洼底的森林生物量为 147.74 t/hm^2，峰脊的森林生物量为 102.08 t/hm^2，坡地森林生物量为 164.07 t/hm^2，平均生物量为 137.96 t/hm^2（周政贤和杨世逸，1987）。用市场价值法计算示范区次生林、经济林固碳和释放 O_2 的价值。即

$$固碳和释放 O_2 的价值 = r_1 \times N \times S \times P_1 + r_2 \times N \times S \times P_2$$
$$= 0.4445 \times 137.96/25 \times 1224 \times 150 \times 8 + 1.19 \times 137.96/25$$
$$\times 1224 \times 352.93$$
$$= 6\ 439\ 671(元)$$

式中，r_1 为每克干植物中固定的碳量；r_2 为植物每生成 1 克干物质放出的氧气；N 为成林 10 年以上的次生林、经济林的年平均生物量 $[t/(hm^2 \cdot a)]$；S 为弄拉次生林面积

（hm^2）；P_1 是国际上通常采用的瑞典 CO_2 税率，约为 150 美元/t（C）；P_2 是中国平均造林成本（元/t）（欧阳志云等，1999）。

9.5.4.2　净化大气中污染气体 SO_2 和大气中的降尘及飘尘

次生林、经济林净化大气中 SO_2 的价值采用生产成本法计算，即用单位面积森林吸收 SO_2 平均值、近年来大气污染治理工程中削减 SO_2 的单位投资成本等来估算其价值：$r \times S \times P = (88.65 + 215.6)/2 \times 1224 \times 0.6 = 111\ 721$（元）。其中，$r$ 是根据《中国生物多样性国情研究报告》中阔叶树对 SO_2 的吸收能力为 88.65 kg/（$hm^2 \cdot a$）、针叶林的吸收能力为 215.60 kg/（$hm^2 \cdot a$）计算得到的平均值；P 为每削减 1 t SO_2 的投资成本为 600 元；S 为示范区面积（hm^2）。

次生林、经济林对降尘和飘尘的净化价值等于次生林、经济林的平均滞尘能力乘以研究区面积再乘以削减粉尘的成本：$r \times S \times P = (33.2 + 10.2)/2 \times 1224 \times 170 = 4\ 515\ 336$（元）。其中，$r$ 为针叶林和阔叶林滞尘能力的平均值［t/（$hm^2 \cdot a$）］，据研究，针叶林的滞尘能力为 33.2 t/（$hm^2 \cdot a$），阔叶林的能力为 10.2 t/（$hm^2 \cdot a$）；削减成本为 170 元/t（肖寒等，2000）。

9.5.5　生物多样性维持

生态系统的生物多样性维持体现在传粉、庇护和遗传资源 3 个主要方面。①生态系统的传粉功能主要是提供传粉者以便植物种群繁殖，该功能在草地和农田生态系统中表现得很明显。②生态系统的庇护功能是指生态系统为定居和临时种群提供栖息地，如生态系统作为迁徙种、濒危动物的繁育、栖息地。例如，湿地和海岸带在生物庇护方面的功能表现得很充分。③生态系统提供的遗传资源主要是指提供特有的生物材料和产品，如药物、抵抗植物病源和作物虫害的基因等。

弄拉示范区有 72% 的森林覆盖率和 95% 的植被覆盖率，其生物多样性指数与海南六连岭的热带雨林相当。例如，仅在 133 hm^2 的林地里，药用植物就发现了 370 种之多，还有猴子、红毛鸡、长尾鸡、林麝、狐狸、黄鼠狼、果子狸等野生动物也在此栖息，特别是在弄团的一处湿地里栖息着与恐龙同时代的小鲵，1986 年"中国小鲵"与国宝"大熊猫"一起被列入《中国濒危动物红皮书》。这说明弄拉示范区在生物庇护和遗传资源功能上有巨大的价值。

根据有关文献资料（Costanza et al.，1997），生态系统在提供生物庇护和遗传资源的单位价值分别是 3600 元/（$hm^2 \cdot a$）和 350 元/（$hm^2 \cdot a$）。因此，弄拉示范区的生态系统重建后由于生物多样性增加每年所产生的价值为 $(3600 + 350) \times 1700 = 6\ 715\ 000$（元）。

9.5.6　卫生保健价值

示范区次生林、经济林的恢复重建使该地区的小气候特征发生了明显的变化。据观测，在 6 月、7 月和 8 月弄拉的月平均温度比古零镇低 2~5℃，年降水量比马山县城多 60

mm。这说明示范区生态环境的改善降低了周边环境的温度，而在我国南方地区最热的 7 月、8 月、9 月，环境温度的降低等于节约了能源，产生了生态经济价值。

为了更科学地计算环境温度降低所产生的价值，科研人员于 2007 年 7 月 25 日在广西桂林市岩溶研究所内做了一个小实验。在一间 3.4m×3.45m×3.25m、室温为 26℃ 的房间里，开启新购置的、功能完好的、2000 W 的格力空调，2 h 后能降低温度到 23℃，耗用电量 4 kW·h，按每度电 1 元的费用，共计费用 4 元。即在 1m³ 的空间内，每降低 1℃，可节约费用 0.035 元。

利用影子工程法计算环境温度降低所产生的服务价值。将示范区视为一个大房间，求出在此空间中降低温度、需要开空调所耗电成本。

根据样地调查，示范区次生林平均林高 8.6m，示范区的夏季室内温度比古零镇低 4.6℃，以 7 月、8 月、9 月为标准，每月以 30 天计算，每天开空调平均 3h，即示范区植被恢复重建后其生态系统每年降低温度的价值为 $0.035 \times 17 \times 10^6 \times 8.6 = 5\ 117\ 000$ （元）。

9.5.7　教育、科研价值

近 3 年来，弄拉示范区已接待来自美国、加拿大、日本、法国、新加坡和全国各地考察团 1200 个共 26 万人（次）。弄拉作为中国地质科学院岩溶地质研究所的科研、教学基地已经运作了 10 年，不仅为国家培养了大批人才，而且其科研成果也硕果累累。因此，弄拉示范区生态系统有巨大的教育示范和科学研究价值。教育示范价值可用考察团成员从广西南宁至弄拉实际往返的乘车路费（90 元）和 3 年来平均的参观考察人数来计算。科学研究价值按岩溶地质研究所每年平均投入弄拉基地的科研费（80 万元）计算。即弄拉示范区生态系统每年的教育、科研价值：$260\ 000 \times 90/3 + 800\ 000 = 7\ 800\ 000 + 800\ 000 = 8\ 600\ 000$ （元）。

9.5.8　恢复重建后的生态系统各功能服务价值

弄拉生态系统自恢复重建以来，累计创造的价值为 9.81 亿元人民币，间接利用价值是直接利用价值的 19 倍。其中保护土壤，维持生物多样性及教育示范、科研价值分别达 3.13 亿、1.68 亿和 0.86 亿（表9-12）。喀斯特石山区的碳酸盐岩造壤能力低，水土流失严重，故生态系统在保护土壤中的作用十分突出。弄拉作为广西喀斯特石山区的一个农村小村落，其生态系统包含的巨大生态价值和社会文化价值，在广西乃至整个西南喀斯特山区石漠化日趋严重的今天，具有极其重要的推广示范作用。

生态系统服务价值的核算，无论从理论上还是从方法上都有待于深化。对退化生态系统恢复重建后价值的核算还为数不多，对于面积只有 17 km² ，自然条件又十分独特的喀斯特山区次生林的价值的核算也是第一次。本节的目的是给人们提供一种理念——尽管喀斯特山区生态环境十分恶劣，但其生态是可以重建的，恢复重建后的生态系统不仅能给人类带来林、果、药等直接产品价值，而且能创造更大的间接利用价值。

表 9-12　弄拉示范区生态系统服务价值

生态服务价值类型	服务年限 （年）	年服务价值 （美元/a）	总服务价值 （美元）	占总价值百分比 （%）
活立木价值	25	1 750 320	43 758 000	4.46
果品、药材价值	10	539 150	5 391 500	0.55
涵养水源价值	25	1 447 173	36 179 325	3.69
保护土壤价值	25	12 550 193	313 754 825	31.98
固定 CO_2 价值	25	3 602 862	90 071 550	9.18
O_2 释放价值	25	2 836 809	70 920 225	7.23
净化环境价值	25	4 627 057	115 676 425	11.79
维持生物多样性价值	25	6 715 000	167 875 000	17.12
卫生保健价值	10	5 117 000	51 170 000	5.22
教育示范、科研价值	10	8 600 000	86 000 000	8.77
总计	—	47 785 564	980 796 850	100.00

弄拉示范区生态重建服务价值的评价结果表明，示范区经过 25 年的生态恢复和近 2 年的生态建设取得了明显的成效。生态重建产生的年服务价值为 47 785 564 元，其中直接产品价值、涵养水源价值、保护土壤价值、固定 CO_2 价值、释放 O_2 价值、净化环境价值、维持生物多样性价值、卫生保健价值以及教育示范、科研价值分别为 2 289 470 元、1 447 173 元、12 550 193 元、3 602 862 元、2 836 809 元、4 627 057 元、6 715 000 元、5 117 000 元和 8 600 000 元。示范区保护土壤价值和教育示范、科研的价值最大，显示了恢复重建后的次生林、经济林生态系统在防止水土流失和科学研究上有巨大的功能。

9.6　都安石漠化区治理的生态服务价值评估对比

石漠化形成的影响因素不仅有来自于其脆弱的环境背景方面，也来自于人类不合理活动的直接和间接影响方面，是一个多因子综合作用的产物。土地利用的变化会导致各类生态系统类型、面积和空间位置的变化，这种变化直接影响生态系统所提供服务的大小和种类，使不同的生态系统有着不同的生态服务功能（张亮和胡宝清，2008）。对土地利用的变化和石漠化灾害等所导致的土地生态价值的损失进行估算，可部分反映土地利用变化对生态环境的影响，而生态环境的好坏则关系到石漠化发生的速率。根据服务价值单价表，结合土地利用的变化数据，我们对都安的土地生态系统的生态服务价值的损失进行计算，结果如表 9-13 所示。

从表 9-13 中可以看出，1988 年都安县生态系统服务价值是负值，为 − 531 952 824 元；而 1999 年为 − 1 225 919 257 元，也就是说，在 1988 ~ 1999 年这 11 年间，都安的生态系统服务价值损失平均为 − 693 966 433 元，损失幅度为 130.4%，是原来的 1 倍多，平均每年损失 − 63 087 857.55 元。

表 9-13　都安县生态价值损益

土地利用类型	1988 年		1999 年		生态损益值（亿元）
	土地面积（万 hm²）	生态价值（亿元）	土地面积（万 hm²）	生态价值（亿元）	
林地	13.55	10.03	9.56	7.08	-2.95
草地	3.51	0.98	2.78	0.77	-0.20
耕地	5.88	0.38	7.03	0.45	0.07
居民用地	0.72	-1.26	0.83	-1.45	-0.188
河流	0.47	2.38	0.47	2.38	0
未利用地	16.79	-17.82	20.26	-21.50	-3.68
合计	40.92	-5.32	40.92	-12.26	-6.94

　　在 6 种土地利用类型里面，林地的生态价值的损失是最大的，1988~1999 年的生态价值的损失达到了 2.95 亿元，也就是说，单是林地的损失，平均每年就达 1800 万元之巨。可见，毁林垦殖等对林地的破坏是如此巨大，导致林地的生态价值损失占所有损失的 42.5%。其次，草地也是石漠化破坏较大的土地利用类型，10 多年间损失达到 2000 多万元。在此期间，耕地增加 1.15 万 hm²，由此带来的生态服务价值仅增加了 739 万元，远远不能弥补林地和草地减少所造成的上亿元的巨大损失，而这种林地、草地的减少很大程度上是因为垦殖率的增加。因增加耕地面积、农业开发所造成的林地大面积减少是造成区域生态系统服务价值大幅度下降的主要因素。这是因为，随着人口的增多，人们对粮食的需求增大，不断地砍伐森林，开荒种地，这样，耕地的面积随之增加，其生态服务价值也随之增加；但林地草地的生态服务价值却大大减少。总之，土地垦殖率的过度增加会导致岩溶区的生态服务价值减少，以及生态环境的破坏和石漠化的发生。

第 10 章　广西石漠化区科学数据共享与决策支持平台

广西石漠化区科学数据共享平台与决策支持平台，以广西石漠化区域海量科学数据和网络体系为基础，以区域自然要素和人文社会经济要素为研究对象，综合运用空间数据组织信息传输、可视化表达、知识共享等相关理论与方法，采用最新技术，结合数据挖掘，构建一个支撑广西石漠化区可持续发展的资源、生态、环境与防灾减灾信息共享平台。提出该领域数据库组织、分类和构建流程的标准，建立信息共享功能服务体系标准。开展面向国民经济主战场的多目标石漠化演变机制和治理技术与模式资源环境空间信息服务示范工程，全面支撑区域资源环境数据共享与应用服务体系的建设，创建一个空间信息获取、处理与决策模式应用体系框架，实现区域资源环境空间信息资源的共享与社会化服务。

10.1　系统建设目标与内容

本系统以 ArcGIS 系列软件为基础，在资源环境数据库体系、网络体系的基础上，以网格技术和开放地理信息服务为支撑，采用资源环境空间数据库作为研究的基础数据源，对基于海量异构空间信息的资源环境信息进行分析，形成面向不同应用层次的决策支持系统，实现面向专业应用和社会化服务需求的一体化专业应用平台，实时监测分析石漠化区资源、生态、环境与防灾减灾的空间信息、分布特征与动态变化，为科学研究及管理提供广西石漠化区的资源、生态、环境与防灾减灾等重要基础数据与决策分析依据。其具体研究内容包括以下几个方面。

10.1.1　综合数据库平台建设

主要包括广西岩溶石漠化区的基础地理数据、专题背景数据、遥感影像数据、社会经济数据、野外调查观测数据、各种政策法规文件等。对已有的数据进行整合、改造，使之符合一致的数据规范及质量标准，并在现有条件下，对变化较大的数据进行更新；收集、输入新的数据资源，使之成为广西石漠化区资源环境开发、研究、分析和治理最权威、最完整的数据信息平台。

10.1.2　数据管理信息平台建设

建设管理复杂空间数据的软件平台，能够满足各种类型数据的处理、存储、管理、查询与可视化，达到对广西喀斯特生态环境信息"需要即得到"的快速服务的目的。

10.1.3　信息分发平台建设

建设喀斯特生态环境的各种信息发布与数据分发系统，达到"通过网络可获取任何所需要的信息"的目的。包括对内的通过远程系统对整个系统进行使用、维护与升级等；对外的信息资源发布、浏览，即用户通过外部网页访问系统，并实现对数据资源的离线与在线分发。

10.1.4　集成决策分析平台建设

在相关应用模型的支持下，通过同化各种不同类型的数据，输出决策所需要的数字产品或者模拟不同的环境、各种措施产生的不同结果，为喀斯特资源环境开发、保护与治理提供科学理论支持。

广西石漠化区科学数据共享与决策支持平台建设，除了上述科学数据共享平台，还包括石漠化科学研究、技术与示范、科学数据共享平台和决策支持系统 4 部分（表 10-1）。

表 10-1　广西石漠化区科学数据共享与决策支持平台内容构成

部分	分部分	内容
1 科学研究	1.1 理论研究	科学分类、时空演变、驱动机制、风险评估、预警系统、胁迫阈值、治理模式、优化决策
	1.2 研究方法	"3S" 技术、定位观测、系统分析、理化分析、野外考察
	1.3 技术规范	①石漠化综合治理初步设计技术规范；②石漠化治理模式效益评价技术规范
2 技术与示范	2.1 治理技术	①植被恢复与重建技术；②土地整理技术；③水土保持技术；④水资源开发技术；⑤种草养畜技术；⑥岩溶土壤改良技术；⑦洼地内涝防治技术；⑧生态产业培育技术；⑨能源开发（沼气）技术；⑩生物防治技术
	2.2 示范区建设	三只羊、白宝、七百弄、平果、弄拉、古周、驮堪
	2.3 治理模式	①峰丛洼地模式；②恭城模式（丘陵区）；③环江生态移民模式；④桂中模式（平原/盆地）；⑤天等模式（峰林谷地）；⑥忻城模式（地下河开发为主）
3 科学数据共享平台	3.1 综合数据库平台	①基础地理数据、专题背景数据、遥感影像数据、社会经济数据、野外调查观测数据、各种政策法规文件等；②基础数据、自然环境、经济社会、土地利用、自然资源、各种灾害、石漠化程度及治理等；③研究项目、研究成果、研究机构、研究队伍、文字报告、图片与多媒体资料、治理经验与教训总结
	3.2 数据管理信息平台	管理复杂空间数据的软件平台，能够满足各种类型数据的处理、存储、管理、查询与可视化
	3.3 信息分发平台	对内的通过远程系统对整个系统进行使用、维护与升级等，对外的信息资源发布、浏览，用户通过外部网页访问系统，并实现对数据资源的离线与在线分发
	3.4 集成决策分析平台	在相关应用模型的支持下，通过同化各种不同类型数据，输出决策所需要数字产品或者模拟不同的环境、各种措施产生的不同结果

续表

部分	分部分	内容
4 决策支持系统	4.1 模型库	①石漠化时空演变模型；②石漠化驱动机制模型；③经济社会贫困化评价模型；④生态系统脆弱性评价模型；⑤区域发展潜力评价模型；⑥治理模式效益评价模型；⑦生态服务功能价值评价模型；⑧治理模式优选模型
	4.2 方法库	①回归分析、聚类分析、非线性回归、地理统计、三维空间分析、随机过程、时间序列分析；②多元统计、数据挖掘、人工神经网络、元胞自动机、遗传算法、模糊算法等

10.2　功能需求分析与系统结构设计

10.2.1　系统建设的总体任务

以区域海量石漠化空间数据和网络体系为基础，研究建立区域石漠化空间信息共享体系的关键技术，开展面向县域经济主战场的多目标石漠化空间信息服务示范工程，全面支撑区域石漠化数据中心及信息共享与应用服务体系的建设。创建一个新型的空间信息应用体系框架，汇集空间信息资源，建立协同的空间信息应用环境，使空间信息资源得到有效配置和合理利用，实现基于广域网络的空间数据资源、空间信息资源和空间知识资源的全面共享；实现区域石漠化空间信息资源的共享与社会化服务；实现跨区域、跨平台信息提取（采用多元统计、地质统计学、非线性等多种数据挖掘技术），达到多专题信息、多区域数据的有效关联。

建设任务是：①建立分布式广西石漠化区石漠化多尺度科学数据库群，编制石漠化数据组织和信息提取的规范，实现空间数据的多源化和精准化；②创建广西石漠化区石漠化信息与知识共享平台，实现数据采集、检查、转换、处理、分析、显示的流程化，建立石漠化信息共享和处理规范标准；③建立资源、环境、灾害、生态、经济等多方面监测预警和决策支持系统，构建相关的模型库系统和专家决策系统，实现多维的石漠化演变机制与治理技术模式及决策支持。

10.2.2　功能需求分析

根据分布式科学数据共享平台的需求分析，每个数据中心的共享系统在横向功能上都分为两大部分，即用户服务功能体系和系统管理功能体系，分别对应于前台共享服务系统和后台管理系统。运用网络技术、GIS技术、数据库管理技术、数据挖掘技术、空间建模技术等实现跨区域、跨平台的数据获取、分发以及分析，为区域石漠化综合整治提供在线决策支持。

10.2.2.1　一般门户网站服务功能

基于GIS的广西石漠化区科学数据共享与决策支持平台，提供了一般门户网站的常用功能，主要有以下功能。

1）信息的浏览、分发、检索功能。可了解相关的工作动态、国内外重要环境会议、有关石漠化问题的理论方法、治理技术与治理模式、示范区建设的动态与成果等。还可以通过论坛方式实现用户之间，以及与相关领域专家的交流。

2）用户、信息管理功能。可按级别对不同的用户给予相应的权限，对用户浏览、获取相关资料进行限制。对过期的信息要及时清除，及时更新信息，对用户的上传与留言进行审查。

10.2.2.2　专业服务功能

基于 WebGIS 与智能模型库，提供了一般门户网站都具备的功能。

1）GIS 的在线服务功能。提供了 WebGIS 的基本地图功能，如地图的放大、缩小、漫游、属性查询、定位；常用的空间分析功能主要有缓冲区分析，专题图显示与生成，长度、面积测算等功能。

2）决策支持功能。通过后台服务器的智能决策支持系统，用户可以就石漠化的一般性与专业综合性问题进行分析，主要支持内容有石漠化科学分类、时空演变与驱动机制、分异格局、石漠化灾害风险评估与预测预警、石漠化演变机制的胁迫阈值、生态系统脆弱性评价、经济社会贫困化评价、石漠化治理模型效益评价、生态服务功能价值评估、石漠化治理模式优选决策以及石漠化治理技术集成及治理模式优化决策等功能。平台的基本功能模块框架如图 10-1 所示。

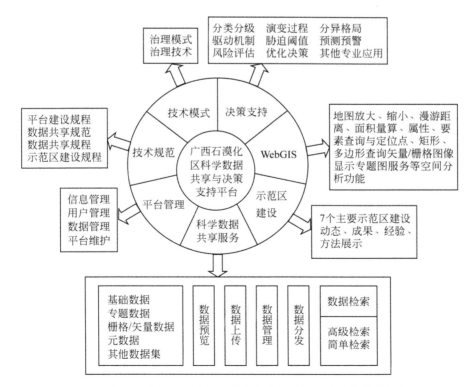

图 10-1　广西石漠化区科学数据共享与决策支持平台功能模块框架图

10.2.3 系统总体设计

随着 Web 技术、组件技术、分布式系统等技术的发展，近几年出现了 Web 服务技术。将 Web 服务应用于 GIS，可以使传统的地理信息系统由独立的 C/S 结构或 B/S 结构，实现到基于 Web 服务体系的 GIS 的跨越（图 10-2），该系统采用的正是这一体系。

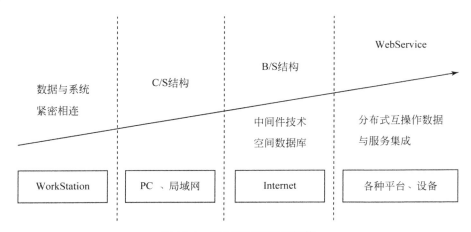

图 10-2　GIS 服务网络化趋势

Web 服务实现平台的细节与业务调用程序无关，Web 服务器不必关心使用它的是哪类客户，各种可以连入 Internet 网络的外部设备，都有可能使用发布的服务。

Web 服务的特点总结起来有以下几点。

1）低廉的部署成本、高可维护性。主要功能组件部署在服务器端，用户端只要拥有浏览器就可使用服务，有效降低了部署成本。维护、升级工作只要在服务器端进行，也降低了管理的难度。这样扩宽了 GIS 的应用领域和服务范围，使更多的人可以使用优质的空间信息服务。

2）信息服务的高时效性。通过网络发布的信息可及时地传递至各个客户端，客户之间以及与管理人员的交流也变得更加便捷。

3）良好的封装性。Web 服务是部署在网络上的对象，具备组件对象的良好封装性。对象的服务者与请求者之间是一组调用接口，这种机制使对象组件具有良好的封装性，提高了软件的集成能力与维护。

4）跨平台、跨语言。建立在通用、标准协议之上的构架体系，使服务可以运用于各种平台。在编程语言上，各种计算机语言，无论是 Java，还是 C#、C ++、Visual Basic 都可以实现 Web 编程。

5）分布性。Web 服务实现者与调用者分布在网络上的各处，可以实现资源的跨域共享与调用。对于一个应用系统来说，需要的多个服务可以分布在不同的多个服务器来执行，提高了系统处理事务的速率与容量。

10.2.4　系统功能设计

为使系统容易扩充、维护，在各子系统功能设计时应当遵循结构化和模块化的设计原则。

10.2.4.1　结构化设计原则

结构化设计原则，就是把系统设计成由相对独立、功能单一的模块组成的层次结构。主要有 3 个要点。

1）系统性：就是在功能结构设计时，全面考虑各方面情况。不仅考虑重要的部分，也要兼顾考虑次重要的部分；不仅考虑当前亟待开发的部分，也要兼顾考虑今后扩展的部分。

2）自顶向下分解：将系统分解为子系统，各子系统功能总和为上层系统的总的功能；再将子系统分解为功能模块，下层功能模块实现上层的模块功能。这种从上往下进行功能分层的过程就是由抽象到具体，由复杂到简单的过程。

3）层次性：上面的分解是按层分解的，同一个层次是同样由抽象到具体的程度。各层具有可比性。在划分时要避免同一层次功能差距过大。

10.2.4.2　模块化设计原则

其基本思想是将系统设计成由各相对独立、单一功能的模块组成的结构。模块之间的联系及相互影响尽可能减少模块间的调用关系和数据交换关系。每个模块功能简单明确，易于修改，模块大小适中。从而简化研制工作，防止错误蔓延，提高系统的可靠性。模块结构整体上具有较高的正确性、可理解性与可维护性。

10.2.4.3　各功能模块的设计

（1）基本功能模块

包括了一般性门户网站常用的功能，主要有信息的发布、浏览、检索以及用户、信息管理功能。通过网页浏览，使用者可了解相关的工作动态、国内外重要环境会议、有关石漠化问题的理论方法、治理技术与治理模式、示范区建设的动态与成果等。还可以通过论坛方式实现用户之间，以及与相关领域专家的交流。针对海量空间信息，在界面布局紧凑的同时要保持信息的简洁明了。

（2）平台管理子系统

负责对平台进行信息管理、用户管理、数据管理和平台维护。及时更新信息、数据，删除不良信息与过时数据；对用户的身份、留言进行审核，并进行相关授权；对平台进行更新与升级。

（3）科学数据共享服务子系统

1）数据管理子系统。区域拥有大量的不同类型和格式的数据，为了对这些数据进行有效的管理，系统为每一类数据设计了相应的元数据表结构。大致可分为元数据索引表结构、地图元数据表结构、遥感影像元数据表结构、文档元数据表结构等。该系统利用 ArcSDE 来存储空间数据，利用 SQL Server 来存储非空间数据。在研究区域地理信息系统数据库中，遥感影像数据以 ArcSDE 的 Raster Datasets 栅格数据集存储，矢量数据以 ArcSDE 的 Feature Class 要素类存储，它们的元数据分别存储在遥感影像元数据、地图元数据表中；文档数据则直接以二进制格式存储在文档元数据表中。对以上数据需提供数据的编辑、添加、删除等功能。

2）数据分发子系统。海量地理空间数据是研究工作者的劳动成果，部分数据还涉及保密信息，因此必须对数据进行一定的加密，实现数据的分类分级，让拥有不同级别的用户接触到相应的数据。

3）数据共享发布子系统。除发布本研究机构的数据信息之外，提供一个数据共享发布的平台，允许其他研究机构将研究成果上传至中心服务器，或者在共享平台上发布数据的相关介绍，并且提供数据获取的相关链接或联系方式。

4）WebGIS 子系统。GIS 平台是管理空间信息的最佳工具。该系统是采用 ESRI 公司的 ArcServer 软件，通过二次开发提供给用户地图的在线操作功能，如地图的放大、缩小、漫游，距离，面积量算，属性、要素查询与定位，点、矩形、多边形查询，矢量/栅格图像显示、专题图显示与生成、基本的空间分析等功能。

5）决策支持子系统。在提供大量准确、翔实数据的基础上，用户更希望方便地得出专业应用的决策支持。为此平台首先通过建立智能模型库系统，然后在智能模型库系统的支持下实现诸如分类分级、演变过程、分异格局、驱动机制、胁迫阈值、预测预警、风险评估、优化决策等相关问题的决策支持。

10.2.5 系统界面设计

系统界面设计包括如何让用户有一个美观的系统控制前台，使得界面既有专业性，又有良好的视觉搭配/色彩效果和高效的用户体验，让用户印象深刻。设计包括网站制作，各种处理操作的图形界面向导，操作部分和地图显示界面的搭配，UI 设计等一系列代码和模板的实现（图 10-3）。

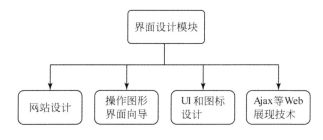

图 10-3　系统界面设计关键技术

该系统门户网站已经运行，如图 10-4 所示。

广西石漠化区科学数据共享与决策支持平台
Guangxi Rocky Scientific DataSharing And Decision Support Platform

| 首页 | 理论方法 | 科学数据 | 技术规范 | 决策支持 | WebGIS | 科研团队 |

今天是：　2010年8月10日星期二

用户登录

用户名：
密　码：
验证码：
有效性：　不保存

登陆 ●　　　　注册 ●

综合数据库
» 基础地理数据
» 专题背景数据
» 遥感影像数据
» 社会经济数据
» 野外调查数据库
» 各种政策法规文件

最新更新数据集
» 广西林木蓄积量统计表
» 广西岩溶区贫困人口分布图
» 平果县果化镇石漠化分布图
» 凤山县江州水土流失表
» 凌云县国债退耕还林表
» 广西石漠化面积统计表
» 广西各县石漠化面积 >> 更多

推荐数据集
» 广西各等级石漠化面积统计表
» 广西各县石漠化面积
» 广西岩溶区内涝分布表
桂西部分岩溶县有效灌溉面积比
» 广西历代水灾统计表
» 广西岩溶地貌类型与内涝区分布图
» 广西岩溶内涝分布图 >> 更多

决策模型库
» 石漠化时空演变模型
» 石漠化驱动机制模型
» 经济社会贫困化评价模型
» 生态系统脆弱性评价模型
» 区域发展潜力模型
» 治理模式效益评价模型
» 生态服务功能价值评价模型
» 治理模式优选模型

方法库
» 回归分析
» 聚类分析
» 非线性回归
» 生态系统脆弱性评价模型
» 时间序列分析
» 人工神经网络
» 元胞自动机
» 遗传算法

动态新闻　研究进展　重大科学计划及会议

3月初，广西师范学院石漠化研究小组专家一行，来到石漠化程度严重的河池毛南族自治县实地考察当地石漠化现状，了解相关工程进展，就石漠化给造成的问题，实地询问了当地民众。

在掌握实地资料的基础上，专家们将制定符合当地实际的石漠化治理策略 <详细>

元数据检索　　　　<<搜索>>　　　高级搜索

区域综合数据

自然环境基础专题库
主要包括1989年以来，广西石漠化区的气候、水文、干旱区、内涝区、农资产品适应分区等数据
气候状况 | 水文状况 | 干旱区 | 内涝区 | 农林适应分布区

自然资源专题库
包含土地利用、耕地保有量与质量、岩溶水、植被覆盖状况、土壤类型分布、矿产资源分布于利用状况等
土地利用 | 耕地 | 岩溶水 | 植被 | 土壤 | 矿产资源

社会经济专题库
包括1989年以来人口分布、人均GIS构成数据、城镇化情况、各地区经济发展状况、各地区主要经济构成情况、喀斯特名优特产品等。

调查整理数据

野外调查观测数据集
都安瑶族自治县土地利用实测数据、天等石漠化现状调查表、环江县土地退耕还林状况、邕江水污染实测数据集
都安土地利用 | 天等石漠化 | 环江退耕 | 邕江水污染

各种政策文件
石漠化初设标准、石漠化治理模式效益评价技术规范、数据共享使用规定等
石漠化初设 | 石漠化治理模式效益评价技术规范 | 数据共享使用规定

示范区建设
通过示范和试验，取得石山生态重建的实效，并带动当地居民脱贫致富；为整个西南岩溶石山区的生态重建，广大农民稳定脱贫致富，山区人民生活水平的提高，岩溶石山脆弱环境抗御灾害能力的提高，农业发展后劲的增强，资源、生态、经济、社会的和谐统一，以及经济、社会和生态环境的可持续发展提供科学依据和成功的样板。

三只羊　　白宝　　七百弄　　平果

弄拉　　古周　　驮堪

治理模式
» 恭城模式（丘陵区）
» 环江生态移民模式
» 贵重模式（平原/盆地）
» 天等模式（峰丛洼地）
» 忻城模式（地下河开发）
» 峰丛洼地模式

治理技术
» 植被恢复与重建技术
» 土地整理技术
» 水土保持技术
» 水资源开发技术
» 种草养畜技术
» 岩溶土壤改良技术
» 洼地内涝防治技术
» 生态产业培育技术
» 生物防治技术
» 能源开发（沼气）技术

工作动态
中国岩溶环境的脆弱性及综合防治研讨会
岩溶生态系统环境及灾害治理分组研讨
西南石漠化风险评估会议
>> 更多

相关链接
中国科学院科学数据库
地球系统科学数据共享平台
南方喀斯特石漠化专业数据库
黄土高原生态环境数据库
资源环境遥感数据库
人地关系主题数据库
中国生态系统与生态功能区划数据库

广西师范学院
（桂ICP备05000947号）

版权所有 @ 广西师范学院 地址：南宁市明秀东路175号
邮编530001　南宁市燕子岭路4号

图 10-4　系统门户网站界面

10.3 关 键 技 术

10.3.1 GIS 应用组件 ArcGIS Engine

ArcGIS Engine 是用于构建定制应用的一个完整的嵌入式的 GIS 组件库。利用 ArcGIS Engine，开发者能将 ArcGIS 功能集成到一些应用软件中。ArcGIS Engine 开发包包括 3 个关键部分：控件，工具条和工具，对象库。前两项是用来开发图形界面的。目前该项目主要使用的是 ArcEngine 的对象库，进行一系列空间分析操作以和专业分析模块结合。对象库是可编程 ArcEngine 组件的集合，包括几何图形到制图、GIS 数据源和 geodatabase 等一系列库。在 Windows，UNIX 和 Linux 平台的开发环境下使用这些库，程序员可以开发出从低级到高级的各种定制的应用。对开发者来说，这些 ArcEngine 库支持所有的 ArcGIS 功能，并且可以通过大多数通用的开发环境来访问（如 Visual Basic 6，Delphi，C ++ ，Java，VisualBasic .NET和 C#)。

10.3.2 网络发布组件 ArcGIS Server

ArcGIS Server 是一个用于构建集中管理、支持多用户的企业级 GIS 应用平台。ArcGIS Server 提供了丰富的 GIS 功能，如地图、定位器和用在中央服务器应用中的软件对象。

开发者使用 ArcGIS Server 可以构建 Web 应用、Web 服务以及其他运行在标准的 .NET 和 J2EE Web 服务器上的企业应用，如 EJB。ArcGIS Server 也可以通过桌面应用以 B/S（Client/Server）的模式访问。ArcGIS Server 的管理由 ArcGIS Desktop 负责，后者可以通过局域网或 Internet 来访问 ArcGIS Server。

ArcGIS Server 包含两个主要部件：GIS 服务器和 .NET 与 Java 的 Web 应用开发框架（ADF）。GIS 服务器 ArcEngine 对象的宿主，供 Web 应用和企业应用使用。它包含核心的 ArcEngine 库，并为 ArcEngine 能在一个集中的、共享的服务器中运行提供一个灵活的环境。ADF 允许用户使用运行在 GIS 服务器上的 ArcEngine 来构建和部署 .NET 或 Java 的桌面和 Web 应用。

10.3.3 数据访问组件 ArcSDE

对空间数据的管理职责是由 GIS 软件和常规 DBMS 软件共同承担的。某些空间数据的管理功能，如磁盘存储、属性类型定义、查询处理，以及多用户事务处理等，是由 DBMS 来完成的。GIS 软件负责为特定的 DBMS 提供各种地理数据的表达。该系统使用的 ArcSDE 是业务逻辑与关系数据库之间的数据通道。它允许用户在多种数据管理系统中管理地理信息，是多用户 GIS 系统的一个关键部件，用于高效地存储、索引和访问维护在 DBMS 中的矢量、栅格、元数据及其他空间数据。它为 DBMS 提供了一个开放的接口，允许用户在多种数据库平台上管理地理信息。这些平台包括 Oracle，Oracle with Spatial/Locator，Microsoft SQL Server，IBM DB2 和 Informix。ArcSDE 是基于多层体系结构的应用和存储。数据的存储和提取由存储层（DBMS）实现，而高端的数据整合和数据处理功能由应用层（业务逻辑）提供。ArcSDE 同时能保证所有的 GIS 功能可用，而无需考虑底层的 DBMS。使用 ArcSDE，用户在 DBMS 中即可有效管理他们的地理数据资源。ArcSDE 使用 DBMS 支持的数据类型，以表格的形式管理底层的空间数据存储，并可使用 SQL 在 DBMS 中访问这些数据，同时它也提供了开放的客户端开发接口（C API 和 Java API），通过这些接口，用户定制的应用程序也可以灵活访问底层的空间数据表。这种灵活性意味着一个开放、可伸缩的解决方案，给开发者更多的选择以及更好的互操作性。

10.3.4　Net 技术

在 .NET 环境下使用远程处理框架结合 ADO .NET数据访问模型来开发分布式系统，方便地解决不同环境下数据的通信问题。另外，C#通过 ADO .NET访问数据库，使得对数据库的操作及管理变得更加高效、可靠。一般来说，实现数据和命令的远程传递有 3 种方式。第一种是使用报文或消息的方式，把要传送的数据转化为流格式，再通过套接字编程用报文的形式发送到远程主机。此种方法麻烦，不易实现。第二种是使用 Web Service，即各远程主机提供一个数据库查询服务的 Web Service。这种方式只能对单个场地进行查询，无法实现多场地的联合查询。第三种是使用 .NET 远程处理框架（.NET Remoting Framework）技术，它将远程调用的技术细节隐藏起来，服务程序只需通过简单的设置就可以把本地对象变成为远程提供服务的远程对象，客户端可以像访问本地对象一样透明地访问远程对象，所有的消息、报文等都交给 .NET Remoting 对象处理，大大简化了开发。

通过以上两种技术的使用，有效地解决了开发分布式系统常遇到的数据一致性、数据远程传递的实现、通信开销的降低等问题，而且大大减轻了系统开发工作量，并且提高了系统的可靠性和安全性。

10.3.5　面向 Web 服务系统架构

在交互式地理信息服务上，服务系统只是作为一个支撑平台，信息的消费和提供都由用户来完成。用户不再单纯享受信息，还会不断丰富石漠化信息内容和创建空间信息服务应用，并且用户之间会通过自组织的方式形成网状互联的各种组织和主题。

交互式地理信息服务不仅从系统的数据保证以及时间效率上给人们信息服务带来巨大的推动作用，而且提供了许多改进的服务方式。首先，交互式地理信息服务提供了具有多分辨率、三维等特点的虚拟浏览界面，操作方式生动而自然，使决策者具有身临其境的感觉。其次，交互式地理信息服务是高度网络化的地理信息世界，人们可以随时随地通过有线、无线通信设施，用计算机上网得到所需信息。再者，交互式地理信息服务多源信息的集成和显示机制，可以实现在数字地球框架下的多信息融合，并进一步实现智能化的网络虚拟分析，为决策分析服务。最后，交互式地理信息服务还提供了一个交互式的虚拟环境。

10.4　科学数据共享服务功能实现

科学数据共享服务是"广西石漠化区数字化"建设的核心部分，以科学的组织管理手段和先进的技术框架体系为支撑，指导了异构分布式科学信息共享平台构建中涉及的数据资源、软硬件和网络资源等各方面的设计、建设和配置，使得科学信息共享平台各应用部分有机整合，实现资源最优配置，以及数据应用处理、模型及知识等多层次资源的高度共享、功能复用和分布式对象间的互操作。为了确保该平台的基础性和公用性，平台参照国际、国家、地方和行业的有关标准，建立了统一的标准和共同遵守的管理和服务流程规范，使公用性、基础性的数据库以及在此之上构建的公用信息服务和数据交换接口能为石漠化研究各部门及社会各行各业所接受和使用。主要的标准和规范有：空间数据库设计标准、数据质量检验标准、元数据（数据库元数据、服务元数据）标准、数据交换格式标准、Web 服务共享标准、数据访问接口标准、管理和服务流程规范等。

10.4.1　石漠化区科学数据共享的迫切性

喀斯特石漠化是指在亚热带喀斯特地域环境背景下，受人类不合理活动的驱动，引起土壤严重侵蚀、基岩大面积裸露、土地生产力急剧下降、地表出现类似荒漠景观的土地退化过程（王世杰等，2003）。区域的可持续发展需要科学的规划与决策，而石漠化数据库系统，是科学管理的信息基础。以往喀斯特石漠化综合防治规划中，首先，常常存在资料纸张化、工具陈旧化、决策经验化等不足，以定性分析较多，定量化和空间化研究不足，在 GIS 支持下定量模拟石漠化过程的计算较少，缺乏对已有信息的准确把握，造成规划的可靠度降低，工程部署时不能及时反映出当地生态经济特点；其次，喀斯特山区进行生态重建缺乏充分的科学依据和基础数据，迫切需要认识这个特殊地域内生态系统的受损过程、受损程度和机理；再次，目前西南喀斯特石漠化治理，多局限于石山造林树种选择和造林技术的研究，以及一些经验的总结，这些模式的科学性、合理性没有得到认可，适用的地区和范围也不明确，多数模式所需要的配套技术还不成熟，尚未有一套比较成熟的系统理论依据作指导。如何利用新思路、新手段与新方法准确、客观而有效地防治石漠化灾害与维护喀斯特生态环境健康安全，是跨学科的重大课题之一（廖赤眉等，2009）。该系统以广西石漠化区为对象，以地理信息系统技术和遥感技术作为支撑，建立广西石漠化数据库信息系统，实现对全省资源、环境以及社会经济数据的存储管理，使得这些数据成为决策的信息依据，协调各部门的工作，使社会各界更加清晰地认识到石漠化相关工作的进展。

10.4.2　数据库建设规范

系统涉及的数据很多，包括基础地理数据、基础背景数据、专题数据、元数据及其他数据。主要的数据源来自遥感影像、实测数据和统计数据。大致分为空间数据和属性数据、影像及其他数据。

10.4.2.1　数据库设计目标

石漠化信息系统建设以区域可持续发展为目标，有效集成全省基础地理数据、专题数据、遥感数据和属性数据，建立一个长期的、稳定的石漠化数据管理平台，使内部业务人员能够对数据进行管理以及对石漠化问题进行分析、评价和预测，对外部提供数据交流与共享。

10.4.2.2　数据库设计原则

数据库的设计依据数据特征、类型和用途以及相关国家标准和行业标准，并考虑系统空间数据及空间数据与非空间数据关联的问题，并遵从一般的关系数据库范式，制定如下原则。

1）采用面向对象技术进行数据库设计，明确实体（类）和非实体（类）及关联类，遵循数据库设计的 3 个标准范式。建模采用 UML 语言，具体是 Class Diagram（类图）表示。

2）遵循数据库设计的相关技术规范，数据库的设计要以数据库系统的整体性和可扩展性为首要原则。

3）通过建立重要实体之间的时间变化关系表，解决重要实体历史数据的保存问题。空间数据库的设计要进行规范化处理，减少数据冗余，确保数据的一致性。

4）要处理好集中式与分布式数据库的设计问题，部分基础（共用）数据采用分布式数据库来提高远程系统的访问效率。

5）要建立规范详尽的元数据和数据字典。

10.4.2.3　数学基础

1）投影参考系。石漠化数据库中地理底图采用"1980 年西安坐标系"和"1985 国家高程基准"。使用"高斯－克吕格投影"作为地图的投影方式，其中，1:2000 标准分幅图按 1.5° 分带（可任意选择中央子午线），1:5000、1:10 000 标准分幅图按 3° 分带，1:50 000 标准分幅图按 6° 分带。

2）分幅和编号。采用国家基本比例尺地形图的分幅和编号，具体参见《国家基本比例尺地形图分幅和编号》。

3）数据组织。在横向上，数据要组织成逻辑上无缝的一个整体。在纵向上，各种数据要在空间坐标定位的基础上进行相互叠加和套合。在物理存储上，可以把连续的实体分离到不同的存储空间和存储单元中进行存储。

10.4.2.4　数据库结构设计

系统数据库建设的主要功能是提供对石漠化数据有效的管理和应用。广西石漠化信息系统数据库主要包括 5 类数据：基础地理数据、基础背景数据、专题数据、其他数据和元数据（图 10-5）。具体内容如下。

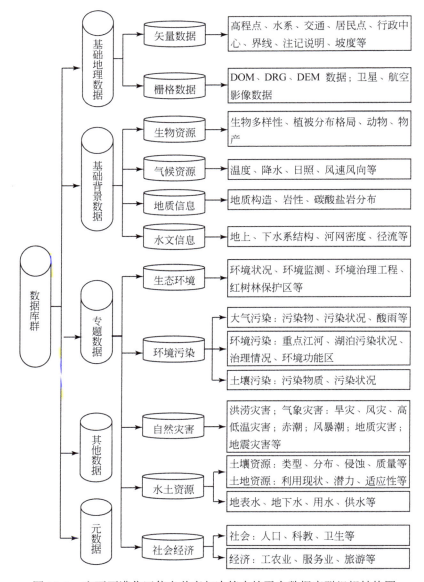

图 10-5　广西石漠化区信息共享与决策支持平台数据库群组织结构图

1) 基础地理数据。基础地理数据库是公用平台建设的空间背景数据，在公用平台空间数据库的建设上分为 1:50 万、1:25 万、1:5 万、1:2.5 万、1:1 万等多个等级，从数据格式上可分为矢量数据库和栅格影像数据库两大类。

1:25 万或 1:5 万矢量数据库：高程点、水系、交通、居民地、行政中心、境界线等；

栅格影像数据库：栅格数据库的建设包括 DOM、DRG、DEM 数据，以 1:25、1:5 万为主，部分区域 1:1 万甚至更高；卫星、航空影像数据等。

2) 基础背景数据。基础背景数据库是除基础地理数据以外的相关背景数据，是对基础地理数据的重要补充。主要包括生物资源、气候资源数据、地质信息、水文信息等数据集。

3）专题数据。根据内容，专题系列划分为生态环境、环境污染、自然灾害、水土资源、社会经济系列数据库。

4）其他数据。除了以上数据之外的相关北部湾数据信息都集中统一存在于该库，如政府相关报告、新闻、影像资料、档案等信息。

5）元数据。元数据是关于数据的数据。在地理空间数据中，元数据是说明数据内容、质量、状况和其他有关特征的背景信息，可用于数据文档建立、数据发布、数据浏览、数据转换等。根据地理空间信息系统应用特点，元数据库建设应针对基础数据平台包含的空间信息基础资料，建立详细的数据背景、内容、质量、状态等档案资料，元数据的动态维护与基础数据的动态维护保持同步。元数据库建设内容可包括元数据内容定义、元数据动态维护机制、元数据发布规则 3 个方面。

10.4.3　科学数据集成与共享

10.4.3.1　分布式石漠化信息平台

石漠化信息具备空间分布性、复杂性、分析性、时效性、多源性等特点，随着信息化技术在环境保护领域的逐步应用，积累了大量的环境信息数据。在当前空间信息的实际应用中遇到了下述发展瓶颈：①空间信息资源分散独立建设；②空间信息标准不统一；③技术系统不统一。该系统利用先进的信息整合平台，整合原有的基础设施，建立一个统一的数据平台和共享服务体系，更好地为各级部门信息化建设服务。这样既保护了原有投资，又平稳地实现了环境信息应用的深化和扩充。

10.4.3.2　Service GIS 平台的架构

Service GIS 是一种基于面向服务软件工程方法的 GIS 技术体系，它支持按照一定规范把 GIS 的全部功能以服务的方式发布出来，可以跨平台、跨网络、跨语言地被多种客户端调用，并具备服务聚合能力，以集成来自其他服务器发布的 GIS 服务（何津，2010）。

石漠化信息共享与服务平台从内容上可以划分为"两个平台、两个体系、一个网站"。两个平台是指数据仓库管理平台和应用服务平台，两个体系是标准规范体系和运行管理规范体系，一个网站是服务共享门户网站（图 10-6）。

10.4.3.3　数据仓库管理平台

数据仓库管理平台主要用于数据存储和数据管理。该系统主要完成对数据库内容的浏览、查询、入库、数据交换、数据库权限分配、数据库的备份与恢复、数据挖掘等功能。该石漠化服务共享平台的数据内容总体上可以分为基础空间库、专业基础库、专业数据库、综合数据库以及其他数据库 5 类数据内容。

1）基础空间库主要管理从 1∶250 000 到 1∶50 000，1∶10 000 的各种比例尺的基础地理信息数据和各种分辨率的遥感影像数据。

2）专业基础库主要管理各种污染源、环境质量监测站位、环境区划数据库等公共基

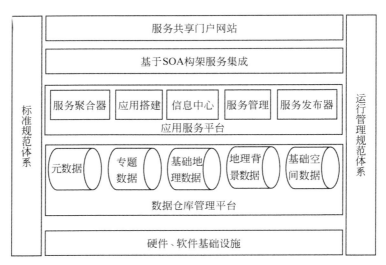

图 10-6　科学数据共享与决策支持平台体系结构

础性的环境专题地理信息。

3）专业数据库主要管理如环境监测的实时数据之类的环境业务数据，以非空间信息为主。

4）综合数据库主要存储在各种数据之上进行进一步的分析、挖掘而形成的各种统计分析信息，主要满足各类分析和辅助决策应用。

5）其他数据库包括各类法规、政策等文档数据和人员、组织等辅助数据。

10.4.3.4　服务协议栈体系

为了确保环境空间信息共享与服务平台的基础性和公用性，必须参照国际、国家、地方和行业的有关标准，建立统一的标准和共同遵守的管理和服务流程规范，使公用性、基础性的数据库以及在此之上构建的公用信息服务和数据交换接口能为环保厅各部门及社会各行各业所接受和使用。主要的标准和规范有：空间数据库设计标准、数据质量检验标准、元数据（数据库元数据、服务元数据）标准、数据交换格式标准、Web 服务共享标准、数据访问接口标准、管理和服务流程规范等。

10.4.3.5　应用服务平台

应用服务平台是各类环境数据服务和共享的核心平台，该平台在数据仓库管理平台的基础之上提供基于 Service GIS 的服务共享功能。

应用服务平台共享的数据来源：①直接通过空间数据库引擎访问存储于信息中心数据库系统中的各类数据；②通过应用服务平台中的"服务聚合器"整合和集成来自其他异构平台的数据。

应用服务平台进行"服务"和"共享"主要通过应用服务平台的"服务发布器"来实现，该"服务发布器"主要提供两种类型的服务共享：①地图数据，②空间分析和石漠化模型处理功能。地图数据服务的发布主要是通过 OGC 的 WMS、WFS 协议来实现。GIS

功能服务的发布主要是基于 OGC 的 WPS 等协议来实现。这两种服务形式的后台技术实质上都是通过 Web Service 的方式来实现的，可以基于 SOA 的架构来实现与其他专题应用系统的偶合。

10.4.3.6　服务共享门户网站

服务共享门户网站可以让用户浏览、查询服务共享平台的数据、服务和标准规范。门户网站主要由服务目录浏览查询系统、空间数据和石漠化专题数据浏览查询系统、服务申请与授权系统、自助式数据下载系统以及常规网站的功能组成。

服务目录浏览查询系统是门户网站的最重要的一个功能，它提供了数据内容目录、服务内容目录和标准规范目录的浏览、查询和检索功能。在数据目录中通过点击目录节点可以调用 WebGIS 系统来预览数据，在服务目录中点击目录节点可以查询服务的功能、服务接口说明和使用方法申请流程等内容，标准规范目录中点击目录节点可以直接浏览标准规范的内容。

网站提供单点登录功能。用户根据所赋予的权限对网站进行访问。网站提供各种服务目录浏览与检索，包括数据服务目录、地图发布服务目录、功能发布服务目录和数据的浏览和查询，此外还提供自助式数据下载功能。网站重点提供一些专题应用，包括专题地图浏览、专题数据查询、专题统计数据浏览、专题相关资料浏览、时效性专题的动态信息滚动、专题的 GIS 分析功能、专题的打印输出和数据导出等。

10.5　模型库构建与决策支持功能实现

决策支持子系统功能的实现是建立在相关模型库基础之上的，而目前常用的模型库系统中，模型的粒度比较大，一般是针对特定的应用领域专门开发，模型的共享性和灵活性都很差。并且通常基于静态函数库的模型系统可扩充性较差，难以在应用系统开发完毕后增加新的模型。当面对一个新的问题时，我们就必须对系统进行较大的修改甚至重新开发，这无疑是一个费时、费力的工作。

针对以上问题，我们吸取了软件工程中组件的思想，并应用接口技术，首先建立一个相对完整的方法库，生成动态链接文件，在此基础上形成解决常用问题的基础模型库；然后运用模型组合技术组成粒度更大的综合模型库。并且针对一些简单问题我们开发了一个公式编辑器来生成简单模型。当需要新的模型时我们只要运用后台的建模系统组合模型，然后放入模型接口文件夹中即可被模型库所识别。

10.5.1　方法库建设

关键算法独立于其他组件进行设计，这不仅可满足不同问题的需求，还能比较使用不同的方法解决同一个问题的效果；另外也可以使一个方法服务于不同的问题，发挥其最大效应。在这个系统中我们选用了区域常用的一些统计、优化、仿真、预警等算法。主要有以下几个方面。

10.5.1.1 主成分分析

主成分分析是将多个变量通过线性变换以选出较少个数重要变量的一种多元统计分析方法，又称为主分量分析。在实际课题中，为了全面分析问题，往往提出很多与此有关的变量（或因素），因为每个变量都在不同程度上反映这个课题的某些信息。但是，在用统计分析方法研究这个多变量的课题时，变量个数太多就会增加课题的复杂性，人们自然希望变量个数较少而得到的信息较多。在很多情形下，变量之间是有一定的相关关系的，当两个变量之间有一定相关关系时，可以解释为这两个变量反映此课题的信息有一定的重叠。主成分分析是对于原先提出的所有变量，建立尽可能少的新变量，使得这些新变量是两两不相关的，而且这些新变量在反映课题的信息方面尽可能保持原有的信息。

10.5.1.2 回归分析

回归分析是确定两种或两种以上变数间相互依赖的定量关系的一种统计分析方法，运用十分广泛。回归分析按照涉及的自变量的多少，可分为一元回归分析和多元回归分析；按照自变量和因变量之间的关系类型，可分为线性回归分析和非线性回归分析。如果在回归分析中，只包括一个自变量和一个因变量，且二者的关系可用一条直线近似表示，这种回归分析称为一元线性回归分析。如果回归分析中包括两个或两个以上的自变量，且因变量和自变量之间是线性关系，则称为多元线性回归分析。

10.5.1.3 时间序列分析

时间序列是按时间顺序的一组数字序列。时间序列分析就是利用这组数列，应用数理统计方法加以处理，以预测未来事物的发展。时间序列分析是定量预测方法之一，它的基本原理：一是承认事物发展的延续性。应用过去数据，就能推测事物的发展趋势。二是考虑到事物发展的随机性。任何事物发展都可能受偶然因素影响，为此要利用统计分析中加权平均法对历史数据进行处理。该方法简单易行，便于掌握，但准确性差，一般只适用于短期预测。时间序列预测一般反映3种实际变化规律：趋势变化、周期性变化和随机性变化。

时间序列分析是根据系统观测得到的时间序列数据，通过曲线拟合和参数估计来建立数学模型的理论和方法。它一般采用曲线拟合和参数估计方法（如非线性最小二乘法）进行。时间序列分析常用在国民经济宏观控制、区域综合发展规划、企业经营管理、市场潜量预测、气象预报、水文预报、地震前兆预报、农作物病虫灾害预报、环境污染控制、生态平衡、天文学和海洋学等方面（梅红，2005）。

10.5.1.4 聚类分析

聚类分析是指将物理或抽象对象的集合分组成为由类似的对象组成的多个类的分析过程。它是一种重要的人类行为。聚类分析的目标就是在相似的基础上收集数据来分类。聚类源于很多领域，包括数学、计算机科学、统计学、生物学和经济学。在不同的应用领域，很多聚类技术都得到了发展，这些技术方法被用作描述数据，衡量不同数据源间的相似性，以及把数据源分类到不同的簇中。

10.5.1.5　马尔可夫预测法

对事件的全面预测，不仅要能够指出事件发生的各种可能结果，而且还必须给出每一种结果出现的概率，说明预测的事件在预测期内出现每一种结果的可能性程度。这就是对于事件发生的概率预测。

马尔可夫预测法，就是一种预测事件发生的概率的方法。它是基于马尔可夫链，根据事件的目前状况预测其将来各个时刻（或时期）变动状况的一种预测方法。马尔可夫预测法是对地理事件进行预测的基本方法，它是地理预测中常用的重要方法之一（冯利华，2003）。

10.5.1.6　趋势面分析

趋势面分析，是利用数学曲线模拟地理系统要素在空间上的分布及变化趋势的一种数学方法。它实际上是通过回归分析原理，运用最小二乘法拟合一个二维非线性函数，模拟地理要素在空间上的分布规律，展示地理要素在地域空间上的变化趋势。趋势面分析方法常常被用来模拟资源、环境、人口及经济要素在空间上的分布规律，在空间分析方面具有重要的运用。

10.5.1.7　AHP 决策分析

美国运筹学家 T. L. Saaty 于 20 世纪 70 年代提出的 AHP 决策分析法，是一种定性与定量相结合的决策分析方法。它是一种将决策者对负责系统的决策思维过程模型化、数量化的过程。运用这种方法，决策者通过将复杂问题分解为若干层次和若干因素，在各因素之间进行简单的比较和计算，就可以得出不同方案的重要性程度的权重，为最佳方案的选择提供依据。这种方法的特点是：①思路简单明了，它将决策者的思维过程条理化、数量化，便于计算，容易被人们所接受；②所需要的定量化数据较少，但对问题的本质、问题所涉及的因素及其内在关系分析得比较透彻、清楚。AHP 决策分析法，常常被运用于多目标、多准则、多因素、多层次的非结构化的复杂地理决策问题的研究，特别是战略问题的研究，具有十分广泛的实用性。

10.5.1.8　灰色关联分析

对于两个系统之间的因素，其随时间或不同对象而变化的关联性大小的量度，称为关联度。在系统发展过程中，若两个因素变化的趋势具有一致性，即同步变化程度较高，可谓二者关联程度较高；反之，则较低。因此，灰色关联分析方法，是根据因素之间发展趋势的相似或相异程度，亦即"灰色关联度"，来衡量因素间关联程度的一种方法。

灰色系统理论提出了对各子系统进行灰色关联度分析的概念，意图透过一定的方法，去寻求系统中各子系统（或因素）之间的数值关系。因此，灰色关联度分析为一个系统发展变化态势提供了量化的度量，非常适合动态历程分析。

10.5.1.9　控制论方法

控制论是自 20 世纪 40 年代以来形成的一门新兴学科。它是在数学、计算机、通信技术、物理学、生物学、社会学、行为学等各门学科相互渗透、高度综合的基础上形成的。如果说各门学科是从各个不同的方面研究不同客体所共有的控制规律，而这些客体可能分属于各种不同的学科门类，控制论的特点是对不同的客体之间进行类比，并广泛地运用数学方法，具有跨学科和普遍适用的性质。

10.5.1.10　分形理论

分形是以非整数维形式充填空间的形态特征。分形可以说是来自于一种思维上的理论存在。1973 年，曼德勃罗（B. B. Mandelbrot）在法兰西学院讲课时，首次提出了分维和分形几何的设想。分形（fractal）一词，是曼德勃罗创造出来的，其原意具有不规则、支离破碎等意义，分形几何学是一门以非规则几何形态为研究对象的几何学。由于不规则现象在自然界是普遍存在的，因此分形几何又称为描述大自然的几何学。分形几何建立以后，很快就引起了许多学科的关注，这是由于它不仅在理论上，而且在实用上都具有重要价值。分形的特点是整体与局部具有自相似特性，而全息则是整体的特征包含在局部之中，每一个局部都可以上升为相似性的整体，所以，分形可以看做是全息的一部分。

10.5.1.11　小波分析

小波（wavelet）这一术语，顾名思义，"小波"就是小的波形。所谓"小"是指它具有衰减性；而称之为"波"则是指它的波动性，其振幅正负相间的震荡形式。与 Fourier 变换相比，小波变换是时间（空间）频率的局部化分析，它通过伸缩平移运算对信号（函数）逐步进行多尺度细化，最终达到高频处时间细分，低频处频率细分，能自动适应时频信号分析的要求，从而可聚焦到信号的任意细节，解决了 Fourier 变换的困难问题，成为继 Fourier 变换以来在科学方法上的重大突破。有人把小波变换称为"数学显微镜"。

小波分析是当前应用数学和工程学科中一个迅速发展的新领域，经过近 10 年的探索研究，重要的数学形式化体系已经建立，理论基础更加扎实。与 Fourier 变换相比，小波变换是空间（时间）和频率的局部变换，因而能有效地从信号中提取信息。通过伸缩和平移等运算功能可对函数或信号进行多尺度的细化分析，解决了 Fourier 变换不能解决的许多困难问题。小波变换联系了应用数学、物理学、计算机科学、信号与信息处理、图像处理、地震勘探等多个学科。数学家认为，小波分析是一个新的数学分支，它是泛函分析、Fourier 分析、样调分析、数值分析的完美结晶；信号和信息处理专家认为，小波分析是时间尺度分析和多分辨分析的一种新技术，它在信号分析、语音合成、图像识别、计算机视觉、数据压缩、地震勘探、大气与海洋波分析等方面的研究都取得了有科学意义和应用价值的成果（孔兰等，2008）。

10.5.1.12　遗传算法

遗传算法（genetic algorithm）是一类借鉴生物界的进化规律（适者生存，优胜劣汰遗传机制）演化而来的随机化搜索方法。它是由美国的 J. Holland 教授于 1975 年首先提出的，其主要特点是直接对结构对象进行操作，不存在求导和函数连续性的限定；具有内在的隐并行性和更好的全局寻优能力；采用概率化的寻优方法，能自动获取和指导优化的搜索空间，自适应地调整搜索方向，不需要确定的规则。遗传算法的这些性质，已被人们广泛地应用于组合优化、机器学习、信号处理、自适应控制和人工生命等领域。它是现代有关智能计算中的关键技术。

10.5.1.13　元胞自动机

元胞自动机（cellular automaton，复数为 cellular automata，CA，也有人译为细胞自动机、点格自动机、分子自动机或单元自动机）是一种时间和空间都离散的动力系统。散布在规则格网（lattice grid）中的每一元胞（Cell）取有限的离散状态，遵循同样的作用规则，依据确定的局部规则作同步更新。大量元胞通过简单的相互作用而构成动态系统的演化。元胞自动机作为一种通用的时空动态模型，已成为城市增长、扩散和土地利用演化、土地利用情景模拟等方面的研究热点。

10.5.1.14　人工神经网络

人工神经网络模型（artificial neural network，ANN）可形成输入层—隐含层—输出层系统。系统运用目前 ANN 模型中应用最广泛的 BP 模型（back-propagation network，BP）进行广西喀斯特土地可持续利用评价。BP 模型是一种有导出的误差逆传播的学习过程，信息从输入层经隐含层处理后传向输出层，如果在输出层得不到期望的输出，则输出层的希望输出与实际输出之间的误差信号反向传播，由输出层经隐含层逐层修正连接权，使得误差信号最小。基于 ANN 的喀斯特土地可持续利用评价的基本思想是：选取具有代表性网格单元指标数据作为神经网络的学习样本，经网络学习记忆后，利用其相似输入产生相似输出的联想推理功能，以及"内插"的联想推理功能，将样本数据输入训练好的 BP 模型，再与规定的评价标准数据相比较，即可确定喀斯特土地可持续利用等级。

10.5.1.15　模糊算法

传统 GIS 数据模型反映不了地理世界的连续性。以模糊集理论为基础，依据地理实体在时、空、属三域的物理性质和 GIS 数据模型，提出了隶属度归一性。隶属度归一性是适用于多维 GIS 数据模型的一个基本性质，传统模糊集理论中的"交"算子与"并"算子不能满足隶属度归一性，因此，在 GIS 中有必要引入新的"叠加算子"。

10.5.1.16　密切值法

密切值法是多目标决策中的一种优选方法，其基本思想是：将多指标转化为一个能综合反映问题的单指标，以单指标的最大或最小值为评价的"最优点"或"最劣点"，求出评价点距"最优点"或"最劣点"的距离，据此对决策目标的优劣进行排序，从而达到优化选择的目的。

10.5.2　模型库建设

模型库建设将组件思想引入到模型的设计与实现中，模型主要以 DLL 二进制文件的形式存在，通过接口实现模型之间、模型与数据之间的信息传递，模型与系统的集成，从而使系统具有健全的可扩充性与易维护性。

模型库建设采用开放式原则，在建立丰富基础模型库与方法库的基础上，首先建立操作简单可嵌入式的图形化建模子系统，利用积木式模型化建模工具，实现"有限算法，无限模型创建"的可能（图10-7）。针对具体的应用，首先确定要解决的具体问题，然后通过分析问题，找出其中用到的各种最优算法、模型，找出处理问题的一般技术路线。然后在建立常用算法库与模型库的基础上，通过上述算法与模型的有序组合，进而形成粒度更大的有针对性的新模型，新的模型亦可组成更加复杂的综合应用模型，经验证后的新模型可以添加进入模型库。

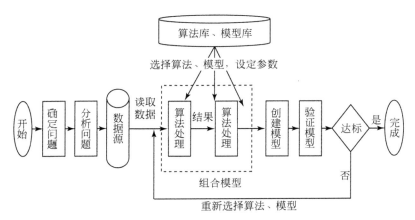

图10-7 积木式综合模型搭建技术流程示意图

10.5.2.1 基础模型库建设

基础模型库是针对各种专业领域的一些常用、通用解决问题的方法而开发的模型，主要针对的问题有分类分级—演变过程—分异格局—驱动机制—胁迫阈值—预测预警—风险评估—优化决策等。方便用户用模块化的模型方法快速地得出最优的分析结果。

10.5.2.2 综合模型库建设

综合模型库建设采用开放式原则，在建立丰富基础模型库与方法库的基础上，首先建立操作简单可嵌入式的图形化建模子系统，利用积木式模型化建模工具，实现"有限算法，无限模型创建"的可能。在此基础上，针对具体用途的组合模型库及组合机制，建立专门的处理特定领域问题及复杂的综合性问题的模型类库。

10.5.2.3 模型库的结构功能

北部湾智能模型库基于网格环境中执行，采用基于协同/融合的模型组合技术，完成复杂的任务通过多个不同的服务模型组合来进行。系统由模型管理服务、模型访问接口、模型组合服务、工作流引擎和模型目录服务5部分构成。系统总体结构如图10-8所示。

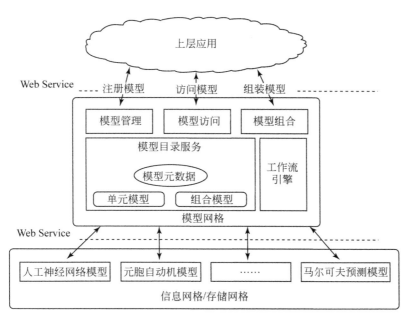

图 10-8　模型库系统架构

1）模型管理服务。模型管理服务以 WEB 服务的方式为用户提供注册、修改、删除模型的接口，并监控各模型源的工作状态，屏蔽工作不正常的模型。同时模型管理服务与信息安全系统结合实现模型资源的访问控制和模型资源不同范围内的共享。

2）模型访问接口。模型访问接口模块以 WEB 服务的方式为用户访问分布式模型提供了统一的接口。模块提供分类浏览模型、检索模型、访问模型描述信息和模型服务调用等接口。模型服务调用分为单元模型调用、组合模型调用和单元模型库下载 3 种情况。

3）模型组合服务。模型组合服务模块负责将现有的单元模型按某种工作流程（串行、并行、循环等）进行组合，包装为新的组合模型。本模块提供图形化模型组装工具和可编程的应用程序接口来对组合模型的工作流进行定义，以满足用户对复杂任务处理需求。

4）工作流引擎。工作流引擎会将抽象的"工作流定义"映射到分布式资源上，形成可执行模式，并对整个工作流程进行监控和管理。工作流引擎会根据"工作流定义"自动完成分布式模型集群间的协同与合作。

5）模型目录服务。模型目录服务是模型网格的核心服务，负责统一管理分布式模型，包括单元模型和组合模型。其为模型提供全局命名服务，并维护模型的元数据。元数据包括模型的类型、访问参数、服务访问点以及组合模型的工作流定义等信息。

10.5.3　决策支持

10.5.3.1　科学分类

科学是人类认识客观世界与改造客观世界的经验总结与研究成果。由于客观世界的奥秘无穷无尽，人类对客观世界的认识运动和改造实践也就永无止境，这不仅表现为科学的知识量——"在最普通的情况下，科学也是按几何级数发展的"，而且表现为科学分类体系的结构，即发展到一定历史阶段时，也要产生变革。科学分类体系是把众多的科学门类，按照一定的哲学思想，根据其所反映的客观世界各个领域、各类现象、各种物质的矛盾运动进行分门别类的排列组合，使其形成相互区别又彼此联系的整体。科学结构则揭示这一整体的内部规律及其相互作用。

10.5.3.2 风险评估

研究建立石漠化指标体系的基本原则，确定了影响石漠化风险的若干个方面（一级评估指标）和因素（二级评估指标）。确定了建立指标体系的基本原则和石漠化风险因素指标体系中各评估指标在相应风险等级上的评判标准。解决如何对石漠化进行风险评估的方法学模式，为石漠化风险评估提供了基本思路。

10.5.3.3 预测预警系统

通过数学模拟、计算机处理、专家调查等定性和定量分析的方法对石漠化的参数和指标进行评价、测度、监视、预期和报告，通过一系列微观和宏观指标及其复合指数判断石漠化状态，预测石漠化走向。

10.5.3.4 优化决策

区域喀斯特石漠化治理模式决策支持系统将从广西的角度，为石漠化系统构造一个统一的立体的信息集成系统。在这个系统内，以石漠化空间信息为主线，嵌入其他各类信息。在区域喀斯特石漠化治理模式决策支持系统中，各种信息相互关联、叠加和相互作用，可以将石漠化信息以数字化的形式一目了然地呈现在人们面前，为石漠化治理提供科学决策。

10.5.3.5 胁迫阈值

胁迫阈值法为石漠化研究提供了新视角与新方法。研究喀斯特石漠化程度演变的胁迫阈值，以数学拟合方法建立胁迫阈值模型，然后求取胁迫阈值，通过分析胁迫阈值揭示石漠化程度演变的规律，有利于人们把握石漠化发展变化的规律，为喀斯特石漠化有效的治理规划与科学防范提供理论参考。

10.5.3.6 分异格局

利用因子分析与聚类分析等方法建立综合模型，对石漠化各因子的自然分布做出地域划分，这样可直观地看出各影响因子在时空分布上的规律。

10.5.3.7 演变过程

喀斯特石漠化的发生、发展有自身的客观规律和一定的必然性，石漠化治理是一个长期的过程。石漠化与森林覆盖率、水土流失面积等有一定的联系，通过分析找出现今石漠化发展的趋势，利用 CA、神经网络等方法模型，演算出石漠化在未来一定时期内的演变趋势，为石漠化的治理提供科学决策。

10.5.3.8　驱动机制

在基于 RS 和 GIS 技术的喀斯特石漠化程度分级与驱动因子分析的基础上，利用因子分析和回归分析等方法，分析导致石漠化的影响因子，建立喀斯特石漠化动力指数模型。然后根据石漠化驱动因子的综合得分将石漠化的驱动指数也划分等级，并绘制喀斯特石漠化的驱动力综合指数图。

10.6　平台建立方案与应用

开发方案的优劣直接影响到系统开发和系统性能，因此系统开发方案严格按照当今主流软件系统开发方法，即以面向对象的开发方法，以目标需求为中心，构造开发模型；以组件方式进行系统集成；并且在开发过程中以 GIS 的基本原理作为指导思想，从数据的采集、录入、处理、分析到输出，利用成熟的 GIS 软件平台和组件技术，开发出具有图形和文字的可视化查询、统计和空间分析功能的信息系统。

10.6.1　建立方案

本系统考虑到对项目需求的分析难以一次完成，拟采用以快速原型法（rapid prototyping）为主进行软件开发和设计。首先构造一个功能简单的原型系统，然后通过对原型系统的逐步求精，不断扩大完善得到最终的软件系统（图 10-9）。

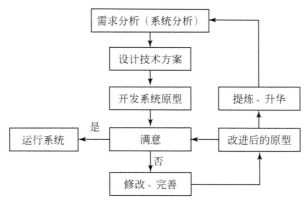

图 10-9　系统开发方案

建立石漠化科学数据共享与决策平台，是一个较为庞大的系统工程，整个工程可分成 3 部分：基础数据库和属性数据库的建立、大型基础数据库的建立和若干业务管理子系统的构建。其建设方案包括如下内容。

10.6.1.1　信息模型驱动的系统开发与应用

系统的开发将采用 UML 作为可视化建模语言，建立系统的 UML 可视化模型，以便全局和整体把握系统的需求，并实现基于 UML 模型的系统需求、分析、设计、实现（正、反向工程）和测试的标准化、规范化和成果文档化。充分利用系统开发各阶段的成果，UML 模型将贯穿于系统开发的整体生命周期（王讯，2007）。

10.6.1.2　CBD 技术与 WebServices 模式的充分应用

系统基于面向对象的建模方法和 Window DNA 倡导的 3 层体系结构进行设计。编程实现在面向对象技术基础上，采用组件（component based development）开发技术，将底层模块封装为应用组件，通过应用组件的组合搭建系统，以实现软件模块的重用和软件的共享。应用组件的实现主要采用 Microsoft 公司 COM +/DCOM 组件，而 GIS 应用系统的开发也是基于组件技术实施的，采用组件式 GIS 平台 ArcEngin、ArcServer 地理信息系统做应用平台进行开发。

10.6.1.3　以关系数据库为中心的数据管理模式

测绘业务管理信息系统涉及各种类型的数据，系统采用关系数据库管理结构化数据与非结构化数据，实现系统数据集成存储、网络共享、分布式处理。为了实现关系数据库统一管理系统数据，同时考虑海量数据管理和性能的问题，系统选用大型数据库 SQL Server 作为数据库管理系统，并解决空间数据与非空间数据的管理问题。

10.6.2　开发工具的选择

10.6.2.1　GIS 工具

主要选择 ESRI 公司的 ArcEngine9.3、ArcServer 9.3 和 ArcSDE，这几种产品具有各自的特点，通过组合开发构造最佳组合方案：第一，ArcEngine 是独立的嵌入式组件，不依赖 ArcGISDesktop 桌面平台，直接安装 ArcEngine Runtime 和 DeveloperKit 后，即可利用其在不同开发语言环境下进行后台开发与部署。第二，ArcGIS Server 是 ESRI 公司最新推出的服务器终端产品，主要可以实现两大功能：①强大的 Web GIS 系统的开发；②分布式 GIS 系统的开发。第三，ArcSDE 即数据通路，是 ArcGIS 的空间数据引擎，它是在关系数据库管理系统（RDBMS）中存储和管理多用户空间数据库的通路。从空间数据管理的角度看，ArcSDE 是一个连续的空间数据模型，借助这一空间数据模型，可以实现用 RDBMS 管理空间数据库。在 RDBMS 中融入空间数据后，ArcSDE 可以提供对空间和非空间数据进行高效率操作的数据库服务。ArcSDE 采用的是客户/服务器体系结构，所以众多用户可以同时访问和操作同一数据。ArcSDE 还提供了应用程序接口，软件开发人员可将空间数据检索和分析功能集成到自己的应用工程中去。

10.6.2.2　网站开发工具

门户网站是信息发布、反馈的主要平台，在网站开发方面，主流工具一般选用 Adobe 公司的网页产品，即 Dreamweaver、Fireworks、Photoshop 和 Flash。Dreamweaver 是美国 MACROMEDIA 公司开发的集网页制作和管理网站于一身的所见即所得网页编辑器，它是第一套针对专业网页设计师特别发展的视觉化网页开发工具，利用它可以轻而易举地制作出跨越平台限制和跨越浏览器限制的充满动感的网页。Fireworks 与 Photoshop 是 Adobe 推出的网页作图软件，软件可以加速 Web 设计与开发，是创建与优化 Web 图像和快速构建网站与 Web 界面原型的理想工具。Flash 是一种创作工具，设计人员和开发人员可使用它来创建演示文稿、应用程序和其他允许用户交互的内容。Flash 可以包含简单的动画、视频内容、复杂演示文稿和应用程序以及介于它们之间的任何内容。通常，使用 Flash 创作的各个内容单元称为应用程序，即使它们可能只是很简单的动画。您也可以通过添加图片、声音、视频和特殊效果，构建包含丰富媒体的 Flash 应用程序。

10.6.2.3　集成开发环境与数据库

集成开发环境选用 Visual Studio .NET平台，开发语言选用专门为此平台定制的 C#语言。.NET 是 Microsoft XML Web services 平台。XML Web services 允许应用程序通过 Internet 进行通信和共享数据，而不管所采用的是哪种操作系统、设备或编程语言。

C#（C Sharp）是微软（Microsoft）为.NET Framework 量身定做的程序语言，C#拥有C/C++的强大功能以及 Visual Basic 简易使用的特性，是第一个组件导向（Component-oriented）的程序语言，和 C++与 Java 一样也是对象导向（object-oriented）程序语言。

数据库工具使用 Sql Server 2005，SqlServer 2005 是可缩放、高性能的关系型数据库管理系统，它可以与 WindowsNT 集成在一起，并允许集中管理服务器，提供企业级的数据复制，提供平行的体系结构。此外，还支持超大型数据库，并可以与 OLE 对象紧密集成。SqlServer2005 所提供的工具使客户端能通过多种方法访问服务器上的数据，这些工具的核心部分即是 Transact-SQL（事务 SQL）代码。Transact-SQL 是结构化查询语言（SQL）的增强版本，它提供了许多附加的功能和函数。利用 Transact-SQL，可以创建数据库设备、数据库和其他数据对象，从数据库中提取数据、修改数据，也可以动态地改变 SqlServer2000 的设置。因此，使用 Transact-SQL 大大地提高了应用程序的实用性。

参 考 文 献

安树青，林向阳，洪必恭 . 1996. 宝华山主要植被类型土壤种子库初探 . 植物生态学报，20（1）：41-50.

北京林学院 . 1981. 造林学 . 北京：中国林业出版社 .

曹建华，潘根兴，袁道先等 . 2005. 岩溶地区土壤溶解有机碳的季节动态及环境效应 . 生态环境，14（2）：224-229.

曹建华，王福星，何师意等 . 1995. 广西弄岗自然保护区碳酸盐岩岩面内生地衣保水性岩溶意义 . 地球科学，16（4）：419-431.

曹建华，袁道先，潘根兴 . 2001. 岩溶动力系统中生物作用机制 . 地学前缘，8（1）：203-209.

柴宗新 . 1989. 试论广西岩溶区的土壤侵蚀 . 山地研究，7（4）：255-260.

陈国潮，何振立 . 1998. 红壤不同利用方式下的微生物量研究 . 土壤通报，29（6）：276-278.

陈荣府，沈仁芳 . 2004. 水稻铝毒害与耐性机制及铝毒害的缓解作用 . 土壤，5：26-36.

但新球，喻甦，吴协保 . 2004. 关于石漠化地区退耕还林工程若干问题的探讨 . 中南林业调查规划，23（3）：7，8.

邓坤枚，石培礼，谢高地 . 2002. 长江上游森林生态系统水源涵养量与价值的研究 . 资源科学，24（6）：68-73.

董全 . 1999. 生态公益：自然生态过程对人类的贡献 . 应用生态学报，10（2）：233-240.

冯利华 . 2003. 应用灰色聚类分析作降水趋势预报的探讨 . 地域研究与开发，（1）：10-13.

冯正波，庄平，张超等 . 2004. 野生杜鹃花迁地保护适应性评价 . 云南植物研究，26（5）：497-506.

高华端 . 1999. 乌江流域岩溶宜林石质山地立地因子研究 . 山地农业生物学报，4：209-215.

光耀华 . 2000. 广西岩溶地区水资源开发利用问题 . 中国岩溶，19（3）：251-259.

光耀华 . 2001. 广西岩溶地区水资源可持续开发利用战略研究 . 红水河，19（2）：1-8.

光耀华，郭纯青 . 2001. 岩溶浸没内涝灾害研究 . 桂林：广西师范大学出版社 .

广西地质矿务局 . 1994. 广西壮族自治区区域水文地质工程式地质志 . 南宁：广西地质印刷厂 .

广西壮族自治区地方志编纂委员会 . 2000. 广西通志·岩溶志 . 南宁：广西人民出版社 .

广西壮族自治区气候中心 . 2007. 广西气候 . 北京：气象出版社 .

广西壮族自治区统计局 . 2005. 广西统计年鉴 . 北京：中国统计出版社 .

郭伦发，王新贵，何金详等 . 2005. 广西岩溶峰丛洼地生态果园的建设及其效应 . 亚热带农业研究，1（1）：53-57.

郭杏妹，吴宏海，罗媚等 . 2007. 红壤酸化过程中铁铝氧化物矿物形态变化及其环境意义 . 岩石矿物学杂志，26（6）：515-521.

郭中伟，李典谟，甘雅玲 . 2001. 森林生态系统生物多样性的遥感评估 . 生态学报，21（8）：1369-1384.

国家林业局 . 2007. 岩溶地区石漠化状况公报 . http：//www. gov. cn/ztzl/fszs/content_650610. htm ［2010-05-15］.

国家统计局 . 1992. 中国统计年鉴 . 北京：中国统计出版社 .

韩新辉，杨改河，徐丽萍等 . 2008. 黄土高原林（草）生态工程作用机理及模型验证 . 西北农林科技大学学报（自然科学版），36（7）：118-126.

韩昭庆.2006.雍正王朝在贵州的开发对贵州石漠化的影响.复旦学报(社会科学版),2：120-126.

何津.2010.SOA架构在电子政务GIS平台中的应用研究.科技创新导报,(7)：13,14.

何师意,冉景丞,袁道先等.2001.不同岩溶环境系统的水文和生态效应研究.地球学报,3（22）：265-270.

胡宝清.2009.广西地理.北京：北京师范大学出版社.

胡宝清,陈振宇,饶映雪.2008.西南喀斯特地区农村特色生态经济模式探讨——以广西都安瑶族自治县为例.山地学报,26（6）：684-691.

胡宝清,黄秋燕,廖赤眉.2004.基于GIS与RS的喀斯特石漠化与土壤类型的空间相关性分析.水土保持通报,(5)：122-130.

胡宝清,任东明.1998.广西石山区可持续发展的综合评价I.指标体系和评价方法.山地研究,16（2）：136-139.

胡宝清,王世杰.2008.基于3S技术的区域喀斯特石漠化过程、机制及风险评估——以广西都安为例.北京：科学出版社.

胡衡生,吴欢,黄励.2001.广西石漠化的成因及可持续发展对策.广西师院学报(自然科学版),18（4）：1-4.

胡业翠,刘彦随,吴佩林.2008.广西喀斯特山区土地石漠化：态势,成因与治理.农业工程学报,24（6）：96.

黄乘伟.2001.中国反贫困：理论方法战略.北京：中国财政经济出版社.

贾桂康.2005.广西外来物种紫茎泽兰、飞机草的入侵生态学特征研究.桂林：广西师范大学.

贾海江,唐赛春,李先琨等.2008.三叶鬼针草对岩溶木本植物任豆和香椿的化感作用.广西科学,15（4）：436-440.

姜雄飞,吴玉明.2006.广西县域经济增长的地区差异分析.经济研究,(3)：17-20.

蒋忠诚.1999.岩溶动力系统中的元素迁移.地理学报,54（5）：438-444.

蒋忠诚,曹建华,杨德生等.2008.西南岩溶石漠化区水土流失现状与综合防治对策.中国水土保持科学,6（1）：37-42.

蒋忠诚,李先琨,曾馥平等.2007.岩溶峰丛洼地生态重建.北京：地质出版社.

蒋忠诚,裴建国,夏日元等.2010.我国"十一五"期间的岩溶研究进展与重要活动.中国岩溶,29（4）：349-354.

蒋忠诚,王瑞江,裴建国等.2001.我国南方表层岩溶带及其对岩溶水的调蓄功能.中国岩溶,20（2）：106-109.

蒋忠诚,夏日元,时坚等.2006.西南岩溶地下水资源开发利用效应与潜力分析.地球学报,27（5）：495-502.

蒋忠诚,袁道先.2003.西南岩溶区的石漠化及其综合治理综述//中国地质调查局.中国岩溶地下水与石漠化研究论文集.南宁：广西科学技术出版社.

焦居仁.2002.水利技术标准汇编·水土保持卷.北京：中国水利水电出版社.

孔兰,梁虹,黄法苏等.2008.基于喀斯特流域径流量多时间尺度小波分析.人民长江,(5)：17,18.

劳文科,蒋忠诚,时坚.2003.洛塔表层岩溶带水文地质特征及其水文地质结构类型.中国岩溶,22（4）：258-266.

李恩香,蒋忠诚,曹建华.2004.广西弄拉岩溶植被不同演替阶段的主要土壤因子及溶蚀率对比研究.生态学报,24（6）：1131-1139.

李洁维,蒋桥生,龚弘娟等.2008.翠冠梨在广西岩溶丘陵山区的引种栽培试验.中国果树,(2)：20-23.

李洁维，蒋桥生，唐凤鸾等．2006．广西岩溶山区栽培果树生态适应性初步研究．广西农业科学，37（2）：176-180．

李久生，张建君，薛克宗．2003．滴灌施肥灌溉原理与应用．北京：中国农业科学技术出版社．

李璘．2008．退耕还林工程后续政策研究．北京：北京林业大学．

李璘，王立群．2007．关于我国退耕还林工程的几点思考．林业经济，8：30-33．

李瑞波．2008．生物腐殖酸与生态农业．北京：化学工业出版社．

李秀彬．1999．中国近20年来耕地面积的变化及其政策启示．自然资源学报，4：329-333．

李阳兵．2002．西南岩溶山地生态脆弱性研究．中国岩溶，21（1）：25-29．

李章平．2003．培育生态产业体系的目标内容途径．山区开发，（5）：11．

廖赤眉，胡宝清，苏广实等．2009．喀斯特石漠化区植被演替过程中土壤质量研究——以广西都安澄江小流域为例．安徽农业科学，（35）：17626-17629．

林春蕊，陈秋霞，潘玉梅等．2008．飞机草水提液对任豆种子萌发和幼苗生长的影响．林业科技，33（5）：13-17．

林金良，李邦模，李发林等．2002．红龙果高产栽培技术．南宁：广西科学技术出版社．

刘济明．1997．贵州中部喀斯特植被种子库初步研究//朱守谦．喀斯特森林生态研究（II）．贵阳：贵州科学技术出版社．

刘济明．2000．茂兰喀斯特森林中华蚊母树群落土壤种子库动态初探．植物生态学报，24（3）：366-374．

刘守龙，肖和艾，童成立等．2003．亚热带稻田土壤微生物生物量碳、氮、磷状况及其对施肥的反应特点．农业现代化研究，24（4）：278-282．

刘勋鑫，肖润林，王翠红等．2008．桂西北果园土壤剖面的铝形态分级研究．水土保持应用技术，（3）：1，2．

刘彦随，邓旭升，胡叶翠．2006．广西喀斯特山区土地石漠化与扶贫开发探析．山地学报．24（2）：228-233．

龙健，李娟，邓奇琼等．2006．贵州喀斯特山区石漠化土壤理化性质及分形特征研究．土壤通报，4：13-17．

吕仕洪，李先琨，陆树华等．2006．广西岩溶乡土树种育苗及造林研究．广西科学，13（3）：236-240．

吕仕洪，陆树华，李先琨等．2005．广西平果县石漠化地区立地划分与生态恢复试验初报．中国岩溶，24（3）：196-201．

罗为群，蒋忠诚，韩清延等．2008．岩溶峰丛洼地不同地貌部位土壤分布及其侵蚀特点．中国水土保持，12：46-49．

罗为群，蒋忠诚，覃小群．2005．广西平果龙何屯景观生态型土地整理模式探讨．广西师范大学学报（自然科学版），23（2）：98-102．

罗为群，蒋忠诚，赵草著等．2009．亚硫酸法糖厂滤泥改良石灰土试验研究．农业现代化研究，30（2）：248-252．

罗在明．2000．21世纪初广西矿产资源勘查及矿业可持续发展战略研究．南宁：广西人民出版社．

梅红．2005．基于稳健估计的时序分析方法在变形监测中的应用．南京：河海大学．

欧阳志云，王效科，苗鸿．1999．中国陆地生态系统服务功能及其生态经济价值的初步研究．生态学报，19（5）：607-613．

裴建国，李庆松．2001．生态环境破坏对岩溶洼地内涝的影响——以马山古寨乡为例．中国岩溶，20（4）：297-301．

彭少麟，陆宏芳．2003．恢复生态学焦点问题．生态学报，23（7）：1249-1257．

区智，李先琨，吕仕洪等．2003．桂西南岩溶植被演替过程中的植物多样性．广西科学，1：65-69．

沈思，陈泉，孙红湘．2003．中国科技贡献率的测度和预测．长安大学学报（自然科学版），23（4）：108-110．

沈有信，江洁，陈胜国等．2004．滇东南岩溶山地退化植被土壤种子库的储量与组成．植物生态学报，28（1）：101-106．

沈有信，张平，蔡光丽．2003．滇东喀斯特山地土壤种子及其分布特征．山地学报，21（6）：707-711．

苏宗明，李先琨．2003．广西岩溶植被类型及其分类系统．广西植物，23（4）：289-293．

苏宗明，赵天林，黄庆昌．1988．弄岗自然保护区植被调查报告．广西植物，（增刊一）：185-214．

覃尚民，陈乐榜，蒙金甫．1982．石山绿化优良树种——任豆树．广西林业科学，1：22-27．

覃小群，蒋忠诚．2005．广西岩溶县的生态环境脆弱性评价．地球与环境，33（2）：45-51．

唐建生，吕仕洪，何成新等．2007．桂中岩溶干旱区综合治理技术开发与示范．北京：地质出版社．

唐赛春，吕仕洪，何成新等．2008a．广西的外来入侵植物．广西植物，28（6）：775-779．

唐赛春，吕仕洪，何成新等．2008b．外来入侵植物银胶菊在广西的分布与危害．广西植物，28（2）：197-200．

童立强，丁富海．2003．西南岩溶石山地区石漠化遥感调查研究//中国地质调查局．中国岩溶地下水与石漠化研究论文集．南宁：广西科学技术出版社．

涂俊，吴贵生．2006．三重螺旋模型及其在我国的应用初探．科研管理，5（3）：77-82．

汪洪．1997．土壤镁研究的现状和展望．土壤肥料，（1）：9-13．

王德滋．1975．光性矿物学．上海：上海科学技术出版社．

王改改，傅瓦利，魏朝富等．2008．消落带土壤铁的形态变化及其对有效磷的影响．土壤通报，（1）：66-70．

王洪芬．2000．计量地理学概论．济南：山东教育出版社．

王佳玉．2003．河池市概况．南宁：广西民族出版社．

王金建，崔培学，刘霞．2005．小流域水土保持生态修复区森林枯落物的持水性能．中国水土保持科学，3（1）：48-52．

王清印．1990．灰色系统理论的数学方法及应用．成都：西南交通大学出版社．

王世杰．1999．贵州反贫困系统工程．南宁：广西人民出版社．

王世杰．2002．喀斯特石漠化概念演绎及其科学内涵的探讨．中国岩溶，21（2）：101-105．

王世杰，李阳兵，李瑞玲．2003．喀斯特石漠化的形成背景、演化与治理．第四纪研究，（6）：657-666．

王世杰，欧阳自远，刘秀明．2006．贵州岩溶地区土层的物质来源、成土过程、年代学及与石漠化相关性研究．矿物岩石地球化学通报，25：15-19．

王讯．2007．模型驱动技术在企业信息系统开发中的应用．杭州：浙江工商大学．

文安邦，张信宝，王玉宽等．2003．云贵高原区龙川江上游泥沙输移比研究．水土保持学报，17（4）：139-141．

翁金桃．1987．桂林岩溶与碳酸盐岩．重庆：重庆出版社．

吴莛等．1994．珍稀植物引种适应性研究．四川林业科技，15（4）：33-37．

吴孔运，蒋忠诚，罗为群．2007．喀斯特石漠化地区生态恢复重建技术及其成果的价值评估——以广西平果县果化示范区为例．地球与环境，35（2）：159-165．

吴良林，卢远，周兴．2009．桂西北土地石漠化时空格局演化GIS分析．地球与环境，37（3）：280-286．

吴应科，莫源富，邹胜章．2006．桂林会仙岩溶湿地的生态问题及其保护对策．中国岩溶，25（1）：85-89．

肖寒，欧阳志云，赵景柱．2000．海南岛生态系统土壤保持空间分布特征及生态经济价值评估．生态学报，20（4）：552-558．

谢彩文，宋春风．2007．广西沼气建设展现新气象．http：∥www．gxnews．com．cn［2010-05-15］．

徐明岗，李菊梅，李冬初等．2009．控释氮肥对双季水稻生长及氮肥利用率的影响．植物营养与肥料学报，15（5）：10 0-1015．

徐燕，龙健．2005．贵州喀斯特山区土壤物理性质对土壤侵蚀的影响．水土保持学报，19（1）：157-159．

薛达元．1997．生物多样性经济价值评估——以中国东北长白山自然保护区为例．北京：中国环境科学出版社．

杨富军，蒋忠诚，罗为群等．2009．广西典型岩溶内涝成因与防治分析．广西科学院学报，25（2）：119-122．

杨柳春，陆宏芳，刘小玲．2003．小良植被生态恢复的生态经济价值评估．生态学报，23（7）：1423-1429．

姚长宏，蒋忠诚，袁道先．2001．西南岩溶地区植被喀斯特效应．地球学报，22（2）：159-164．

姚智，张朴，刘爱民．2002．喀斯特区域地貌与原始森林关系的讨论——以贵州荔波茂兰、望谟、麻山为例．贵州地质，19（2）：99-102．

于顺利，蒋高明．2003．土壤种子库的研究进展及若干研究热点．植物生态学报，27（4）：552-560．

于顺利，马克平，陈灵芝．2003．蒙古栎群落叶型的分析．应用生态学报，（1）：152-154．

余娟．2008．广西典型岩溶县生态承载与经济系统协调发展的评估与分析．桂林：广西师范大学．

喻理飞．2003．退化喀斯特森林适应等级种组划分研究∥朱守谦．喀斯特森林生态研究（Ⅲ）．贵阳：贵州科学技术出版社．

喻理飞，朱守谦，叶镜中．2000．退化喀斯特森林自然恢复评价研究．林业科学，36（6）：12-19．

袁道先．1997．现代岩溶学与全球变化研究．地学前沿，4（1-2）：10-24．

袁道先，蔡桂鸿．1988．岩溶环境学．重庆：重庆出版社．

袁道先，谢云鹤．1996．岩溶与人类生存、环境、资源和灾害．桂林：广西师范大学出版社．

张承林，郭彦彪．2005．灌溉施肥技术．北京：化学工业出版社．

张亮，胡宝清．2008．基于土地利用变化的喀斯特地区生态服务价值损益估算——以广西都安瑶族自治县为例．中国岩溶，27（4）：335-339．

张玲，李广贺，张旭．2004．土壤种子库研究综述．生态学杂志，23（2）：114-120．

张信宝，王世杰，贺秀斌等．2007．碳酸盐岩风化壳中的土壤蠕滑与岩溶坡地的土壤地下漏失．地球与环境，35（3）：202-206．

张占仁．2008．广西岩溶县教育、自然资源与经济发展关联分析．桂林：广西师范大学．

赵景柱，肖寒，吴刚．2000．生态系统服务的物质量与价值量评价方法的比较分析．应用生态学报，11（2）：290-292．

郑虚，时成俏，蒙炎成等．2009．马铃薯试管微型薯在广西岩溶大石山地区的发展潜力研究．广西农业科学，（10）：1311-1314．

郑颖吾．1999．木论喀斯特林区概论．北京：科学出版社．

钟济新．1982．广西石灰岩石山植物图谱．南宁：广西人民出版社．

钟济新，梁畴芬，王献溥．198．花坪——南岭山地上的一个自然保护区．广西植物，1（1）：1-6．

周长吉．2005．温室灌溉．北京：化学工业出版社．

周佳松，刘秀华，谢德体等．2005．南方丘陵区土地整理的误区及对策探析．中国农学通报，21（2）：296-299．

周兴．2001．广西土地合理利用与生态环境建设探讨．热带地理，21（2）：113-117．

周游游，韦复才，祖玲．2005．西南岩溶山地的自然条件和生态重建问题．国土与自然资源研究，1：50-52．

周政贤.1987. 茂兰喀斯特森林科学考察集. 贵阳：贵州人民出版社.

周政贤，杨世逸.1987. 试论我国立地分类理论基础. 林业科学，23（1）：61-67.

朱礼学，姚学良，游再平等.2001. 成都平原土壤中钾元素分布特征与农业可持续发展. 四川地质学报，21（2）：110-112.

朱守谦.1997. 喀斯特森林生态研究（Ⅱ）. 贵阳：贵州科学技术出版社.

朱守谦.2003. 喀斯特森林生态研究（Ⅲ）. 贵阳：贵州科学技术出版社.

Anderson J P E, Domsch K H. 1980 . Quantities of plant nutrients in the microbial biomass of selected soils. Soil Science, 130 : 211-216.

Cairns J. 1997. Protectin the delivery of ecosystem service. Ecosys. Health, 3（3）：185-194.

Costanza R, D'arge R, Groot R, et al. 1997. The value of the world's ecosystem services and natural capital. Nature, 387：253-260.

Daily G C. 1997. Introduction：what are ecosystem services//Daily G. Nature's Service：Societal Dependence on Nature Ecosystem. Washington D. C. : Island Press.

Etzkowitz H. 2002. Incubation of incubators：innovation as a triple helix of university- industry- government networks. Science and Public Policy, 29（2）：115-128.

Etzkowitz H. 2003. The European entrepreneurial university. Industry and Higher Education, 17（5）：325-335.

Farber S C, Costanza R, Wilson M A. 2002. Economic and ecological concepts for valuing ecosystem services. Ecol. Econ, 41：375-392.

Fishcher G, Ermoliev Y, Keyzer M A. 1996. Simulation the Socio-economic and Biogeophysical Driving Forces of Land-use and Land-cover Change. Luxemburg：IIASA.

Geber U, Bjrklund J. 2002. The relation ship between ecosystem services and purchased input in Swedish wastewater treatment systems—a case study. Ecol. Eng, 19：97-117.

Gordon I M. 1992. Nature Function. New York：Springer- verlag.

Holder J, Ehrlich P R. 1974. Human population and global environment. Am. Sci, 62：282-297.

Holland J H. 1962. Outline for a logical theory of adaptive systems. Journal of the Association for Computation Machinery, 9（3）：297-314.

Howarth P B, Farber S. 2002. Accounting for the value of ecosystem services. Ecol. Econ, 41：421-429.

Hueting R, Reijnders L, deBoer B. 1998. The concept of environmental function and its valuation. Ecol. Econ, 25：31-35.

Jenkinson D S, Ladd J N. 1981. Microbial biomass in soil：measure and turnover//Paul E A, Ladd J N. Soil Biochemistry. New York：Dekker.

Joergensen R G, Brooks P C, Jenkinson D S . 1990. Survival of the soil biomass at elevated temperature. Soil Biology and Biochemestry, 22：1129-1139.

Leydesdorff L. 2000. The triple helix：an evolutionary model of innovations. Research Policy, 29（2）：243-255.

Loomis J, Strange L. 2000. Measuring the total economic value of restoring ecosystem services in impaired river basin：results from a contingent valuation survey. Ecol. Econ, 33（1）：103-117.

LUO Y M, Christie P, Baker A J M. 2000. Soil solution Zn and pH dynamics in non- rhizosphere soil and in the rhizosphere of Thlaspi caerulescens grown in a Zn/Cd contaminated soil. Chemosphere, 41：161-164.

Odum E P. 1971. Fundamentals of Ecology. 3rd edition. Philadelphia：W. B. Saunders Company.

Pearce D W. 1990. Assessing the returns of economy and to society from investments in forestry//Whiteman A. Forestry Expansion. Edinburgh：Forestry Commission.

Perpillou A V. 1977. Human Geography. 2nd edition. London：Longman.

Turner R K, Jeroen C J M van den Bergh, Tore S, et al. 2000. Ecological economic analysis of wetlands: scientific integration for management and policy. Ecological Economics, 35 (1): 7-23.

Wischmeier W H. 1959. A rainfall erosion index for a universal soil loss equation. Soil Science Society of America Proceeding, 23: 246-249.

Yuan D X. 1997. Rock desertification in the subtropical karst of south china. Zeitschrift für Geomorphologie, 108: 81-90.